普通高等教育一流本科专业建设成果教材

机械制造技术

李方俊　王丽英　主编　　杨卫民　主审

Mechanical Manufacturing Technology

化学工业出版社
·北京·

内容简介

本书是根据教育部高等学校工科基础课程教学指导委员会对材料成形工艺基础和机械制造工艺基础两门理论课程的基本要求编写的。主要内容包括金属材料的铸造，塑性及焊接成形，高分子材料、陶瓷材料及纤维复合材料成型，切削加工、特种加工与增材制造、数控加工和典型表面的加工，机械加工工艺规程设计，先进制造技术与生产模式等。

本书可作为普通高等学校机械类专业课程的教材，也可作为装备制造业工程技术人员的参考资料。

图书在版编目（CIP）数据

机械制造技术/李方俊，王丽英主编. —北京：化学工业出版社，2022.8（2024.7 重印）
ISBN 978-7-122-41395-6

Ⅰ.①机… Ⅱ.①李… ②王… Ⅲ.①机械制造工艺-高等学校-教材 Ⅳ.①TH16

中国版本图书馆 CIP 数据核字（2022）第 078922 号

责任编辑：丁文璇　　文字编辑：孙月蓉
责任校对：宋　玮　　装帧设计：张　辉

出版发行：化学工业出版社（北京市东城区青年湖南街 13 号　邮政编码 100011）
印　　装：北京科印技术咨询服务有限公司数码印刷分部
787mm×1092mm　1/16　印张 17¾　字数 436 千字　2024 年 7 月北京第 1 版第 3 次印刷

购书咨询：010-64518888　　售后服务：010-64518899
网　　址：http://www.cip.com.cn
凡购买本书，如有缺损质量问题，本社销售中心负责调换。

定　　价：49.00 元

教育部高等学校工科基础课程教学指导委员会主编的《高等学校工科基础课程教学基本要求》，将工程材料与机械制造基础系列课程的理论部分分为工程材料、材料成形工艺基础和机械制造工艺基础三个模块。本书涵盖了材料成形工艺基础和机械制造工艺基础两个模块的基本内容。

本书是北京化工大学机制教研室老师总结二十多年教学经验编写的课程教材。王丽英主编的《机械制造技术》第一版、第二版分别于2002年和2009年出版，多年来一直作为北京化工大学机械类专业的课程教材。本书是在王丽英主编的《机械制造技术》第二版的基础上修订而成的。本书为北京化工大学机械设计制造及其自动化专业国家级一流本科专业建设成果教材。本书由李方俊、王丽英主编，杨卫民主审。第一、二、三、五章由李方俊编写，第四章由谢鹏程编写，第六、九章由张帆编写，第七、八章由王丽英编写，第十章由贺建芸编写。

根据教指委的最新要求和多年来师生反馈的宝贵经验，主要修订内容如下：

（1）在金属铸造成形中增加了3D打印应用等内容，在金属焊接成形中增加了焊接过程自动化等内容，在先进制造技术与生产模式中增加了纳米制造、智能制造和再制造等内容，反映了机械制造技术的一些新工艺、新技术及其发展趋势。

（2）章节内容和章节顺序有所调整。删除了原第八章机器装配工艺过程设计，增加了第四章非金属材料成型，使得毛坯的成形从单一的金属材料成形扩展到所有种类材料的成形。

（3）其余章节的内容也多有修订、补充和调整，在此不一一列举。

（4）更新和规范了所引用的标准、符号和术语。

（5）为促进学习过程，引导学生开阔思路、积极思考，每章前增加学习意义与学习目标。

（6）提供拓展阅读、动画等在线学习资料（获得方式见封四导引），进一步帮助学生对课程的理解与知识运用。

在编写过程中，我们参考了众多的同类教材和其他文献，在此对各位教材、文献编写人员致以诚挚的感谢。由于编者水平有限，书中疏漏之处在所难免，恳请广大读者提出宝贵意见。

主编

2022年5月

目
录

第九章　数控加工技术

第十章　先进制造技术与生产模式

第一章　金属铸造成形

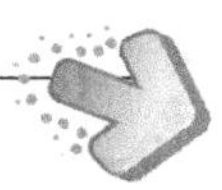

【学习意义】 铸造具有适应性强、成本低等特点，是毛坯生产的重要方法。在装备制造业设备中，铸件所占的比例很大。例如，在机床、内燃机设备中，铸件占总重的70%～90%。对于箱体、气缸体、机床床身、泵壳等具有复杂内腔的金属毛坯，铸造几乎是唯一广泛应用的生产方法。

【学习目标】

1. 熟悉铸件凝固过程、合金铸造性能及其对铸件质量的影响；
2. 掌握砂型铸造和常用特种铸造方法的特点和应用；
3. 了解常用合金的铸造方法、特点和应用；
4. 培养较合理地选用铸造方法的能力和分析零件铸造结构工艺性的能力；
5. 了解砂型 3D 打印等铸造新工艺、新技术及其发展趋势。

第一节　液态成形基础

铸造是将液态金属浇注到铸型中，待其冷却凝固后获得毛坯或零件的一种成形方法。获得轮廓清晰、尺寸准确、表面光洁、组织致密、力学性能合格的优质铸件是铸造成形的基本要求。合金的充型能力、凝固方式、收缩性能等因素都会对铸件的质量产生重要影响。

一、液态合金的充型

液态合金充满型腔，获得轮廓清晰、形状完整铸件的能力，称为液态合金的充型能力。充型能力差时，铸件会出现浇不足、冷隔等缺陷，直接影响铸件质量。流动性、铸型条件、浇注条件和铸件结构等因素都会影响到液态合金的充型能力。

1. 流动性

流动性是指液态金属本身的流动能力，它是合金的铸造性能之一。当流动性好时，合金充型能力强，可铸造薄壁、形状复杂的铸件，也有利于合金中杂质上浮，还能提高补缩效果，对提高铸件质量有益。

流动性一般用如图 1-1 所示的“螺旋形试样”的长度来评价。在同样浇注条件下，被浇注合金试样的螺旋长度越长，合金的流动性就越好。

影响流动性的因素主要是化学成分。不同成分合金的凝固温度范围不同，凝固温度范围越宽，液、固两相区过渡时间越长，合金的流动性越差。图 1-2 为铁碳合金流动性与碳质量分数的关系，由图可见，纯金属和共晶成分合金的流动性最好。

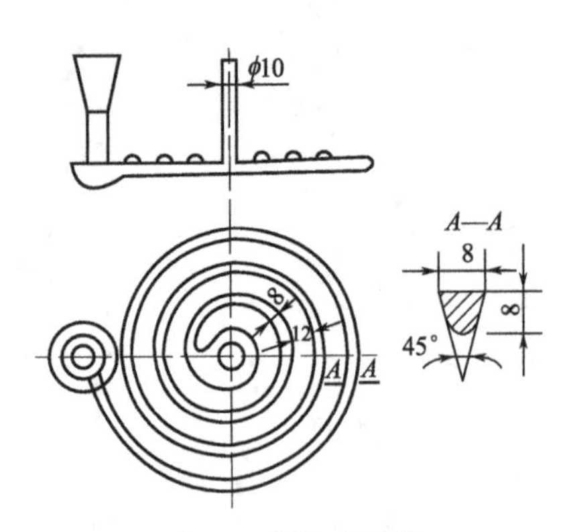

图 1-1　螺旋形试样

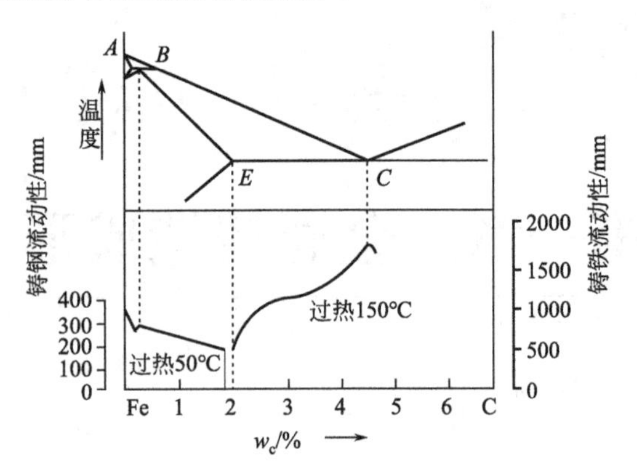

图 1-2　铁碳合金流动性与碳质量分数的关系

2. 铸型条件

① 铸型材料　铸型导热系数大，激冷效果强，合金在铸型中液态时间短，充满型腔的时间有限，导致充型能力下降。例如，合金在金属型中的充型能力就要低于砂型中的。

② 铸型温度　提高铸型温度可以减缓合金冷却速度，提高充型能力。例如，在金属型铸造工艺中经常将铸型预热，以降低液态合金与铸型之间温度差；也可以在铸型表面喷涂涂料，以降低铸件冷却速度，改善充型能力。

③ 排气性能　浇注时铸型被熔化合金加热，型腔内气体膨胀，砂型中水分汽化，有机物燃烧产生气体。这些气体如果不能及时排出，会占据型腔空间，阻碍液态合金流动，降低充型能力。

3. 浇注条件

① 浇注温度　浇注温度高，则液态合金表面张力和黏度低，且凝固前有更多的时间充满型腔，因此合金的充型能力随浇注温度的提高而上升。例如，对于薄壁铸件或流动性比较差的合金，可以适当提高浇注温度来提高其充型能力。但是浇注温度过高，收缩量大而不易控制铸件质量，所以在保证足够充型能力的前提下，不宜采取过高的浇注温度。

② 充型压力　提高液态合金浇注的静压和速度可以改善充型能力。如增加直浇口高度，合理布置浇注系统通道截面，采用较高的浇注速度，都可以使充型能力有所提升。

4. 铸件结构

① 铸件壁厚　铸件的壁即是浇注过程中液态合金的流动通道，壁薄则通道狭窄，合金流动阻力大，而且冷却快，所以不容易充满型腔。

② 铸件结构　铸件结构复杂，合金流动通道长而弯道多，流动阻力增加，影响充型能力。

二、合金的凝固与收缩

1. 合金的凝固方式

铸件的表层散热快，最先凝固，铸件的内部散热慢，最后凝固。在凝固过程中，铸件断面上一般存在三个区域，即表层的固相区、内部的液相区和二者之间的凝固区（固液两相区）。依据凝固区的宽窄，凝固方式可以分为三种。

① 逐层凝固　对于纯金属或共晶成分的合金，由于其具有恒定的熔点，因此不存在固液两相并存的凝固区，铸件断面上表层的固相与内部的液相由一条界线（凝固前沿）分开，如图 1-3(b) 所示。随着温度的降低，固相层从外向内不断增厚，液相层逐渐变薄，直至消失。这种凝固方式称为逐层凝固。

② 糊状凝固　对于固液温度范围宽的合金，当表层和内部的温度都处于固液温度范围内时，铸件整个断面都处于固液并存的凝固区，如图 1-3(c) 所示。随着温度的降低，固相不断增多，液相逐渐消失。这种凝固方式称为糊状凝固。

③ 中间凝固　大多数合金的凝固介于逐层凝固和糊状凝固之间，如图 1-3(d) 所示。随着温度的降低，固相层不断从外向内增厚，凝固层和液相层逐渐变薄，直至消失。这种凝固方式称为中间凝固。

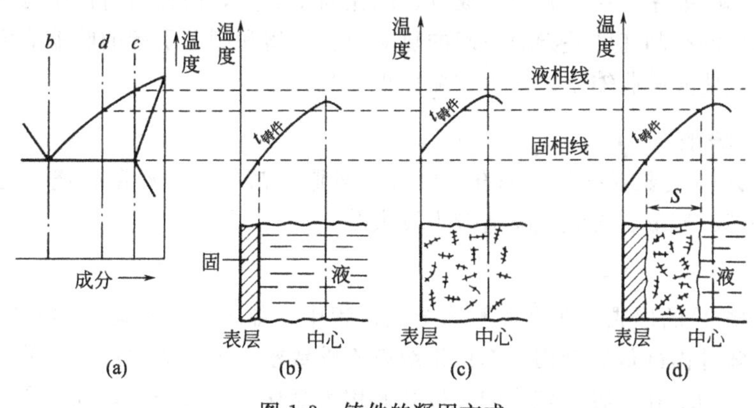

图 1-3　铸件的凝固方式

铸件质量与其凝固方式密切相关。一般来说，逐层凝固合金的流动性好，充型能力强，便于补缩，铸件质量好；糊状凝固合金的流动性差，充型能力和补缩能力弱，铸件容易产生质量问题。在常用铸造合金中，灰铸铁和铸造铝硅合金的凝固倾向于逐层凝固，铸件质量较好控制；球墨铸铁、锡青铜的凝固倾向于糊状凝固，需要采取适当的工艺措施，才能获得质量较好的铸件。

2. 合金的收缩

铸造合金在从浇注、凝固直至冷却到室温的过程中，其体积或尺寸缩减的现象，称为收缩。在铸造过程中，收缩可能会导致铸件产生缩孔、缩松、变形和裂纹等铸造缺陷。合金的收缩经历以下三个阶段。

① 液态收缩　从浇注温度到开始凝固温度之间的收缩，即液相线以上的收缩。

② 凝固收缩　从凝固开始温度到凝固结束温度之间的收缩，即固液两相线之间的收缩。

③ 固态收缩　从凝固结束温度到室温之间的收缩，即固相线以下的收缩。

合金的液态收缩和凝固收缩表现为合金体积的缩减，常用体积收缩率表示，它们是形成缩孔、缩松等缺陷的主要原因。合金的固态收缩不仅表现为合金体积的缩减，而且更明显地表现为铸件尺寸上的缩减，因此，用铸件单位长度上的收缩量，即线收缩率表示。

不同合金的收缩率不同。表 1-1 和表 1-2 分别给出了一些常见铸造合金的体积收缩率和线收缩率。

表 1-1 几种铁碳合金的体积收缩率

合金种类	碳质量分数/%	浇注温度/℃	液态收缩率/%	凝固收缩率/%	固态收缩率/%	总收缩率/%
铸造碳钢	0.35	1610	1.6	3	7.8	12.4
白口铸铁	3.00	1400	2.4	4.2	5.4～6.3	12.0～12.9
灰铸铁	3.50	1400	3.5	0.1	3.3～4.2	6.9～7.8

表 1-2 常见铸造合金的线收缩率

合金种类	灰铸铁	可锻铸铁	球墨铸铁	碳素铸钢	铝合金	铜合金
线收缩率/%	0.8～1.0	1.2～2.0	0.8～1.3	1.3～2.0	0.8～1.6	1.2～1.4

铸件的实际收缩率不仅与其化学成分、浇注温度有关，而且与铸件结构和铸型条件有关。铸件各部位的冷却速度差异而引起的热应力、铸型和型芯引起的收缩应力都会影响铸件的自由收缩，使实际收缩率比自由收缩率小一些。

三、铸件质量缺陷

铸件质量缺陷主要有缩松、缩孔、气孔、砂眼、渣气孔、冷隔、浇不足、粘砂、夹砂、错箱、偏芯、变形、裂纹和铸造应力过大等。

1. 缩孔与缩松

① 缩孔和缩松的形成　在合金凝固结晶过程中，如果合金液态收缩和凝固收缩得不到及时补充，铸件内部最后凝固的部位组织就不够致密，形成集中或分散的孔洞。容积较大的集中孔洞称为缩孔，容积较小的弥散孔洞称为缩松。一般来说，纯金属和共晶成分的合金形成缩孔的可能性较大，如灰铸铁；凝固温度范围宽的合金形成缩松的可能性较大，如铸钢。缩孔和缩松的形成过程如图 1-4、图 1-5 所示。

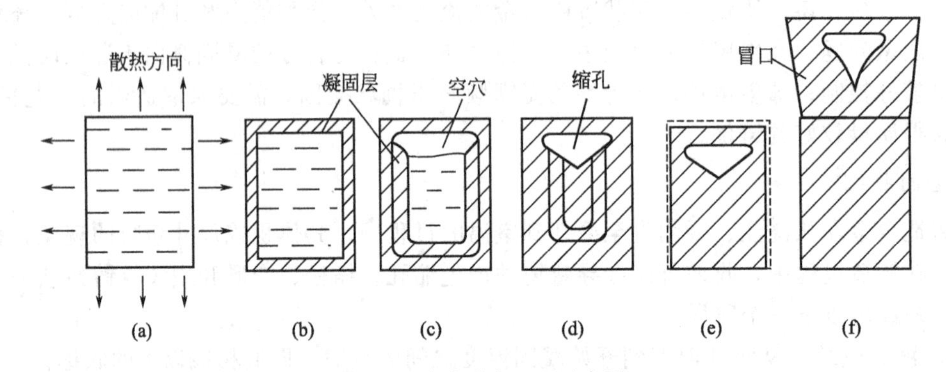

图 1-4　缩孔形成过程示意图

(a) 充型后液态金属从浇注系统得到补充；(b) 铸件表层凝固结壳，浇注系统不能补充；(c) 液态收缩和凝固收缩速度快于固态收缩，金属液与硬壳顶面分离；(d) 凝固后铸件上部形成倒锥缩孔；(e) 固态收缩，铸件尺寸缩小；(f) 若铸件顶部设置冒口，缩孔将移至冒口内

② 避免缩孔与缩松的措施　缩孔和缩松都会降低铸件的力学性能和气密性能，对于像阀座类有密封要求的铸件，缩松和缩孔会导致泄漏而使铸件报废。因此，缩孔和缩松是铸件的重要缺陷，应采取适当的铸造技术、工艺措施加以防止。

对于共晶成分的合金或凝固温度范围窄的合金来说，只要能使铸件实现向着冒口的顺序凝固，一般都可获得没有缩孔的致密铸件。顺序凝固是指在铸件可能出现缩孔的厚大部

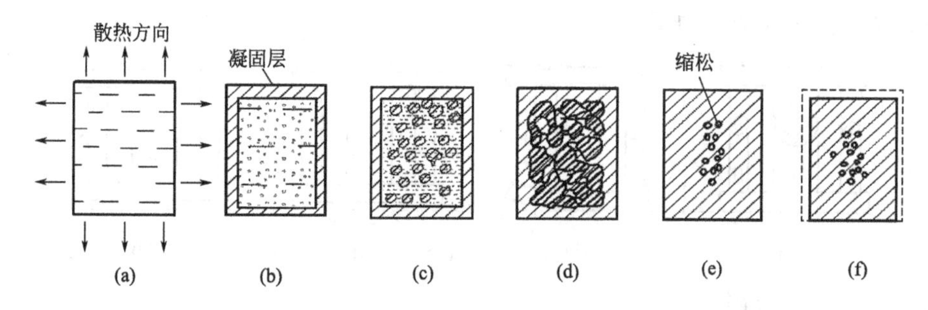

图 1-5 缩松形成过程示意图

(a)～(b) 同缩孔；(c)～(d) 继续凝固，固相不断增多，形成许多封闭区域；
(e) 封闭区域得不到金属液的补充，形成许多小而分散的孔洞；(f) 固态收缩，铸件尺寸缩小

位安放冒口，在远离冒口的部位安放冷铁，使远离冒口的部位率先凝固，然后向着冒口方向有序凝固，冒口最后凝固，如图 1-6 所示。按照这样的顺序凝固，先凝固收缩的部位，可得到后凝固部位的金属液的及时补充，冒口中的金属液将最后凝固，缩孔移至冒口之中，从而获得无缩孔的铸件。这里冒口起补缩作用，在铸件清理时将其去除。

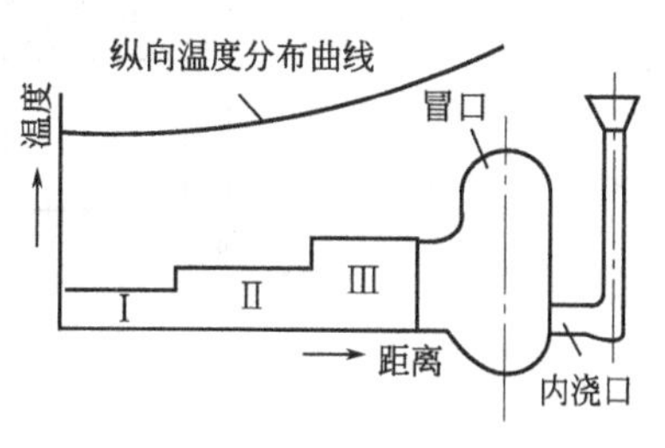

图 1-6 顺序凝固

对于宽凝固温度范围的合金，由于其结晶开始后，发达的树枝状晶体布满铸件整个截面，使冒口的补缩通道受阻。枝晶间液相转变成固相时所发生的收缩，得不到金属液的补充，缩松很难彻底消除。因此除采用上述工艺措施以外，还可通过加大结晶压力，以破碎树枝状晶体，减小金属液补充的阻力，减缓缩松的发生。

2. 铸造应力、铸件变形与裂纹

(1) 铸造应力

铸造应力是铸件在凝固和冷却过程中由受阻收缩、热作用和相变等因素引起的内应力，是收缩应力、热应力和相变应力的矢量和。这些内应力有时是暂存的，有时则一直保留到室温，后者称为残余应力。铸造应力使铸件处于非平衡状态，应力释放会导致铸件变形，严重时形成裂纹。

① 热应力　铸件因壁厚不均，各部分冷却速度不同而导致的收缩不一致形成的应力。下面以图 1-7(a) 所示的应力框铸件来分析热应力的形成。

图 1-7(e) 为粗杆Ⅰ和细杆Ⅱ的冷却温度曲线，其中 $t_{临}$ 为铸件材料的再结晶温度（钢和铸铁为 620～650℃）。在再结晶温度以上的变形为塑性变形，变形后应力可自行消除；在再结晶温度以下的变形为弹性变形，变形后应力继续存在。

处于阶段 $T_0<T<T_1$ 的铸件，虽然粗杆Ⅰ和细杆Ⅱ的收缩速度不同，但由于都处于再结晶温度以上，可以由杆件塑性变形来平衡，铸件不产生应力。

处于阶段 $T_1<T<T_2$ 的铸件，细杆Ⅱ冷却快也收缩快，粗杆Ⅰ冷却慢也收缩慢，粗杆Ⅰ有阻碍细杆Ⅱ收缩的趋势，如图 1-7(b)。但由于粗杆Ⅰ仍处于再结晶温度以上的塑性状态，其产生的塑性变形可以消除细杆Ⅱ中的拉应力，铸件不产生应力，如图 1-7(c)。

处于阶段 $T_2<T<T_3$ 的铸件，粗杆Ⅰ比细杆Ⅱ冷却慢，当细杆Ⅱ冷却到室温不再收缩时，粗杆Ⅰ还要继续收缩，细杆Ⅱ阻碍粗杆Ⅰ的收缩。由于此时粗、细杆都不能发生塑

性变形，铸件产生应力，如图 1-7(d)。

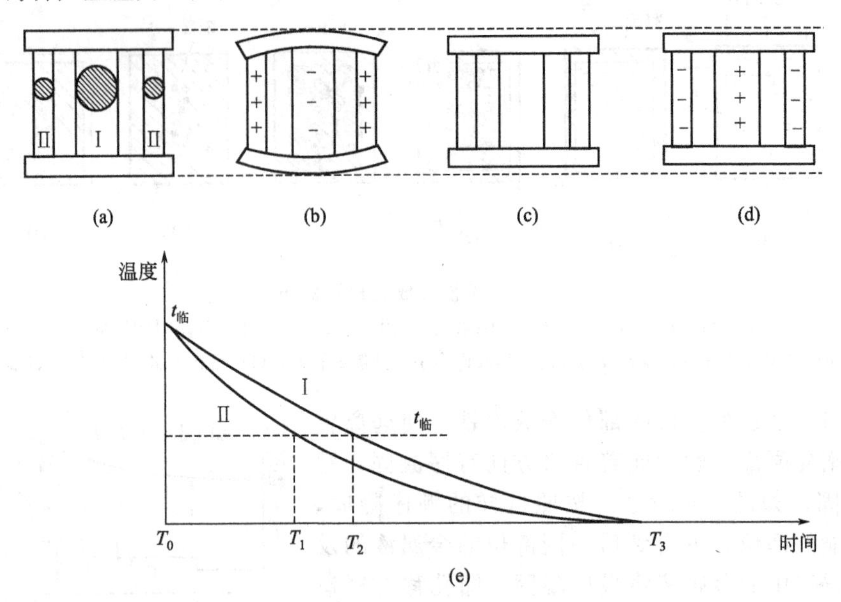

图 1-7　热应力的形成

由上述可知，热应力使得铸件的厚壁或内部因冷却速度慢而产生拉应力，薄壁或表层因冷却速度快而产生压应力。对于刚铸造完的应力框，如果用钢锯锯割粗杆Ⅰ，未等完全锯开，拉应力就会使粗杆Ⅰ断裂。

预防及减少铸造热应力的主要方法是采用同时凝固的原则，即尽量减小铸件各部位间的温度差，保证各部位均匀冷却，同时凝固，如图 1-8 所示。

② 收缩应力　铸件在铸型中冷却时，其固态线收缩受到来自铸型、型芯的阻碍而产生的铸造应力。这种应力一般是暂时的拉应力或剪切应力，如图 1-9 所示。在铸件落砂后，收缩应力便可自行消除。但其在铸件落砂前若和热应力同时作用，使某些部位的拉应力增大，在某瞬间超过铸件的抗拉强度，铸件将产生裂纹。提高造型材料的退让性，可以降低收缩应力。

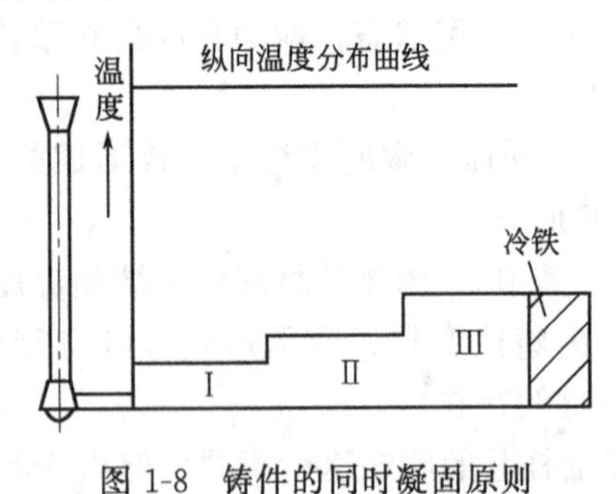

图 1-8　铸件的同时凝固原则

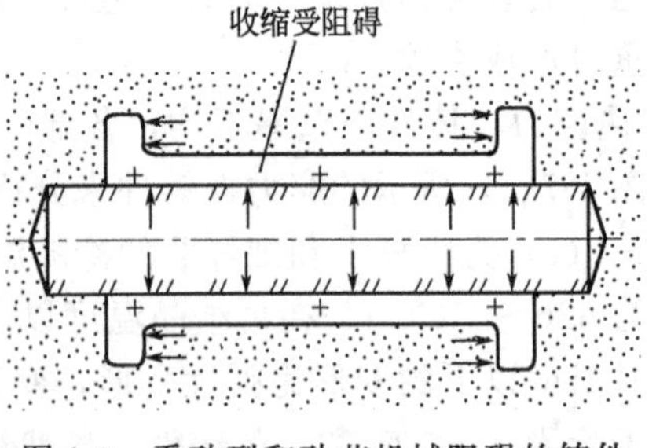

收缩受阻碍

图 1-9　受砂型和砂芯机械阻碍的铸件

(2) 铸件变形

铸件在凝固和冷却过程中会形成铸造应力，变形是铸造应力释放最主要的形式。如图 1-10 所示的 T 形截面铸钢件，若其刚度不够，则形成纵向弯曲变形。

降低铸造应力是减少铸件变形最有效的措施。对于长而易变形的铸件，也可以采用反变形法来获得合格的铸件。铸造应力在短时间内一般很难自然地完全消除，对于一些不允许发生变形的精密机加工件，可以在半精加工前采用时效处理来消除零件的应力，以免精加工后因应力而产生的微量变形使零件丧失精度。

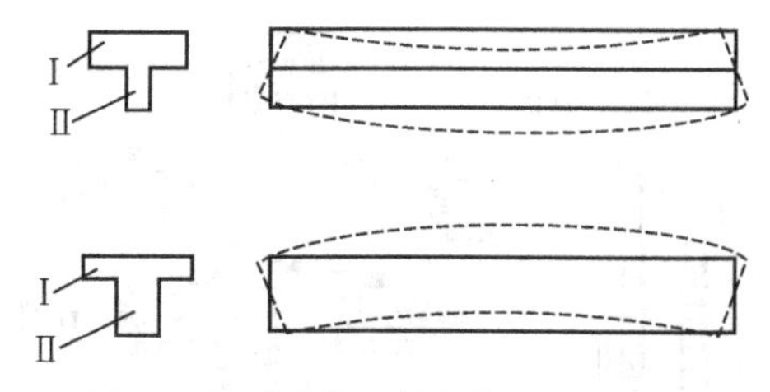

图 1-10　T 形截面铸钢件变形示意图

时效处理分为自然时效、人工时效和振动时效三种类型。自然时效是将铸件露天放置半年以上，使其缓慢变形，以释放应力。它是传统铸造工艺最常用的方法，效果好但周期长。人工时效是将铸件加热到 550～650℃进行去应力退火。它是小型铸件常用的处理方法，去应力效果好但能耗高。振动时效是将铸件在其振动频率下振动 10～60min，以消除铸造应力。这种方法周期短，适用范围广，发展很快。

（3）铸件裂纹

当铸造应力超过铸件强度极限时就会产生裂纹，铸件裂纹可以分成热裂和冷裂两种。

① 热裂　在铸件凝固末期高温期间形成，裂纹缝隙宽，形状曲折而不规则，内表面有氧化层，易发生于铸件后期凝固的区域和尖角部位。在铸件凝固末期，先凝固合金形成骨架，尚存少量未凝固合金，强度不足而塑性也低，在应力作用下容易开裂。提高铸型退让性可以有效避免热裂发生。

② 冷裂　在较低温度下形成，裂纹缝隙窄，呈连续直线状，内表面基本无氧化层，易发生在大型复杂铸件的尖角等应力集中部位。可以从降低铸造应力和改进铸件结构两方面来避免冷裂的出现。

3. 气孔

液态合金凝固时气体不能及时逸出就会在铸件中形成气孔。气孔减小了铸件的有效截面积，形成应力集中，降低了铸件的力学性能。另外，气孔的存在也直接影响铸件的气密性能，容器类铸件要尽量减少气孔缺陷。防止铸件中形成气孔主要通过以下途径：

ⅰ. 降低浇注金属液体含气量。熔炼和浇注时使液态合金与空气隔离，如采用真空铸造；降低浇注温度，以减少气体在液态合金中的溶解量等。

ⅱ. 降低铸型发气量。控制型砂水分含量，清除冷铁和芯撑上的油污，以防水分汽化和油污燃烧而产生大量的气体。如在铸造前进行烘型预热处理，可以有效降低铸型表面含水量。

ⅲ. 提高铸型排气能力。合理控制型砂的紧实度以保持一定透气性能，在铸型上布置一定数量的排气孔以利于气体排出。

第二节　砂型铸造

砂型铸造适应性强，几乎不受材料、尺寸、重量和生产批量限制，所以得以广泛应用，目前铸件产量的 90％是由砂型铸造生产的。

砂型铸造工艺过程比较烦琐，其基本工艺过程如图 1-11 所示。

铸造工艺合理与否直接影响到铸件质量和生产效率。为了保证铸件质量，简化造型工艺过程，降低铸件成本，需要认真制定合理的铸造工艺方案，并设计出铸造工艺图。

铸造工艺设计包括造型方法、分型面、浇注位置、浇注系统、工艺参数等内容，最常

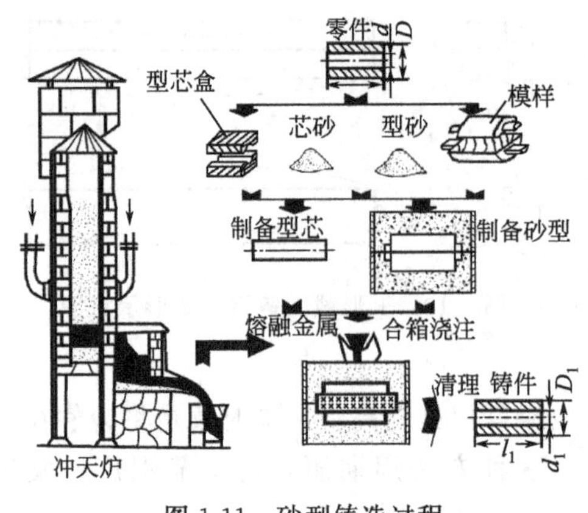

图 1-11　砂型铸造过程

见的砂型铸造工艺设计主要有以下内容。

一、造型方法

按照操作方式不同，造型方法可以分为手工造型和机器造型两大类。

1. 手工造型

手工造型操作灵活，工艺装备简单，但生产效率低，劳动强度大，对操作工人技术水平要求高，适应于单件小批量生产。手工造型方法众多，可根据铸件形状、大小和生产批量选择。常用手工造型方法和应用范围如表 1-3 所示。

表 1-3　常用手工造型方法的特点和应用范围

造型方法	特　点	应用范围	合型示意图
整模造型	整体模，分型面为平面，铸型型腔全部在一个砂箱内。造型简单，铸件不会产生错箱缺陷	铸件最大截面在一端，且为平面	
分模造型	模样沿最大截面分为两半，型腔位于上、下两个砂箱内。造型方便，但制作模样较麻烦	最大截面在中部，一般为对称性铸件	
挖砂造型	整体模，造型时需挖去阻碍起模的型砂，故分型面是曲面。造型麻烦，生产率低	单件小批量生产，模样薄、分模后易损坏或变形的铸件	
假箱造型	利用特制的假箱或成型底板进行造型，自然形成曲面分型。可免去挖砂操作，造型方便	成批生产需要挖砂的铸件	分型面是平面 (a) 假箱　(b) 成型底板 (c) 合型图
活块造型	将模样上妨碍起模的部分做成活动的活块，便于造型起模。造型和制作模样都麻烦	单件小批量生产，带有突起部分的铸件	活块
刮板造型	用特制的刮板代替实体模样造型，可显著降低模样成本。但操作复杂，对工人技术水平要求高	单件小批量生产，等截面或回转体大、中型铸件	刮板

续表

造型方法	特点	应用范围	合型示意图
三箱造型	铸件两端截面尺寸比中间部分大，用两箱造型无法起模。铸型由三箱组成，关键是选配高度合适的中箱。造型麻烦，易错箱	单件小批量生产，具有两个分型面的铸件	
地坑造型	在地面以下的砂坑中造型，一般只用上箱，可减少砂箱投资。但造型劳动量大，对工人技术水平要求较高	生产批量不大的大、中型铸件，可节省下箱	浇口盆 通气道 上型 排气管 砂芯 型腔 面砂层 填充砂 草袋 焦炭

2. 机器造型

机器造型利用机器设备取代人工来完成紧砂和起模两个重要造型过程。其生产效率高，产品质量稳定，避免了高强度的人工造型体力劳动，但设备和工艺装备投入大，生产准备周期长，只适应中小型铸件的批量生产。

(1) 机器造型过程

机器造型大多采用振动方式来紧实型砂，改变振幅和频率就可以调节型砂的紧实程度，图 1-12 所示为振压式机器造型过程。

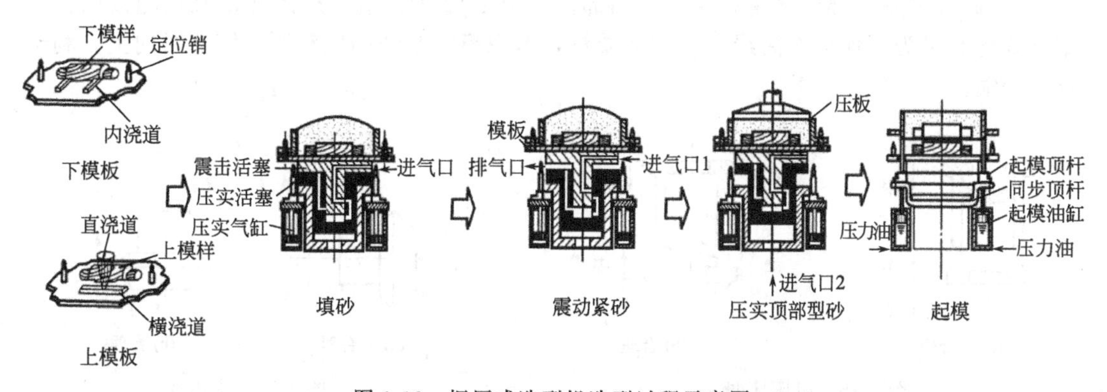

图 1-12　振压式造型机造型过程示意图

(2) 机器造型工艺特点

机器造型的工艺特点与手工造型有所不同，主要体现在：

① 造型模板　由于是批量生产，可以采用专用的模板。在底模板上固定有模样和浇注系统，造型后底模板形成分型面，模样形成型腔。模板利用定位销导向，来保证与砂箱位置准确。

② 两箱造型　机器造型无法实现中箱造型，所以仅限于两箱造型。为了实现某些铸件的生产，可以采用如图 1-13 所示的杯环型外砂芯，变三箱造型为两箱造型，如履带车辆支重轮的铸造。

③ 不宜使用活块　造型活块的装取属于手工操作，会影响机械化造型的生产效率。可以采取如图 1-14 所示的带孔矩形外砂芯来简化模样结构，以铸造出工件上的凸台。

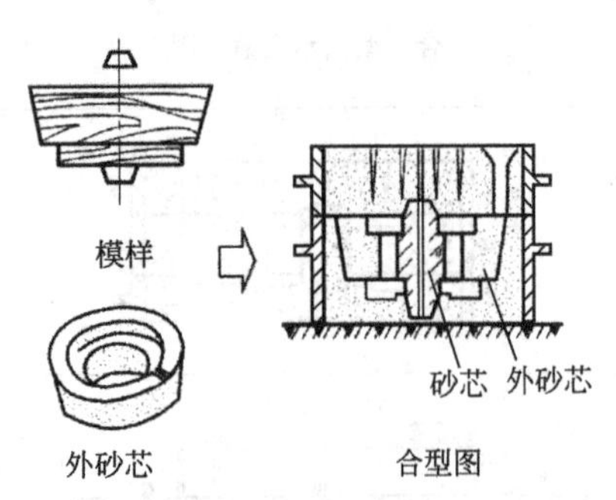

图 1-13　用外砂芯法将三箱造型改为两箱造型图

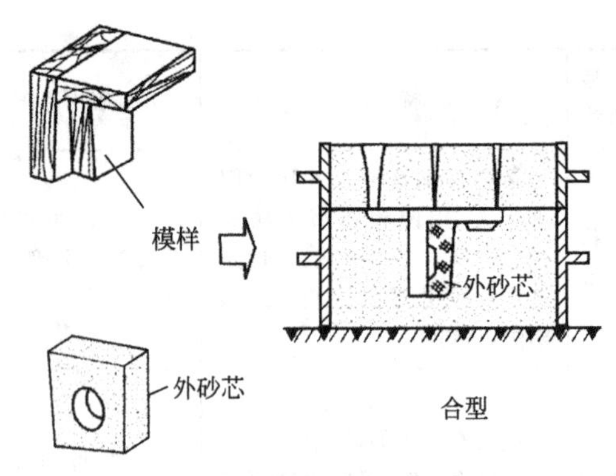

图 1-14　用外砂芯取代活块

二、浇注位置与分型面

1. 浇注位置

浇注位置是指浇注时铸件在铸型内所处的空间位置。选择时主要考虑以下几个方面。

ⅰ. 铸件的重要加工面应朝下或处于侧面。砂眼、气孔和夹渣等缺陷主要集中在浇注型腔的上部，同时型腔底部受到浇注静压作用，结晶比较致密。图 1-15 所示为铸造生产的机床床身，重要的导轨面应该布置在铸型的下部。图 1-16 为铸造生产的伞齿轮，采用立式铸造，可以保证处于侧面的伞齿面获得较高质量。

ⅱ. 铸件的大平面或面积较大的薄壁面应朝下。图 1-17 为铸造生产的柴油机油底壳，油底壳的薄壁大平面应布置在铸型的下部，以防止出现浇不足或冷隔等缺陷。

ⅲ. 铸件的厚大部分尽量布置在上面部位。图 1-18 为铸造生产的起重机钢绳滚筒，采用立式铸造是为了保证滚筒绳槽的铸造质量，考虑滚筒制动端比较厚，铸造时向上，利于冒口补缩。

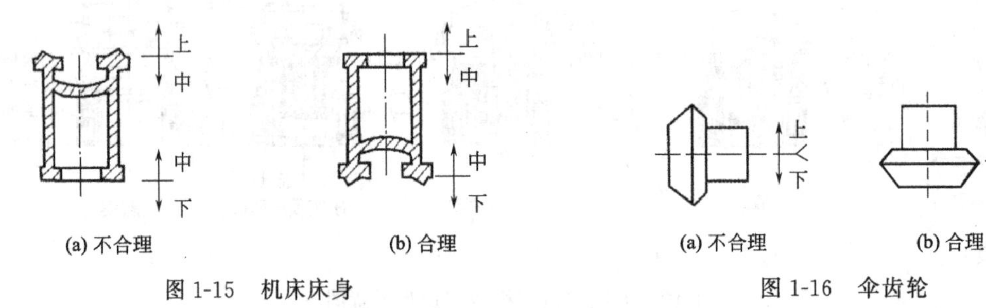

图 1-15　机床床身　　图 1-16　伞齿轮

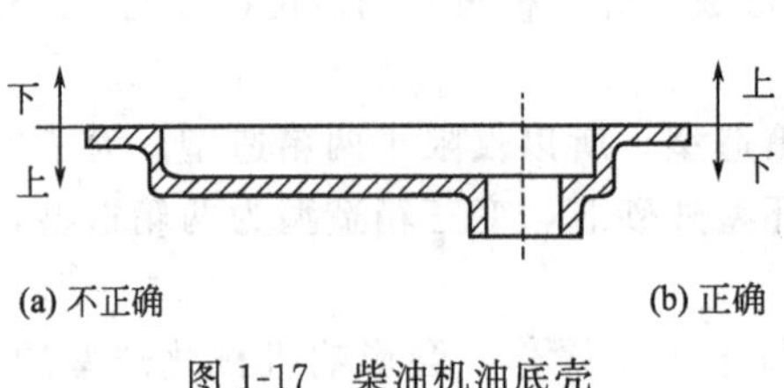

图 1-17　柴油机油底壳

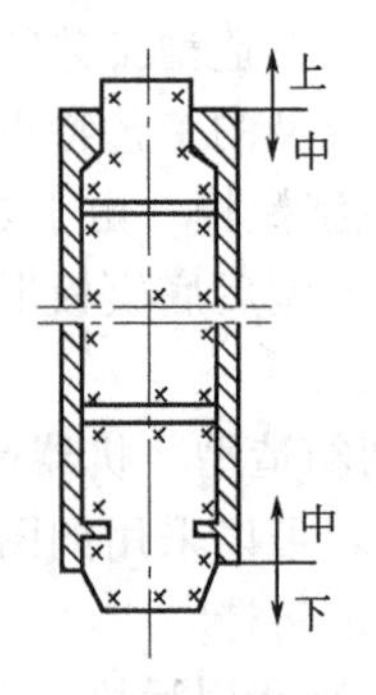

图 1-18　起重机钢绳滚筒

2. 分型面

分型面是指铸型组元之间的结合面。对于同一个铸件，可以有多种分型方案，要根据铸件结构、技术要求、生产批量和生产条件，选择合适的分型方案，以保证铸件质量，简化造型工艺。

ⅰ. 分型面要处于铸件最大截面，以便于起模，而且尽量采用平分型面，避免复杂的挖砂起模操作。

ⅱ. 分型面要少。分型面多就意味着砂箱多，也就增加了错箱的可能性。图 1-19(a) 为铸造生产的三通，采用图 1-19(b)、(c) 和 (d) 的分型方案，分别需要三个、两个和一个分型面。显然最后一个的分型方案较为合理。

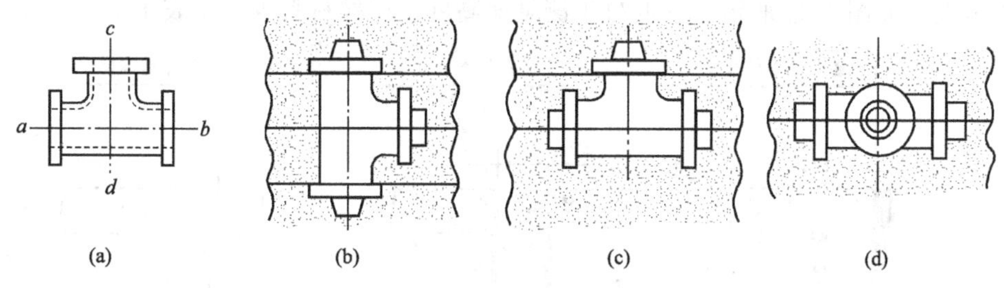

图 1-19　三通铸件的分型面

ⅲ. 型腔和主要型芯应该布置在下箱内，以便于造型、下芯、合箱和检验。图 1-20 为铸造生产的制动轮毂，图 1-20(a) 中砂芯突出分型面很高，合箱时上箱容易碰撞砂芯；图 1-20(b) 中把砂芯布置在下箱内，可避免这个问题，并且简化上箱结构。

对于具体铸件很难保证都按照以上方法选择浇注位置和分型面。在保证铸件质量前提下，应协调各种因素，尽量简化铸造工艺过程，力求获得更高的经济效益。

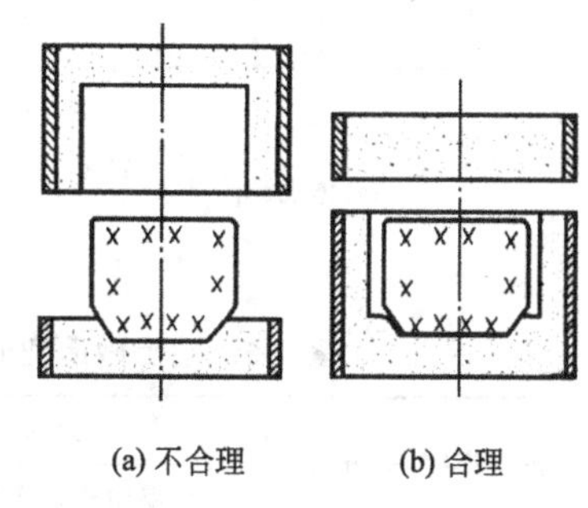

图 1-20　型腔和主要型芯位于下箱

三、铸造工艺参数

铸造工艺参数包括加工余量、起模斜度、铸造孔和槽、收缩率和型芯头等。铸造工艺参数是确定铸造模具设计、生产准备、造型工艺和铸件检验的主要依据。

1. 加工余量

限于铸造生产精度，大多数铸件需要进行加工后才能达到零件使用要求，所以在铸件上要留有足够的加工余量。GB/T 6414《铸件 尺寸公差、几何公差与机械加工余量》将铸件的机械加工余量等级分为十级，分别为 A～K。A 级加工余量最小，K 级加工余量最大。灰铸铁砂型铸件的机械加工余量与造型方法和铸件公称尺寸有关，见表 1-4。

表 1-4　灰铸铁砂型铸件要求的机械加工余量（摘自 GB/T 6414）　单位：mm

铸件公称尺寸		手工造型 F～H 级	机器造型 E～G 级	铸件公称尺寸		手工造型 F～H 级	机器造型 E～G 级
大于	至			大于	至		
—	40	0.5～0.7	0.4～0.5	250	400	2.5～5	1.8～3.5
40	63	0.5～1	0.4～0.7	400	630	3～6	2.2～4

续表

铸件公称尺寸		手工造型 F～H级	机器造型 E～G级	铸件公称尺寸		手工造型 F～H级	机器造型 E～G级
大于	至			大于	至		
63	100	1～2	0.7～1.4	630	1000	3.5～7	2.5～5
100	160	1.5～3	1.1～2.2	1000	1600	4～8	2.8～5.5
160	250	2～4	1.4～2.8	1600	2500	4.5～9	3.2～6

2. 起模斜度

为使模样容易从铸型中取出，模样在平行于起模方向上的斜度，称为起模斜度，也称为拔模斜度，如图1-21所示。它取决于测量面高度、模样材料等，见表1-5。

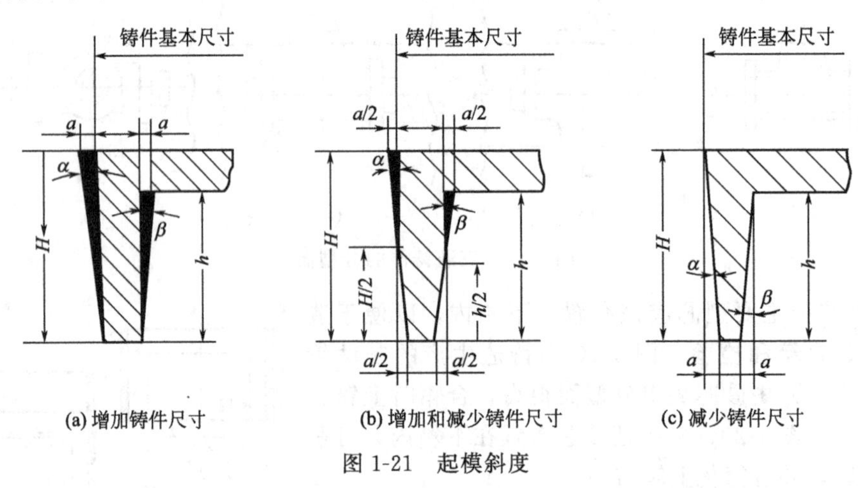

(a) 增加铸件尺寸 (b) 增加和减少铸件尺寸 (c) 减少铸件尺寸

图1-21 起模斜度

表1-5 粘土砂造型时模样内、外表面的起模斜度（摘自JB/T 5105）

测量面高度 H/mm	外表面的起模斜度 α		内表面的起模斜度 β	
	金属模样、塑料模样	木模样	金属模样、塑料模样	木模样
≤10	2°20′	2°55′	4°35′	5°45′
＞10～40	1°10′	1°25′	2°20′	2°50′
＞40～100	0°30′	0°40′	1°05′	1°15′
＞100～160	0°25′	0°30′	0°45′	0°55′
＞160～250	0°20′	0°25′	0°40′	0°45′

在铸件的加工面上，采用增加铸件尺寸方法，见图1-21(a)。在铸件的非加工面上，若该面与其他零件配合，则采用增加和减少铸件尺寸方法或减少铸件尺寸方法，见图1-21(b) 和 (c)；若该面与其他零件不配合，则上述三种方法皆可采用。

3. 铸造孔和槽

孔和槽是否需要铸出，取决于工艺上的可行性和生产上的经济性。为了减少加工余量，节省材料，应该尽量铸出比较大的孔和槽；而比较小的孔和槽铸造困难，采用机械加工反而更加经济。对于零件上有机械加工要求的孔，灰铸铁的最小毛坯孔径推荐如下：单件生产30～50mm，成批生产15～30mm，大量生产12～15mm。对于零件上没有机械加工要求的孔和槽，均应铸出。

4. 收缩率

铸件在型腔内凝固冷却到室温下会发生固态收缩，为了保证铸件几何尺寸，模样需要在铸件尺寸基础上考虑该合金的收缩率进行放大。表 1-2 给出了常见铸造合金的线收缩率。

5. 型芯头

型芯头是指型芯的外伸部分，其不形成铸件轮廓，只是落入芯座内，用以定位和支承型芯，防止浇注时型芯在铁水冲击下发生移位。根据型芯结构，型芯头有垂直型芯头和水平型芯头两类，如图 1-22 所示。

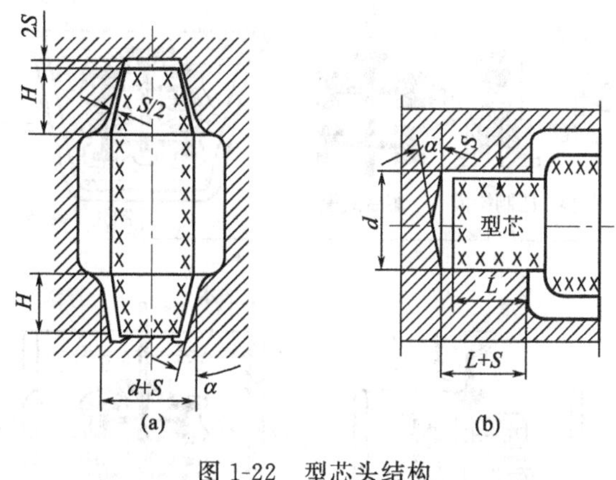

图 1-22　型芯头结构

垂直型芯一般具有上、下芯头，但短而粗的垂直型芯可以省去上芯头。下芯头的斜度 α 一般为 6°～7°，上芯头的斜度一般为 8°～10°。垂直型芯头的高度 H 取决于型芯的大小。水平型芯可以无斜度，其长度 L 取决于型芯的直径和长度，悬臂型芯头必须加长。

无论是垂直型芯头还是水平型芯头，芯头与芯座之间都要留有间隙 S，以防止合箱时压溃芯头。

在浇注位置、分型面和上述铸造工艺参数确定后，可以按照 JB/T 2435《铸造工艺符号及表示方法》的规定要求绘制铸造工艺图。图 1-23 为铸造生产的水泵填料压盖的零件图、铸造工艺图和铸件图。铸件上的螺钉孔不铸造，由以后的机械加工完成。

动画

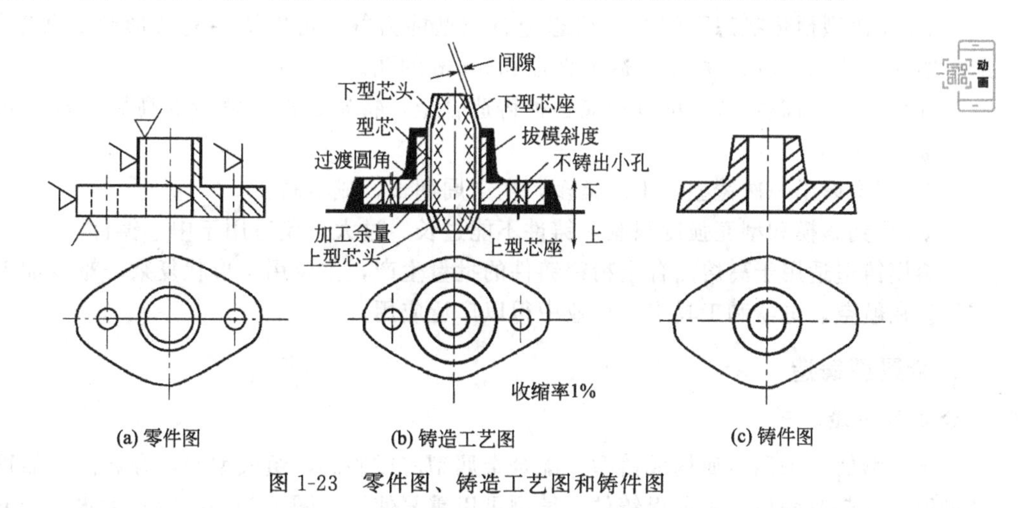

图 1-23　零件图、铸造工艺图和铸件图

第三节　特种铸造

除普通砂型铸造以外的铸造方法都被称为特种铸造。这些铸造方法是为了解决特殊生产工艺问题而设计的，具有各自的特点和适用范围。

一、熔模铸造

1. 熔模铸造工艺

熔模铸造采用易熔材料作为模样，造型后将模样熔化流出，无须取模，可以制成形状复杂的零件。熔模铸造工艺过程如图 1-24 所示。首先要在制作好的模具上压制单个蜡模，然后把这些蜡模焊接到浇注系统蜡模上，组成蜡模组，在蜡模组上分层挂涂料和石英砂，并在氯化铵溶液中进行固化，经过干燥后就形成 1～2mm 具有一定强度的薄壳。把结成薄壳的蜡模组浸泡在热水或高温蒸汽中，使蜡模熔化流出，获得中空的硬型壳。把型壳在加热炉内高温焙烧，除去残余水分、蜡料和杂质，出炉冷却到 600℃左右埋在砂箱内进行浇注。凝固冷却后，打碎型壳，清理浇注系统，获得铸件。

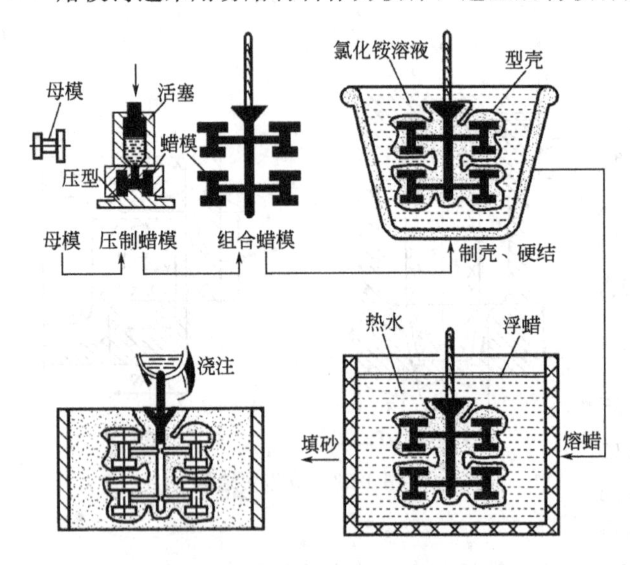

图 1-24　熔模铸造工艺流程

2. 熔模铸造特点及应用

ⅰ. 不用取模，没有分型面和合箱过程，可以铸造形状复杂铸件，铸件形状准确，表面光洁，铸件尺寸精度可达 CT7～4，表面粗糙度 Ra 为 12.5～1.6μm。

ⅱ. 在铸型预热状态下浇注，液态金属充型能力好，可以浇注复杂形状的薄壁铸件，最小壁厚可达 0.3mm，可以铸造出直径 0.5mm 的孔。

ⅲ. 壳型为高温材料，可以适应各种铸造合金，特别是形状复杂的高熔点合金和难加工合金。

ⅳ. 壳型属于一次铸型，工序繁多，生产周期长，成本高。

ⅴ. 受到熔模和型壳强度限制，铸件不能过长、过大，仅适用于中小铸件。

熔模铸造适用于高熔点合金精密铸件的批量生产，主要用于形状复杂、难以加工的小零件。在航空、电器和工具生产行业中得以广泛应用。

二、金属型铸造

1. 金属型铸造工艺

金属型铸造采用金属构成铸型，配合金属型芯或砂芯，组成型腔，金属液依靠重力充满型腔，冷却凝固后开模获得铸件，铸型可以重复使用。图 1-25(a) 所示为水平分型式金属型铸造手轮，图 1-25(b) 所示为垂直分型式金属型铸造活塞销。金属型铸造工艺流程如图 1-26 所示。在金属型铸造过程中，需要注意以下问题：

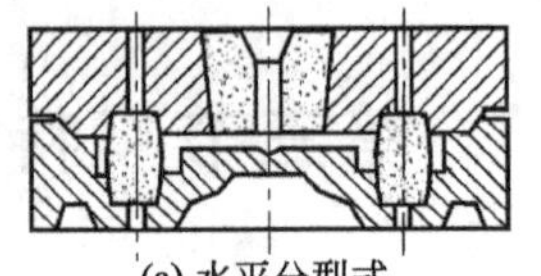

(a) 水平分型式

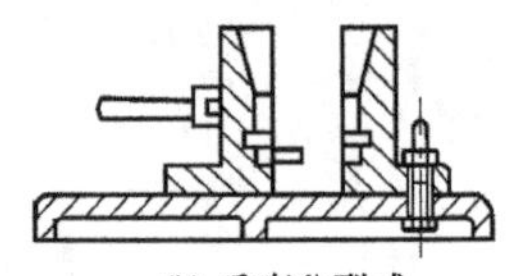

(b) 垂直分型式

图 1-25　金属型结构简图

① 涂料　金属型导热快，为了减缓

铸件冷却，并防止高温液态金属冲刷、腐蚀铸型表面，采用涂料来隔绝铸件和金属型。涂料由粉状耐火材料和粘结剂组成，每次喷涂后要烘干，然后才能进行浇注。

② 预热　预热可以减缓金属型激冷效果，避免浇不足、冷隔、裂纹等缺陷发生。如果连续生产，要冷却金属型，使之保持在合适的预热温度再继续浇注。

③ 浇注温度　金属型冷却快，浇注温度应该比砂型铸造提高20℃左右。

④ 及时脱模　金属型无退让性，如果不能及时脱模，会造成脱模和抽芯困难，并导致裂纹产生。

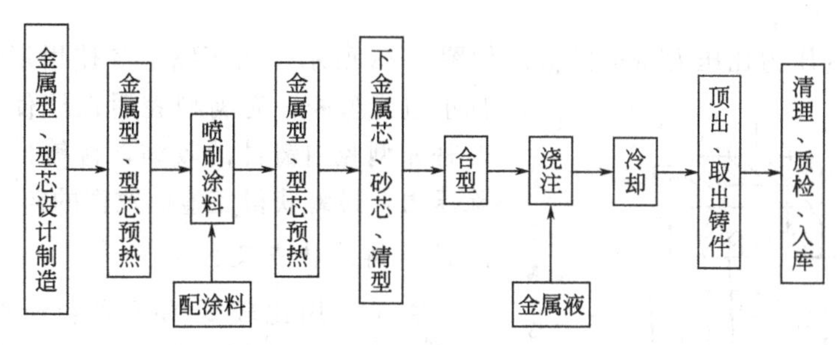

图 1-26　金属型铸造工艺流程

2. 金属型铸造特点及应用

ⅰ. 铸件尺寸精度和表面质量高。尺寸精度可达CT9～7，表面粗糙度 Ra 值为12.5～3.2μm。

ⅱ. 排气能力差，需要设置专门的排气口。

ⅲ. 冷却速度快，铸铁件容易出现白口，不适宜薄壁铸铁件生产。

ⅳ. 铸件晶粒细化，组织致密，力学性能好。

ⅴ. 可以重复使用，一型多铸，便于机械化和自动化生产。

ⅵ. 金属型设计加工困难，投资大，周期长，形状和尺寸受限制。

ⅶ. 对铸造工艺要求严格，否则易出现冷隔、气孔、缩孔、裂纹和白口等缺陷。

金属型铸造主要用于有色金属不复杂中小铸件的大批量生产，如铝合金活塞、缸盖、泵壳和铜套等。

三、压力铸造

1. 压力铸造工艺

压力铸造就是将液态金属以一定压力顶入型腔，并在压力作用下快速凝固而获得铸件。工艺流程如图1-27所示。

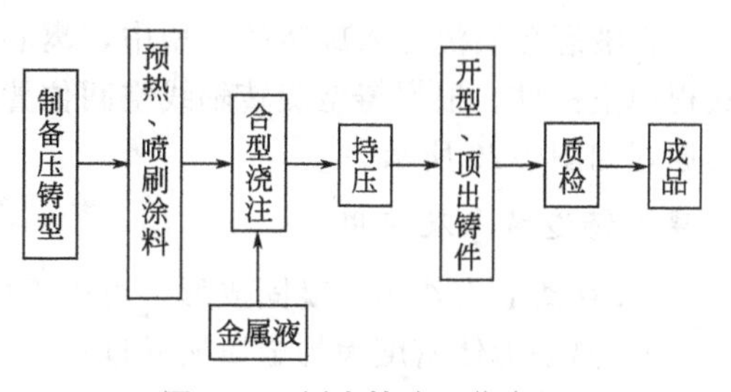

图 1-27　压力铸造工艺流程

2. 压力铸造特点及应用

ⅰ. 铸件尺寸精度高，可达CT8～4；表面粗糙度 Ra 为3.2～0.8μm，一般无须机械加工。

ⅱ. 充型能力强，可铸造形状复杂的薄壁零件。锌合金铸件最薄壁厚可达0.3mm，铝合金铸件可达0.5mm，可以铸出0.7mm直径的小孔和0.75mm螺距的螺纹。还可以嵌铸其他材料，如在钢套内压铸铜衬。

ⅲ. 压力下凝固，组织致密，力学性能好。

ⅳ.为保证铸型寿命，仅限于低熔点合金铸造。

ⅴ.生产效率高，目前最高可达500次/h的生产频率，易实现机械化和自动化生产。

ⅵ.设备投资大，准备时间长，成本高，只适用于大批量生产。

压力铸造被广泛应用于汽车、航空、仪表、军工、计算机、医疗器械和农业喷灌领域，并且在不断改进工艺方法，提高压铸件质量。

四、低压铸造

1.低压铸造工艺

低压铸造的压力比压力铸造的低。如图1-28所示，用压缩空气使坩埚内的金属液体向上进入型腔，充满型腔后保压使金属凝固，同时补充型腔内铸件的收缩，待铸件完全凝固后卸除压力，最终获得完整而致密的铸件。

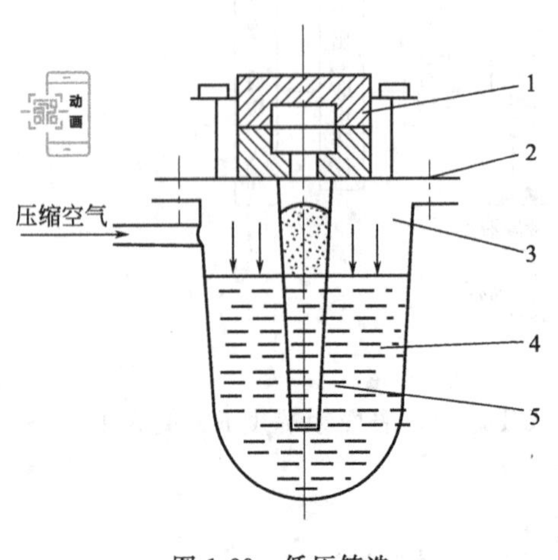

图1-28　低压铸造

1—铸型；2—密封盖；3—坩埚；4—金属液；5—升液管

2.低压铸造特点及应用

由于采用比较低的压力和速度使金属液进入型腔，补缩效果良好，所以具有以下突出的特点。

ⅰ.充型平稳，有利于型腔内气体排除，减缓对型腔的冲刷，避免出现气孔和夹渣等缺陷。

ⅱ.压力充型，流动性增大，可以获得轮廓清晰、表面光洁的大型薄壁铸件。

ⅲ.压力下凝固，组织致密，力学性能好。

ⅳ.气体压力容易控制，适用于各种铸型，可实现机械化和自动化生产。

ⅴ.保温充型，省去浇口和补缩冒口，节省材料。

低压铸造主要用于生产高质量的铝镁合金和铜合金铸件，汽车轮毂是典型的低压铸件。目前，可以铸造200kg的船用柴油机铝合金活塞，巨型油轮的30t的铜锌合金推进螺旋桨。

五、离心铸造

1.离心铸造工艺

将液态金属浇注入旋转的铸型中，离心力使液态金属附着在铸型壁上凝固冷却，从而获得中空铸件。根据铸型旋转轴线空间位置不同，可分为立式离心铸造和卧式离心铸造，其原理如图1-29所示。

2.离心铸造特点及应用

ⅰ.在离心力作用下凝固成形，可以不用型芯和浇注系统。

ⅱ.离心力使密度大的金属液靠近铸型，顺序凝固，铸件致密，而气体和熔渣聚集在铸件中空的内孔表面，避免缩孔、气孔和夹渣等缺陷。

ⅲ.离心力使充型能力提高，可以浇注流动性差的合金和薄壁铸件。

ⅳ.可制造双金属铸件，如在钢衬套内镶铸薄层轴承合金，改善零件性能。

ⅴ.离心力会使熔液中重合金成分产生偏析，如铅青铜中密度大的铅容易形成偏析。

离心铸造被广泛用于大口径铸铁水管、内燃机缸套的生产，也是双金属轴套的主要生

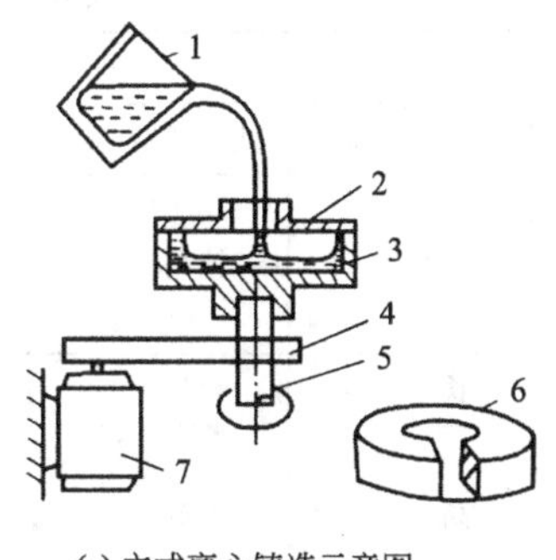

(a) 立式离心铸造示意图

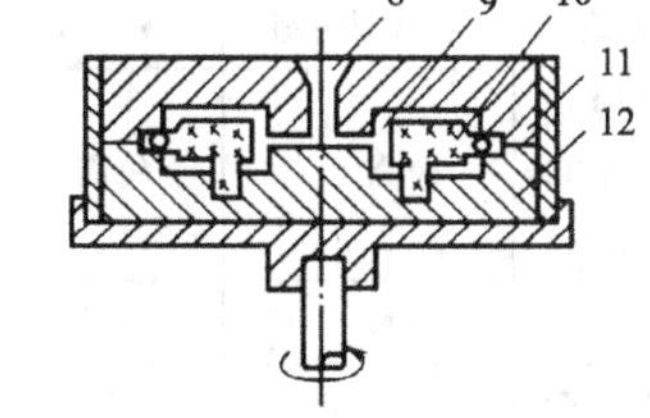

(b) 立式离心浇注成形铸件示意图

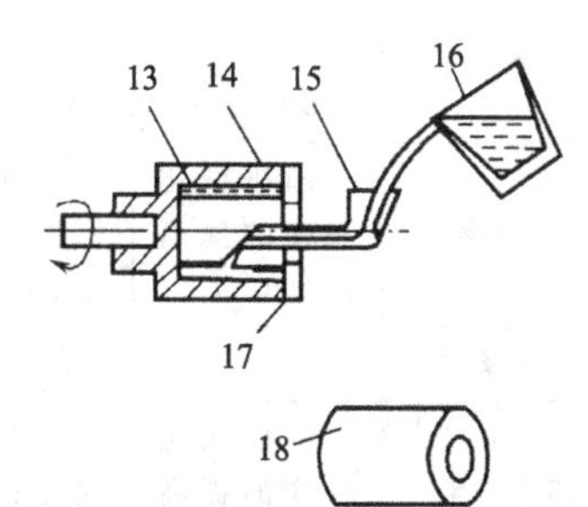

(c) 卧式离心铸造示意图

图 1-29 离心铸造示意图

1,16—浇包；2,14—铸型；3,13—金属液；4—带轮和带；5—旋转轴；6,18—顶杆铸件；7—电动机；8—浇注系统；9—型腔；10—型芯；11—上型；12—下型；15—浇注槽；17—端盖

产方法。最小内孔直径可为 8mm，最大直径可达 3m，最大长度超过 8m。铸件质量从几克到几十吨都可以离心铸造生产。

六、各种铸造方法比较

各种铸造方法都有各自特点和适用范围，需要根据铸件结构、铸件材料、技术要求、生产批量和自身生产条件来选择合理的铸造方法。表 1-6 为几种常用铸造方法的特点比较。

表 1-6 常用铸造方法综合比较

比较项目	铸造方法					
	砂型铸造	熔模铸造	金属型铸造	离心铸造	压力铸造	低压铸造(金属型)
铸件材料	各种铸造合金	各种铸造合金，以铸钢为主	常用铸造合金，以有色合金为主	各种铸造合金	有色铸造合金(铝、锌、镁)	常用铸造合金
铸件大小	几乎不受限制	中、小铸件	中、小铸件	大、中、小铸件	小铸件	大、中铸件
铸件复杂程度	复杂	复杂	一般	一般或简单	较复杂	较复杂
铸件最小壁厚/mm	3	0.3（孔 ϕ0.5）	铝合金 3；铸铁 5	1	铜合金 2；其他合金 0.5～1.0	1.5～2.0
铸件尺寸精度	CT11～7	CT7～4	CT10～8	决定于铸型材料	CT8～4	CT8～6
表面粗糙度 $Ra/\mu m$	50～12.5	12.5～1.6	12.5～3.2	决定于铸型材料	3.2～0.8	12.5～3.2
铸件内部质量	晶粒粗，组织松，力学性能差，铸造缺陷较多	采用重力浇注时与砂型铸造相近	晶粒细，组织致密，力学性能高，气密性好	组织致密，力学性能较高	晶粒细，力学性能较高，但易产生气孔且不能热处理	晶粒细，组织致密，力学性能高，气密性好
生产批量	各种批量	成批、大量	成批、大量	成批、大量	大量	成批、大量

续表

比较项目	铸造方法					
	砂型铸造	熔模铸造	金属型铸造	离心铸造	压力铸造	低压铸造(金属型)
生产率	随机械化程度的提高而增高	随机械化程度的提高而增高	较高	较高	很高	较高
生产准备周期	短	较长	较长	较长	长	较长
设备费用	随机械化程度的提高而增高	随机械化程度的提高而增高	中等	中等	高	中等
工装费用	随机械化程度的提高而增高	较高	中等	一般	高	中等

第四节　常用铸造合金

虽然几乎所有固态材料都可以用于铸造生产，但是在机械制造行业目前使用最多的还是铸铁、铸钢、铸铝和铸铜。这里主要介绍铸铁和铸钢。

一、铸铁

铸铁是以铁、碳元素为主，添加硅、锰、镁等其他元素构成的多元合金。由于成本相对低廉，具有多种优良性能，是最常用的铸造合金。

铸铁中碳可以固溶物、化合物和石墨形式存在，常用的有白口铸铁、灰铸铁、可锻铸铁、蠕墨铸铁和球墨铸铁等，也可以添加其他合金元素生产出具有耐磨、耐热、耐蚀等性能的特种铸铁。

1.白口铸铁

在浇注过程中不做任何处理，所获得的铸件为共晶或过共晶组织，碳主要以化合物形式存在，新鲜断口呈闪亮色泽，故称为白口铸铁。白口铸铁硬而脆，几乎没有工业价值，只是作为可锻铸铁生产的毛坯。

2.灰铸铁

灰铸铁由于新鲜断面呈灰色而得名，其内部石墨以片状存在，在熔化铁水中加入孕育剂，可以获得组织更加细小的灰铸铁。灰铸铁按基体组织可分为铁素体灰铸铁、铁素体-珠光体灰铸铁和珠光体灰铸铁。

（1）灰铸铁的力学性能

在结构上灰铸口铁好似在钢基体中夹杂着片状石墨，这些石墨割裂基体，所以灰铸铁的抗拉强度远低于钢，塑性和韧性也很差。随着基体组织和石墨片的细化、珠光体数量增多，灰铸铁的力学性能也有所提高。由于内部大量片状石墨的存在，灰铸铁具有很好的减振性能，暴露在表面的石墨使灰铸铁自润滑性能很好，这些石墨的分布也降低了灰铸铁的缺口敏感性，并且也利于切削加工。

（2）灰铸铁的铸造性能

由于接近共晶成分，灰铸铁具有良好的流动性，可以浇注形状复杂的薄壁铸件。在凝固过程中有大量石墨析出。灰铸铁的收缩小，只要壁厚合适，不会产生缩孔和显著的铸造应力。

灰铸铁铸造性能良好，原料来源丰富，生产工艺简单，所以得到了广泛应用。灰铸铁的牌号、组织、性能和应用如表 1-7 所示。

表 1-7 灰铸铁牌号、组织、性能和应用（部分摘自 GB/T 9439）

牌号	铸件壁厚/mm	R_m/MPa		基体组织	应用范围
		ϕ30mm 单铸试棒	附铸试棒		
HT100	>5～40	≥100	—	铁素体	手工造型砂箱、井盖、下水管、机床底座、手轮等
HT150	>20～40 >40～80 >80～150 >150～300	≥150	≥120 ≥110 ≥100 ≥90	铁素体 + 珠光体	机械常用铸件，底座、刀架、手轮、泵壳、阀体、托辊、框架等
HT200	>20～40 >40～80 >80～150 >150～300	≥200	≥170 ≥150 ≥140 ≥130	珠光体	农用柴油机缸体、缸盖、排气管、飞轮等；机床导轨、床身等；动力机械轴承座、外壳、泵体、阀体等
HT250	>20～40 >40～80 >80～150 >150～300	≥250	≥210 ≥190 ≥170 ≥160		发动机缸体、缸盖、缸套、排气歧管等；机床立柱、横梁、滑板、箱体等；水泥转窑齿轮等
HT300	>20～40 >40～80 >80～150 >150～300	≥300	≥250 ≥220 ≥210 ≥190		机床导轨、床身、立柱等；大型发动机缸体、缸盖等；液压阀体、泵壳等；汽轮机隔板等
HT350	>20～40 >40～80 >80～150 >150～300	≥350	≥290 ≥260 ≥230 ≥210		机床淬火导轨、工作台等；船用大型柴油机缸体、缸盖、缸套、凸轮轴等

3. 可锻铸铁

将白口铸铁经过长时间高温石墨化退火，使得原有渗碳体组织的碳在固态下逐步析出，在基体中形成团絮状石墨，这种铸铁称为可锻铸铁。因化学成分、热处理工艺而导致的性能和金相组织的不同，可锻铸铁可分为两类：一类为黑心可锻铸铁和珠光体可锻铸铁；另一类为白心可锻铸铁。

（1）可锻铸铁的力学性能

团絮状石墨对基体割裂作用小，所以可锻铸铁的力学性能明显优于片状石墨的灰铸铁。该种铸铁由于具有较高的塑性与韧性，具有接近钢的性能，所以被称为可锻铸铁，也被称为玛钢。但可锻铸铁毕竟是铸铁，其实并不能进行锻造加工。黑心可锻铸铁具有一定强度和硬度，塑性和韧性比较好，常用来制造承受冲击、振动和扭曲负荷的零件；而珠光体可锻铸铁强度和硬度比较高，可用来制造抗冲击的耐磨零件。

（2）可锻铸铁的铸造性能

可锻铸铁浇注成形后为共晶白口铸铁，没有石墨析出，所以比其他铸铁收缩大，需要注意补缩。可锻铸铁在铸造过程中不希望有石墨析出，否则高温石墨化退火后的石墨就不全是团絮状，从而得不到理想的可锻铸铁组织。

可锻铸铁通常用来制造形状复杂、承受冲击载荷的薄壁零件。可锻铸铁的牌号、性能及应用如表 1-8 所示。

表 1-8　可锻铸铁牌号、性能及应用（部分摘自 GB/T 9440）

种类	牌号	试样直径/mm	R_m/MPa	$R_{p0.2}$/MPa	A/%	基体组织	应用
黑心可锻铸铁	KTH300-06	12 或 15	≥300	—	≥6	铁素体	管件、弯头、低压阀座等
	KTH330-08		≥330	—	≥8		管件、阀座、扳手等
	KTH350-10		≥350	≥200	≥10		车辆轮毂、制动器闸瓦等
	KTH370-12		≥370	—	≥12		
珠光体可锻铸铁	KTZ450-06	12 或 15	≥450	≥270	≥6	珠光体	小型曲轴、凸轮轴、连杆、齿轮、活塞环、轴瓦、万向节、扳手、棘轮等耐磨并承受较高载荷的零件
	KTZ550-04		≥550	≥340	≥4		
	KTZ650-02		≥650	≥430	≥2		
	KTZ700-02		≥700	≥530	≥2		

4. 球墨铸铁

球墨铸铁因基体内部石墨呈球状而得名。球状石墨通过对铁水进行球化和孕育处理而获得。按照基体组织的不同，球墨铸铁可分成铁素体球墨铸铁、铁素体-珠光体球墨铸铁、珠光体球墨铸铁和下贝氏体球墨铸铁。

（1）球墨铸铁的力学性能

由于石墨呈球状分布，对基体的割裂危害远小于片状石墨，故球墨铸铁的力学性能接近相同基体的钢。同样，球墨铸铁也具有良好的减振、减摩、切削加工性能和低的缺口敏感性。

（2）球墨铸铁的铸造性能

球化和孕育处理过程会使铁水的温度降低，所以球墨铸铁的流动性能比灰铸铁差，容易出现浇不足、冷隔等铸造缺陷。球状石墨析出时的膨胀力很大，铸型强度不高时会引起铸件外壳的外胀，严重时会胀裂铸型，内部金属液不足时易出现缩松、缩孔。因此，在工艺上要适当提高铸型强度和浇注温度，并利用比较大的内浇口截面和顺序凝固等措施进行补缩。

球墨铸铁通过铸造可以替代锻钢来生产结构复杂的发动机曲轴，获得了以铁代钢之盛誉，在现代工业中得到很快的发展和广泛的应用。球墨铸铁的牌号、组织、性能和应用如表 1-9 所示。

表 1-9　球墨铸铁牌号、组织、性能和应用（部分摘自 GB/T 1348）

牌号	铸件壁厚/mm	R_m/MPa	$R_{p0.2}$/MPa	A/%	基体组织	应用
QT400-18	≤30	≥400	≥250	≥18	铁素体	汽车和拖拉机轮毂、驱动桥壳体、拨叉，中低压阀座，管道，减速箱等承受冲击和振动的零件
	>30～60	≥390	≥250	≥15		
	>60～200	≥370	≥240	≥12		

续表

牌号	铸件壁厚/mm	R_m/MPa	$R_{p0.2}$/MPa	A/%	基体组织	应用
QT500-7	≤30	≥500	≥320	≥7	铁素体＋珠光体	传动轴、飞轮、齿轮、电机座等
	＞30～60	≥450	≥300	≥7		
	＞60～200	≥420	≥290	≥5		
QT600-3	≤30	≥600	≥370	≥3	珠光体＋铁素体	汽油机和柴油机曲轴、连杆、凸轮轴、缸套、缸体，机床主轴、蜗轮、齿轮；轧机轧辊、滚轮等
	＞30～60	≥600	≥360	≥2		
	＞60～200	≥550	≥340	≥1		
QT700-2	≤30	≥700	≥420	≥2	珠光体	
	＞30～60	≥700	≥400	≥2		
	＞60～200	≥650	≥380	≥1		
QT800-2	≤30	≥800	≥480	≥2	珠光体/回火马氏体	
	＞30～60	供需双方确定				
	＞60～200					
QT900-2	≤30	≥900	≥600	≥2	下贝氏体/回火马氏体	汽车后桥螺旋锥齿轮、曲轴、凸轮轴等
	＞30～60	供需双方确定				
	＞60～200					

5.蠕墨铸铁

蠕墨铸铁因基体内部石墨呈蠕虫状而得名。蠕虫状石墨可以通过对铁水进行孕育处理而获得。由于对于基体的割裂作用要小于灰铸铁，所以蠕墨铸铁具有更加优良的力学性能。球墨铸铁的出现很快替代了蠕墨铸铁，但是蠕墨铸铁具有很好的高温稳定性能，仍然被内燃机行业广泛使用。

二、铸钢

铸钢也是一种重要的铸造合金，它的年产量仅次于灰铸铁，约为球墨铸铁和可锻铸铁的总和。

1.铸钢的种类

常用的铸钢材料有铸造碳钢、铸造低合金钢和铸造高合金钢。

① 铸造碳钢　铸造碳钢约占铸钢总量的70%以上，其牌号（如ZG270-500）中的后两组数字分别表示屈服强度和抗拉强度。铸造碳钢主要用于结构复杂而铸铁又无法满足强度需要的零件，如飞轮、大型齿轮、机车轮毂、承载机架和横梁等。铸造碳钢的焊接性能较好，可以制造铸-焊结构的重型零件。

② 铸造低合金钢　在铸钢中加入总量少于5%的合金元素，就构成铸造低合金钢。合金元素的加入可以提高铸件的强度和耐磨性能。常用铸造低合金钢有以锰元素为主的ZG40Mn和ZG45Mn2，还有以铬元素为主的ZG40Cr和ZG35CrMo等。

③ 铸造高合金钢　当铸钢中合金元素总量大于10%时就构成铸造高合金钢。例如，ZG120Mn13为高锰耐磨铸钢，主要用来制造履带和装甲板；ZGW18Cr4V具有良好的热硬性，可以用来制造结构复杂的铣刀和齿轮滚刀；ZGCr17和ZG1Cr18Ni9Ti为不锈钢，可以用来制造耐腐蚀的化工阀座。

2. 铸钢工艺特点

钢水温度高，易氧化，可以溶解大量气体，收缩变化大，并且以树枝状结晶方式凝固，流动性较差，所以铸钢的铸造性能差，会产生浇不足、冷隔、缩孔、缩松、裂纹、气孔、夹渣、粘砂等缺陷。为了保证铸钢件的质量，在铸件结构设计和铸造工艺上要采取相应措施。

ⅰ. 在铸件结构上力求壁厚均匀，保证一定的壁厚，在拐角和壁厚变化处要尽量圆滑过渡，以防止发生冷隔，避免应力集中而出现裂纹。

ⅱ. 利用冒口来保证浇注到位，并进行补缩，配合冷铁使铸件顺序凝固，减少缩松和缩孔的出现。

ⅲ. 型砂和芯砂要具有高的耐火性、透气性、退让性和强度。

ⅳ. 严格控制浇注温度。

3. 铸钢件热处理

铸钢件内部由枝状晶构成，晶粒粗大且组织不均匀，铸造应力大，需要进行热处理。退火可以消除铸造应力，正火可以细化和均化组织。

第五节　铸件结构设计

铸件结构设计关系到产品质量和铸造生产过程。在满足铸件使用功能的前提下，综合考虑铸造工艺条件和合金铸造性能，选择合理的铸件结构可以简化铸造工艺过程，减少和避免铸造缺陷，保证铸件质量，降低劳动强度和生产成本，提高生产效率。

一、考虑砂型铸造工艺的铸件结构

在满足铸件使用性能的条件下，铸件在结构上应尽量有利于简化模样制造、型芯制造、造型、合箱和清理等铸造生产工序。设计铸件结构时应该注意以下几个方面。

1. 简化铸件外形

尽量将铸件设计成简单的几何形状，如圆柱、圆套、圆锥、球体和立方体，避免采用不规则曲面、内凹或侧面外凸形状。其主要原因如下。

ⅰ. 减少分型面，减小错箱的可能性；同时还可以采用平的分型面，省去挖砂操作，简化造型工序。图 1-30(a) 中的拨杆需要采用倾斜的分型面，改为图 1-30(b) 的结构就可以采用水平分型面分模造型。

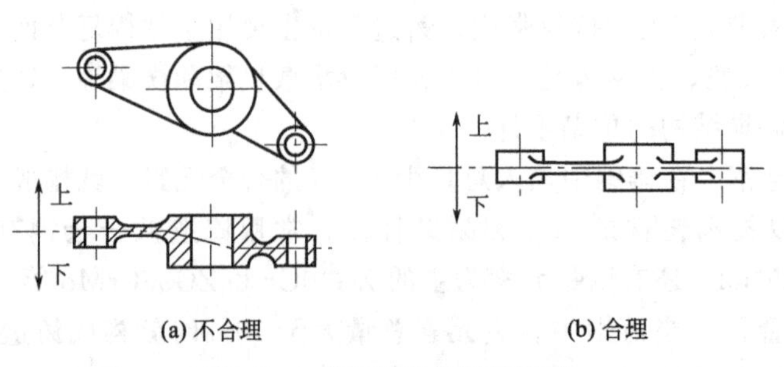

(a) 不合理　　(b) 合理

图 1-30　拨杆铸件的结构设计

ⅱ. 减少型芯和活块，简化造型、造芯、起模等工序，降低因偏芯引起铸件质量缺陷的可能性，节省成本，提高生产效率。

图 1-31 为铸造生产的悬臂托架。如果采用中空截面结构来保证刚度，则需要使用难以固定的悬臂型芯；改成“工”字形截面结构后，同样可以保证刚度，但在铸造工艺上简化了很多。

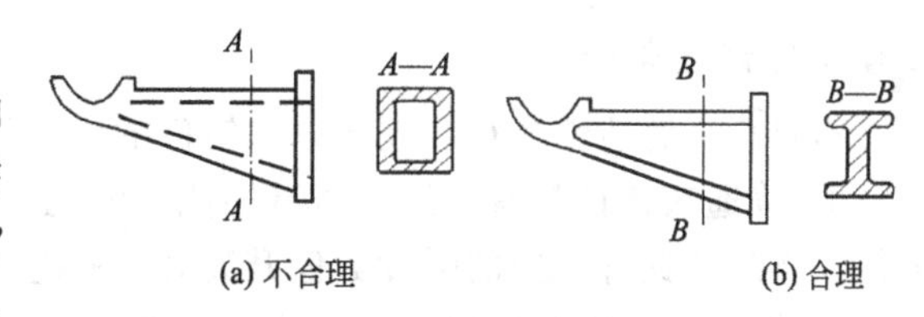

(a) 不合理　　(b) 合理

图 1-31　悬臂托架的结构设计

图 1-32 为铸造生产的化工容器管路变径。采用型芯则结构复杂，如果改成直接堆在下箱上的砂垛，形成自带型芯，就可以简化结构。

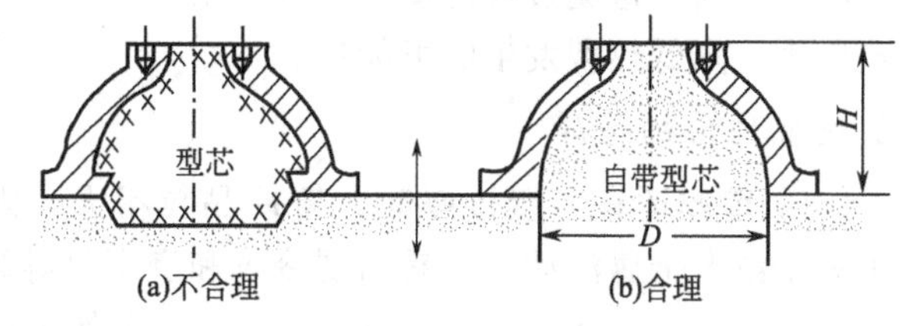

(a)不合理　　(b)合理

图 1-32　铸件内腔的结构设计

图 1-33 为希望在铸件侧面上留出加工用凸台的几种结构。图 1-33(a) 中的结构需要采用活块造型来实现。如果把多个凸台组合在一起，就可以用一个活块，简化造型过程；如果把凸台延伸到分型面，就可以省去活块，直接起模，图 1-33(b)。

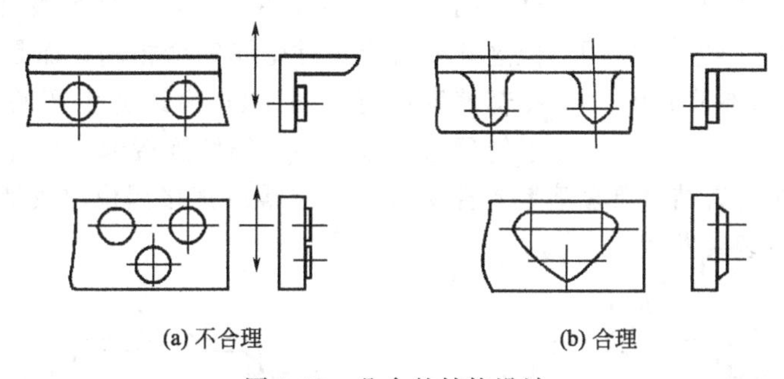
(a) 不合理　　(b) 合理

图 1-33　凸台的结构设计

2. 利于型芯固定、排气和清理

图 1-34 为盲套管铸件的几种结构设计。在图 1-34(a) 中，为了支承悬臂型芯，采用金属芯撑来提高型芯的稳定性，但铸件凝固时无法保证与芯撑紧密结合，直接影响到铸件质量。如果功能允许改成双端型芯支承结构，如图 1-34(b) 所示，铸件质量就可以得到保证。如果盲管端面不允许开孔，还可以采用工艺孔的方法，利用两侧小型芯固定悬臂型芯，如图 1-34(c) 所示。

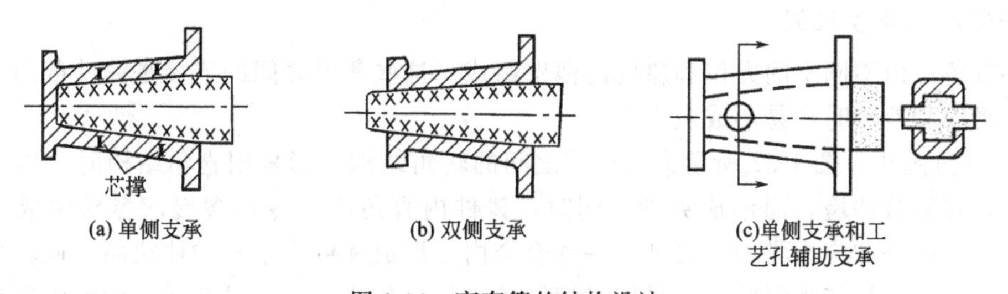

(a) 单侧支承　　(b) 双侧支承　　(c)单侧支承和工艺孔辅助支承

图 1-34　盲套管的结构设计

二、考虑合金铸造性能的铸件结构

为了避免或减少铸造缺陷，在铸件结构设计上还要考虑合金的铸造性能。

1.合适的铸造合金

不同合金铸造性能存在差异，在铸件的结构设计上也有不同要求。

ⅰ.普通灰铸铁具有良好的铸造性能，缩孔、缩松和热裂倾向小，适宜铸造薄壁结构铸件。当灰铸铁牌号中的强度数值升高时，铸造性能随之下降。

ⅱ.铸钢在凝固时析出枝状晶体，流动性差，收缩量大，应力求结构简单，并能够实现顺序凝固，避免过薄的壁厚，以防出现冷隔。另外，筋板和辐条要合理安排，以缓解铸造应力，降低热裂发生的可能性。

2.适宜均匀的壁厚

① 壁厚适宜　壁过厚时，铸件晶粒粗大，内部缺陷多，力学性能下降；壁过薄时，不利于液态金属流动，容易出现冷隔和浇不足等缺陷。

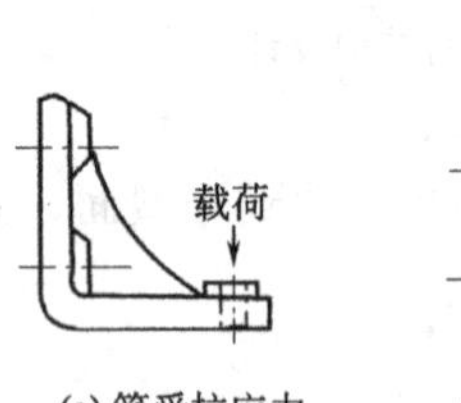

(a) 筋受拉应力　(b) 筋受压应力

图 1-35　加强筋板的应用

为了保证铸件刚度，减轻铸件重量，常采用丁字形、工字形、U 形和箱形截面结构。另外，也常用如图 1-35 所示的加强筋板。

② 壁厚均匀　铸件各部位壁厚差异过大，冷却速度不同，容易形成热应力，在壁厚变化部位产生裂纹。但这并非要求铸件壁厚完全相同，而是希望铸件各部位冷却速度接近。图 1-36 为铸造生产的压缩机顶盖。为了使顶盖连接可靠，螺纹连接部位厚而面积大，而边缘部位就比较薄，在两者结合部就容易产生裂纹。若将螺纹连接部位改成带状结构，壁厚趋于均匀，可以避免裂纹发生。

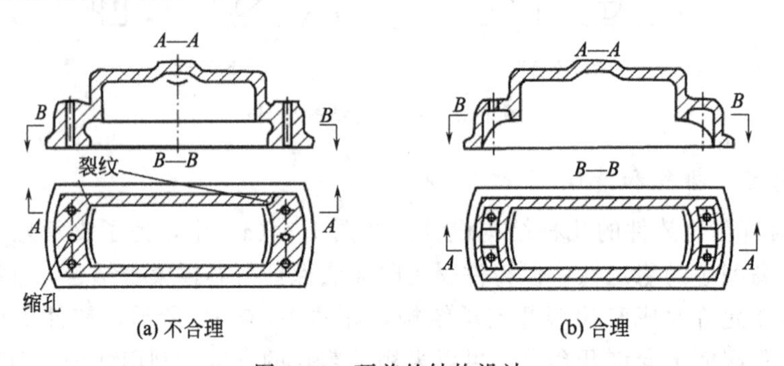

(a) 不合理　(b) 合理

图 1-36　顶盖的结构设计

3.铸件壁间的逐步过渡

多数铸件由不同空间方位和厚度的薄壁组成。这些薄壁之间的连接是铸件截面突变区域，在凝固和冷却时容易形成应力集中。

① 过渡圆角　图 1-37 所示为铸件壁之间的转角结构。当采用直角结构时，内砂型为外直角，容易被冲垮，而形成夹砂。同时，铸件内直角部位冷却缓慢，容易生成粗大晶粒、缩孔、缩松和应力集中。另外，一些合金由于形成和壁面垂直的柱状晶，使转角处的力学性能下降，易产生裂纹。若采用过渡圆角，把直角改为圆弧过渡后，就可以避免上述问题，以至于圆角成为铸件外观的基本特征。

② 避免交叉和锐角　如果铸件上两壁交叉，势必在交叉点上形成厚度比较大的节点，容易出现缩松、缩孔和热应力集中现象。如图 1-38 所示，在小型铸件上采用交错接头，

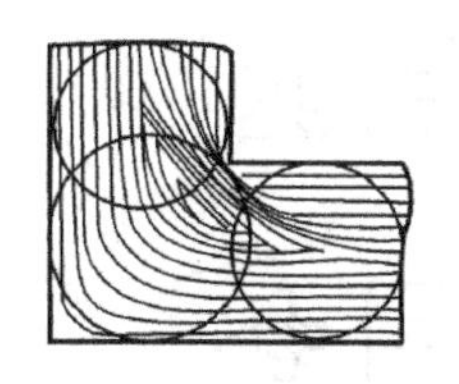
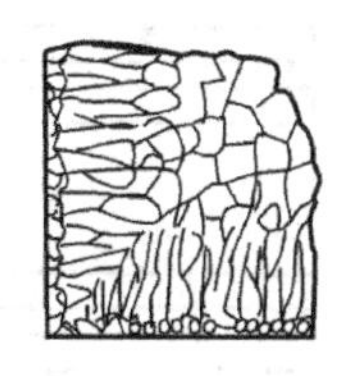

(a) 不合理

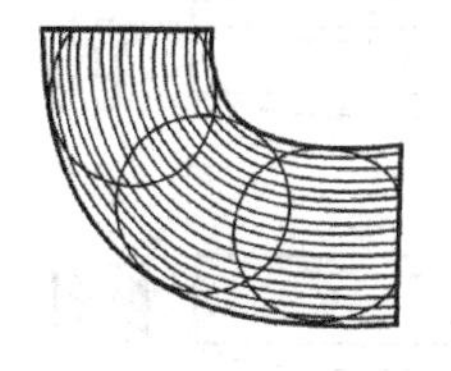
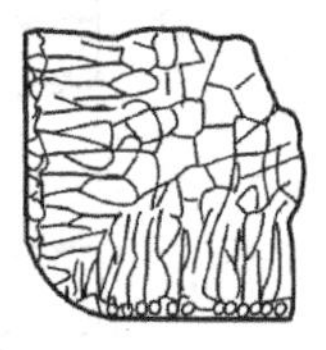

(b) 合理

图 1-37　铸件的过渡圆角

大型铸件上采用环状接头，使铸件各部位的壁厚趋于一致，可以防止热应力和热裂纹的发生。另外，锐角结构也会形成比较大的热节，也应尽量避免。

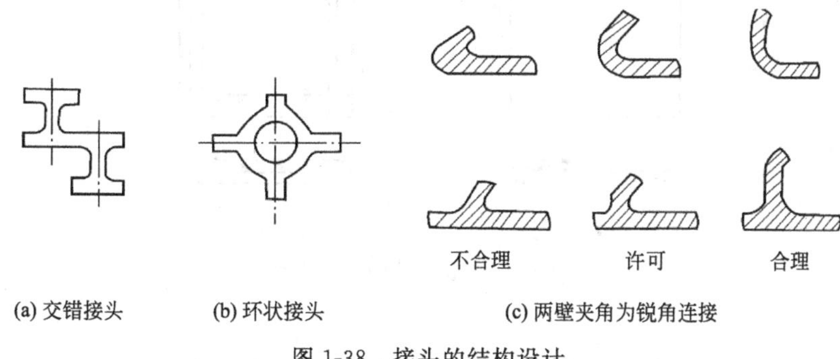

(a) 交错接头　(b) 环状接头　(c) 两壁夹角为锐角连接

图 1-38　接头的结构设计

4. 自由收缩

铸件凝固后要冷却到室温，固态收缩在所难免。如果收缩受阻，就会形成铸造应力，应力超过合金强度，不可避免会出现裂纹。图 1-39 为铸造生产的飞轮。轮缘处于铸件的外圈，先凝固成形，而轮辐相对凝固较慢。如果采用偶数对称布置直线轮辐，收缩应力有可能将轮辐拉断。采用幅板结构后，幅板上减轻孔可以变形缓解收缩应力。当采用弯曲轮辐后，可以利用弯曲轮辐的形变来释放收缩应力。

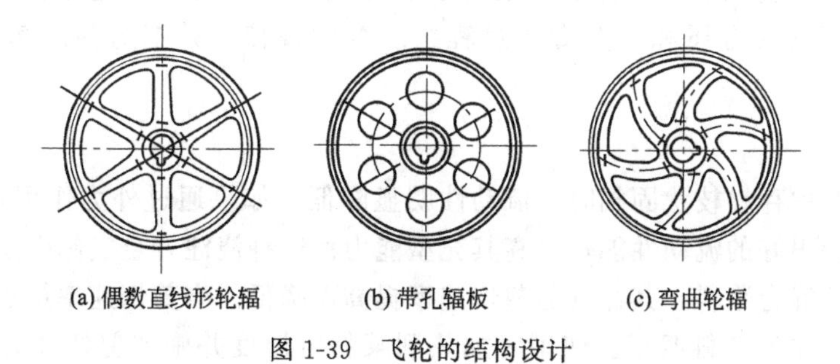

(a) 偶数直线形轮辐　(b) 带孔辐板　(c) 弯曲轮辐

图 1-39　飞轮的结构设计

5. 减小变形

当铸件各部位收缩不匀形成铸造应力时，铸件变形是应力释放的主要方式，这直接影响到铸件的几何精度。图 1-40 为铸造生产的细长结构梁，由于 T 形截面和 U 形截面上分布不对称，冷却速度有差异，会导致铸件纵向弯曲。当采用工字形和十字形对称截面后，冷却速度趋于均衡，同时也具有同样的刚度。图 1-41 为铸造生产的平板，单纯平板结构的刚度差，冷却速度差异会导致翘曲。改成加强筋平板结构后，周边厚度增大，减缓冷却速度，并且平板的结构刚度也有很大提高。

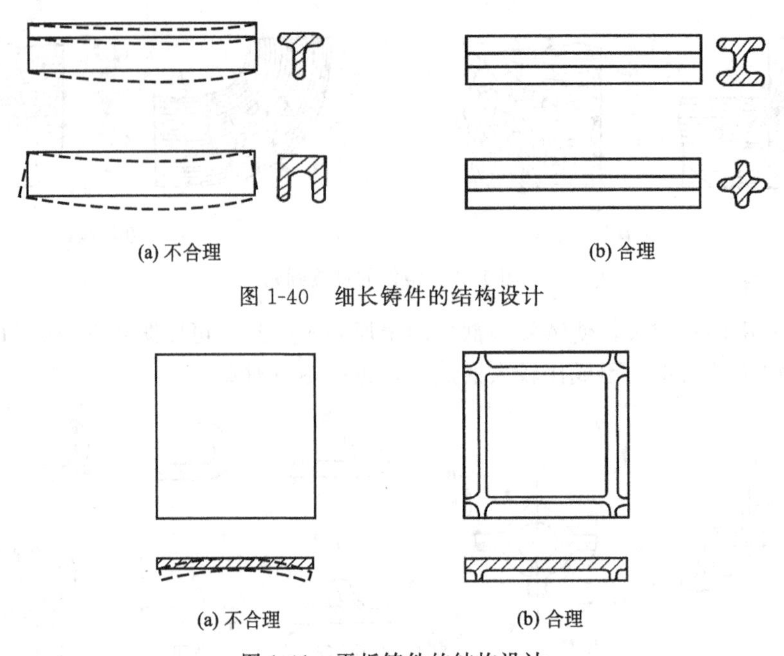

图 1-40　细长铸件的结构设计

图 1-41　平板铸件的结构设计

第六节　铸造技术的发展

铸造工艺历史久远，应用广泛，但由于生产过程复杂，铸件质量和生产效率仍不够理想。基础理论研究的深入和现代科学技术的高速发展，以及多学科的引入和交叉，给传统铸造工艺带来新的活力和发展机遇，涌现出大量的铸造生产新技术。

一、凝固态理论应用

合金凝固是个复杂过程，随着热物理学和金属物理学对凝固过程认识的不断深入，人们逐步掌握了各种金属和合金凝固过程组织变化规律，并把这些规律应用到铸造工艺中。

1. 半固态铸造

当液态合金中存在枝状固相时，流动性明显降低，如果通过外力作用打碎枝状晶体，就仍然可以保持很好的流动性能，提高其充型能力。这种浇注合金实际上是合金母液中悬浮着固相组分的混合浆料，其黏度随剪切速率提高而降低。当剪切速率接近零时，浆料呈现很大刚性，可作为坯料搬运。使用时加热到某特定温度并施加剪切外力，黏度立刻降低，如同流体一样可以被浇注成形，所以被称为半固态铸造。如图 1-42 所示，半固态铸造可以通过两种途径实现。

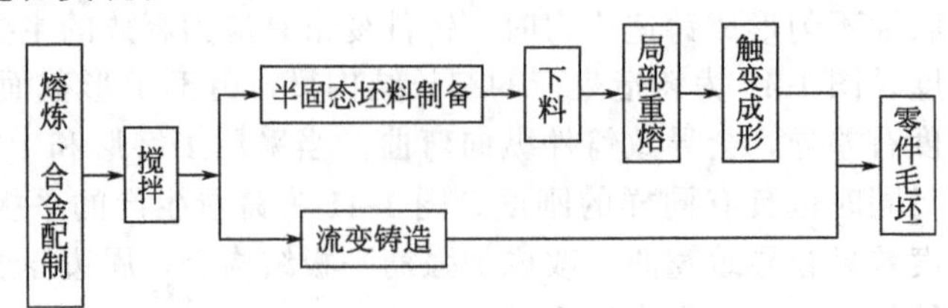

图 1-42　半固态铸造的工艺过程

① 流变铸造　浇注后保持半固态合金处于受剪切状态，冷却使母液凝固，形成铸件。

② 触变铸造　将半固态浆料冷却凝固成坯料，然后根据零件体积下料，再加热到半固态局部重熔。如图1-43所示为触变铸造工艺流程图。

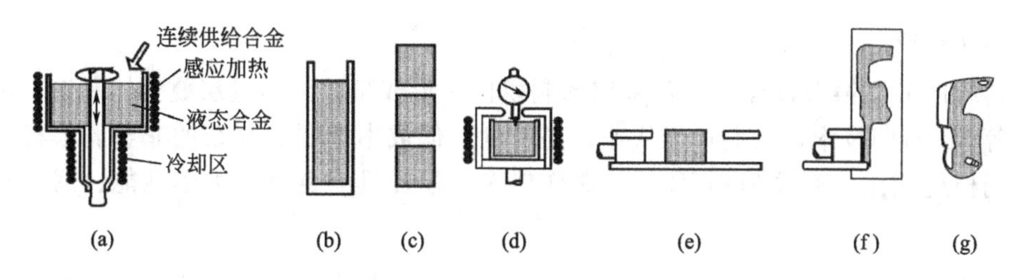

图1-43　触变铸造工艺流程图

(a) 连续制备半固态浆料；(b) 制备半固态锭坯；(c) 定量分割锭坯；
(d) 重新加热至半固态；(e) 送至压射室；(f) 成形过程；(g) 成品

在实际生产中，常利用流变铸造制备半固态铸造坯料，再经过触变铸造成形。半固态铸造近似挤压成形，具有很好的充型能力，可以获得精确的形状和致密的组织，无气孔、缩孔、偏析等铸造缺陷，但合金处于流动状态，变形抗力远比锻压加工时低。半固态铸造合金并非完全熔化，所以铸造温度要比普通铸造低，可以降低加工能耗。

半固态铸造适用于固液两相区比较宽的合金体系，比较典型的有铝合金、镁合金、铜合金和铁合金等。由于触变铸造时局部重熔的温度范围很窄，所以半固态铸造对加热设备温度控制精度的要求很高。

2. 快速凝固

液态金属自然冷却凝固获得常规组织，而快速凝固则可以获得不同的合金组织和性能。快速凝固可以通过两种基本途径实现。

① 深度过冷　将液态金属急冷到远低于固相线以下的温度进行凝固，即使凝固释放潜热加热，也不会使金属升温至高于固相线。凝固快速完成，获得极细而致密的微晶组织。

② 快冷凝固　先有适度过冷，并快速将凝固结晶潜热导出，以获得快速凝固所形成的特征组织。

快速凝固技术本来作为探索新材料的研究手段，现因其优势而转化成一种生产工艺。该工艺具有获得超致密微观组织、直接成形、能改变常规组织结构等特点，在现代航空、仪表和军工产品生产上得到逐渐广泛的应用。

3. 定向凝固

定向凝固也称为定向结晶，原用于电子器件生产，如拉制单晶锗和单晶硅片。定向凝固可以在液态合金中定向生长出无晶界的晶体，这些晶体具有很高的强度和刚度，可以充当合金中的骨架材料，赋予合金特殊的功能，目前主要应用于以下两个方面。

① 制备单晶与柱状晶体　利用定向凝固热流控制技术，可以在铸件内生成定向柱状晶体，相比普通铸造获得的等轴晶体铸件，具有各向异性的特点，并且减少偏析、疏松等缺陷，明显提高合金高温强度和抗热疲劳能力。如果能诱导液态金属凝固成单个晶体，就可以避免晶界等晶体缺陷所带来的疲劳断裂隐患。

② 制备自身复合材料　利用合金偏析特性，使液态合金中增强相析出，并使之定向排列组合，形成自身复合材料。这种自身复合材料具有原来材料所不具备的性能。

二、3D打印应用

自20世纪80年代以来出现的3D打印技术在铸造行业的应用越来越广泛，正在改变着铸造行业的未来。

1. 模样3D打印

在传统的砂型铸造过程中，常采用木制模样来形成型腔。通过层叠实体制造、熔融沉积成形等3D打印技术，人们可以快速、高精度、低成本地制造复杂的非金属模样。与传统的木制模样相比，通过3D打印技术制作出来的模样具有良好的力学性能、耐温特性和抗湿性。

2. 熔模3D打印

在熔模铸造过程中，常采用模具将易熔材料压制成熔模。通过立体光固化成形、选区激光烧结成形、熔融沉积成形等3D打印技术可以不需要模具而直接将熔模制作出来。

立体光固化成形技术所制熔模有尺寸精度高、表面质量好、机械强度较高的优点。但在高温焙烧脱树脂的过程中，因树脂熔模的膨胀程度远高于型壳的膨胀程度，容易出现型壳胀裂的问题。

聚苯乙烯粉末具有烧结温度低、燃烧分解温度低、烧结变形小、成形性能优良等一系列优点，因此选区激光烧结成形一般采用聚苯乙烯粉末作为烧结材料。燃烧分解温度低使得型壳胀裂的问题得到有效改善，但存在熔模强度不高及易翘曲变形导致精度降低等问题。

熔融沉积成形一般采用石蜡或低熔点塑料等材料制作熔模。但制作的熔模存在尺寸精度低、表面质量差等问题，使得其研究与应用受到一定的限制。

3. 砂型3D打印

选区激光烧结成形和喷射层叠成形是砂型3D打印的两种常见方法。

利用选区激光烧结成形技术进行砂型3D打印所采用的常用原材料为覆膜砂，砂粒表面被树脂等粘结剂包裹，通过激光加热粘结剂使其受热熔化后冷却固化，使覆膜砂逐层粘接形成砂型或砂芯。

喷射层叠成形是以型砂为铺设材料，以树脂、固化剂为喷射材料的，两个喷头在每一层铺好并压实的型砂上分别精确地喷射树脂粘结剂和固化剂。粘结剂与固化剂发生交联反应，使型砂被固化在一起。这样，通过逐层铺设和喷射，获得所需的砂型或砂芯。

目前，工业级砂型3D打印设备已经应用并在不断地完善与升级之中。以砂型3D打印为代表的无模砂型铸造技术有可能给砂型铸造带来更光明的未来，彻底改变砂型铸造的生产环境和劳动条件。

三、铸造工艺数值模拟

铸造工艺过程复杂，涉及合金熔化、液态合金流动、热量交换、传质传热、合金凝固、固态收缩、砂型相容等多方面问题，传统铸造工艺研究只能以试验为主，不断摸索，总结经验。随着计算机数值模拟技术的发展，铸造工艺研究也引入了计算机数值模拟技术，主要体现在以下几个方面。

① 微观组织模拟　从液态金属凝固开始，模拟结晶中的自发成核、非自发成核、晶体生长、晶界形成、结晶取向、结晶干涉等过程，探求这些过程中的必然性和概率模型，逐步建立起铸造凝固的数值模型，为研究分析铸件成形理论奠定基础。

② 铸件凝固模拟　铸件凝固受到铸型外部冷却作用，可以利用界面热平衡来模拟铸件和铸型之间的传热关系，分析铸件冷却过程的时域效应。同时还可以根据外部冷却条件，分析模拟铸件内部冷却凝固动态过程，从而认识铸造应力场分布状态。

③ 改进铸件结构　在铸件凝固模拟基础上，改进铸件结构，降低铸造应力，优化铸型流道，避免冷隔发生。

四、辅助铸造工艺

计算机技术的介入，可以简化铸造工艺设计，提高辅助工艺效率，主要应用在以下几个方面。

① 铸造工艺图辅助设计　借助铸造工艺辅助设计软件，可以由零件图生成立体形式的铸造工艺图，并可以修改。

② 模样辅助设计　借助铸造模样辅助设计软件，可以根据铸造工艺图生成立体形式的模样图和型芯图，并可以修改。

③ 造型辅助设计　利用铸造辅助设计软件，模拟使用模样和型芯的造型过程，并生成浇注系统，模拟合箱，校核造型过程准确程度。

五、铸造过程模拟

以铸造工艺参数模拟、铸造工艺模拟、造型辅助设计为基础，可以模拟铸造过程，模拟浇注对铸型冲刷的效果，校核铸型强度；模拟金属液体冷却和流动，校核铸型引导流动的合理性；最后分析获得合格铸件的概率，为改进铸件结构和铸造工艺参数提供支持。

思考与练习题

1. 为什么铸造是毛坯生产中的重要方法？试从铸造的特点并结合示例加以分析。
2. 什么是液态合金的充型能力？它与合金的流动性有何关系？不同化学成分的合金为何流动性不同？
3. 什么是合金的收缩？合金的液态收缩和凝固收缩过大有可能使铸件产生什么缺陷？
4. 缩孔和缩松产生的原因是什么？如何防止？
5. 什么是顺序凝固原则和同时凝固原则？如何保证铸件按给定的凝固原则进行凝固？
6. 哪类合金易产生缩孔？哪类合金易产生缩松？如何促进缩松向缩孔转化？
7. 结合图 1-44 说明铸造应力形成的原因，并用虚线画出铸件的变形方向。

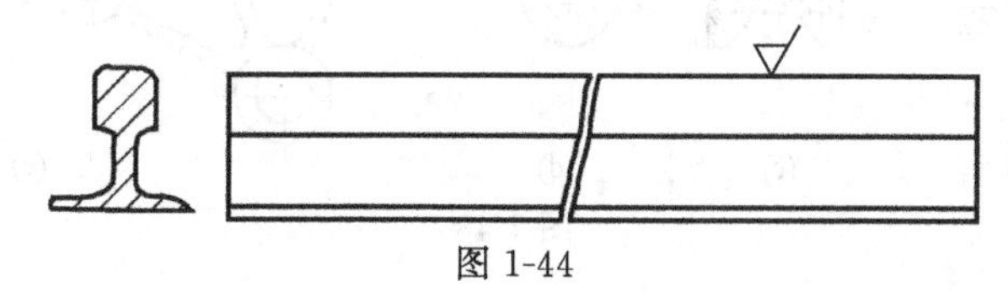

图 1-44

8. 为什么手工造型仍是目前的主要造型方法？机器造型有哪些优越性？适用条件是什么？
9. 分模造型、挖砂造型、活块造型、刮板造型和三箱造型各适于铸造什么样的零件？
10. 图 1-45 铸件有哪些分型方法？在单件生产条件下，应采用哪种手工造型方法（选作）？
11. 简述熔模铸造工艺过程、生产特点和适用范围。
12. 金属型铸造为何能改善铸件的力学性能？灰铸铁件用金属型铸造时，可能遇到哪些问题？
13. 压力铸造和低压铸造的工作原理有何不同？其工艺特点及应用范围各是什么？
14. 什么是离心铸造？它在圆筒件铸造中有哪些优越性？铸件采用离心铸造的目的是什么？
15. 下列铸件在大批量生产时，采用什么方法为宜？

铝合金活塞、缝纫机头、汽轮机叶片、大模数齿轮滚刀、车床床身、发动机缸体、带轮及飞轮。

16. 什么是铸件的起模斜度？图 1-46 所示的铸件的结构是否合理？若不合理应如何改正？

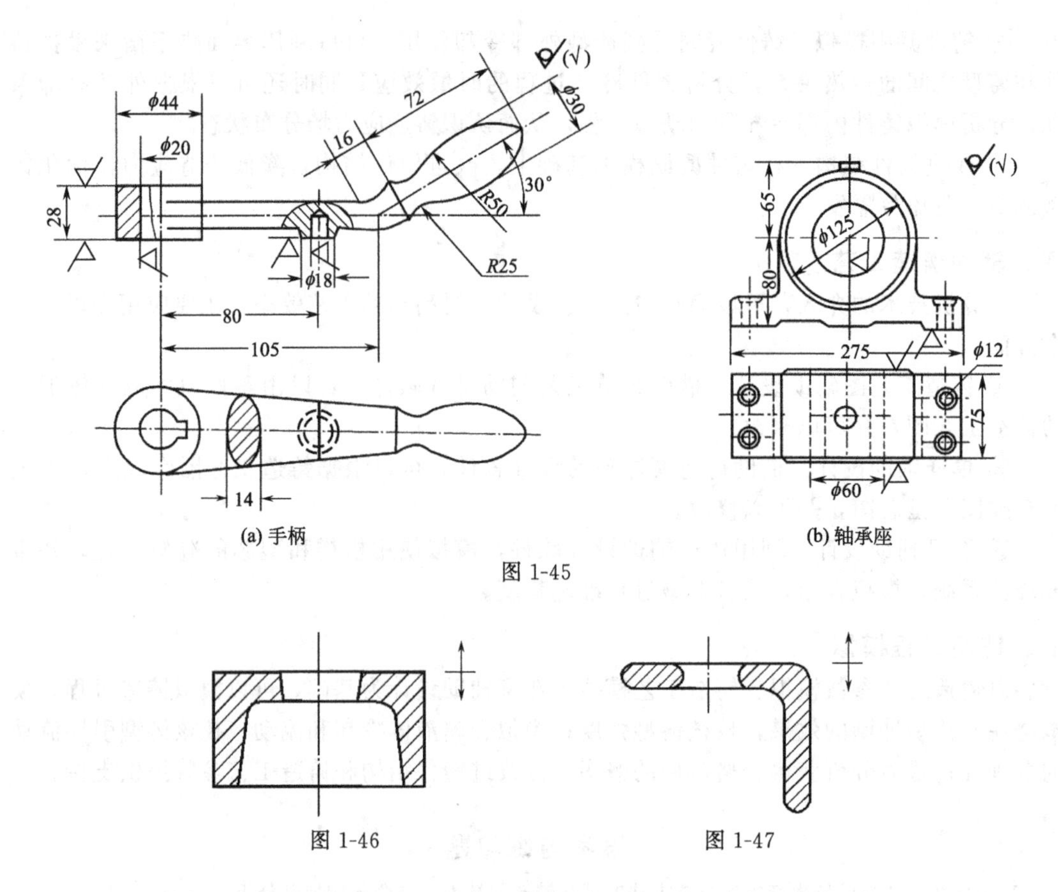

(a) 手柄　　　　(b) 轴承座

图 1-45

图 1-46　　　　图 1-47

17. 为什么铸件要有过渡圆角？图 1-47 铸件上哪些圆角不够合理？应如何修改？

18. 图 1-48 所示铸件的结构有何缺点？该如何改进？

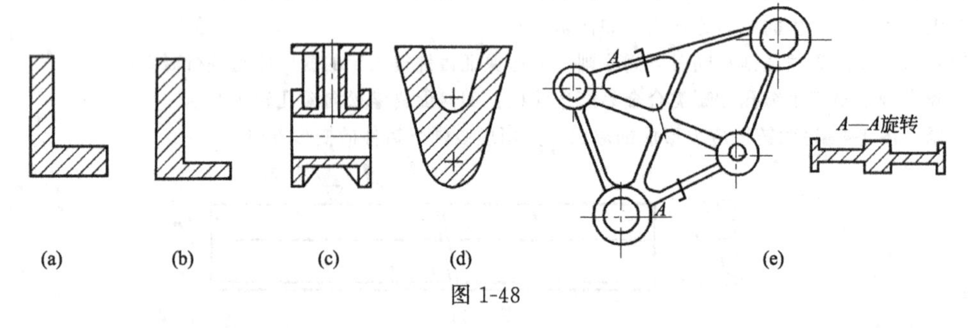

(a)　(b)　(c)　(d)　(e)

图 1-48

19. 修改图 1-49 中铸件结构。

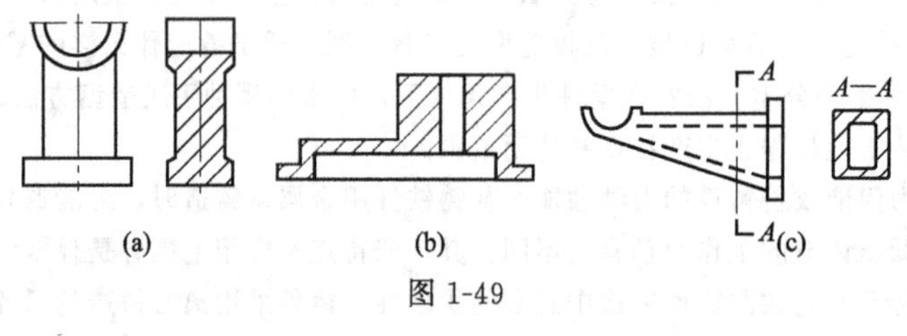

(a)　(b)　(c)

图 1-49

20. 图 1-50 为三通铜铸件，原为砂型铸造。现因生产批量加大，为降低成本，拟改用金属型铸造，试分析哪处结构不适宜金属型铸造？请修改。

21. 图 1-51 中所示铸件各有两种结构方案，请逐一分析哪种结构较为合理？为什么？

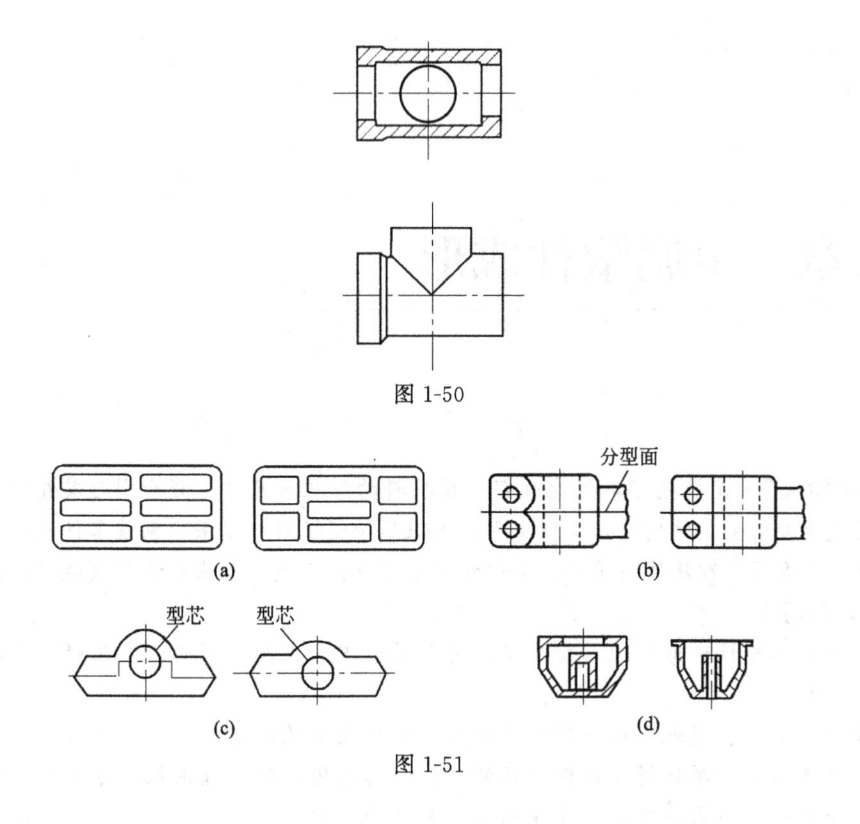

图 1-50

图 1-51

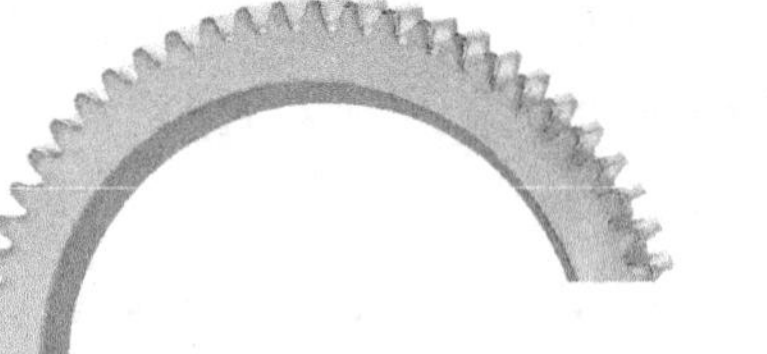

第二章　金属塑性成形

【学习意义】 塑性成形不仅能改变金属材料的形状和尺寸，还会引起其组织和性能的变化。对于重要的金属结构件，工程上常采用锻压等塑性成形方法来制造零件或毛坯。板料冲压具有生产率高、冲压件质量好、节约资源等优点，在汽车工业等许多领域应用广泛。

【学习目标】

1.熟悉金属塑性变形机理、塑性变形对金属组织和性能的影响、金属锻造性能和常用金属的锻造特点；

2.掌握自由锻、模锻和板料冲压的特点、应用及工艺过程；

3.了解常用的金属板材及板料冲压的性能，具有较合理地选用锻造方法和冲压工序的能力以及分析中小型零件锻造和冲压结构工艺性的能力；

4.了解轧制、挤压成形等加工方法的特点和应用；

5.了解锻压新工艺、新技术及其发展趋势。

第一节　塑性成形基础

塑性成形又称为压力加工。它是利用金属在外力作用下产生的塑性变形，以获得具有一定形状、尺寸和力学性能的原材料（如金属型材、板材、管材和线材等）、毛坯或零件的生产方法。讨论塑性成形的实质与规律，对合理设计压力加工成形的零件、正确选用压力加工方法具有十分重要的意义。

一、金属塑性变形及其实质

1.金属的变形

金属的变形分为弹性变形和塑性变形。金属在外力作用下产生弹性变形，当外力消失后，弹性变形也随之消失。当外力增大到使金属内部产生的应力超过该金属的弹性极限时，即使外力被去除，也只有弹性变形能够恢复，而最终留下的永久变形，即塑性变形。

金属材料的塑性通常用延伸率（A）和断面收缩率（Z）来表示。A 或 Z 越大，则金属的塑性越好。良好的塑性是金属材料进行塑性加工的前提条件。

2.金属塑性变形的实质

(1) 单晶体塑性变形

在常温和低温下单晶体的塑性变形主要是通过滑移、孪生等方式进行的。晶体的滑移变形是晶体在切应力作用下晶体的一部分相对于另一部分沿着一定晶面（称滑移面）和晶面上一定的晶向（称滑移方向）发生相对滑动的结果，如图 2-1 所示。

若晶体中没有任何缺陷，原子排列得十分整齐，如上图 2-1 所示，晶体的上下两部分沿滑移面作整体刚性滑移，此时滑移所需的切应力与实际测得的相差上千倍。对这一矛盾现象的研究，导致了位错学说的诞生。理论和实践都已经证明，在实际晶体中存在着位错。晶体的滑移不是晶体的一部分相对于另一部分同时作整体的刚性移动，而是通过位错在切应力的作用下沿着滑移面逐步移动。即在晶体滑移时并不是滑移面上的原子一起移动，而是位错中心的原子逐一递进，由一个平衡位置转移到另一个平衡位置，形成位错运动，位错运动到晶体表面就实现了整个晶体的塑性变形，如图 2-2 所示。

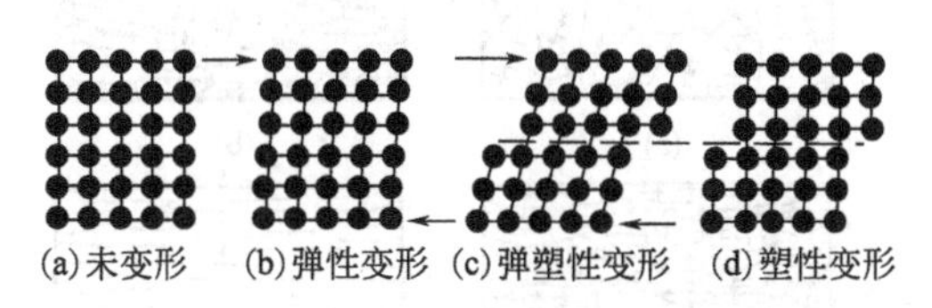

图 2-1　单晶体的滑移变形示意图

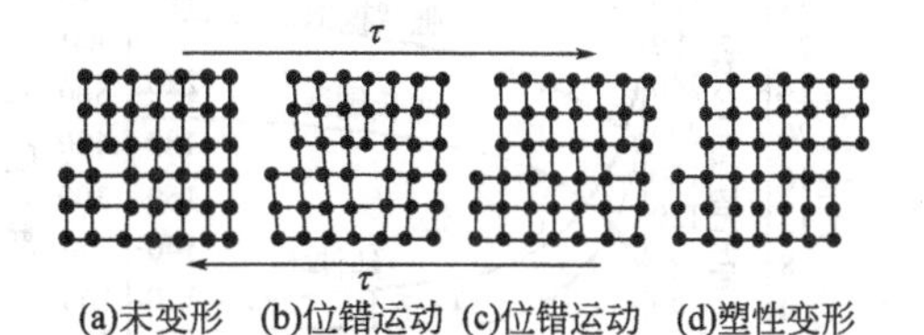

图 2-2　位错运动引起塑性变形示意图

孪生是在切应力的作用下，晶体的一部分相对于另一部分沿一定的晶面（孪生面）和晶向（孪生方向）产生一定角度的切变过程。孪生变形使晶体内变形部分与未变形部分以孪生面为分解面形成了镜面对称的位向关系，如图 2-3 所示。与滑移相比，产生孪生所需的切应力很高，因此，只有在滑移很难进行的条件下，晶体才发生孪生变形。孪生变形本身对晶体塑性变形的直接影响并不大，但可使其中某些原来处于不利滑移的取向转变为有利于发生滑移的位向，从而激发滑移变形的进一步进行，使金属的变形能力得到提高。

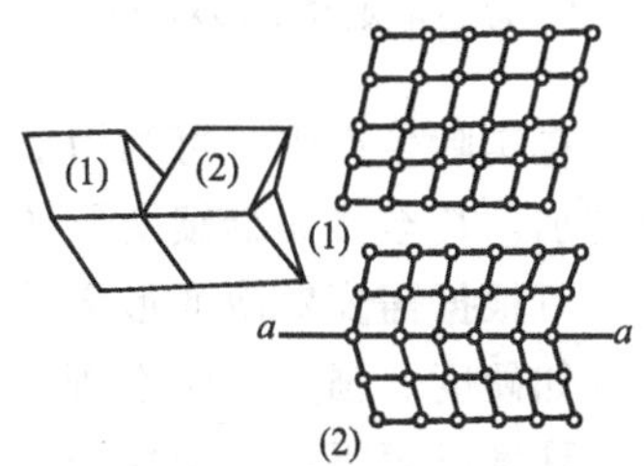

图 2-3　孪生变形示意图

(1)—孪生变形前；(2)—孪生变形后；
a—a 表示孪生面

(2) 多晶体塑性变形

实际使用的金属材料大多数是多晶体，多晶体是由许多小的单晶体——晶粒构成的。多晶体塑性变形的基本方式仍然是滑移，但是由于多晶体中各个晶粒的空间取向互不相同，以及有晶界的存在，因此多晶体的塑性变形过程比单晶体更为复杂。

多晶体塑性变形首先在取向最有利的晶粒中进行，随着滑移程度的增大，位错运动将受到晶界阻碍，使滑移不能直接延续到相邻晶粒。为了协调相邻晶粒之间的变形，使滑移能够继续进行，晶粒间将会发生相对移动和转动，因此多晶体的塑性变形既有晶内变形（滑移和孪生）又有晶粒间的移动和转动。

另外，由于各晶粒的取向不同及晶界的存在，多晶体中各个晶粒之间的变形和每一个晶粒内的变形都是不均匀的。

二、塑性变形后金属的组织和性能

金属塑性变形时，在改变其形状和尺寸的同时，其内部组织结构以及各种性能均发生变化。塑性变形时的温度不同，金属变形后的组织和性能也有所不同。因此，金属的塑性变形分为冷变形和热变形两种。冷变形是指金属在再结晶温度以下进行的塑性变形；热变形是指在再结晶温度以上进行的塑性变形。

1. 冷变形后金属的组织和性能

金属经过冷变形后，其内部组织将发生变化。

ⅰ. 晶粒沿变形最大方向伸长，形成纤维组织，使金属的性能具有明显的方向性。

ⅱ. 晶粒择优取向，形成形变织构，使金属具有各向异性。

ⅲ. 晶粒细化，金属的变形抗力显著升高。

ⅳ. 具有残余内应力，将导致材料及工件的变形、开裂等。

金属的力学性能将随其内部组织的变化而发生变化。如图 2-4 所示，随着变形程度的增加，金属的强度、硬度升高，而塑性、韧性下降，这一现象称为加工硬化。

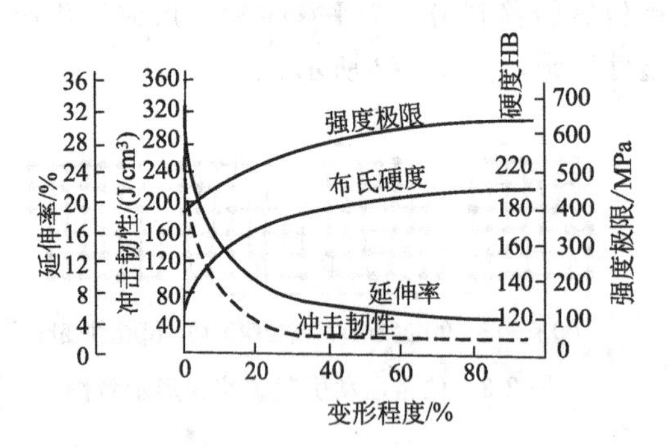

图 2-4 常温下塑性变形对低碳钢力学性能的影响

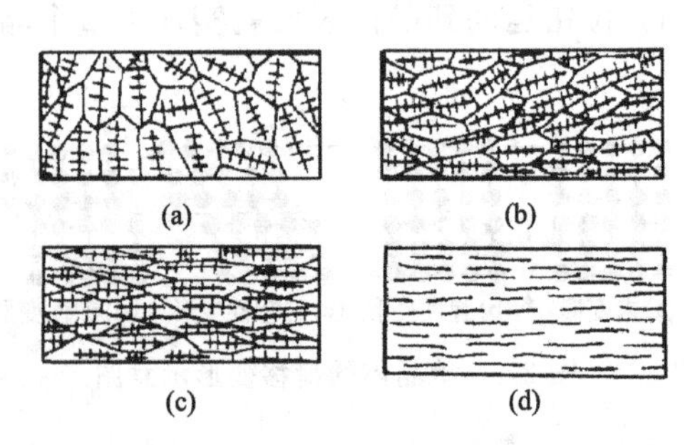

图 2-5 钢锭锻造过程中纤维组织形成示意图

在实际生产中，可利用加工硬化使金属获得较高的强度和硬度。但它使金属的变形抗力增加，甚至丧失继续变形的能力，使压力加工难以继续进行，这时应加以消除。

可根据需要对冷变形金属进行回复处理与再结晶退火，前者使冷变形金属保持力学性能（如硬度、强度、塑性等）基本不变，部分地消除残余应力；后者使冷变形金属的强度、硬度显著下降，塑性和韧性显著提高，内应力和加工硬化完全消除，金属又恢复到冷变形之前的状态，再次获得良好塑性。

2. 热变形后金属的组织和性能

金属经热变形后，其内部组织也将发生如下变化。

① 改善组织缺陷，力学性能提高 热变形后可改善钢中的组织缺陷，如气孔和缩松被焊合，使金属材料的致密度增加。铸态组织中粗大的柱状晶和树枝晶、粗大的夹杂物及某些合金钢中的大块粗晶或碳化物都可被破碎，使晶粒细化，并较均匀地分布。原子在温度和压力作用下扩散加快，可部分消除偏析，使化学成分较均匀，从而使材料的性能得到提高。

② 形成纤维组织 在热变形过程中，基体金属的晶粒和杂质的形状都被改变，它们将沿着变形方向呈现一条条细线，称为流线，具有流线的组织就称为纤维组织（图 2-5）。

热变形后形成的纤维组织稳定性很高，不能用热处理方法加以消除。只有经过锻压使金属变形，才能改变其方向和形状。因此，在设计和制造零件时，为使零件具有最好的力学性能，应根据零件的工作条件，合理控制锻件中的流线分布，尽量使零件工作时的最大拉应力与流线方向一致，剪应力和冲击力与流线方向垂直。如图 2-6（a）所示，棒料经切削加工成

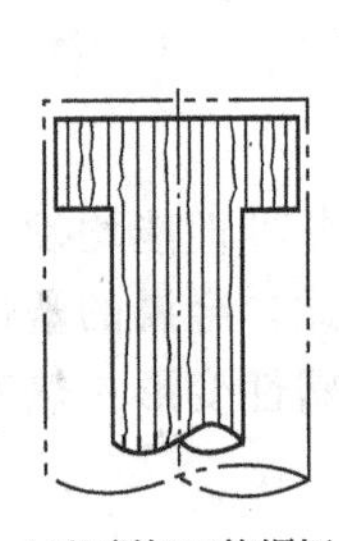

(a)切削加工的螺钉

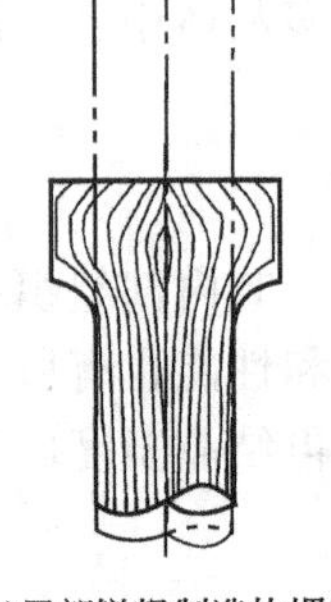

(b)局部镦粗制造的螺钉

图 2-6 不同工艺方法对纤维组织形状的影响

形的螺钉头部与杆部的流线不完全连贯，剪应力顺着流线方向，流线分布不合理。而采用局部镦粗制造的螺钉头部与杆部的流线完全连贯，剪应力垂直于流线方向，流线分布合理。

3.锻造比

锻造比（y）是衡量金属变形程度大小的参数。锻造比越大，说明金属的变形程度越大，反之则越小。

拔长时的锻造比 $$y_{拔}=A_0/A \tag{2-1}$$

镦粗时的锻造比 $$y_{镦}=H_0/H \tag{2-2}$$

式中 A_0,H_0——拔长或镦粗前坯料横截面积、高度；

A,H——拔长或镦粗后坯料横截面积、高度。

随着锻造比的提高，金属的性能得到改善，但锻造比太大时，不仅增加能耗，降低生产率，而且金属的纵向性能并没有继续得到改善，横向性能反而明显下降。一般情况下，碳钢的锻造比为2～3，合金钢的锻造比为3～4，高合金钢、高速钢的锻造比为5～12，不锈钢的锻造比为2～6。而钢材，因已轧制，一般锻造比只取1.1～1.3。

三、金属的可锻性

金属可锻性是金属材料在锻造过程中经受塑性变形而不开裂的性能。它反映了金属材料经受压力加工时获得优质锻件的难易程度，常用金属的塑性和变形抗力来综合衡量。塑性越大，变形抗力越小，金属的可锻性越好；反之，则越差。金属的可锻性主要取决于以下几个方面。

1.金属的化学成分及组织

① 化学成分　金属的化学成分不同，内部晶体结构有差异，其可锻性也不同。通常，纯金属的可锻性优于合金，碳钢的可锻性优于合金钢，低合金钢的可锻性优于高合金钢。碳钢中碳的含量越高，其可锻性越差；若钢中含有碳化物形成元素或硫、磷等有害元素，其可锻性会显著下降。

② 金属组织　化学成分相同但组织不同的金属具有不同的可锻性。单相固溶体（如奥氏体）的可锻性好，碳化物（如渗碳体）的可锻性差；同一种金属或合金处于铸态柱状组织或粗晶组织状态时，其可锻性比处于晶粒细小而均匀的组织状态时差。

2.工艺条件

工艺条件指金属塑性变形时所处的环境状况，如变形时的温度、速度、应力状态等。

① 变形温度　金属在高温下，原子处于高能状态，原子间的结合力削弱，变形抗力减小，塑性提高，即金属的可锻性增加。图2-7为低碳钢在不同温度下的力学性能变化曲线。从图中可看出，当低碳钢被加热到300℃以上时，其塑性上升，变形抗力下降，可锻性变好。但是金属的加热温度不能过高，以免产生过热、过烧、氧化、脱碳等缺陷。所以，在生产中应选择合适的锻造温度范围。

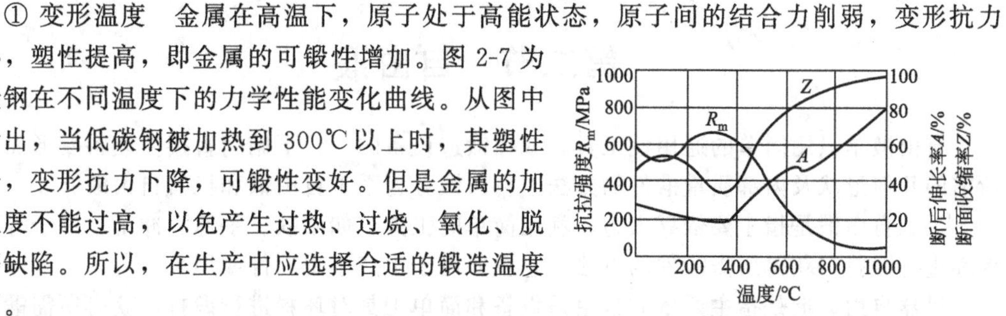

图2-7　低碳钢力学性能与温度变化的关系

锻造温度范围是指始锻温度（开始锻造的温度）和终锻温度（停止锻造的温度）间的温度范

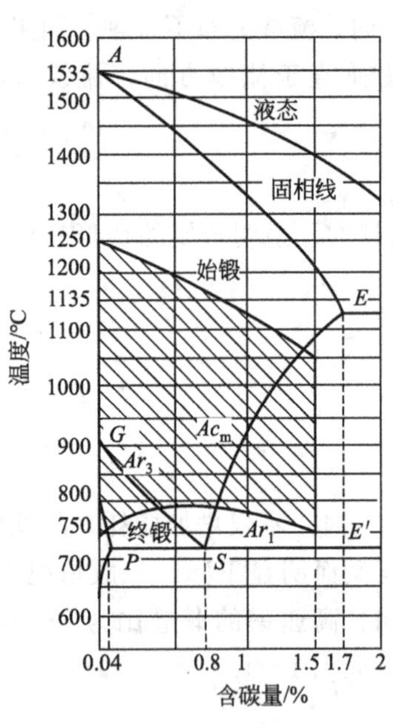

图 2-8　碳钢的锻造温度范围

围。锻造温度范围的确定以合金状态图为依据。碳钢的锻造温度范围如图 2-8 所示，始锻温度比熔点低 200℃左右，一般为 1050～1250℃，随含碳量增高，始锻温度逐渐下降；终锻温度约为 800℃。

② 变形速度　单位时间内的变形量称为变形速度。它对金属可锻性的影响存在着矛盾的两个方面。一是变形导致的加工硬化使可锻性下降，二是快速变形因热效应带来的温度升高使可锻性提高。如图 2-9 所示。当变形速度低于临界值 C 时，加工硬化起主导作用，可锻性随变形速度的提高越来越差。当变形速度超过临界值 C 时，温度升高起主导作用，可锻性随变形速度的提高越来越好。

除高速锤锻造和高能成形外，常用的锻压加工设备都不能使锻件的变形速度超过临界值 C。所以，对塑性差的金属锻件坯料宜选用较小的变形速度，以防锻造速度过快而导致锻裂。如合金钢和高碳钢锻件因塑性差，用压力机而不用锻锤锻造。

③ 应力状态　如图 2-10 所示，金属在经受不同方法变形时，其各个方向上承受的应力不同，所呈现的塑性和变形抗力也不相同。主应力的数量、方向对塑性的影响很大。压应力使金属密实，可防止裂纹扩展，提高塑性，压应力数量越多，塑性越好。拉应力使金属内部微孔及微裂纹处产生应力集中，使其扩展，加速晶界的破坏，塑性下降，导致金属断裂，拉应力数量越多，塑性越差。故挤压比拉拔能够使金属显示出较大的变形抗力和较高的塑性。

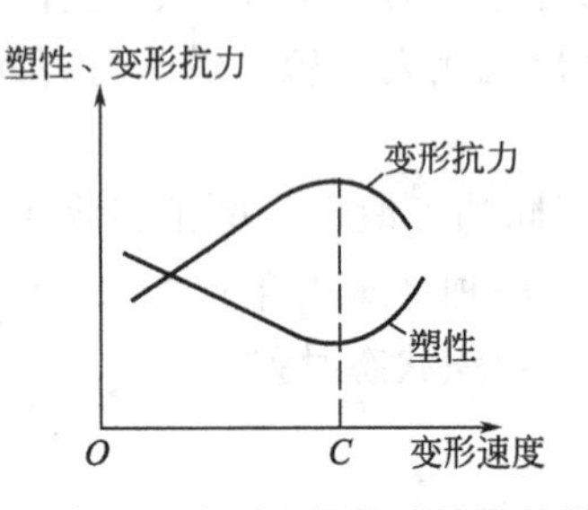

图 2-9　变形速度对金属锻造性能的影响

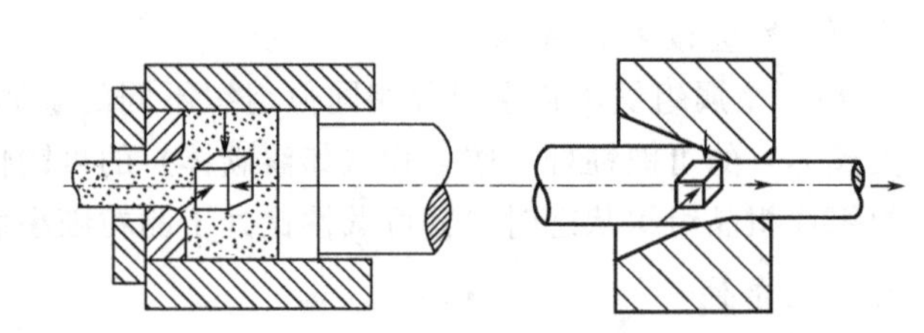

图 2-10　金属变形时的应力状态

第二节　自由锻

自由锻是只用简单的通用性工具，或在锻造设备的上、下砧间直接使坯料变形而获得所需的几何形状及内部质量锻件的方法。自由锻分为手工自由锻和机器自由锻。

手工自由锻是指主要依靠人力，利用简单的工具（如砧铁、手锤、冲子、摔子等）对毛坯进行锻打，获得所需锻件的方法。它主要用于生产小型工件或用具。

机器自由锻造是指主要依靠自由锻设备和简单工具对坯料进行锻打，获得所需锻件的方法。机器自由锻根据其所使用的设备类型不同，可分为锻锤自由锻和液压机自由锻等。锻锤自由锻所使用的设备有空气锤和蒸汽-空气锤，前者只适于锻造小型锻件，后者用于生产质量小于 1500kg 的锻件。水压机自由锻可以锻造质量达 300t 的大型锻件。

自由锻的优点是，所用工具简单，通用性强、灵活性大，因此适合单件和小批锻件特别是特大型锻件的生产，如水轮发电机机轴、轧辊等重型锻件的生产，也可为某些模锻件提供制坯。但自由锻也存在锻件精度低、加工余量大、生产率低、劳动强度大等缺点。

一、自由锻工序

自由锻工序一般分为基本工序、辅助工序和精整工序三大类。基本工序是使金属产生一定程度的塑性变形，以达到所需形状及尺寸的工序，如镦粗、拔长、冲孔、弯曲、扭转、错移、切割等。其中以镦粗、拔长、冲孔最为常见，如表 2-1 所示。辅助工序是指进行基本工序之前的预先变形工序，如倒棱、压肩、压痕等。精整工序是指完成基本工序之后用以提高锻件尺寸及形位精度的工序，如滚圆、平整、校直等，一般在终锻以后进行。

表 2-1　自由锻常用基本工序及应用

工序名称	变形特点	图例	应用
镦粗	高度减小，截面积增大	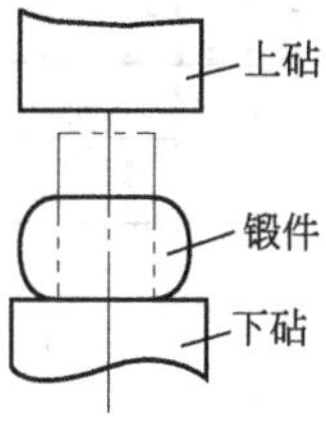 上砧、锻件、下砧 (a)完全镦粗 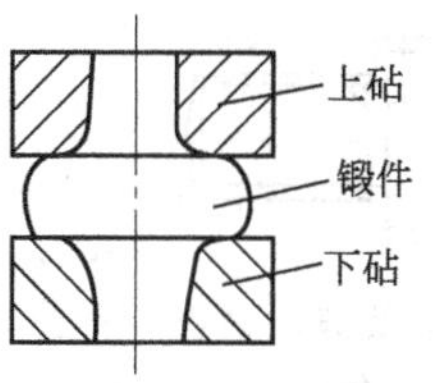　(b)局部镦粗	用于制造高度小、截面大的工件，如齿轮、圆盘、叶轮等；作为冲孔前的准备工序
拔长	横截面积减小，长度增加	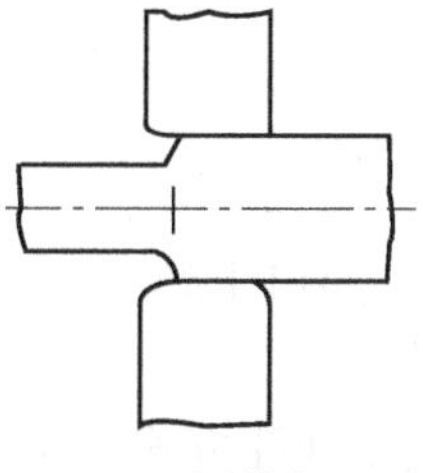 上砧、坯料、芯轴、下砧 (a) 平砧拔长 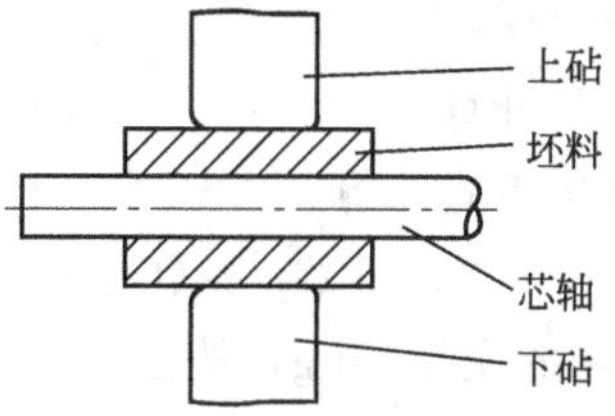　(b) 芯轴拔长	用于制造长而截面小的工件，如轴、拉杆、曲轴等；制造空心件，如炮筒、透平主轴、套筒等
冲孔与扩孔	形成通孔或不通孔（扩孔有冲头扩孔和芯轴扩孔）	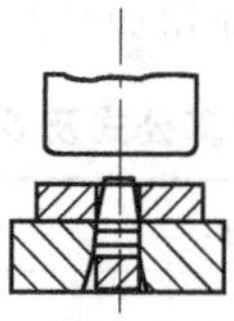 (a) 冲头冲孔 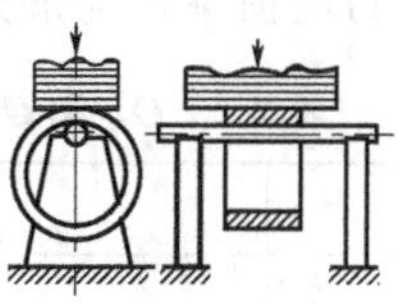　(b) 芯轴扩孔	制造空心工件，如齿轮坯、圆环、套筒等

二、自由锻工艺规程的制定

工艺规程是指导生产、保证生产工艺可行性和经济性的技术文件，也是生产管理和质量检验的依据。自由锻工艺规程的主要内容和制订步骤如下。

1. 绘制锻件图

锻件图是根据零件图绘制的。它是计算坯料、确定锻造工序、设计工具和检验锻件的依据。在绘制锻件图时应考虑以下因素。

① 加工余量　一般锻件的尺寸精度和表面粗糙度不能直接满足零件图所注的技术要

求，锻后工件需进行机械加工，故锻件的加工表面应留有一定加工余量。零件的基本尺寸与加工余量之和即锻件的公称尺寸。加工余量的数值可根据 GB/T 21469《锤上钢质自由锻件机械加工余量与公差 一般要求》等资料确定。

② 锻件公差　在实际生产中，由于操作水平和锻压设备、工具精度等差异，造成锻件的实际尺寸不可能与其公称尺寸完全相符，因此，允许锻件的实际尺寸与其公称尺寸有一定的偏差，即锻造公差。锻件公差与锻件的尺寸等因素有关，其数值可根据 GB/T 21469 等资料确定。

③ 锻造余块　为简化锻件外形及锻造过程，在锻件的某些地方加添一些大于加工余量的金属，这种加添的金属称作锻造余块（简称余块），如图 2-11 所示。

典型自由锻件图如图 2-12 所示。在锻件图上，锻件的外形用粗实线表示，零件的轮廓用双点画线表示。锻件的基本尺寸和公差标注在尺寸线上面，零件的尺寸标注在尺寸线下面的括号内。

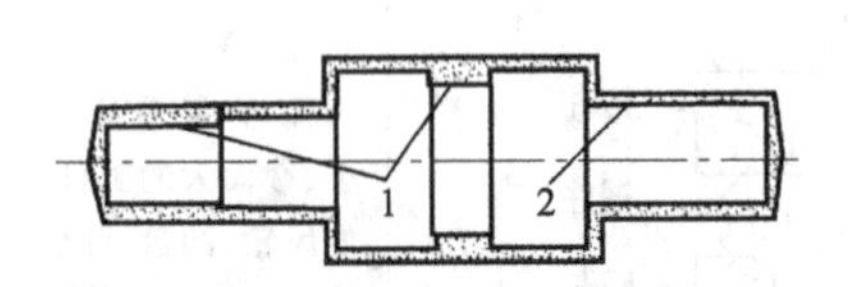

图 2-11　锻件的加工余量及锻造余块

1—锻造余块；2—加工余量

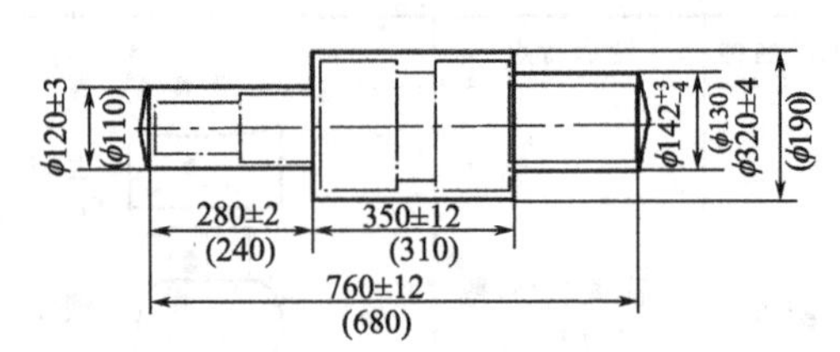

图 2-12　典型锻件图

2.计算坯料的质量和尺寸

(1) 坯料质量的计算

坯料的质量可按下式计算

$$G_{坯}=(G_{锻}+G_{芯}+G_{切})(1+\delta) \tag{2-3}$$

式中　$G_{锻}$——锻件的质量，kg，按公称尺寸计算；

$G_{芯}$——冲孔时去除的芯料量，kg；它取决于冲孔方式，见表 2-2；

$G_{切}$——端部不平整而应切出的料头量，kg，与切出部位的形状有关，见表 2-2；

δ——坯料加热时的烧损率，与加热设备和加热火次有关，见表 2-2。

表 2-2　$G_{芯}$ 和 $G_{切}$ 的计算公式及 δ 值

$G_{芯}$	$G_{切}$	一次烧损率 δ
实心冲子冲孔： $G_{芯}=(1.18\sim1.57)d^2H_0\rho$ 空心冲子冲孔： $G_{芯}=(4.32\sim4.71)d^2H_0\rho$ 垫环冲孔： $G_{芯}=6.16d^2H_0\rho$	矩形截面： $G_{切}=(2.2\sim2.36)B^2H\rho$ 圆形截面： $G_{切}=(1.65\sim1.8)D^3\rho$	油炉：2.5%～3% 煤气炉：1.5%～2.5% 电阻炉：1.0%～1.5% 高频加热炉：0.5%～1.0% 室式煤炉：2.5%～4.0%

注：d 为冲孔直径；H_0 为坯料高度；ρ 为锻件材料的密度；B，H，D 分别为切出部位的截面宽度、高度、直径。

(2) 坯料尺寸的确定

坯料尺寸与锻件成形的第一道工序有关，同时还要考虑锻造比和修整量等要求来确定。当第一道工序采用镦粗时，为避免产生弯曲和便于下料，坯料的高径比应在1.25～2.5之间。因此，坯料的直径 D_0 或边长 L_0 可按式（2-4）和式（2-5）计算：

圆坯料 $$D_0=(0.8\sim1.0)\sqrt[3]{V_{坯}} \tag{2-4}$$

方坯料 $$L_0=(0.75\sim0.9)\sqrt[3]{V_{坯}} \tag{2-5}$$

当第一道工序采用拔长时，先确定坯料在锻造中所需的变形程度，即锻造比 $y_{拔}$，然后根据锻件最大截面积 $A_{锻}$ 计算出坯料的直径或边长，即

$$D_0=1.13\sqrt{y_{拔}A_{锻}} \qquad L_0=\sqrt{y_{拔}A_{锻}}$$

以上初步计算出的坯料直径 D_0 或 L_0，还应按国家有关材料标准，选择标准直径或边长的坯料。然后按选定的标准直径或边长再计算出坯料的下料长度。

3. 确定锻造工序

锻造工序的选择，应根据锻件的形状、尺寸和技术要求，结合各工序的变形特点来确定。自由锻的锻件尽管复杂多样，但根据其形状特征和成形方法大致可分为六类：盘类、轴类、筒类、环类、曲轴类、弯曲类。它们的分类、简图及一般成形工序见表2-3。

表2-3 锻件分类及相应锻造工序

序号	类别	图例	锻造工序	实例
1	盘类		镦粗（或镦粗及拔长）、冲孔	圆盘、齿轮、模块、锤头等
2	轴类		拔长（或镦粗及拔长）、切肩和锻台阶	主轴、传动轴、连杆等
3	筒类		镦粗（或拔长及镦粗）、冲孔、芯轴上拔长	套、圆筒、空心轴等
4	环类		镦粗、冲孔、芯轴上扩孔	圆环、齿圈、法兰等
5	曲轴类		拔长（或镦粗及拔长）、错移、锻台阶、扭转	曲轴、偏心轴等
6	弯曲类		拔长、弯曲	吊钩、弯杆、轴瓦盖等

工艺规程的内容还包括确定所用锻造设备、工夹具、加热设备、锻造温度范围、加热火次、冷却规范、锻件的后续处理等。典型自由锻件的锻造工艺卡如表2-4所示。

表2-4 阶梯轴自由锻工艺卡

锻件名称	阶 梯 轴	工艺类别	自 由 锻
材　　料	45钢	锻造设备	150kg空气锤
加热火次	2	锻造温度范围	1200～800℃

续表

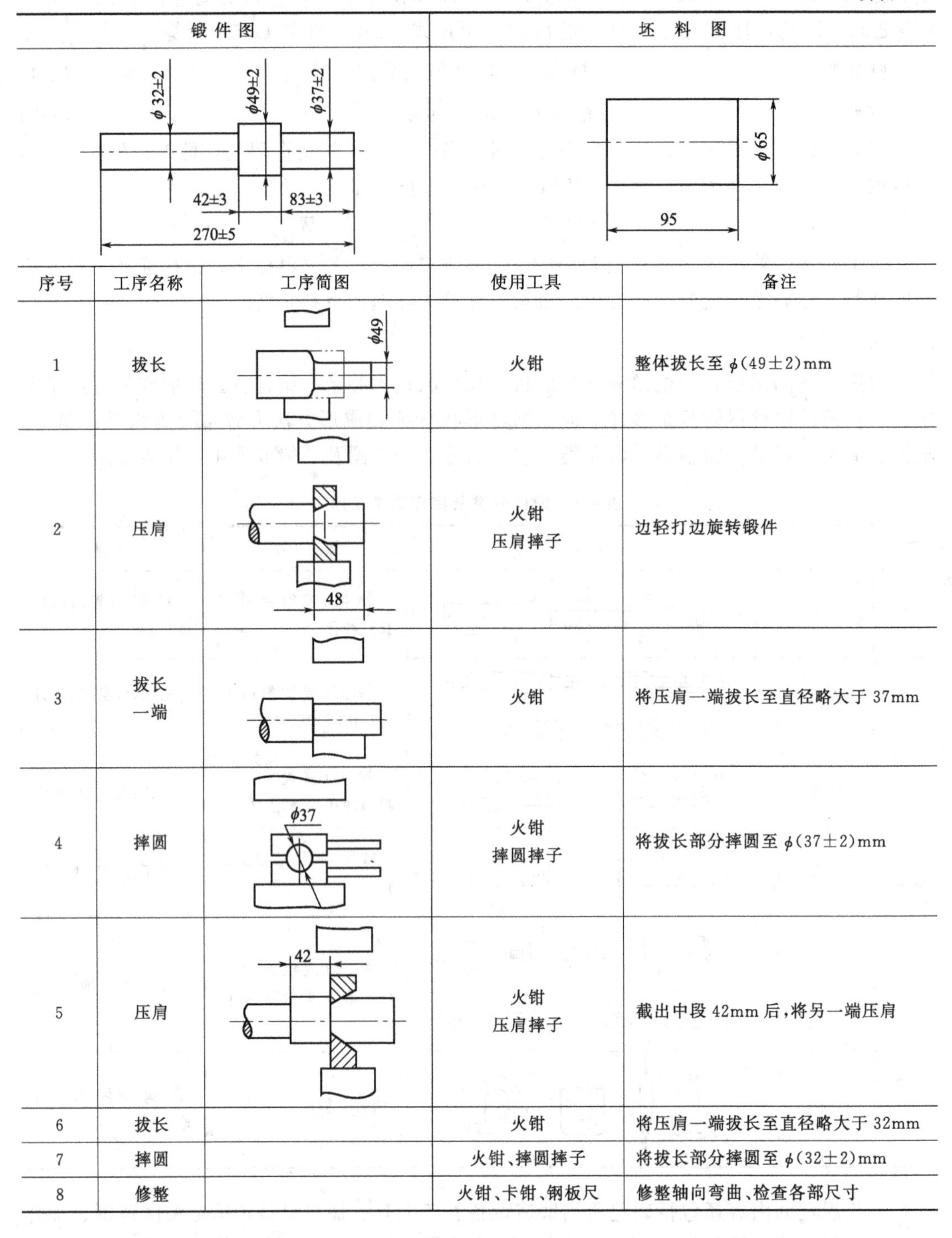

序号	工序名称	工序简图	使用工具	备注
1	拔长		火钳	整体拔长至 φ(49±2)mm
2	压肩		火钳 压肩摔子	边轻打边旋转锻件
3	拔长 一端		火钳	将压肩一端拔长至直径略大于 37mm
4	摔圆		火钳 摔圆摔子	将拔长部分摔圆至 φ(37±2)mm
5	压肩		火钳 压肩摔子	截出中段 42mm 后，将另一端压肩
6	拔长		火钳	将压肩一端拔长至直径略大于 32mm
7	摔圆		火钳、摔圆摔子	将拔长部分摔圆至 φ(32±2)mm
8	修整		火钳、卡钳、钢板尺	修整轴向弯曲、检查各部尺寸

第三节　模　锻

模锻是利用模具使毛坯变形而获得锻件的锻造方法。与自由锻相比，模锻具有以下特点。

ⅰ. 模锻件精度高，表面粗糙度低，机械加工余量小，材料利用率高，节省加工工时。

ⅱ.生产率高。模锻时金属在模膛内变形，可较快地获得所需零件的形状。

ⅲ.可以锻造形状复杂的锻件。

按照使用的设备不同，模锻可分为锤上模锻、胎模锻、压力机上模锻等。

一、锤上模锻

1.模锻特点

锤上模锻原理是上、下模分别紧固在锤头与砧座上，将加热透的金属坯料放入下模膛中，利用上模向下的冲击作用，迫使金属在锻模模膛内塑性流动，而获得与模膛形状一致的锻件。

锤上模锻的工艺特点如下。

ⅰ.可实现多种工步。锤头的行程、打击速度都可调节，能实现轻重缓急不同的打击，适合加工各类形状复杂的零件。

ⅱ.金属充填模膛的能力强。锤上模锻的锤头运动速度块，金属流动时的惯性大，故充填能力强。

ⅲ.生产率高。模锻锤单位时间内的打击次数多，如 1～10t 的模锻锤约为 40～100 次/分钟，坯料可很快成形。

2.模锻设备

锤上模锻所用设备有蒸汽-空气模锻锤、无砧座锤、高速锤等，其中最常用的蒸汽-空气模锻锤结构如图 2-13 所示。模锻锤的吨位（落下部分的质量）为 1～16t，能锻造的模锻件质量为 0.5～150kg。一般适合成批或大批量生产。

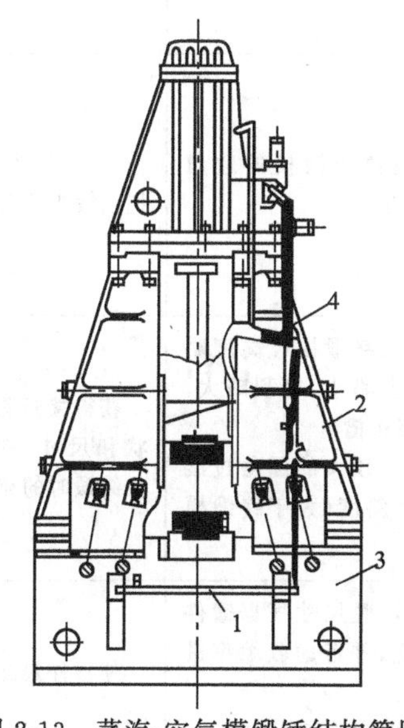

图 2-13　蒸汽-空气模锻锤结构简图

1—踏板；2—机架；3—砧座；4—操纵杆

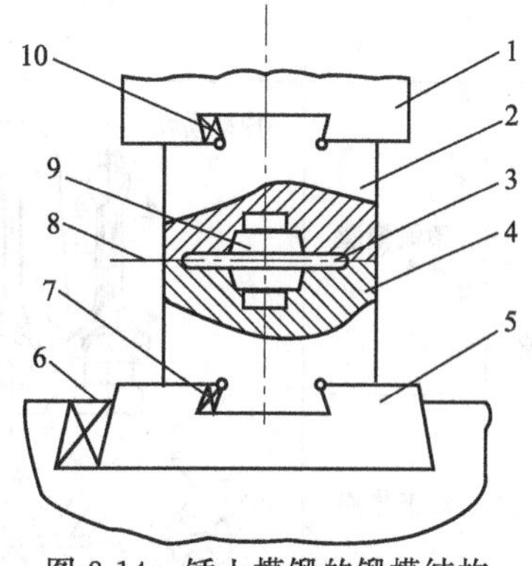

图 2-14　锤上模锻的锻模结构

1—锤头；2—上模；3—飞边槽；4—下模；5—模垫；6,7,10—楔铁；8—分模面；9—模膛

3.锻模结构

锤上模锻的锻模结构如图 2-14 所示。上模用楔铁紧固在锤头上，随锤头一起作上下往复运动；下模靠楔铁固定在模垫上。

模膛按其用途不同，可分为制坯模膛和模锻模膛。各类模膛的结构特点及作用见表 2-5。

表 2-5 模膛类型、特点及作用

模膛类型		简图	特点	作用
制坯模膛	镦粗台	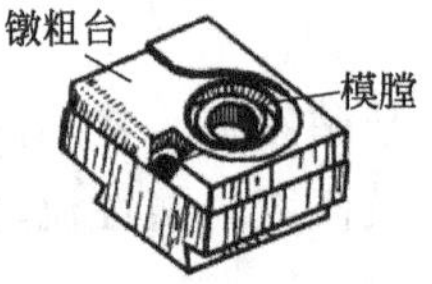 镦粗台 模膛	设在锻模的一角，所占面积略大于坯料镦粗尺寸	减少坯料高度，增大横截面积，兼有去除氧化皮的作用
	拔长模膛	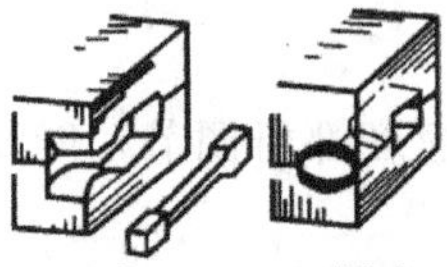 (a) 开式 (b) 闭式	操作时，坯料边送进边翻转	用于减小坯料某处横截面积而增加其长度
	滚压模膛	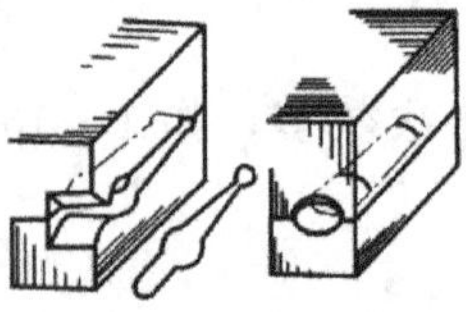 (a) 开式 (b) 闭式	操作时，坯料成形时要反复翻转 90°，不做轴向送进	减小坯料某部分的横截面积以增大另一部分的横截面积
	弯曲模膛	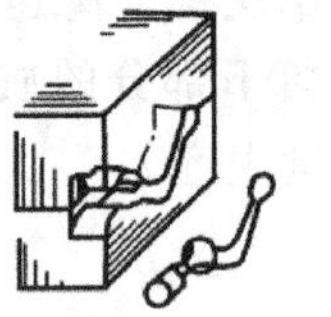	弯曲后的坯料需要翻转 90°再放入下一模膛	使坯料弯曲成一定形状、一定角度
	切断模膛	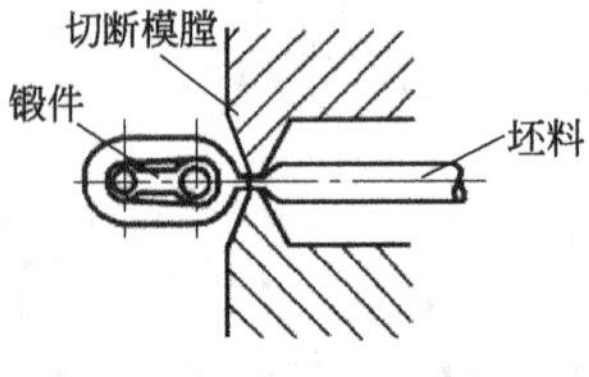 切断模膛 锻件 坯料	模膛位于锻模的边角上，有刃口	一料多件锻造时，把已锻成的锻件分离
模锻模膛	预锻模膛	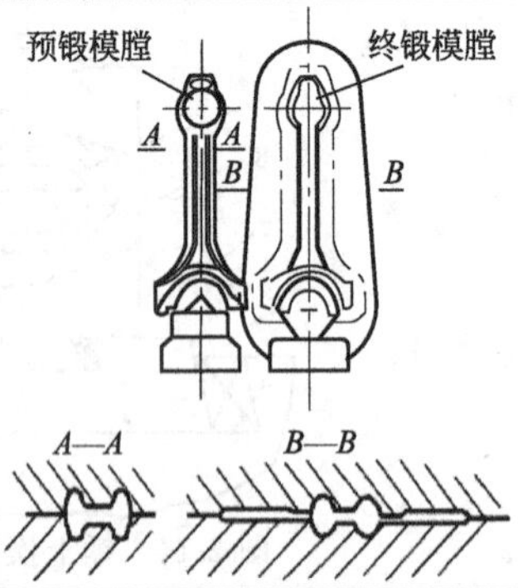 预锻模膛 终锻模膛 A A B B A—A B—B	(1)比终锻模膛高度略大，宽度略小，容积略大，不带飞边槽 (2)有较大的圆角过渡和模锻斜度(大于终锻模膛)	获得接近锻件的形状和尺寸，提高金属在终锻时的充填能力
	终锻模膛		(1)模膛尺寸根据锻件图确定，并考虑收缩率进行放大 (2)模膛带有飞边槽	使锻件最终成形

模锻件的复杂程度不同，因此所需变形的模膛数量不等，可将锻模设计成单模膛形式或多模膛形式。单模膛锻模是在一副锻模上只有一个终锻模膛，如锻造齿轮坯就可采用单模膛锻模，直接将圆柱形坯料放入模膛中成形。多模膛锻模是在一副锻模上具有两个以上（一般不超过 7 个）模膛的锻模。弯曲连杆的多模膛锻模及模锻工步如图 2-15 所示。

4.模锻工艺规程的制定

模锻工艺规程的内容包括模锻件图的设计、变形工步的确定、坯料尺寸的计算、锻模设计及确定锻造设备、修整工序等。

(1) 绘制模锻件图

锻件图是确定模锻工艺、设计和制造锻模、计算坯料和检验锻件的依据。在设计时主要考虑以下几个问题。

① 确定分模面　分模面是指上、下锻模或凸、凹模的分界面。分模面是否合适对锻件成形、出模和材料利用率等有很大影响，其确定原则如下。

ⅰ.确保锻件能从模膛内取出，一般应选在锻件最大尺寸的截面上。如图2-16所示零件，若选 a—a 面为分模面，则无法从模膛中取出锻件。

ⅱ.避免错模，应选在锻件侧面的中部，使上、下模膛轮廓相同。如图2-16的 c—c 面选作分模面时，就不符合此原则。

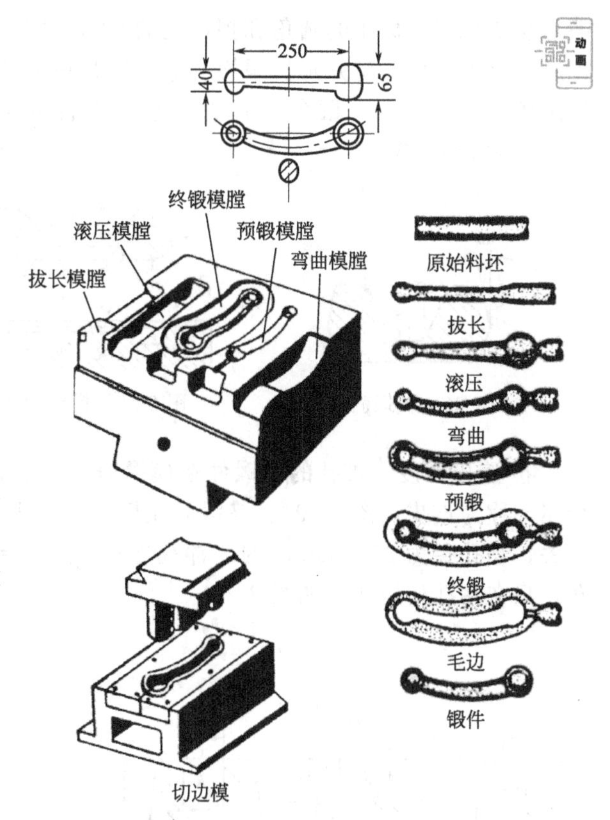

图2-15　锻造弯曲连杆的多模膛锻模及模锻工步

ⅲ.应使模膛浅而宽，以利于金属充满模膛和取出锻件，并有利于锻模的制造。如图2-16的 b—b 面，就不适合作分模面。

ⅳ.减少工艺余块（或敷料），节约金属消耗。如图2-16的 b—b 面被选作分模面时，零件中间的孔锻造不出来，其敷料最多。既浪费金属降低了材料的利用率，又增加了切削加工的工作量。所以该面不宜作分模面。

ⅴ.分模面应尽可能采用平面，以利于模具的加工制造。

综上所述，图2-16的锻件宜选用 d—d 面为分模面。

② 确定机械加工余量和公差　机械加工余量和公差与零件形状、尺寸、质量、材质等因素有关，也与分模面、锻件加热条件等因素有关，其数值可根据GB/T 12362《钢质模锻件　公差及机械加工余量》等资料确定。

③ 模锻斜度　为使锻件易于从模膛中取出，锻件与模膛侧壁接触部分需带一定斜度。锻件上的这一斜度称为模锻斜度（图2-17）。对于锤上模锻，外模锻斜度（α_1）通常取5°～15°，内模锻斜度（α_2）比外模锻斜度大2°～3°，但最大值为15°。模锻斜度与模膛深度（h）及宽度（b）有关，当模膛深度与宽度的比值（h/b）较大时，取较大的斜度值，其数值可根据GB/T 12361《钢质模锻件　通用技术条件》等资料确定。

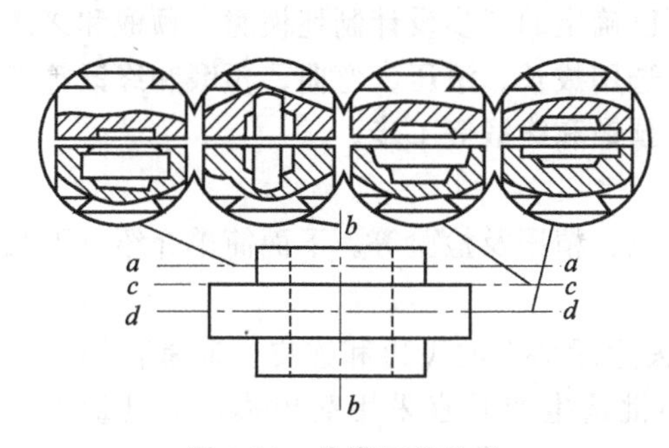

图2-16　分模面的选择

④ 模锻圆角　为模锻件中断面形状和平

面形状变化部位棱角的圆角和拐弯处的圆角（图 2-18）。其目的是使金属易于流动和充满模膛，提高锻件质量并延长锻模寿命。外圆角半径 r 取 2.5～12mm，内圆角半径 R 约为外圆角半径的 2 倍。圆角半径的大小与锻件的形状和尺寸有关，其数值可根据 GB/T 12361 等资料确定。

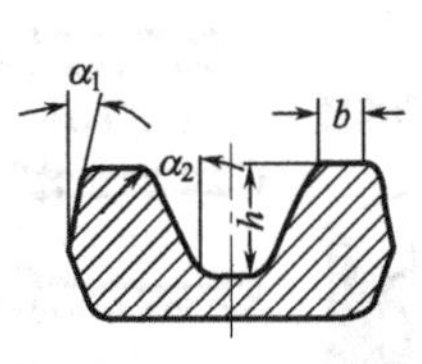

图 2-17 模锻斜度

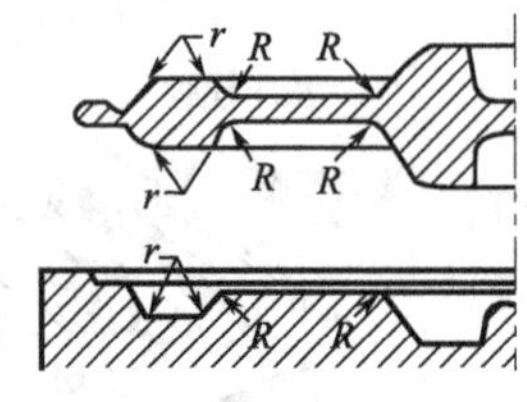

图 2-18 模锻圆角

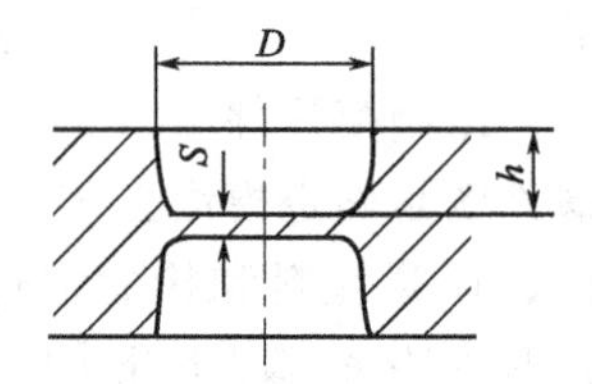

图 2-19 锻件冲孔连皮

⑤ 连皮厚度　带孔的模锻件在模锻时不能直接获得透孔，在该部位留有一层较薄的金属，称为连皮（图 2-19）。终锻后在切边压力机上除掉连皮。冲孔连皮的厚度与孔径 D 有关，当孔径为 25～80mm 时，冲孔连皮厚度 S＝4～8mm。对锻件上孔径小于 25mm 的孔，只在冲孔处压凹，如图 2-20。

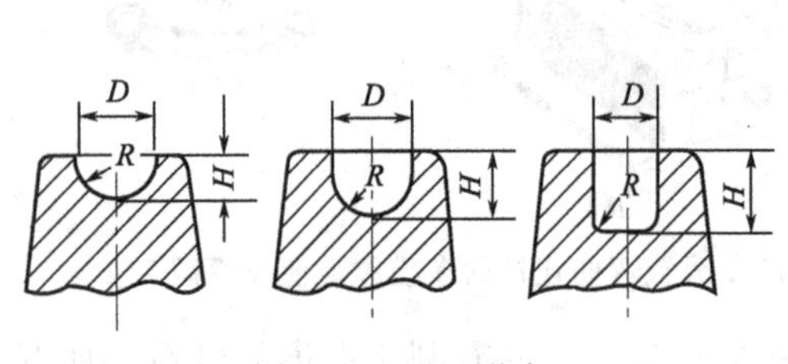

图 2-20 压凹形式

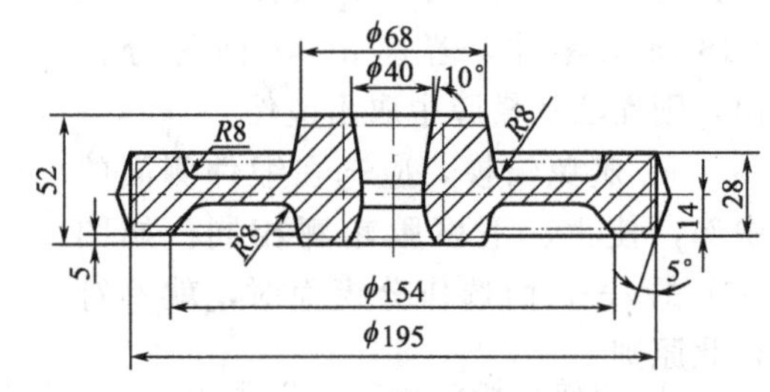

图 2-21 齿轮坯模锻件图

⑥ 飞边　为经模锻后，在锻件周边形成的一圈多余金属。为了防止锻件尺寸不足及上、下锻模直接撞击，模锻件下料时，除考虑烧损量及冲孔损失外，还应使坯料的体积稍大于锻件。在终锻模膛边缘相应加工出飞边槽，其作用为容纳多余金属和增加金属沿分模面的流动阻力以利于金属充填模膛。在锻造过程中，多余的金属即存留在飞边槽内形成飞边，终锻后再用切边模将其切除。

上述参数确定后即可绘制模锻件图。图 2-21 是齿轮坯模锻件图，图中双点画线为零件的轮廓外形。对在图上无法表达的内容，应在技术条件中说明，如未注明的模锻圆角半径、模锻斜度、表面清理方法、锻后热处理方法等。

(2) 确定模锻工步

根据锻件形状和尺寸确定模锻工步，再根据已确定的工步设计制坯模膛、预锻和终锻模膛。对于台阶轴、曲轴、连杆等轴类模锻件常选用拔长、滚压、弯曲、预锻和终锻等工步。对于齿轮、法兰等盘类模锻件常选用镦粗、预锻和终锻等工步。

(3) 修整工序

包括切边、冲连皮、热处理、表面清理、校正、精压及检验等。下面简单介绍以下几个工序。

① 切边和冲连皮　切边和冲连皮的目的是去除锻件上的飞边和连皮。通常在切边压力机上进行（如图 2-22、图 2-23、图 2-24）。小批量生产时宜采用简单模，大批量生产时，为提高生产率，宜采用连续模或复合模。

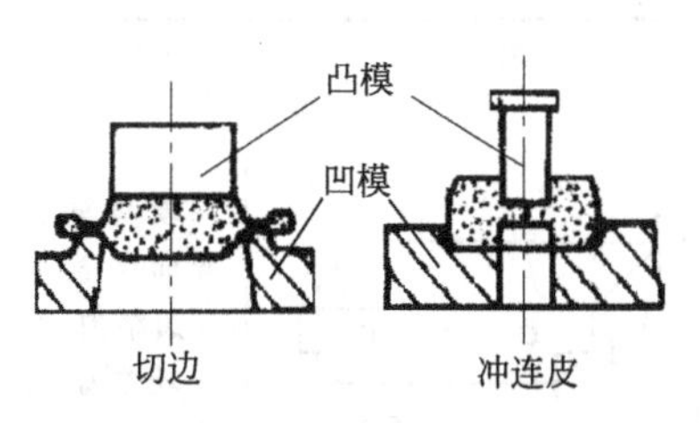

图 2-22　切边-冲连皮的简单模

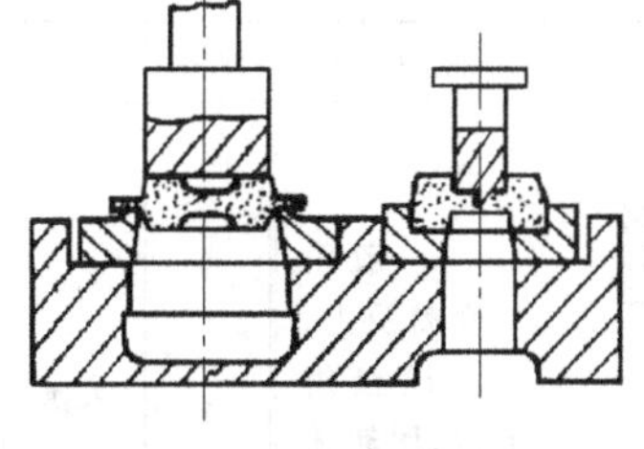

图 2-23　切边-冲连皮连续模

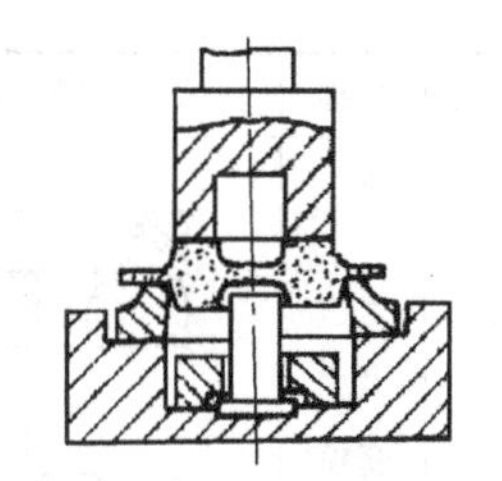

图 2-24　切边-冲连皮复合模

模锻件冲切方式有热切、热冲和冷切、冷冲两种，前者是在模锻后利用锻件的余热即刻进行切边和冲连皮，后者则是在模锻以后集中在常温下进行。

② 热处理　为了消除模锻件的残余应力，改善内部组织，细化晶粒，降低硬度，提高锻件的切削加工性，锻件一般进行正火或退火热处理。

③ 表面清理　表面清理的目的是为了去除锻件表面的氧化皮、表面缺陷（如裂纹、折叠、划伤等)、毛刺和油污等。常用的清理方法有滚筒清理、喷砂（丸）清理和酸洗等。

④ 校正　为消除锻件在锻后产生的弯曲、扭转等变形，使之符合锻件图技术要求而进行的修正工序。校正可在终锻模膛内或专用设备（摩擦压力机等）上的校正模内进行。

⑤ 精压　为在模具中将零件加工成准确尺寸的最终工序。精压的目的是为了提高锻件精度和降低表面粗糙度。精压后，锻件的尺寸精度可达±0.1～±0.25mm，表面粗糙度 Ra 值为 1.25～0.63μm。精压后一般不需要再进行机械加工。

模锻的工艺规程中还包括坯料的质量和尺寸的计算、锻造设备的选择等。

二、胎模锻

胎模锻是在自由锻设备上使用可移动模具生产锻件的一种锻造方法。胎模不固定在锤头或砧座上，只是在使用时放上去。胎模锻一般用自由锻制坯，在胎模中最终成形。其特点如下。

ⅰ.与自由锻相比，胎模锻件的尺寸精度高，表面粗糙度低，敷料少，加工余量小；有较合理的组织结构；生产率较高。

ⅱ.与锤上模锻相比，胎模制造简单，不需要专门的锻造设备，成本低，操作工艺灵活等。但胎模锻件的尺寸精度、生产率和模具寿命较锤上模锻低，且操作人员的劳动强度大。

胎模锻适于小型锻件的中小批量生产，或在没有模锻设备的中小型工厂中使用。

胎模的种类很多，常用胎模的种类、结构和应用范围见表 2-6。

表 2-6　常用胎模的种类、结构和应用范围

序号	名称	简　图	应用范围	序号	名称	简　图	应用范围
1	摔子		回转体或对称锻件的成形	2	扣模		简单非回转体锻件的局部或整体成形

续表

序号	名称	简　图	应用范围	序号	名称	简　图	应用范围
3	套模		一般由套筒及上、下模垫组成,回转体锻件的成形	4	合模		模具具有导向装置和飞边结构,形状较复杂的非回转体锻件的终锻成形

三、压力机上模锻

1. 曲柄压力机上模锻

曲柄压力机是采用曲柄连杆系统作为工作机构的压力机，其传动系统如图 2-25 所示。电动机 1 通过带轮 2、3 及传动轴 4 和齿轮 5、6 带动曲柄连杆机构 8、9，使滑块 10 沿导轨作上下往复运动。斜楔 13 可微量调整楔形工作台 11 的高度，使压力机闭合高度作少量调节。

曲柄压力机的吨位一般有 2000～120000kN，其模锻工艺特点如下。

ⅰ. 曲柄压力机机身采用封闭结构，刚性大，变形小，滑块导向精度高，同时具有自动顶料装置，模锻件的模锻斜度和圆角小，故锻件的精度比锤上模锻高。

ⅱ. 金属变形在滑块一次行程中完成，滑块运动速度低，模锻件内部变形深透而均匀。但金属变形量不宜过大，通常采用多个模膛，使坯料成形逐步完成。同时要求坯料有较少的氧化皮，应考虑模锻前清理毛坯表面和模膛中的氧化皮或采用少无氧化加热方法加热毛坯。

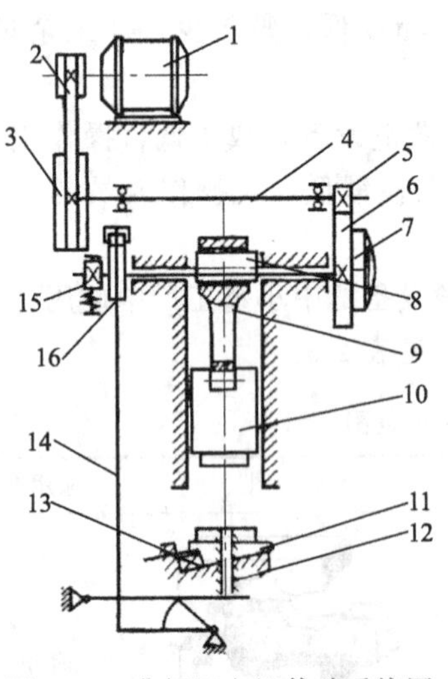

图 2-25　曲柄压力机传动系统图

1—电动机；2,3—带轮；4—传动轴；5,6—齿轮；7—离合器；8—曲柄；9—连杆；10—滑块；11—楔形工作台；12—下顶杆；13—斜楔；14—顶出连杆；15—制动器；16—凸轮

ⅲ. 曲柄压力机模锻时，滑块的压力具有静压力特性，金属在模膛内流动较缓慢，适合于对变形速度敏感的低塑性合金的成形。

ⅳ. 工作时滑块的行程和压力大小不能随意调节，可进行挤压和局部镦粗，但不宜进行拔长、滚挤等制坯工步。

2. 平锻机上模锻

平锻机是具有镦锻滑块和夹紧滑块的卧式压力机。按夹紧滑块分模面的方向可分为水平分模面平锻机和垂直分模面平锻机。平锻机的主要结构与曲柄压力机相似，具有曲柄压力机的所有特点，如行程固定、滑块工作速度低、稳定性好等。平锻机上锻模由三部分组成，即凸模、固定凹模、活动凹模。如图 2-26 所示，电动机 1 通过带 2 将运动传给带轮 3，经传动轴 5、齿轮 6 和 7，带动曲柄 8，使连杆 9 与主滑块 15 一起作水平往复运动，即凸模水平运动；

同时，通过凸轮 11、导轮 10 和 12、副滑块 13、连杆系统 18～20，使活动凹模 17 上下往复运动，实现与固定凹模 16 的闭合或开启。

平锻机上模锻过程如图 2-27 所示。将已加热的棒料放在固定凹模 1 内，使棒料 5 顶在挡料板 4 上定位；活动凹模 2 向上运动，与固定凹模闭合，并夹紧棒料，此时挡料板自动退出，凸模 3 向前运动，对棒料施加压力，使其局部镦粗，充满模膛；主滑块反向运动，凸模退出，活动凹模开启，挡料板恢复原位，取出锻件。

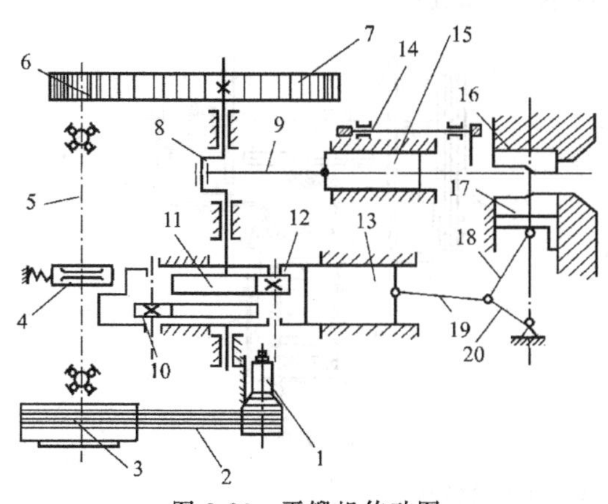

图 2-26　平锻机传动图

1—电动机；2—带；3—带轮；4—离合器；5—传动轴；6,7—齿轮；8—曲柄；9—连杆；10,12—导轮；11—凸轮；13—副滑块；14—挡料机构；15—主滑块；16—固定凹模；17—活动凹模；18,19,20—连杆系统

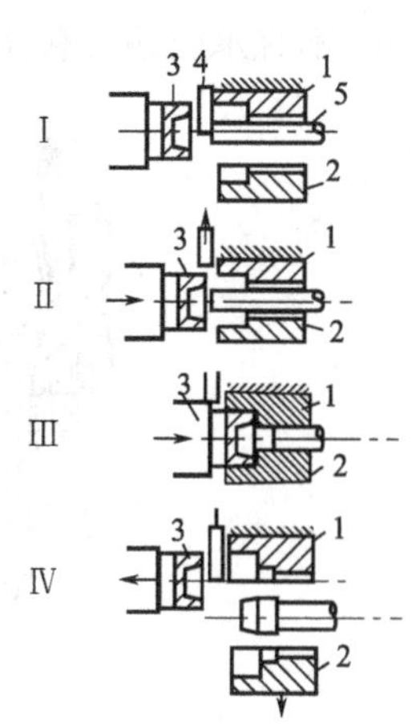

图 2-27　平锻机上模锻过程

1—固定凹模；2—活动凹模；3—凸模；4—挡料板；5—棒料

平锻机的吨位以凸模最大压力表示，一般是 500～31500kN。可锻造直径 25～230mm 的棒料。锻件的形态是带头部的杆类和有孔（通孔或盲孔）的锻件，如汽车半轴、倒车齿轮等。

平锻机的工艺特点如下。

ⅰ. 坯料在平锻机上水平放置，长度不受限制，可加工长杆类锻件。

ⅱ. 有两个相互垂直的分模面，可锻出在两个方向上有凹槽、凹孔的锻件。

ⅲ. 以局部镦粗工步为主，也可进行终锻成形等。

ⅳ. 平锻机上模锻成本高。

3. 摩擦螺旋压力机上模锻

螺旋压力机是靠主螺杆的旋转带动滑块上下运动，向上实现回程，向下进行锻打的压力机。按传动方式可分为摩擦螺旋压力机、液压螺旋压力机和电动螺旋压力机等。图 2-28(b) 为摩擦螺旋压力机的工作原理图。电动机 1 经三角带 2 及其带轮使摩擦盘 3 旋转，改变操作杆位置使摩擦盘沿轴向窜动，飞轮 4 就可分别与两摩擦盘接触而获得不同方向的旋转，实现螺杆 5 的转动，在螺母 6 的约束下，螺杆的转动转变为滑块 7 的上下滑动，从而进行模锻生产。

吨位为 3500kN 的螺旋压力机使用较多，最大吨位可达 10000kN。适合于伞齿轮、法兰盘、顶镦类、长轴和非回转体类中、小型锻件的小批和中批生产。

摩擦螺旋压力机上模锻的工艺特点如下。

ⅰ. 兼有锻锤和曲柄压力机的特点。滑块运动速度 0.5～1.0m/s，行程不固定，这与锻锤相似。坯料变形中的抗力由机架承受，形成封闭力系，具有压力机的特点。既可进行镦粗、挤压、弯曲等大变形工序，又可进行精压、切边、冲连皮及校正等小变形工序。

ⅱ.冲击速度低，金属变形过程中的再结晶现象可充分进行，比较适合模锻再结晶速度较低的低塑性合金钢和有色金属材料（如铜合金等）。

ⅲ.具有顶出装置，可实现小模锻斜度和无模锻斜度，小余量和无余量的精密模锻工艺。

ⅳ.不宜承受偏心载荷，一般只进行单模膛锻造。

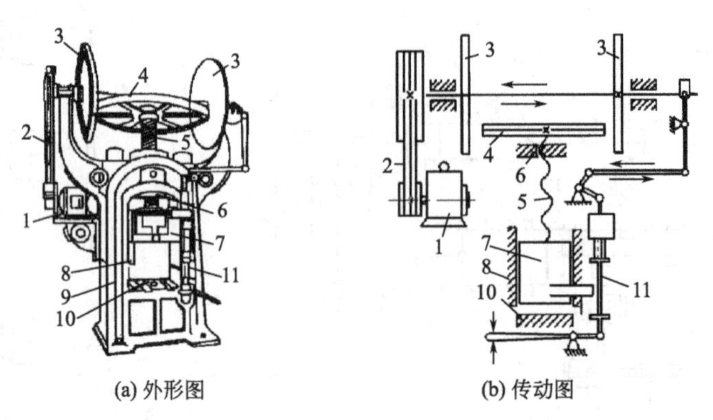

图 2-28　摩擦螺旋压力机

1—电动机；2—三角带；3—摩擦盘；4—飞轮；5—螺杆；6—螺母；
7—滑块；8—导轨；9—机架；10—工作台；11—操作机构

第四节　板料冲压

冲压是使板料经分离或成形而得到制件的工艺统称。冲压所使用的板料厚度较小，一般在冷态下进行，故又称冷冲压。只有当板料厚度超过 8～10mm 时，才采用热冲压。

与其他压力加工相比，冲压加工有以下特点。

ⅰ.生产率高。一般冲压设备的行程次数为几十次每分钟，高速冲床可达数百次、数千次每分钟。每一次冲压行程就有可能得到一个产品零件。

ⅱ.冲压件质量好、强度高。冲压一般在冷态下进行，冲压件精度主要由模具精度来保证，一般不需再进行机械加工。冲压时金属产生加工硬化现象，提高零件的硬度和强度。

ⅲ.节约材料和能源。冲压加工金属材料消耗少，且不需加热设备。

目前，冲压加工已在汽车、航空、军工、机械、电子、信息、交通、化工、日用电器及轻工等领域得到广泛应用。适于大批量生产及多品种小批量生产冲压件。

板料冲压的基本工序有分离工序和变形工序两大类。

一、分离工序

分离工序是使坯料的一部分与另一部分相互分离的工序，包括冲裁、整修和切断等。切断是将材料沿不封闭的曲线分离的一种冲压方法，通常在剪床（又称剪板机）上进行。

1. 冲裁

冲裁是利用冲模将板料以封闭的轮廓与坯料分离的一种冲压方法。它包含落料和冲孔。冲孔是将冲压坯内的材料以封闭的轮廓分离开来，得到带孔制件的一种冲压方法。

落料是利用冲裁取得一定外形的制件或坯料的冲压方法（图 2-29）。

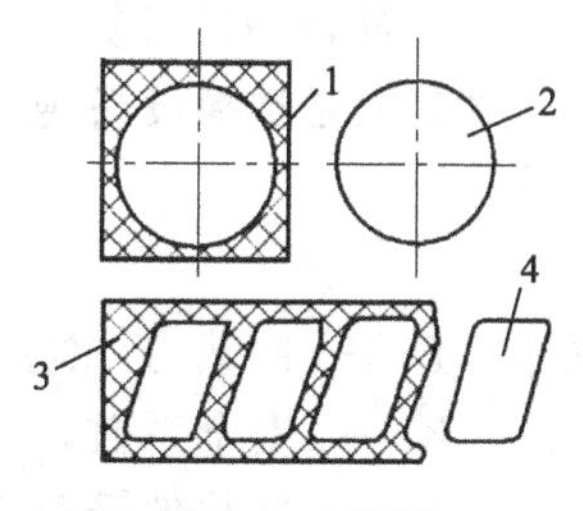

图 2-29　落料
1,3—坯料；2,4—制件

（1）冲裁变形过程

如图 2-30 所示，冲裁时板料的变形和分离过程可分为三个阶段。

① 弹性变形阶段　凸模 1 接触板料 3 后，开始对板料施加压力 F，使板料产生弹性压缩、拉伸变形，由于凸、凹模之间存在间隙，板料还将有弯曲变形，使凹模 2 上的板料上翘，间隙值 c 越大，弯曲变形和板料上翘越明显。

② 塑性变形阶段　凸模继续压入板料，压力 F 增加，当板料的内应力达到其屈服极限时，便产生塑性变形。随着凸模的压入和塑性变形程度的增大，变形区的板料硬化加剧。在模具锋利刃口的作用下，板料与凸、凹模刃口接触的上、下转角处将产生应力集中，均形成微裂纹。至此，塑性变形阶段结束，冲裁变形力也达到最大值。

③ 断裂分离阶段　随着凸模继续向下运动，已产生的上、下微裂纹向板料内部扩展，当上、下裂纹相遇重合时，板料便断裂分离。

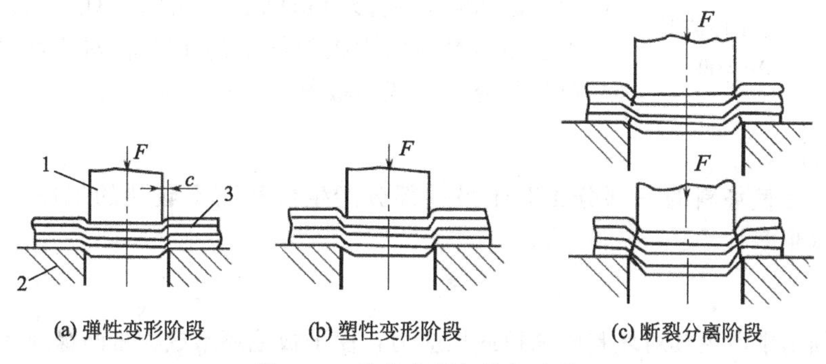

图 2-30　冲裁变形与分离过程

（2）凸、凹模间隙及尺寸

凸、凹模间隙是指凸、凹模半径之差（图 2-30 中尺寸 c）。间隙 c 的大小将直接影响冲裁件的断面质量和尺寸精度、模具的使用寿命等。当间隙过大或过小时，上、下裂纹都不能很好地重合，断面质量差，尺寸精度下降。间隙过小还会加剧模具的磨损，降低使用寿命。凸、凹模间隙 c 为

$$c = mt \tag{2-6}$$

式中　t——板料厚度，mm；

m——与材料剪切强度、厚度及冲裁件精度有关的系数。材料剪切强度越高、厚度越大，间隙系数越大；冲裁件精度越高，间隙系数越小。其数值可根据 GB/T 16743《冲裁间隙》等资料确定。

冲模在工作中必然有磨损，冲孔件尺寸会随凸模刃口的磨损而减小，落料件尺寸会随凹模刃口的磨损而增大。因此，在设计和制造冲孔模具时，先确定凸模的刃口尺寸，使凸模的刃口尺寸等于孔公差范围内的最大尺寸，再按间隙值确定凹模刃口尺寸。在设计和制造落料模具时，先确定凹模的刃口尺寸，使凹模的刃口尺寸等于落料件公差范围内的最小尺寸，再按间隙值确定凸模刃口尺寸。

(3) 冲裁力的计算

冲裁力是选择设备吨位和设计、检验模具强度的重要依据。一般可按式(2-7)进行估算

$$P=KLt\tau \tag{2-7}$$

式中 P——冲裁力,N;

K——安全系数,一般取 $K=1.3$;

L——冲裁件受剪切的周边长度,mm;

t——冲裁件厚度,mm;

τ——材料的剪切强度,MPa,其数值取决于材料的种类和坯料的原始状态。

2. 整修

整修是利用整修模沿冲裁件的外缘或内孔刮去一层薄薄的切屑,以提高冲裁件的加工精度和剪断面光洁度的冲压方法(图 2-31)。冲裁件经过整修后,尺寸精度可达 IT7~IT6,粗糙度 Ra 值可达 1.6~0.8μm。

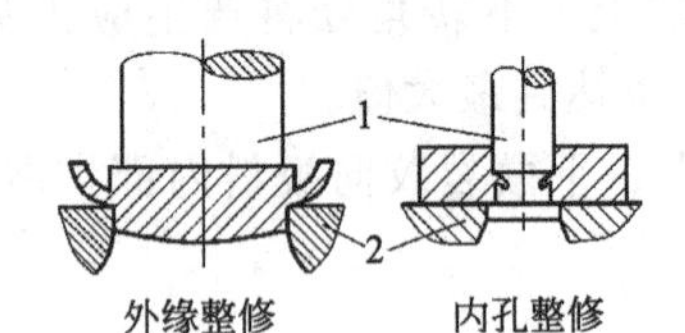

图 2-31 整修工序简图

1—凸模;2—凹模

整修的机理与冲裁不同,冲裁是"两向裂纹扩展相遇"的机理,整修与切削加工相似。对于大间隙冲裁件,单边整修量一般为板料厚度的 10%;对于小间隙冲裁件,单边整修量一般为板料厚度的 8%。

二、变形工序

变形工序是使坯料的一部分相对于另一部分产生位移而不破裂的工序。如拉深、弯曲、翻边、胀形等。

1. 拉深

拉深是利用刚性模具对坯料施加拉或压应力,使平板毛坯形成为带凸缘或者不带凸缘的圆柱形或圆锥形件,而厚度基本不变的加工方法。

(1) 拉深过程

图 2-32 为拉深过程示意图。在冲头作用下,毛坯的环形部分 D_0-d(变形区 A)在切向压应力和径向拉压力的作用下,圆周方向产生压缩变形,径向产生伸长变形,并在传力区 B 的作用下,使变形区移动,使圆周方向的尺寸减小,进而形成零件的壁部,使直径为 D_0 的原始坯料由平板状逐渐变成立体空心零件。

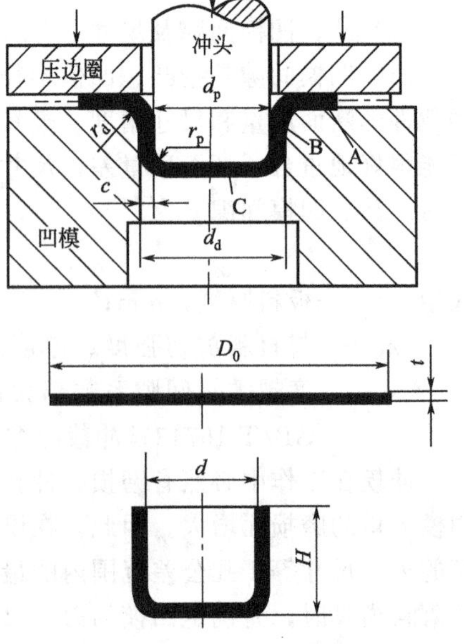

图 2-32 拉深过程示意图

A—变形区;B—传力区;C—不变形区

成形后其壁部厚度改变,筒形的口部边缘增厚最多,而在冲头转角处且靠近侧壁一侧的地方减为最薄,此处是拉深件易破裂部分。

(2) 拉深系数 m

拉深系数是拉深变形后制件的直径 d 与其毛坯直径 D_0 之比。它是衡量拉深变形程度的指标。

$$m=d/D_0 \tag{2-8}$$

通常,d 取筒形件的中径尺寸作实际计算。拉深系

数越小，表明拉深件直径越小，变形程度越大，坯料被拉入凹模越困难，越易产生废品。因此，一般 $m=0.5\sim0.8$。若拉深系数过小，需采用多次拉深，逐步成形。

图 2-33 为一平板坯料经多次拉深后得到零件的示意图。每次拉深系数分别为：

第一次　$m_1=d_1/D_0$

第二次　$m_2=d_2/d_1$

……

第 n 次　$m_n=d_n/d_{n-1}$

其总拉深系数为

$$m_{\Sigma}=m_1\times m_2\times\cdots\times m_n=d_n/D_0$$

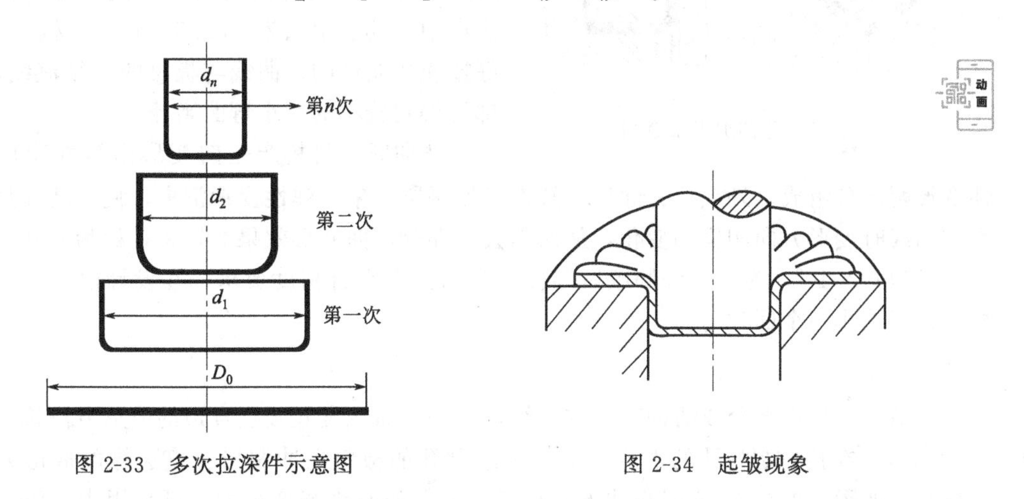

图 2-33　多次拉深件示意图

图 2-34　起皱现象

(3) 拉深件的缺陷与防止

拉深件的缺陷主要有拉裂和起皱两种。

① 拉裂　当拉深件受到的拉应力值超过材料的强度极限时，拉深件将出现裂纹，即拉裂。易出现拉裂的部位在冲头的转角处。拉裂除了与拉深系数有关外，还与以下因素有关。

ⅰ. 凸、凹模圆角半径。凹模圆角半径对拉深力、拉深件质量及模具寿命都有重要影响，凸模圆角半径过小也会导致拉裂趋势的增大。对于钢拉深件的首次拉深，一般取凹模圆角半径 $r_d=10t$，凸模圆角半径 r_p 取 $(0.7\sim1.0)r_d$，以后各次拉深的凸、凹模圆角半径应逐步减小，但 $r_{dmin}=2t$，$r_{pmin}=t$，末次拉深的 r_p 即为零件的内圆角半径。

ⅱ. 凸、凹模间隙。拉深模间隙的含义与冲裁模相同。一般情况下，拉深模间隙值要稍大于坯料的厚度，取为 $(1.1\sim1.2)t$。

为防止拉裂，除选择合理的凸、凹模的圆角半径及其间隙外，还应在拉深前在板料或模具上涂润滑油，以减小表面磨损和摩擦力。

② 起皱　在拉深过程中，拉深变形区受切向压应力作用，产生压缩变形。若压缩变形过大，变形区将会失稳，表现为法兰边上的材料产生皱折，即起皱（图 2-34）。

凸、凹模的圆角半径及其间隙若过大，都将使材料容易起皱。另外，坯料的相对厚度 t/D_0 越小，变形区越易起皱；拉深系数 m 越小，拉深变形程度越大，拉深变形区内的金属加工硬化程度也越高，使切向压应力增大，起皱倾向加大。一般可采用加压边圈的方法，使坯料可能起皱的部分夹在压边圈和凹模平面之间，让毛坯在其间顺利地按变形区增厚规律通过，如图 2-32 所示。

2. 弯曲

弯曲是将板料、型材或管材在弯矩作用下弯成一定的曲率和角度的制件的成形方法（图 2-35）。影响弯曲件质量的主要因素有两个：最小弯曲半径和回弹角。

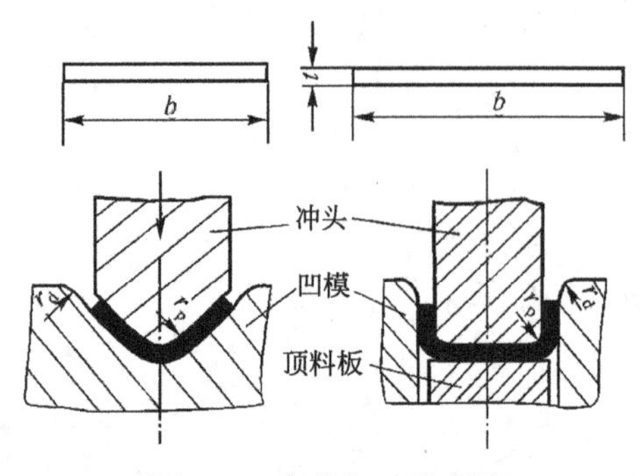

图 2-35 弯曲加工示意图

在弯曲变形过程中，坯料的内层金属受压缩，易起皱；而外层受拉伸，易拉裂。弯曲半径越小，受压缩和拉伸的部位变形程度越大，坯料越易拉裂，因此，坯料的弯曲程度受最小弯曲半径的限制。最小弯曲半径是指弯曲时外层纤维濒于拉裂时内表面的弯曲半径。在实际生产中，其值常取为 $(0.25\sim1)t$。材料的塑性好或使弯曲件的弯曲线与板材的纤维流线垂直，都可得到较小的最小弯曲半径。

弯曲时，材料产生的变形由塑性变形和弹性变形两部分组成。外载荷去除后，塑性变形保留下来，弹性变形消失，使形状和尺寸发生与加载时变形方向相反的变化，从而削去一部分弯曲变形效果的现象，称为回弹。回弹角一般为 0°～10°，为了保证卸载后零件的弯曲角度符合精度要求，在设计模具时，应使模具角度减小一个回弹角。

3. 翻边

在毛坯的平面部分或曲面部分的边缘，沿一定曲线翻起竖立直边的成形方法称为翻边（图 2-36）。在预先制好孔的半成品上或未经制孔的板料上冲制出竖直边缘的成形方法称为翻孔，如图 2-37(a)，它是翻边的一种。若翻孔的凸缘高度很大，可采用先拉深、再冲孔、后翻孔的方法加工翻孔件，如图 2-37(b)。

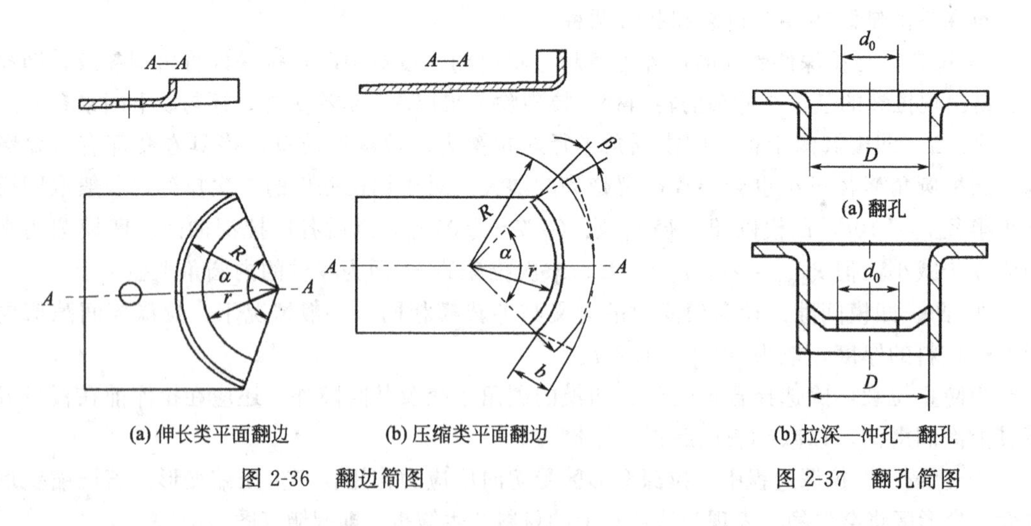

(a) 伸长类平面翻边　(b) 压缩类平面翻边

图 2-36 翻边简图

(a) 翻孔

(b) 拉深—冲孔—翻孔

图 2-37 翻孔简图

4. 胀形

胀形是指板料或空心坯料在双向拉应力作用下，产生塑性变形取得所需制件的成形方法（图 2-38）。它主要用于压制凹坑、加强筋、起伏形的花纹及标记等，或增大管料的部分直径、板料的拉形等。胀形时变形区在板面上呈现双向拉应力状态，使得厚度减小，表面积增大。

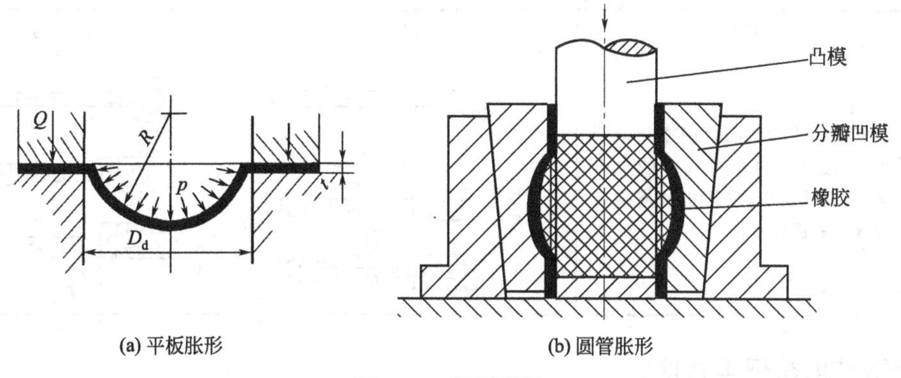

(a) 平板胀形　　(b) 圆管胀形

图 2-38　胀形简图

第五节　锻压件结构工艺性

一、自由锻件的结构工艺性

自由锻使用简单、通用的工具成形，在设计锻件时，除满足使用性能外，还应使锻件结构符合自由锻的工艺性要求。自由锻件的结构工艺性见表 2-7。

表 2-7　自由锻件的结构工艺性

序号	工艺要求	不合理结构	合理结构
1	避免锥体和斜面结构	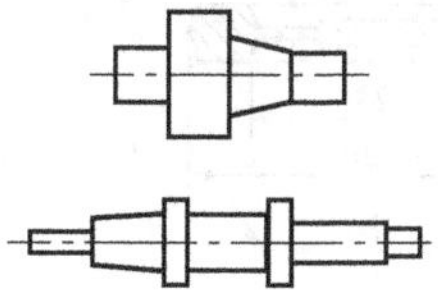	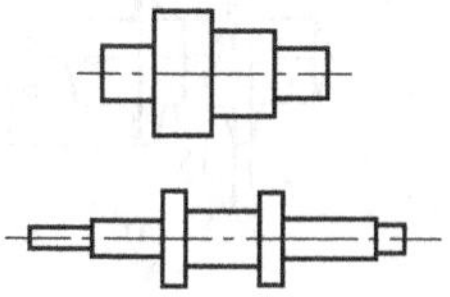
2	避免空间曲线。如圆柱面与圆柱面相交，应改为平面与圆柱或平面与平面相交	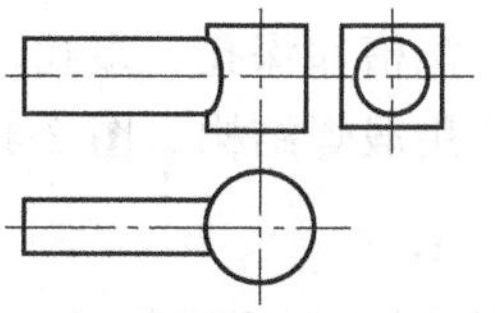	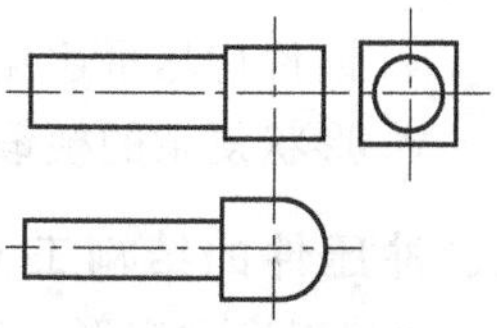
3	避免椭圆形、工字形或其他非规则形状截面及弧形、曲线形表面	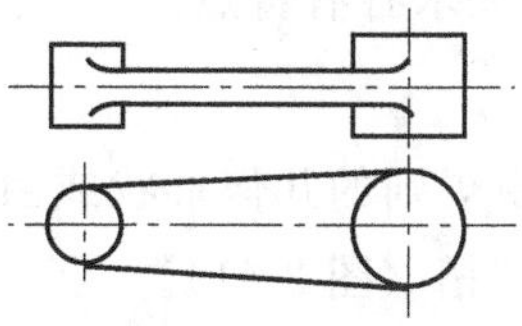	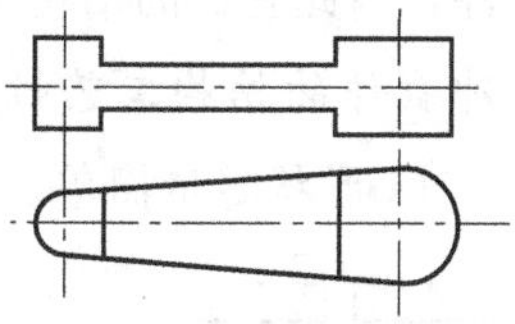
4	避免加强筋和凸台等结构	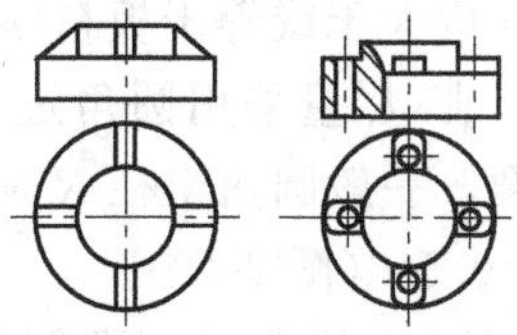	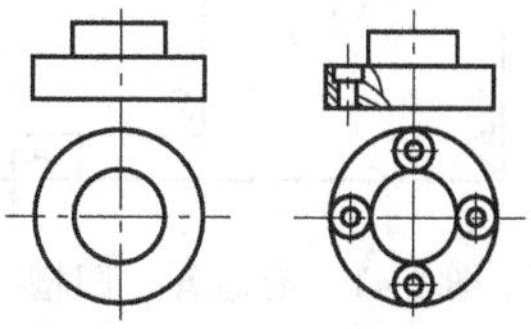

序号	工艺要求	不合理结构	合理结构
5	复杂件或横截面急剧变化的锻件,应设计成简单件构成的组合体,分别锻出后,采用机械连接或焊接方式进行组合	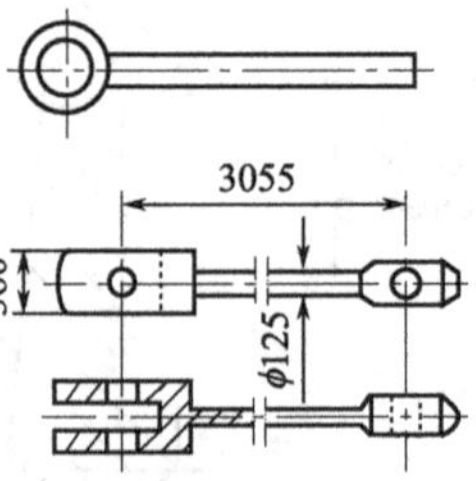 3055 360 ϕ125	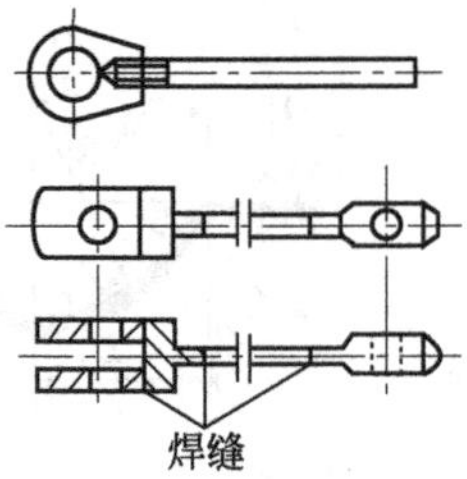 焊缝

二、模锻件的结构工艺性

设计模锻件时，应使零件结构与模锻工艺相适应，以便于生产和降低成本。为此，锻件的结构应符合下列原则。

ⅰ. 锻件应具有合理分模面，以保证锻件易从锻模中取出，且余块最少，锻模制造方便。

ⅱ. 锻件上与分模面垂直的表面，应设计模锻斜度。非加工表面的相交处都应设计模锻圆角。

ⅲ. 锻件外形力求简单、平直和对称。尽量避免零件截面间尺寸急剧变化，或具有薄壁、高筋、凸起等结构，以利于金属充满模膛和减少工序。图 2-39(a) 所示零件的最小与最大截面直径之比仅为 0.5，不宜采用模锻。图 2-39(b) 所示零件扁而薄，模锻时薄的部分冷却快，不易充满模膛。

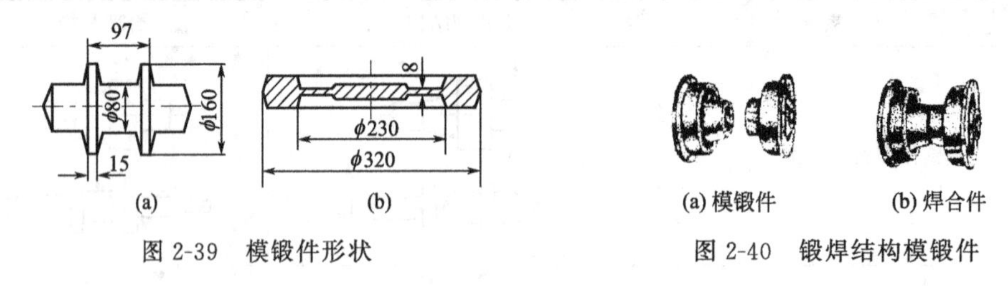

图 2-39 模锻件形状

图 2-40 锻焊结构模锻件

ⅳ. 锻件应尽量避免窄沟、深槽和深孔、多孔结构，以便于模具制造和延长锻模寿命。

ⅴ. 形状复杂的模锻件应采用锻焊结构（图 2-40），以减少工艺余块，简化模锻工艺。

三、冲压件的结构工艺性

冲裁工序和变形工序分别加工出以平面形状为主的分离加工件、以立体形状为主的成形件，因此它们的结构工艺性要求各有特点。

1. 冲裁件的结构工艺性

ⅰ. 形状尽量简单。最好由规则的几何形状或由圆弧与直线所组成，避免过长的悬臂与凹槽（图 2-41）。

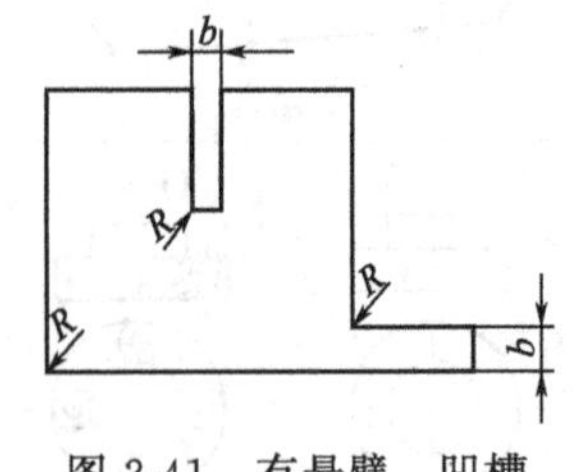

图 2-41 有悬臂、凹槽的冲裁件

ⅱ. 凸出、凹入宽度不能太小。一般凸出或凹入部分的宽度 b 应大于或等于板料厚度 t 的 1.5 倍，即 $b \geqslant 1.5t$（图 2-41）。

ⅲ. 尽量采用圆角过渡。避免尖角处因应力集中而被模具冲裂，一般圆角半径 R 应大于或等于板料厚度 t 的 0.5 倍，即 $R \geqslant 0.5t$（图 2-42）。

ⅳ. 冲孔尺寸、孔间距、孔边距不宜过小。一般冲孔的最小尺寸（直径或方孔边长）应大于或等于板料厚度 t 的 0.7～1.5 倍，孔边距 A、孔间距 B 应大于或等于板料厚度 t 的 1.5 倍，如图 2-43。

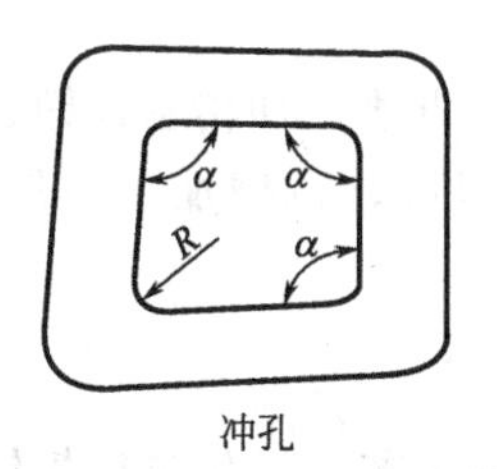

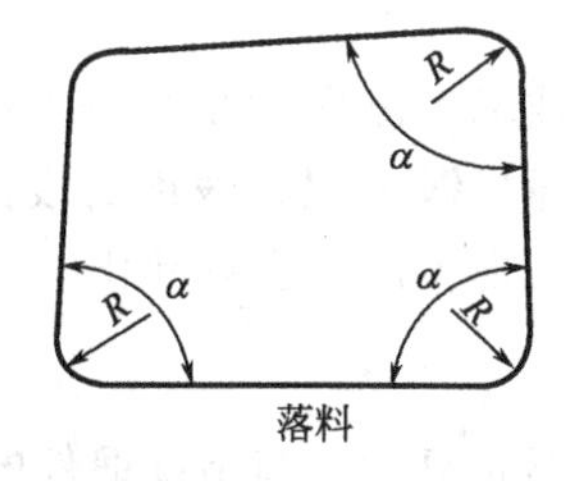

图 2-42　圆角半径

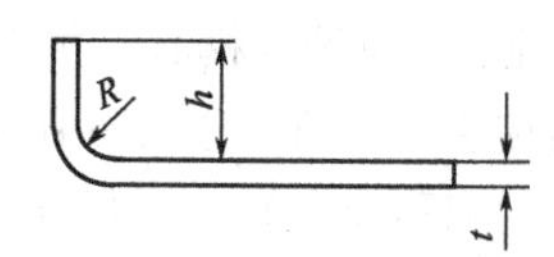

图 2-43　孔间距、孔边距

ⅴ. 冲裁件的形状应有利于进行合理排样，提高材料的利用率。如图 2-44(a) 所示的多行错开直排比单行直排或双行直排省料。有时也采用无搭边的排样方式，如图 2-44(b) 所示。

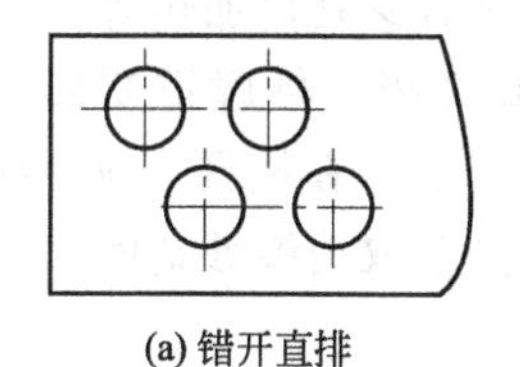

(a) 错开直排

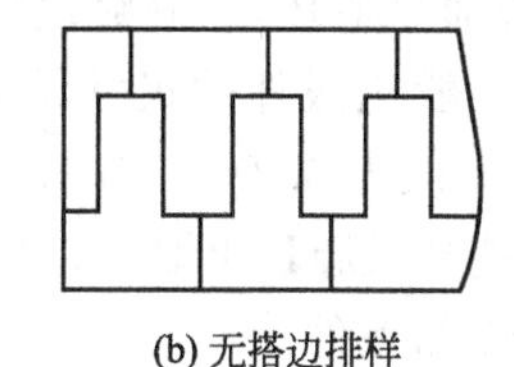

(b) 无搭边排样

图 2-44　排样方式

图 2-45　弯曲件的圆角和直边高度

2. 弯曲件的结构工艺性

ⅰ. 弯曲件形状应尽量对称，圆角半径应大于最小弯曲半径。

ⅱ. 弯曲件直边高度不宜过小，一般取 $h>R+2t$，如图 2-45 所示。

ⅲ. 弯曲件上孔的边缘离弯曲变形区宜有一定距离，以免孔的形状因弯曲而变形。最小孔边距 $L=R+2t$，如图 2-46 所示。

ⅳ. 尽量避免在尺寸突变处弯曲。如图 2-47 所示的零件，o—o 位置的弯曲线不合适，会因尖角部位的应力集中而产生弯裂，弯曲线应选在 m—m 位置。

ⅴ. 尽量使弯曲线与板料的纤维方向垂直。图 2-47 中的 n—n 位置不适合作弯曲线。

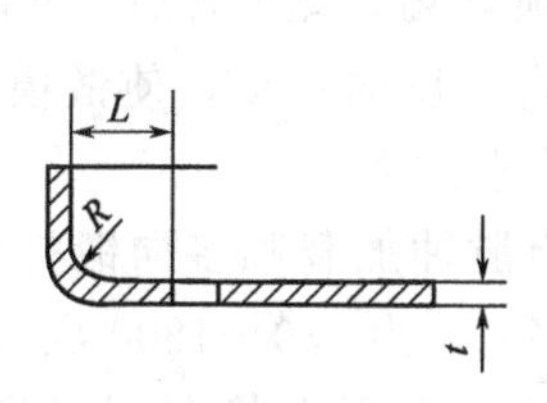

图 2-46　弯曲件孔边距

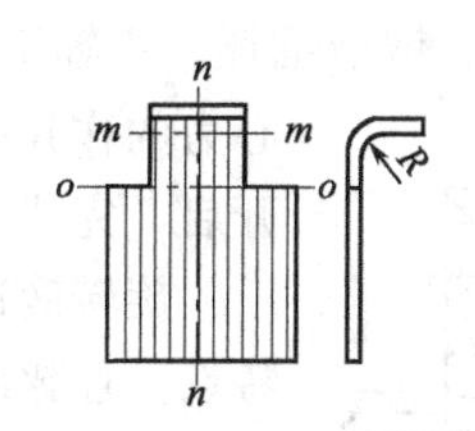

图 2-47　弯曲线位置

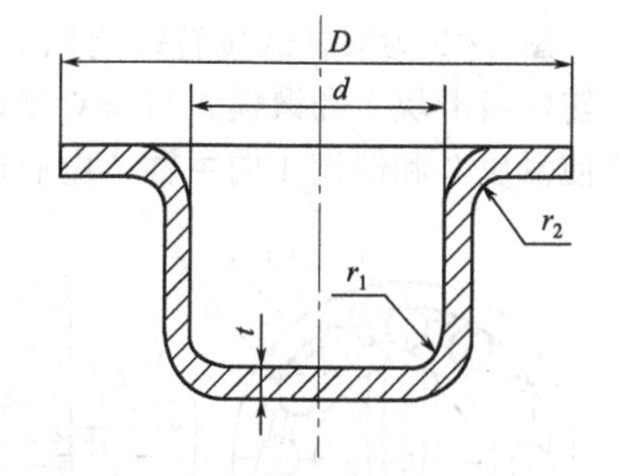

图 2-48　圆筒形拉深件圆角半径

3. 拉深件的结构工艺性

ⅰ. 拉深件外形应尽量简单、对称，且不宜太高，以减少拉深次数。

ⅱ. 圆角半径不宜过小。如图 2-48 所示，底部圆角半径 r_1 一般为板厚 t 的 3～5 倍，凸缘圆角半径 r_2 一般为板厚 t 的 5～8 倍。

第六节　其他塑性成形方法

随着现代工业的发展，锻压生产技术也出现了许多先进的加工方法，如精密模锻、挤压成形、轧制成形等。这些方法与普通模锻相比，锻件的表面质量好，机械加工余量少，尺寸精度高，甚至可一次成形，易于实现生产过程自动化。

一、精密模锻

精密模锻是在模锻设备上锻造出形状复杂、高精度锻件的模锻工艺。一般精密模锻锻件的尺寸精度可达IT15～IT12，表面粗糙度 Ra 值可达 3.2～1.6μm。精密模锻加工工艺特点是：

ⅰ.毛坯质量和精度要求高。精密模锻要求毛坯的质量公差小（一般在±2%，对于闭式精密模锻应控制在±1%左右），毛坯表面无氧化皮、夹杂物、裂纹、折叠、凹坑等缺陷。因此，需采用无氧化或少氧化加热法加热毛坯，如感应加热、敞焰少氧化加热等。

ⅱ.合理设计模具。模膛的尺寸精度一般比锻件的尺寸精度约高 2 级。模膛重要部位的粗糙度 Ra 值小于 1.6μm，一般部位 Ra 值为 3.2～1.6μm。同时，要求在模具上应有导向装置和顶出装置，以保证合模准确和迅速从模膛顶出锻件，减小或完全取消模锻斜度。

ⅲ.模锻时要保证良好的润滑条件和冷却条件。

ⅳ.选用适当的锻压设备。精密模锻件一般在刚度大、精度高的曲柄压力机、摩擦螺旋压力机或高速锤等模锻设备上进行。

目前，精密模锻主要应用在两个方面：一是精化毛坯，即利用精锻工艺取代粗切削加工工序，将精锻件直接进行精加工而得到成品零件；二是精锻零件，即通过精密模锻直接获得成品零件。精密模锻现已被广泛应用在中、小型锻件（如齿轮、汽轮机叶片等）的大批量生产中。

二、旋转锻造

旋转锻造又称径向锻造，是对轴向旋转送进的棒料或管料施加径向脉冲打击力，锻成沿轴向具有不同横截面制件的工艺方法。旋转模锻设备有滚柱式旋转锻造机和径向精密锻造机等。

图 2-49 为滚柱式旋转锻造机工作示意图。主轴 7 和装在其槽内的滑块 2、锻模 4 一起旋转，当滑块 2 和锻模 4 与一对滚柱 3 在一直线上时，滚柱 3 便压在滑块 2 的圆弧部分，迫使滑块 2 和锻模 4 向主轴 7 中心运动，锻造毛坯。主轴 7 继续旋转离开此位置后，靠离心力的作用，滑块 2 反向运动，使锻模 4 开启，完成一次锻造过程。

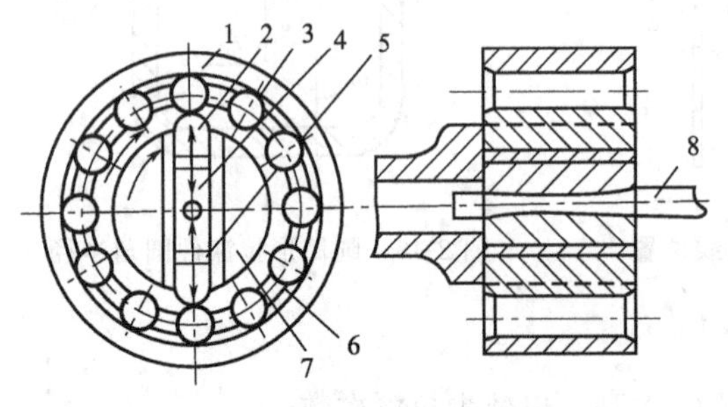

图 2-49　滚柱式旋转锻造机锻造示意图

1—外环；2—滑块；3—滚柱；4—锻模；5—调整垫片；6—夹圈；7—主轴；8—毛坯

旋转锻造具有脉冲加载和多向锻打的特点，且脉冲频率高，为 180～1800 次/分钟。而且坯料处于三向压力状态下变形，且变形量很小，有利于提高金属的塑性。所以，旋转锻造既适用于一般钢材，也适用于高强度低塑性的高合金钢，尤其是难熔合金，如钨、钼、铌合金等的制坯和锻造。

旋转锻造可进行热锻、温锻和冷锻。热锻件尺寸精度为IT8～IT7，表面粗糙度 Ra 值为 6.3～3.2μm；冷锻件尺寸精度为IT6～IT5，表面粗糙度 Ra 值为 0.8～0.4μm。锻造流线可沿零件外形分布。旋转锻造还有自动化程度高和生产率高等特点。现已被广泛应用于制造各种外形的实心长轴类锻件，以及内孔形状复杂或内孔直径很小的空心长轴类锻件，如深孔螺母、内花键孔、带膛线的枪管和炮管等。

三、轧制成形

轧制是金属材料（或非金属材料）在旋转轧辊的压力作用下，产生连续塑性变形，获得所需的截面形状并改变其性能的方法（图 2-50），按轧辊轴线与轧制线间和轧辊转向的关系不同可分为纵轧、斜轧和横轧三种。

轧制具有生产率高、质量好、成本低、金属材料消耗少等优点，在工业生产中得到越来越广泛的发展。

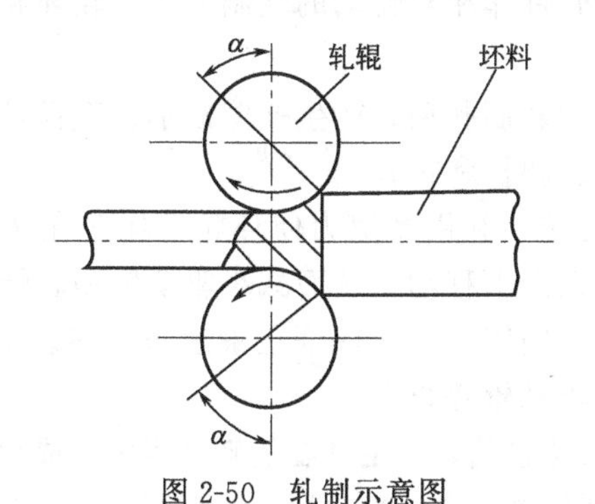

图 2-50　轧制示意图

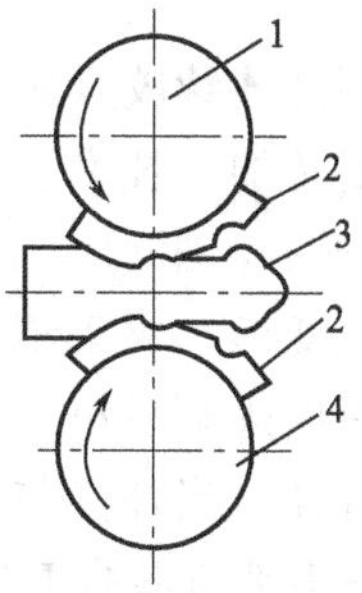

图 2-51　辊锻示意图

1—上辊轴；2—辊锻模；3—毛坯；4—下辊轴

1. 纵轧

纵轧是轧辊轴线相平行，旋转方向相反，轧件作直线运动的轧制方法。包括各种型材的轧制和辊锻等。

辊锻是用一对相向旋转的扇形模具使坯料产生塑性变形，坯料被扇形辊锻模咬入后，高度方向受到压缩，少部分金属宽展，大部分金属沿长度方向流动，成形变截面锻件，从而获得所需锻件或锻坯的锻造工艺（图 2-51）。

辊锻兼有轧和锻的特点，具有产品精度高、表面粗糙度小、力学性能好、生产效率高和模具使用寿命长等优点。按其作用不同，辊锻可分为制坯辊锻和成形辊锻。制坯辊锻主要用于毛坯端部拔长或模锻前的制坯工序，如扳手的杆部延伸、汽车连杆的制坯等。目前，辊锻适用于以下三种类型的锻件。

ⅰ. 扁断面的长杆件。如扳手、链环、汽车变速器操纵杆、剪刀股等。

ⅱ. 带有头部、沿长度方向横截面积递减的锻件。如汽轮机叶片等。

ⅲ. 连杆。采用辊锻方法锻制连杆，生产率高，工艺过程简单，但锻件还需用其他锻压设备精整。

2. 斜轧

轧辊相互倾斜配置，以相同方向旋转，轧件在轧辊作用下反向旋转，同时还作轴向运动，即螺旋运动，这种轧制称为斜轧，亦称为螺旋轧制或横向螺旋轧制。可用于连续轧制生产各种阶梯轴、钢球、滚子、丝杠及轴承环等零件，具有效率高、无飞边等特点。图

2-52 为轧制周期性变形的长杆件和轧制钢球的示意图。

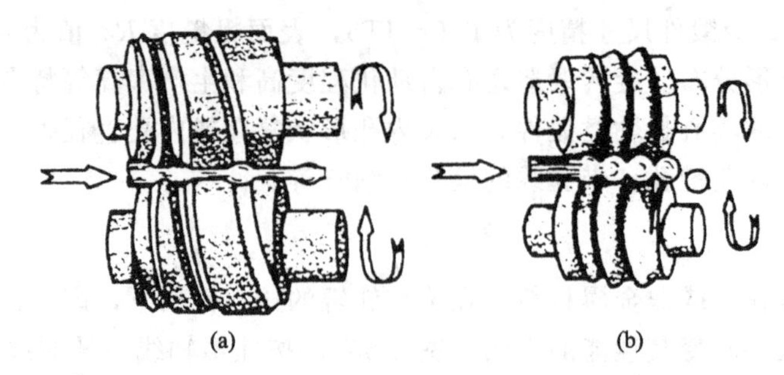

图 2-52　螺旋轧制

3. 横轧

横轧是轧辊轴线与轧件轴线平行且轧辊与轧件作相对转动的轧制方法。轧环和齿轮轧制都属于横扎。

轧环是指环件连续咬入驱动辊与芯辊构成的轧制孔型，产生壁厚减小、直径扩大、截面轮廓成形的回转加工技术。轧环又称为碾环、碾扩和扩孔。

如图 2-53 所示，驱动辊 1 由电动机带动旋转，利用摩擦力使环状毛坯 5 在驱动辊和芯辊 2 之间受压变形。驱动辊在油缸作用下可以向下移动，从而减小驱动辊和芯辊之间的间隙，使毛坯厚度逐渐减小，直径逐渐扩大。导向辊 3 用以保证正确运送毛坯。信号辊 4 用来控制环件直径。当环件与信号辊接触时，驱动辊停止工作。

齿轮轧制是用带齿形的工具（轧辊）边旋转边进给，使毛坯在旋转过程中形成齿部的成形方法。用该法轧制的齿轮，其内部流线与齿形轮廓一致，齿轮的力学性能高，工作寿命长。

热轧齿轮的加工示意图如图 2-54 所示。轧制前将毛坯外层用感应加热器 5 加热，然后将带齿形的主轧辊 4 做径向进给，迫使主轧辊与毛坯 3 对辗，在对辗过程中，毛坯上的一部分金属受压形成齿谷，相邻部分的金属被主轧辊齿部反挤压而上升，形成齿顶。齿轮轧制是一种无屑或少屑加工齿轮的新方法，适合于各种模数较小的齿轮（直齿或斜齿）零件的大批量生产。

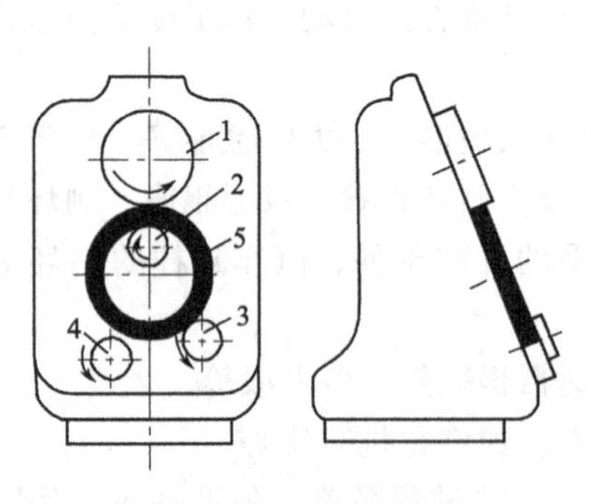

图 2-53　轧环示意图

1—驱动辊；2—芯辊；3—导向辊；4—信号辊；5—毛坯

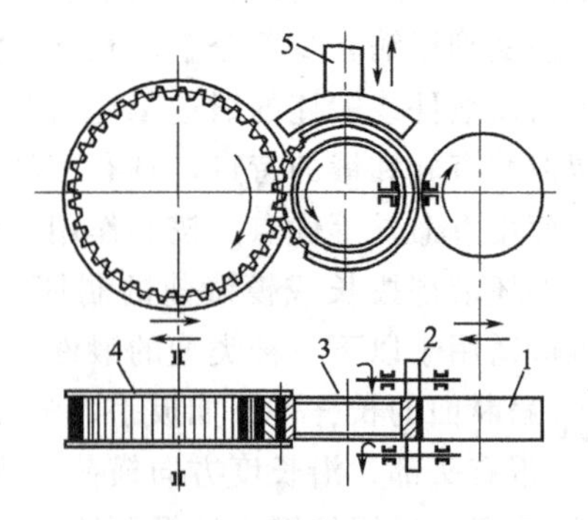

图 2-54　热轧齿轮示意图

1—光轧辊；2—侧轧辊；3—毛坯；4—主轧辊；5—感应加热器

四、挤压成形

挤压是坯料在封闭模腔内受三向不均匀压应力作用下，从模具的孔口或缝隙挤出，使之横截面积减小，成为所需制品的加工方法。

挤压成形既可在专用挤压设备上进行，也可在曲柄压力机、液压机、螺旋压力机和高速锤上进行。

根据挤压时金属流动方向与凸模运动方向之间的关系，挤压可分为四种方式：正挤压、反挤压、复合挤压、径向挤压，见表 2-8。

表 2-8 常见的挤压方式

挤压方式	金属流动方向与凸模运动方向	图例	应用
正挤压	相同	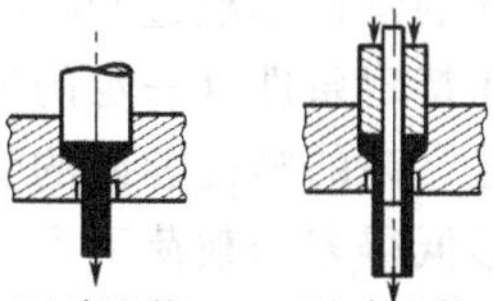 (a) 实心件 (b) 空心件	挤压件可以是对称的(如圆形、椭圆形、扇形、矩形或棱柱形)；也可以是非对称的等断面件和型材
反挤压	相反	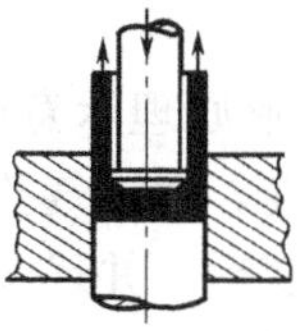	适于制造断面为圆形、方形、长方形、山字形、多层圆和多格盒形
复合挤压	一部分相同，一部分相反	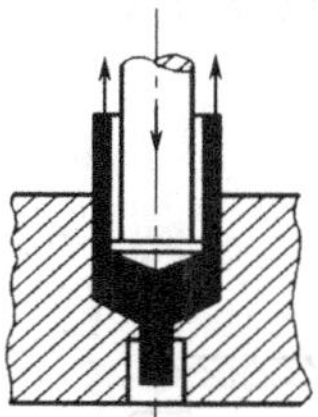	杯杆类零件
径向挤压	垂直	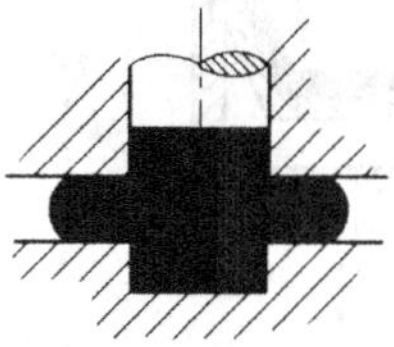	适用于制造十字轴、T形接头、小模数直齿和斜齿轮

根据毛坯的变形温度不同，挤压成形可分为热挤压、冷挤压和温挤压三类。

1. 热挤压

为金属加热到再结晶温度以上进行的挤压加工，简称热挤。热挤压的变形抗力较小，塑性好，可成形断面形状复杂、尺寸较大的各类金属零件。但加热时因氧化脱碳和热胀冷缩等问题，产品的尺寸精度和表面质量不高。因此，热挤压一般用于锻造毛坯的精化和预成形。

2. 冷挤压

为在室温下进行的挤压加工，简称冷挤。冷挤压的变形抗力比热挤压高得多，但变形后金属产生加工硬化，强度和硬度高，且表面较光洁。目前已广泛应用于有色金属及中、低碳钢小型零件的塑性成形。

3. 温挤压

为在高于室温和低于再结晶温度温度范围内进行的挤压加工，简称温挤。与冷挤压相比，力学性能基本上接近，但降低了变形抗力，提高了模具的寿命，扩大了挤压产品的材料品种。与热挤压相比，加热时的氧化脱碳少，产品的尺寸精度高，表面粗糙度 Ra 值可达 6.3～3.2μm。温挤压综合体现了冷、热挤压的优点，避免了它们的缺点，因此正在得到迅速发展。

五、超塑成形

超塑性是指金属在特定的组织、温度条件和变形速度下变形时，塑性比常态提高几倍到几百倍（如有的延伸率 $\delta>1000\%$），而变形抗力降低到常态的几分之一甚至几十分之一的异乎寻常的性质。如钢的延伸率超过 500%、纯钛超过 300%、锌合金超过 1000%。

超塑成形是利用金属在特定条件（一定的温度条件、一定的变形速度条件、一定的组织条件）下所具有的超塑性（高的塑性和低的变形抗力）来进行塑性加工的方法。

超塑成形在比常规变形低得多的载荷下，可以成形出尺寸精确、形状复杂、晶粒细小的薄壁零件。特别适用于常态下变形抗力大、塑性低的难成形金属材料，如钛合金、镁合金和高温合金等。

图 2-55 所示为超塑气压成形原理示意图。将板料 3 放入模框 6 中的凹模 5 上，加热元件 1 将板料加热到超塑性温度，由进气孔 2 向板料上侧的封闭空间吹入压力空气，在气体压力作用下使板材产生超塑变形，并逐步贴合在凹模型腔表面，直到完全贴合为止，于是形成了与凹模型腔表面相同的零件 4。

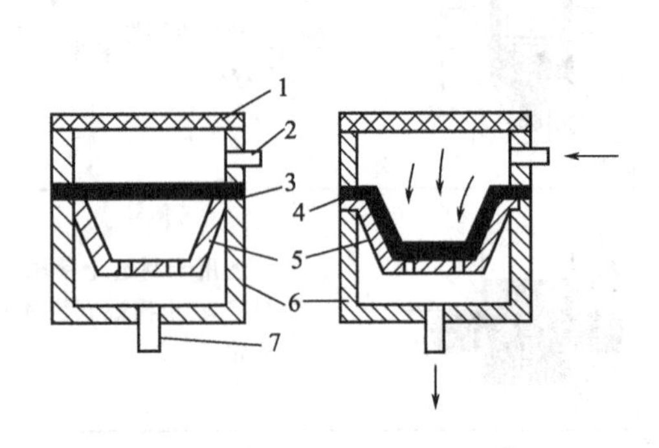

图 2-55 超塑性气压成形原理示意图

1—加热元件；2—进气孔；3—板料；4—零件；5—凹模；6—模框；7—抽气孔

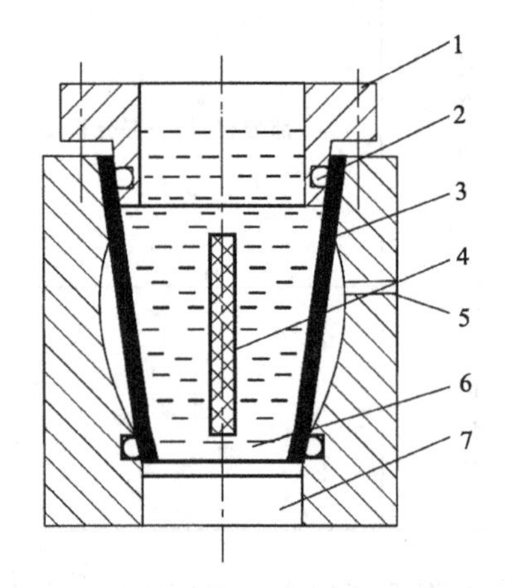

图 2-56 爆炸胀形原理示意图

1—压盖；2—密封；3—毛坯；4—炸药；5—模具；6—水；7—堵塞

六、高能成形

高能成形是利用高能率的冲击波，通过介质使金属板材产生塑性变形而获得所需形状的方法。

1. 爆炸成形

爆炸成形是利用炸药爆炸所产生的高能冲击波，通过不同介质使坯料产生塑性变形的方法。传递爆炸作用的介质常用水、空气和砂等。

爆炸胀形是爆炸成形的一种形式，图 2-56 所示为其原理示意图。炸药 4 爆炸所产生的高能冲击波，通过水介质 6 作用在毛坯 3 上，使得毛坯以一定的速度贴在模具 5 上成形。

爆炸成形主要用于对板料进行剪切、拉深、冲孔、翻边、胀形、校形、弯曲、扩口、压印等。

2. 电液成形

电液成形是利用液体介质中高压放电时所产生的高能冲击波，使坯料产生塑性变形的方法。

图 2-57 所示为电液成形原理示意图。来自网络的交流电经变压器 1 升压（可达 20～40kV）及整流器 2 整流后，变为高压直流电并向电容器 4 充电。当充电电压达到所需值后，辅助间隙 5 被击穿，高电压瞬时地加到两放电电极 9 所形成的主放电间隙上，使主间隙击穿并产生高压放电。在放电回路中形成非常强大的冲击电流（高达 30000A），在电极周围水介质 6 中形成冲击波及液流冲击，使金属毛坯 10 贴凹模 12 上成形。

电液成形可对板料及管子进行拉深、胀形、校形、冲孔等冲压加工。

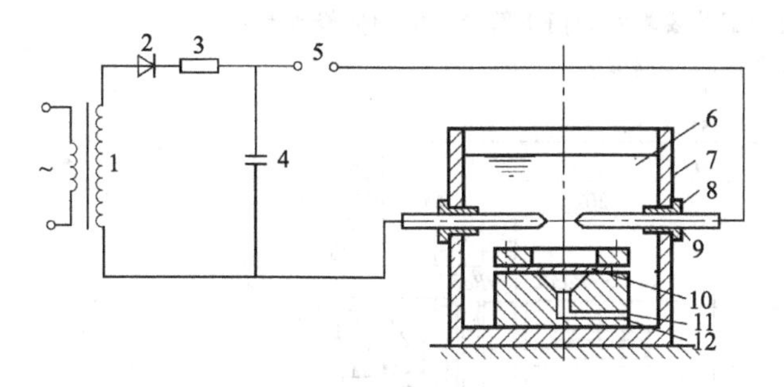

图 2-57 电液成形原理示意图

1—升压变压器；2—整流器；3—充电电阻；4—电容器；5—辅助间隙；6—水；7—水箱；8—绝缘套；9—电极；10—毛坯；11—抽气孔；12—凹模

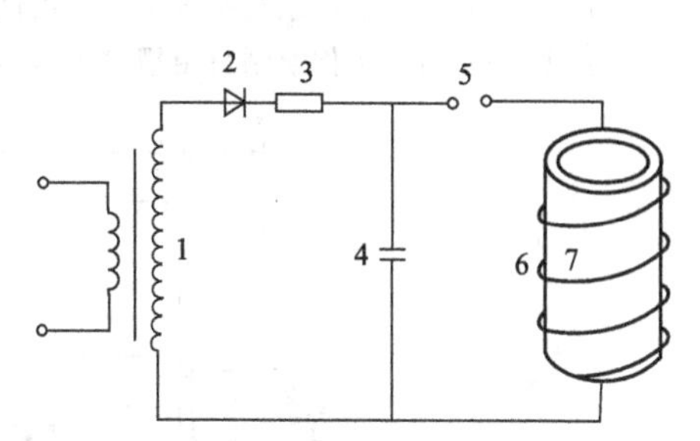

图 2-58 电磁成形原理示意图

1—升压变压器；2—整流器；3—限流电阻；4—电容器；5—辅助间隙；6—工作线圈；7—毛坯

3. 电磁成形

电磁成形是利用电流通过线圈所产生的磁场，使其磁力作用于坯料，使工件产生塑性变形的方法。

图 2-58 所示为电磁管材缩颈原理示意。电容器 4 高压放电，使放电回路中产生很强的脉冲电流，由于放电回路阻抗很低，所以工作线圈 6 中的脉冲电流在极短的时间内迅速变化，并在其周围形成一个强大的变化磁场。在变化磁场的作用下，毛坯 7 内产生感应电流，形成磁场，并与工作线圈形成的磁场相互作用，电磁力使毛坯产生塑性变形。

电磁成形常用于管材和板材的成形加工，如胀形、切断、冲孔、缩颈、扩口等。

思考与练习题

1. 为什么同种材料的锻件比铸件的力学性能高？
2. 什么是塑性变形？塑性变形的机理是什么？
3. 什么是加工硬化？产生的原因是什么？碳钢在其锻造温度范围内变形是否会有加工硬化现象？
4. 何谓再结晶？它对金属的性能有何影响？
5. 铅（$t_{熔}=327℃$）在 20℃、钨（$t_{熔}=3380℃$）在 1100℃变形，各属于哪种变形？为什么？
6. 纤维组织是怎样形成的？它的存在有何利弊？
7. 什么是金属的可锻性？其主要影响因素有哪些？

8. 为什么重要的巨型锻件必须采用自由锻造的方法制造？

9. 自由锻有哪些主要工序？

10. 材料、尺寸相同的圆棒料在图 2-59 所示的两种砧铁上拔长时，效果有何不同？

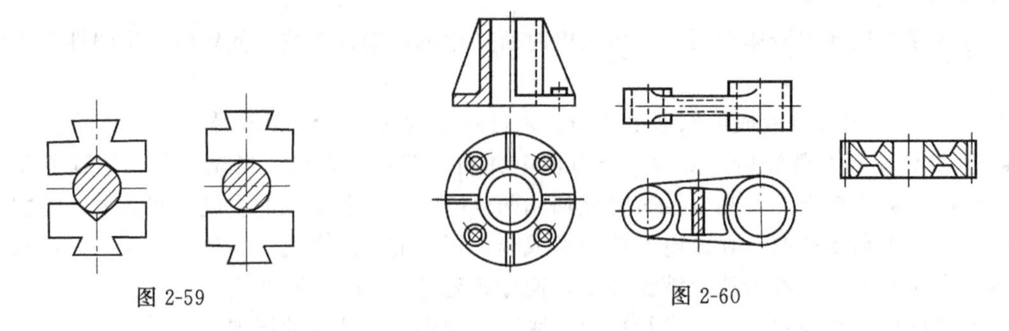

图 2-59　　　　图 2-60

11. 图 2-60 所示锻件结构是否符合自由锻的工艺要求？如何不符合，应如何修改？

12. 图 2-61 所示零件绘制自由锻件图时应考虑哪些因素？

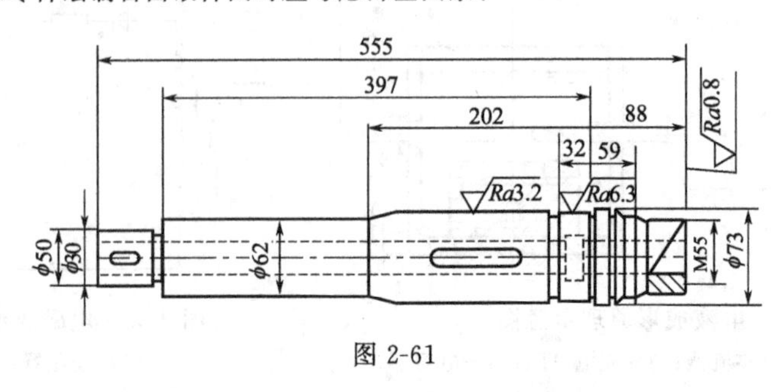

图 2-61

13. 模锻设备主要有哪些？其特点和应用范围如何？

14. 锤上模锻选择分模面的原则是什么？可直接冲出通孔吗？为什么？锻件上为什么要有模锻斜度和模锻圆角？

15. 图 2-62 所示零件的结构是否适合于模锻件生产？为什么？若不适合应如何修改？

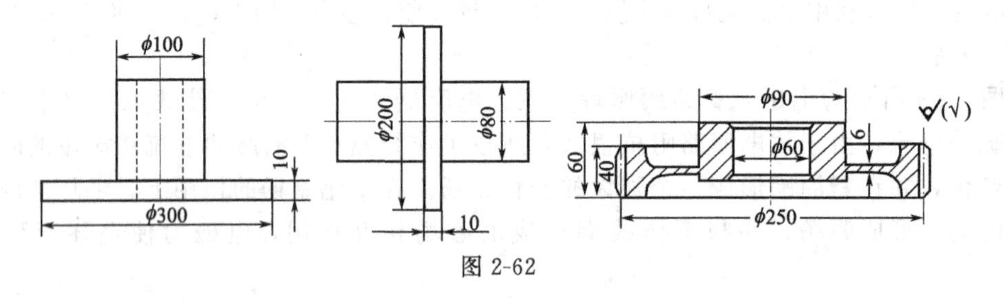

图 2-62

16. 图 2-63 所示零件采用锤上模锻制造，选择最合适的分模面的位置并绘制出相应的模锻件图。

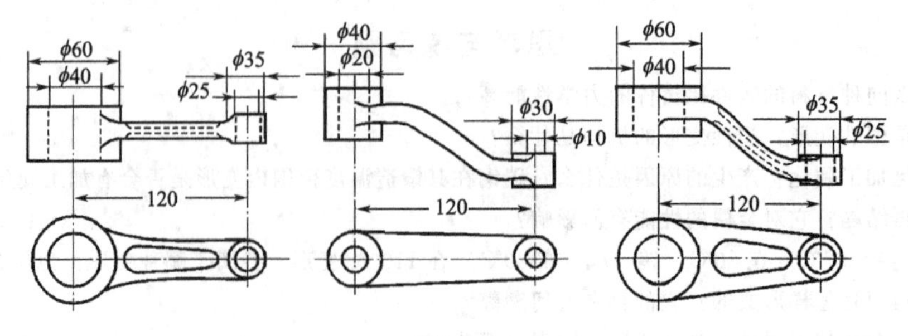

图 2-63

17. 与自由锻相比，为什么胎模锻可以锻造出形状较为复杂的锻件？

18. 冲压工序分几大类？每大类的成形特点和应用范围如何？

19. 搪瓷脸盆的坯料是冲压件，其加工需要哪些工序？每道工序起什么作用？

20. 自行车铃盖尺寸如图 2-64 所示，试确定冲制工艺，做简图确定拉深模的主要尺寸（凸模和凹模的直径及其圆角半径）；计算铃盖的落料尺寸及拉深系数（工件进行不变薄拉深）。

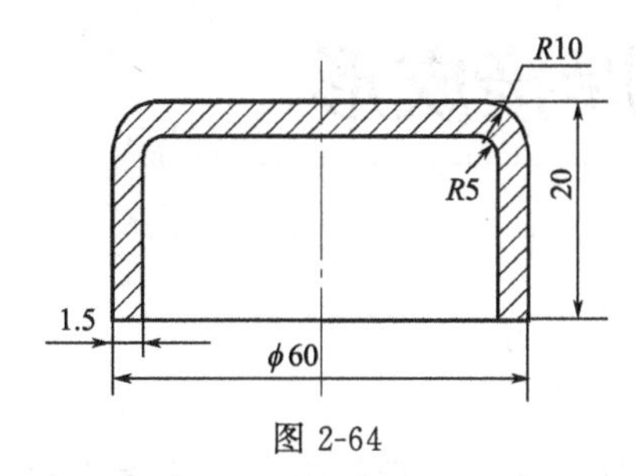

图 2-64

21. 试修改图 2-65 所示冲压件结构中的不合理部位。

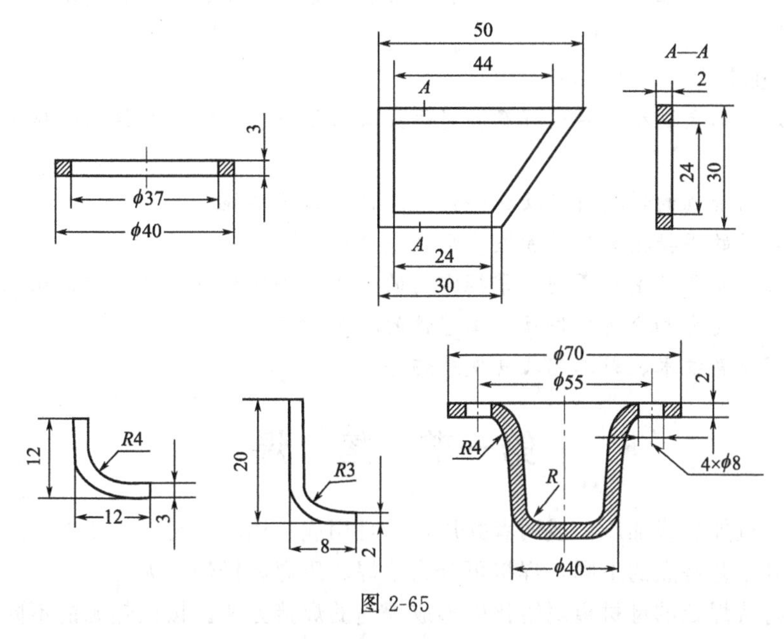

图 2-65

22. 翻孔件的凸缘高度尺寸较大而一次翻边难以实现时，应采取什么措施？

23. 材料回弹现象对弯曲件有何影响？怎样消除这种影响？

24. 精密模锻通过哪些措施保证产品的精度？

25. 简述旋转锻造的原理、特点和应用范围。

26. 零件轧制方法如何分类？各有什么特点？

27. 零件挤压方法如何分类？各有什么特点？

28. 试述超塑性的概念、超塑成形及其主要特点和应用。

29. 试述高能成形的方法、原理及其主要特点和应用。

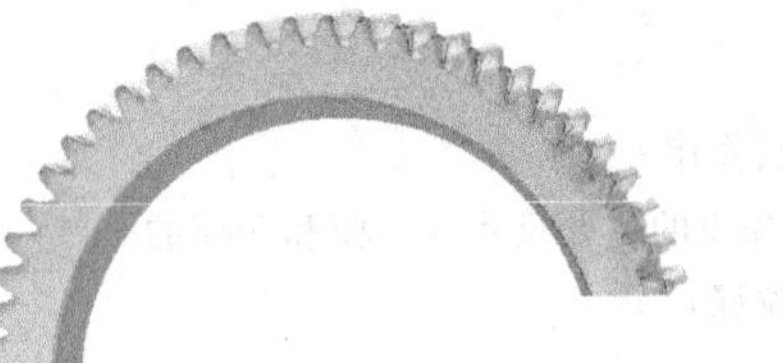

第三章　金属焊接成形

【学习意义】 焊接具有拼小成大、拼简单成复杂等生产特点，是复杂结构或大型设备生产的重要方法。在石油化工、汽车、船舶、桥梁、机械、电力、建筑等工业领域获得广泛应用。

【学习目标】

1. 熟悉焊接冶金过程、热过程及其对焊接接头组织、性能和焊件的焊接应力、变形的影响；
2. 熟悉常用金属的焊接特点及获得优质焊件的工艺措施；
3. 熟悉常用的焊接接头形式和坡口形式设计；
4. 熟悉焊缝布置的主要原则，掌握常用的焊接方法及特点，具有较合理地选用焊接方法、焊接材料的能力和分析焊件结构工艺性的初步能力；
5. 了解焊接新技术、新工艺及其发展趋势。

第一节　熔　焊

焊接是通过加热或加压，或两者并用，并且用或不用填充材料，使工件达到结合的一种方法。按其工艺特点的不同，焊接可分为熔焊、压焊和钎焊三大类。

熔焊是将待焊处的母材金属熔化以形成焊缝的焊接方法。按照热源的不同，熔焊分为电弧焊、电渣焊、电子束焊、激光焊等。其中电弧焊又分为焊条电弧焊、埋弧焊、气体保护焊等。

一、电弧焊

电弧焊是利用电弧作为热源的熔焊方法。电弧焊的冶金过程具有以下特点。

ⅰ.冶金温度高。焊接电弧和熔池金属的温度远高于普通冶金温度，容易造成合金元素的蒸发与烧损。

ⅱ.成形过程短。焊接熔池体积很小，熔池周围是冷金属，液态停留时间很短，一般在10s左右，使各种冶金反应无法达到平衡状态，化学成分不够均匀。

ⅲ.冶金条件差。若焊接熔池暴露在空气中，熔池周围的气体及杂质在电弧的高温作用下，将分解成原子态的氢、氧、氮等，极易同合金元素产生化学反应。反应生成的氧化物、氮化物混入焊缝形成夹渣，降低焊缝的塑性与韧性；生成的气体则形成气孔；氢的存在则引起氢脆性，促进冷裂缝的产生。

上述情况将严重影响焊接质量，因此必须采取下列有效措施。

ⅰ.对焊接区进行保护，限制空气侵入。药皮、焊剂以及惰性气体都能起到这个作用。

ⅱ.渗入合金元素。通过药皮或焊剂把所需要的合金元素渗入到熔池中，改善焊缝的组织和力学性能。

ⅲ.采用冶金处理方法进行脱氧、脱氮、脱硫和脱磷等。例如，在焊丝、药皮或焊剂中加入硅、锰等元素，可形成硅酸盐（$MnO \cdot SiO_2$ 等）、MnS 和 CaS 等产物，随熔渣排出，达到使焊缝金属脱氧和脱硫的目的。

1.焊接电弧

（1）电弧的温度及热量分布

焊接电弧是在具有一定电压的两电极间或电极与母材间，气体介质产生的强烈而持久的放电现象。电弧由气体介质被电离而形成，主要由三个区域组成，如图 3-1 所示。

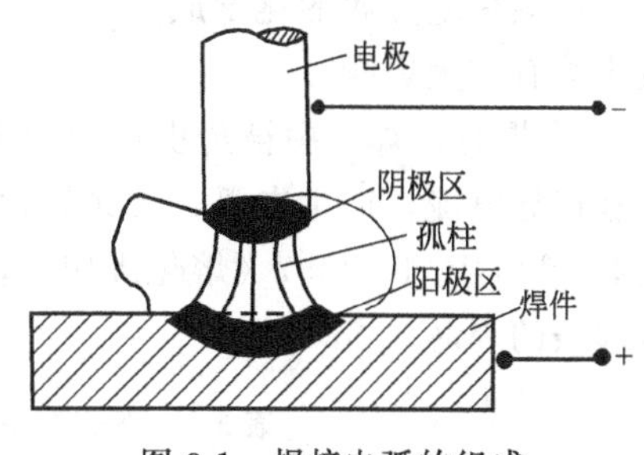

图 3-1　焊接电弧的组成

① 阴极区　焊接电弧中，靠近阴极表面的部分叫做阴极区。它不断地向弧柱发射电子，使电弧稳定燃烧。其热量约占总电弧热量的 36%，对碳钢来说，其温度一般为 2400K。

② 阳极区　焊接电弧中，靠近阳极表面的部分叫做阳极区。它不断地吸收来自弧柱的电子。在和阴极材料相同的情况下，阳极区的温度略高于阴极区，其热量约占总电弧热量的 43%，对碳钢来说，其温度一般为 2600K。

③ 弧柱　它主要是电子和阳离子的混合物。弧柱区放出的热量仅占总热量的 21%，但弧柱中心因散热条件差，温度高达 5000～8000K。弧柱温度除与电极材料有关外，还取决于弧柱中的气体介质和焊接电流，一般情况下，焊接电流越大，弧柱中电离程度越大，其温度也越高。

（2）焊件的极性

电弧焊有交流和直流两种焊接电源。用直流电源焊接时，焊件的极性有两种。

① 正接　当焊件接正极，电极接负极时，称为正接。一般用于厚板的焊接。

② 反接　当焊件接负极，电极接正极时，称为反接。一般用于薄板、铸铁及有色金属等焊件的焊接。

当使用交流电源焊接时，由于极性的交替变化，电极与工件间的温度和热量分布基本相同（一般为 2500K），无正、反接，电弧的稳定性比直流的差。

2.焊条电弧焊

焊条电弧焊是以手工操纵焊条进行焊接的电弧焊方法。

（1）焊接过程

焊条电弧焊的典型焊接装置如图 3-2 所示，焊接过程如图 3-3 所示。电弧在焊条与焊件（母材）之间燃烧，电弧热使母材熔化形成熔池，焊条金属芯熔化以熔滴形式借助重力和电弧吹力进入熔池，熔化的药皮成为熔渣覆盖在熔池表面，保护熔池不受空气侵害，药皮分解产生的气体环绕在电弧周围，隔绝空气，保护电弧、熔滴和熔池金属。当焊条向前移动熔化新母材时，原熔池和熔渣凝固，形成焊缝和渣壳。

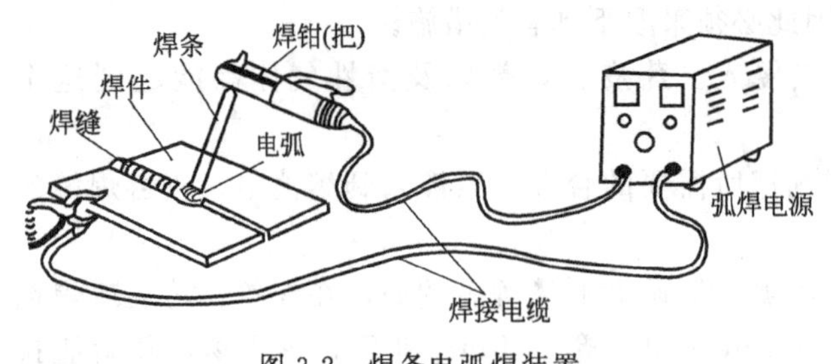

图 3-2 焊条电弧焊装置

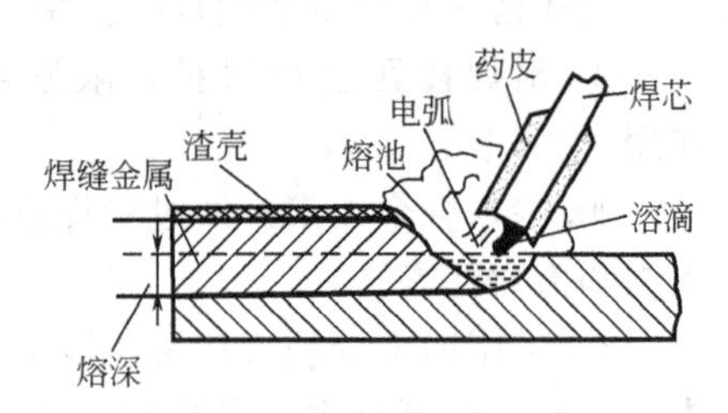

图 3-3 焊条电弧焊焊接过程

(2) 焊条

焊条是涂有药皮的供手弧焊用的熔化电极。它由焊芯和药皮两部分组成，其性能不但直接影响焊缝金属的化学成分、力学性能等，而且对焊接过程的稳定性和焊接质量、生产效率均有较大影响。

① 焊芯　焊条中被药皮包覆的金属芯称为焊芯。它在焊接时有两个作用：一是作为电极传导电流，产生电弧；二是熔化后作为填充金属，与熔化的母材一起组成焊缝金属。表 3-1 为 GB/T 14957《熔化焊用钢丝》规定的部分钢丝牌号和成分，主要用于制作结构钢焊条的焊芯。

表 3-1　熔化焊用钢丝牌号和成分（摘自 GB/T 14957）

牌号	化学成分/%							
	C	Mn	Si	Cr	Ni	Cu	S	P
H08A	≤0.10	0.30～0.55	≤0.03	≤0.20	≤0.30	≤0.20	≤0.030	≤0.030
H08C	≤0.10	0.30～0.55	≤0.03	≤0.10	≤0.10	≤0.20	≤0.015	≤0.015
H08Mn2SiA	≤0.11	1.80～2.10	0.65～0.95	≤0.20	≤0.30	≤0.20	≤0.030	≤0.030

② 药皮　压涂在焊芯表面上的涂料层称为药皮。它的作用主要是稳弧、保护、脱氧、渗合金及改善焊接工艺性。药皮原料的种类及作用见表 3-2。

表 3-2　焊条药皮原料的种类及作用

原料种类	原料名称	作用
稳弧剂	碳酸钾、碳酸钠、长石、大理石、钛白粉、钠水玻璃、钾水玻璃	改善引弧性能，提高电弧燃烧稳定性
造渣剂	大理石、萤石、菱苦土、长石、花岗石、黏土、钛铁矿、锰矿、赤铁矿、钛白粉、金红石	造成具有一定物理化学性能的熔渣，保护焊缝。碱性渣中的 CaO 还能脱硫、脱磷
造气剂	淀粉、木屑、纤维素、大理石	形成气体，隔离空气，保护熔池和熔滴
脱氧剂	锰铁、硅铁、钛铁、铝铁、石墨、木炭	降低药皮或熔渣的氧化性和脱氧
合金剂	锰铁、硅铁、钛铁、铬铁、钼铁、钨铁、钒铁	使焊缝金属获得必要的合金成分
稀渣剂	萤石、长石、钛铁矿、钛白粉、锰矿	降低熔渣黏度，增加熔渣流动性
黏结剂	钠水玻璃、钾水玻璃	将药皮黏在钢芯上

③ 焊条的种类、型号和牌号　按照用途分类，焊条可分为九大类，即非合金钢及细晶粒钢焊条、热强钢焊条、高强钢焊条、不锈钢焊条、铸铁焊条、堆焊焊条、镍及镍合金焊条、铝及铝合金焊条、铜及铜合金焊条。

焊条型号由国家标准规定。不同种类焊条的型号编制方法不同，在 GB/T 5117《非合金钢及细晶粒钢焊条》和 GB/T 5118《热强钢焊条》中，焊条型号按熔敷金属力学性能、药皮类型、焊接位置、电流类型、熔敷金属化学成分等进行划分，其焊条型号含义如下。

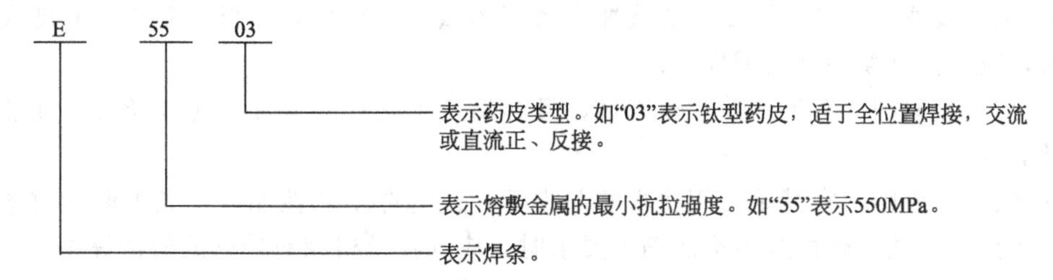

焊条牌号没有统一标准，基本上由各焊条生产厂家自己命名。但凡是符合或相当于国家标准型号要求的焊条，其一般会标注该产品“符合国标”或“相当国标”某型号的字样，以便用户对照标准型号选用。例如，某厂家生产的 J422 焊条，其规格书中标明“符合 GB/T 5177 E4303”，表明该牌号焊条相当于 GB/T 5177 标准中型号为 E4303 的焊条。

按熔渣的酸碱度，焊条还可分为酸性焊条和碱性焊条两大类。熔渣中酸性氧化物（SiO_2、TiO_2、Al_2O_3）比碱性氧化物（CaO、MnO、MgO、FeO）多的焊条称为酸性焊条。此类焊条具有工艺性能好、成本低等特点，应用广泛。碱性氧化物比酸性氧化物多的焊条称为碱性焊条。此类焊条具有焊缝力学性能好，但工艺性能相对较差、成本高等特点，适合于重要结构件的焊接。酸性焊条和碱性焊条的特点见表 3-3。

表 3-3　酸性焊条和碱性焊条的特点

比较项目	酸性焊条	碱性焊条
药皮组成物	氧化性强	还原性强
对水、锈产生气孔的敏感性	较小	较大
适用电源	交直流两用	原则上用直流，加稳弧剂后可交直流两用
适用焊接电流	焊接电流较大	比同规格酸性焊条小 10%
电弧长度	可长弧操作	必须短弧操作
合金元素过渡效果	差	较好
焊缝成形、熔深	较好、熔深浅	尚好、熔深深
熔渣结构	呈玻璃状	呈结晶状
脱渣性	较方便	坡口内第一层较困难，以后各层较容易
冲击性能	一般	较高
抗裂性能	较差（除氧化铁型外）	较好
焊缝中含氢量	高，易产生白点，影响塑性	低
烟尘	较少	较多

④ 焊条的选用原则　通常是先根据焊件化学成分、力学性能、抗裂性、耐腐蚀性及高温性能等要求，选用相应的焊条种类，再结合焊接结构形状、受力情况、焊接设备条件和焊条的价格来选用具体的型号和牌号。具体选用可考虑以下原则。

ⅰ. 等强度原则。该原则主要用于结构钢的焊接。即焊接低碳钢或低合金高强度钢结构件时，应选择与母材强度等级相同或稍高的焊条。但应注意，普通碳素结构钢和低合金高强度结构钢是按屈服强度确定等级的，而结构钢焊条的等级是指抗拉强度最小值的等级。

ⅱ.同成分原则。该原则主要适用于特殊性能钢（如不锈钢、耐热钢等）的焊接。即焊接此类钢时，为保证接头的特殊性能，应选择与母材化学成分相同或相近的焊条。

ⅲ.抗裂纹原则。焊接承受交变或冲击载荷的重要结构件，或形状复杂、刚度大的焊接件时，应选择抗裂性好的碱性焊条。

ⅳ.抗气孔原则。对于焊前清理困难，且容易产生气孔的焊件，应选择抗气孔能力强的酸性焊条。

ⅴ.低成本原则。在满足使用要求的前提下，应选择工艺性能好、成本低和效率高的焊条。例如，当酸、碱性焊条都能满足要求时，应选择价格相对较低的酸性焊条。

(3) 焊接特点和应用

焊条电弧焊虽然存在焊缝质量不稳、生产率较低、对焊工操作技术水平要求较高等缺点，但其设备简单，操作灵活，不受场地和焊接位置的限制，适应性强，可在室内、室外、高空和各种方位施焊，适用于各种碳钢、低合金钢、不锈钢、耐热钢、低温用钢、铜及铜合金等金属材料的焊接，以及铸铁的补焊和各种材料的堆焊，是焊接生产中应用最广泛的一种焊接方法。

3. 埋弧焊

埋弧焊是利用电弧在焊剂层下燃烧进行焊接的方法。

(1) 焊接过程

如图 3-4 所示，在焊剂层下的焊丝与母材之间产生焊接电弧，电弧热使其周围的母材、焊丝和焊剂熔化以致部分蒸发，金属和焊剂的蒸发气体与焊剂熔化形成的熔渣构成一层封闭的外膜，起隔离空气、绝热和屏蔽光辐射的作用。焊丝熔化落下的熔滴与局部熔化的母材构成金属熔池，熔渣因密度小而浮在熔池表面。随着焊丝向前移动，熔池中熔化的金属在电弧吹力的作用下被推向熔池后方，随后冷却凝固成焊缝。熔渣凝固成渣壳，覆盖在焊缝金属表面上。熔渣除了对熔池起保护作用外，还与熔化的金属发生脱氧、去杂质、渗合金等冶金反应，从而影响焊缝金属的化学成分和性能。

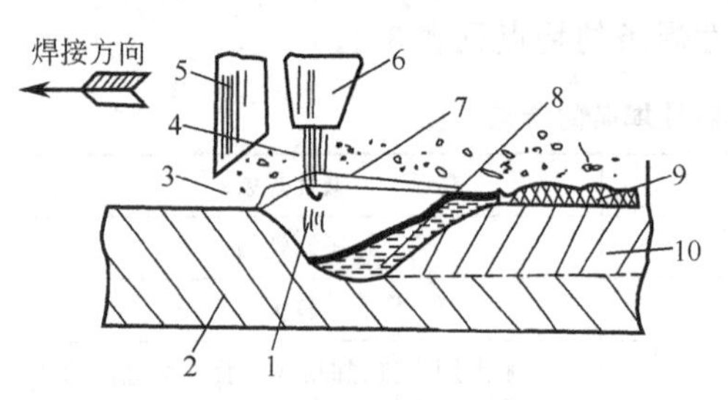

图 3-4 埋弧焊焊接过程

1—电弧；2—母材；3—焊剂；4—焊丝；5—焊剂漏斗；6—导电嘴；7—熔渣；8—熔池；9—渣壳；10—焊缝

埋弧焊时，用直流电或交流电都可获得满意的焊缝质量。一般直流电用于小电流(300～500A)、快速引弧、短焊缝、高速焊接（大于 100cm/min)、所用焊剂的稳弧性较差以及焊接工艺参数稳定性要求较高的场合；交流电多用于大电流（最高可达 1000A 以上）和用直流电焊接时磁偏吹严重的场合。

(2) 焊接特点和应用

与焊条电弧焊相比，埋弧焊具有如下特点。

ⅰ.生产率高。由于可用较大焊接电流，加上焊剂和熔渣的隔热作用，它的热效率高，焊接速度快；且焊接过程可以连续进行，无须停弧换焊条，所以生产率比焊条电弧焊提高 5～10 倍，甚至更高。

ⅱ.焊缝质量高。由于熔池保护效果好，液态保持时间长，冶金反应充分，较大限度地减少了焊缝中产生气孔、裂纹的可能性，加之焊接工艺参数稳定，故焊缝质量好，成形美观。

ⅲ.节约材料和能源。因熔深大，工件可不开坡口或少开坡口，没有焊条损失和飞溅，所以节约了焊接材料、加工工时和电能消耗。

ⅳ.劳动条件好。既无弧光辐射又无烟尘，劳动环境好。

ⅴ.适应性差。通常只适应水平位置的焊接。

埋弧焊主要用于成批生产厚度为6～60mm、处于水平位置的长直焊缝或大直径环缝，还可用于在金属表面堆焊耐磨、耐蚀合金。适合焊接的材料有碳钢、低合金钢、不锈钢、耐热钢以及有色金属，在造船、锅炉、压力容器、桥梁、车辆、核电站等制造领域有着广泛的应用。

4.气体保护焊

气体保护电弧焊是利用外加气体作为电弧介质并保护电弧和焊接区的电弧焊，简称气体保护焊。常用焊接方法有氩弧焊和二氧化碳气体保护焊。

(1) 氩弧焊

氩弧焊是使用氩气作为保护气体的气体保护焊。在高温下，氩气既不与金属发生反应，又不溶于金属，因此焊接质量较高。根据焊接过程中电极是否熔化，可分为钨极氩弧焊（非熔化极氩弧焊）和熔化极氩弧焊。

① 焊接过程

ⅰ.钨极氩弧焊。钨极氩弧焊采用高熔点的铈钨棒作为电极。如图3-5所示，焊接时，钨电极3不熔化，仅起引弧和维持电弧的作用，需另加焊丝8作为填充金属，氩气1从喷嘴2连续喷出，在电弧4周围形成惰性气体保护层隔绝空气，防止对钨电极、熔池5以及邻近热影响区的有害影响，从而获得优质接头。为延长电极使用寿命，一般采用直流正接和交流电。

ⅱ.熔化极氩弧焊。熔化极氩弧焊以连续送进的金属焊丝作为电极进行焊接。如图3-6，焊接时，作为电极的焊丝3熔化填充焊缝，其余过程与钨极氩弧焊基本相同。

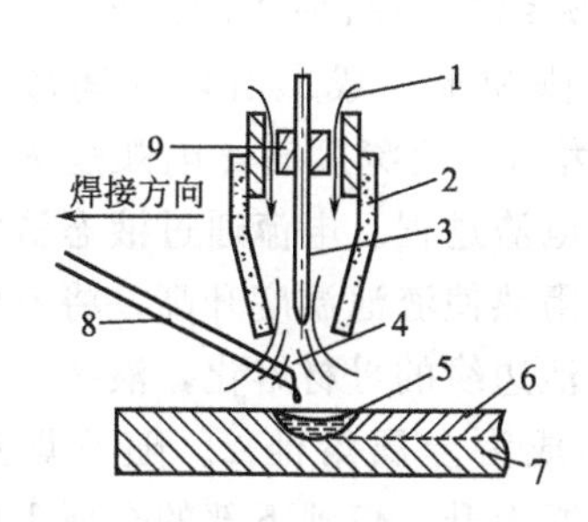

图3-5 钨极氩弧焊

1—氩气；2—喷嘴；3—钨电极；4—电弧；5—熔池；6—焊缝金属；7—母材；8—焊丝；9—导电嘴

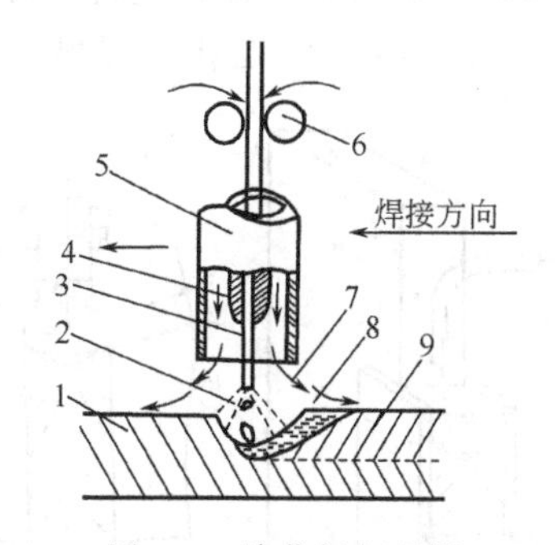

图3-6 熔化极氩弧焊

1—母材；2—电弧；3—焊丝；4—导电嘴；5—喷嘴；6—送丝轮；7—氩气；8—熔池；9—焊缝金属

② 焊接特点和应用

ⅰ.明弧无渣，熔池可见度好，便于控制，易于实现机械化、自动化和全位置焊接。

ⅱ.电弧在气流压缩下燃烧，热量集中，焊接热影响区较窄，焊接变形小。

ⅲ.电弧燃烧稳定，无飞溅，焊缝成形美观。

ⅳ.氩气价格较贵，生产成本较高，焊前对焊件表面的清理工作要求严格。

氩弧焊几乎可以焊接所有的金属和合金，但由于生产成本较高，一般仅用于不锈钢、耐热钢以及铜、钛、铝、镁等有色金属的焊接。

受电极使用寿命的影响，钨极氩弧焊所用电流较小，只适合 6mm 以下薄板的焊接；熔化极氩弧焊所用电流较大，可焊接厚度 25mm 以下的焊件。

(2) CO_2 气体保护焊

CO_2 气体保护焊是利用 CO_2 作为保护气体的气体保护焊。CO_2 是氧化性气体，在电弧热作用下能分解为 CO 和 [O]，使钢中的碳、锰、硅及其他合金元素烧损。为此，常采用 H08Mn2SiA 等焊丝来焊接低合金钢，以保证焊缝的合金成分。

① 焊接过程　与熔化极氩弧焊相似，也是以连续送进的金属焊丝为电极，CO_2 气体从喷嘴中连续喷出，在电弧周围形成局部气体保护层，保护电弧和焊接区。

② 焊接特点和应用　CO_2 气体保护焊除了具有氩弧焊所具有的前两项特点外，还具有以下特点。

ⅰ.生产率高。电弧穿透力强，熔深大且焊丝的熔化率高，无需清渣壳，所以生产率比焊条电弧焊高 1～3 倍。

ⅱ.生产成本低。CO_2 气体价廉，其焊接成本仅为焊条电弧焊和埋弧焊的 40%左右。

ⅲ.焊缝成形较差。熔滴飞溅严重，焊缝成形不够光滑。若操作不当，还容易产生气孔。

CO_2 气体保护焊主要适用于焊接低碳钢和强度等级不高的低合金钢，也可用于堆焊磨损件或焊补铸铁件，但不适于焊接易氧化的非铁金属和高合金钢。既可焊接 1mm 左右的薄板，也可焊接大厚度焊件（采用多层焊）。

二、其他熔焊方法

1. 电渣焊

电渣焊是利用电流通过液体熔渣所产生的电阻热进行焊接的方法。

(1) 焊接过程

电渣焊一般以立焊方式进行，焊接过程如图 3-7 所示。将两焊件相距 20～60mm 垂直放置，在母材（焊丝）1 和起焊槽 10 间引出电弧，电弧热将不断加入的固体焊剂熔化，逐步在起焊槽和水冷成形滑块 6 间形成渣池 3，当渣池达到一定深度时，电弧熄灭，电弧过程过渡到电渣过程。电流通过液态渣池时产生的大量电阻热使渣池温度升高，将不断送进的焊丝和渣池边缘的母材熔化，液态金属汇集于渣池下部成为金属熔池 2。随着焊丝的熔入，熔池不断上升，熔池下部的金属不断凝固形成焊缝 9。最后，利用引出板 7 将渣池和部分焊缝金属引出焊件，焊后将引出部分切除。

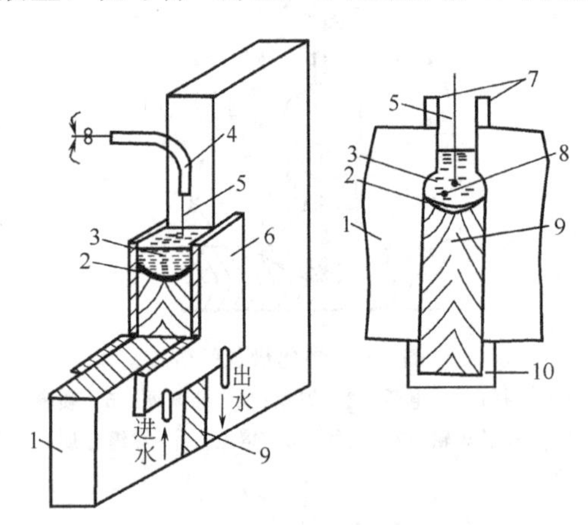

图 3-7　电渣焊焊接过程

1—母材；2—金属熔池；3—渣池；4—导电嘴；5—焊丝；6—水冷成形滑块；7—引出板；8—熔滴；9—焊缝；10—起焊槽

(2) 焊接特点和应用

ⅰ.生产率高、生产成本低。厚大截面焊件可一次焊成，生产率高。工件不必开坡口，节省材料和工时，成本低。

ⅱ.焊缝质量较好。渣池对焊件有预热作

用，焊接碳当量较高的金属时不易出现淬硬组织，冷裂倾向较小。渣池始终处于熔池之上，空气不易进入，且熔池自下而上缓慢冷却，冶金反应充分，利于气体和杂质析出，不易产生气孔和夹渣等缺陷。

ⅲ.焊后需热处理。焊接速度缓慢，焊缝金属和近缝区在高温停留时间长，引起晶粒粗大，将造成焊接接头冲击韧性降低，一般要求焊后进行正火或回火热处理。

电渣焊适用于厚度在 40mm 以上结构件的焊接，主要用于碳钢、低合金钢、不锈钢等厚大焊件的立焊。

2.电子束焊

电子束焊是利用加速和聚焦的电子束轰击置于真空或非真空中的焊件所产生的热能进行焊接的方法。

(1) 焊接过程

真空电子束焊机的组成如图 3-8 所示，它由电子枪、高压电源系统 1、控制系统 2、真空系统、焊接工作台和传动系统等部分组成。电子枪是电子束焊机中发射电子，并使其加速和聚焦的装置。焊接时，灯丝电源向阴极供电加热，当阴极被加热到发射温度 2500℃时，便发射出大量电子。电子在阴极与阳极间电压的加速作用下，经聚束极的会聚，通过阳极孔后再经聚焦线圈（又称电磁透镜）聚焦后以高速撞击工件表面，电子的动能转变为热能，使金属迅速熔化和蒸发。在高压金属蒸气的作用下熔化的金属被排开，电子束继续撞击深处的固态金属，形成一个细长的小孔，小孔四周包围着熔化的金属。随着电子束与工件的相对运动，熔化金属填充小孔移开后留下的空隙并随之冷却凝固形成焊缝。

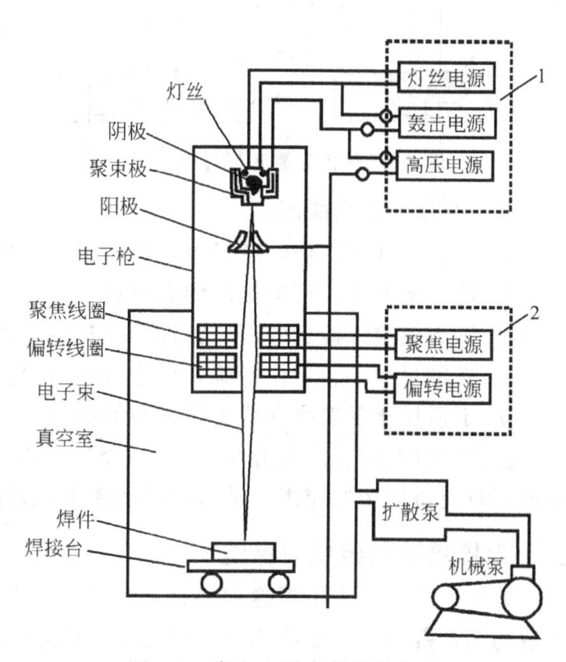

图 3-8　真空电子束焊机的组成

1—高压电源系统；2—控制系统

(2) 焊接特点和应用

ⅰ.能量密度高，焊缝深宽比可达 50∶1，可不开坡口、不加填充金属一次性焊成厚板。

ⅱ.焊接速度快，热影响区小，焊接变形小，可对精加工后的零件进行焊接。

ⅲ.对焊件的清整与装配要求严格。被焊工件的尺寸和形状常受真空室限制。

ⅳ.设备复杂、造价高，使用维修困难。电子束产生的 X 射线需要保护。

真空电子束焊既可焊厚度为 0.025mm 的薄板，也可焊厚度超过 100mm 的厚板。既适于活性金属、高纯金属和难熔金属的焊接，也适于异种金属及金属与非金属材料的焊接。

3.激光焊

激光焊是以聚焦的激光束作为能源轰击焊件产生热量进行焊接的方法。按照功率密度的大小，激光焊可分为热传导激光焊（功率密度一般小于 $10^5 W/cm^2$）和深熔激光焊（功率密度一般大于 $10^5 W/cm^2$）。

(1) 焊接过程

对于热传导激光焊（图 3-9），激光辐射加热焊件表面后，表面温度介于熔点与沸点之间，表面材料只会产生熔化而不会产生蒸发，随着表面热量通过热传导不断向内部扩散，可以形成较浅的熔池。随着激光束的向前运动，熔池随之凝固形成焊缝。热传导激光焊适用于厚度 1mm 左右薄板的焊接。

对于深熔激光焊（图 3-10），表面温度超过沸点，材料不但熔化而且蒸发，与电子束焊过程类似，在高压蒸气的作用下，熔化的金属被排开，激光束继续辐射深处的固态金属，形成一个细长的小孔，小孔四周包围着熔化的金属。随着激光束与工件的相对运动，熔化金属填充小孔移开后留下的空隙并随之冷却凝固形成焊缝。深熔激光焊适用于较大厚度焊件的焊接。

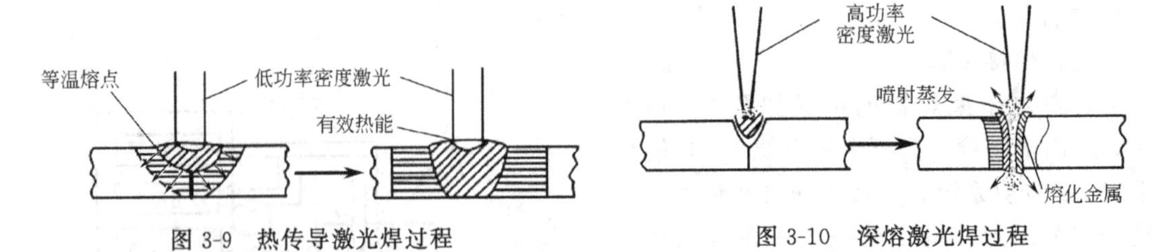

图 3-9 热传导激光焊过程

图 3-10 深熔激光焊过程

(2) 焊接特点和应用

ⅰ. 焊接速度快，焊件变形小，深熔激光焊焊缝深宽比可达 10∶1。

ⅱ. 功率密度大，可焊接高熔点材料，也可焊接异种材料。

ⅲ. 可焊接难以接近的部位，进行非接触远距离焊接，能透过玻璃等透明体进行焊接。

ⅳ. 光斑尺寸小、定位精确，可进行微型焊接。

ⅴ. 不适用于反射率高或透明材料的焊接。

激光焊以其特有的优势在汽车、船舶、航空航天、粉末冶金、电子工业和生物医学等领域不断获得更多的应用。某些产品的铆接也被激光焊所取代，使产品重量大幅下降。

三、焊接接头的组织与性能

熔焊的焊接接头由焊缝和热影响区两部分组成（图 3-11）。焊缝是焊件经过焊接后所形成的结合部分。焊缝两侧的母材受焊接加热的影响而发生金相组织和力学性能变化的区域，称为焊接热影响区。焊缝和热影响区的分界线为熔合线。

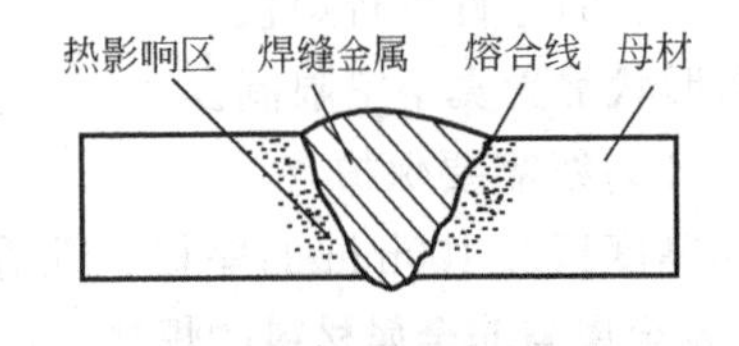

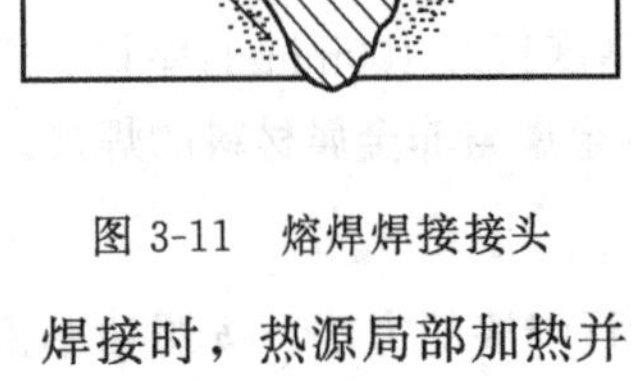

图 3-11 熔焊焊接接头

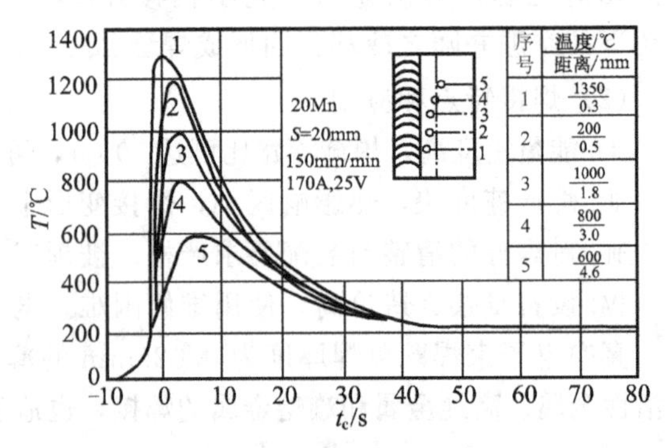

图 3-12 焊接热循环曲线

焊接时，热源局部加热并沿焊件移动，焊件近缝区域某点的温度随时间由低到高，当达到最高值后，又由高到低，这一变化过程称为该点的焊接热循环。该点温度与时间的关系曲线称为焊接热循环曲线，如图 3-12 所示。它反映了焊接过程中，热源对该点的加热、冷却过程。距焊缝中心线越近，则加热速度越快，最高温度越高；距焊缝中心线越远则加热速度越慢，最高温度越低。若温度超过相变温度线，则必然造成其组织和性能的变化。

1.焊缝的组织与性能

焊缝由熔池液态金属冷却凝固形成。熔池中心散热慢，温度高；熔池底壁散热快，温度低。与熔池底壁垂直的方向上散热速度最快，因此焊缝的结晶是从熔池底壁开始向中心生长的，形成垂直于熔池底壁的柱状晶，如图 3-13 所示。低熔点的硫、磷杂质和氧化铁等易偏析物集中在焊缝中心区，影响焊缝的力学性能。

在焊缝形成过程中，受电弧吹力等外界因素的影响，柱状晶有所细化。药皮或焊剂的渗合金作用，使焊缝金属的合金元素多于母材。所以只要合理选择焊条和焊接规范，焊缝金属的强度可与母材相当。

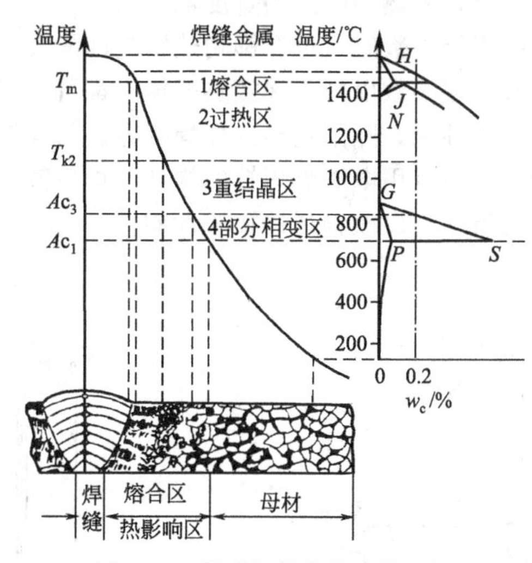

图 3-13　低碳钢焊接接头的组织

2.热影响区的组织与性能

热影响区的组织与性能与母材的种类及其焊前热处理状态有关。

(1) 不易淬火钢热影响区的组织与性能

对于低碳钢等钢材，其碳含量较少，在焊后空冷条件下不易生成马氏体等淬硬组织。其焊接热影响区可分为熔合区、过热区（粗晶区）、重结晶区（正火区，细晶区）和部分相变区（不完全重结晶区），低碳钢热影响区的组织如图 3-13 所示。

① 熔合区　在焊缝与母材相邻部位，又称半熔化区。该区温度在液相线至固相线之间。冷却后晶粒粗大，化学成分和组织极不均匀，冷却后为过热组织和新结晶的铸造组织，塑性、韧性很差，是焊接接头的危险地带，常产生裂纹和脆性破坏。

② 过热区　该区温度在固相线至 1100℃之间。形成特殊的过热组织（魏氏组织），其晶粒粗大，晶内有大量铁素体片，易产生粗晶脆化，塑性、韧性很差。

③ 重结晶区　该区温度在 1100℃至 Ac_3 线之间。因加热速度快，高温停留时间短，冷却后获得均匀细小的铁素体＋珠光体，其塑性、韧性都较好，甚至优于母材。

④ 部分相变区　该区温度范围在 Ac_3～Ac_1 线之间。只有部分金属重结晶后变为细小的铁素体＋珠光体组织，没有重结晶的原来组织有粗粒变大的趋势。该区晶粒大小不均，力学性能也不均匀。

(2) 易淬火钢热影响区的组织与性能

对于易淬火钢，如中碳钢等，其焊接热影响区的组织受焊前热处理状态的影响。若焊前处于正火或退火状态，则焊接热影响区分为完全淬火区和不完全淬火区。完全淬火区的温度在固相线至 Ac_3 线之间，焊后冷却获得马氏体组织。不完全淬火区的温度范围在 $Ac_3 \sim Ac_1$ 线之间，焊后冷却获得马氏体和铁素体混合组织。若焊前为淬火＋低温回火状态，除有前面的完全淬火区和不完全淬火区外，还有回火区。回火区的温度低于 Ac_1 线，组织为回火索氏体或回火屈氏体，如图 3-14 所示。

影响焊接热影响区大小和组织性能变化的因素有焊接方法、焊接参数、接头形式和焊后冷却速度等。

用不同的焊接方法焊接低碳钢时，焊接热影响区的宽度不同。如电子束焊、埋弧焊、手工钨极氩弧焊、焊条电弧焊，其热影响区的宽度依次增大。

同一焊接方法使用不同焊接参数时，也会影响热影响区的大小。在保证焊接质量的条件下，增加焊接速度、调节焊接参数以减小焊接热的输入都可使热影响区减小。

为了改善焊接接头的组织性能，除了正确选择焊接方法与焊接参数以减小焊接热影响区的大小之外，对重要的钢构件或用电渣焊焊接的构件，焊后需进行热处理，使焊缝和焊接热影响区获得均匀细化的组织，以改善焊接接头性能。

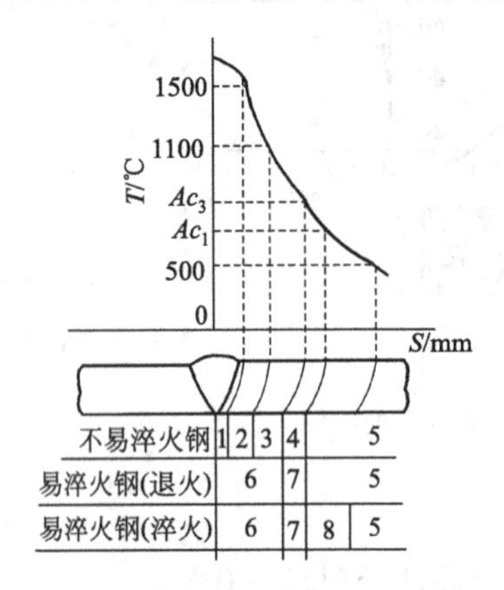

图 3-14　钢焊接热影响区的分布特征

1—熔合区；2—过热区；3—正火区；4—不完全重结晶区；5—母材；6—完全淬火区；7—不完全淬火区；8—回火区

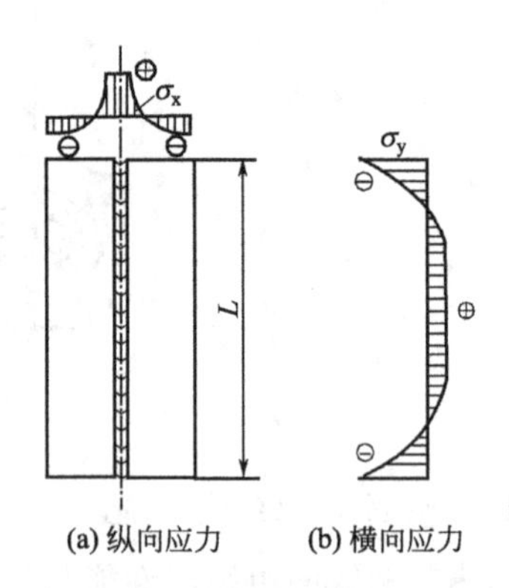

图 3-15　平板对接时的纵向和横向焊接应力分布

四、焊接应力与变形

焊接是一个不均匀的加热和冷却过程，焊缝和近缝区的温度不同、冷却速度不同，必然引起焊接应力和变形，影响焊件的质量和使用性能。

1. 焊接应力与变形产生的原因及焊接变形的分类

焊件加热时，焊缝和近缝区将产生不同程度的热膨胀变形，但因受到来自其周围母材的约束，其膨胀受阻而产生压应力。焊件冷却时，焊缝和近缝区将产生不同程度的冷收缩变形，但因受到来自其周围母材的约束，自由收缩受阻而产生拉应力，而远离焊缝的部位则受压应力，如图 3-15 所示为钢板对接时的焊接应力分布图。

如果在焊接过程中，焊件能过够自由伸缩，则焊后焊件的变形较大，而焊接应力较小。反之，如果焊件厚度或刚性较大，不能自由伸缩，则焊后焊件的变形较小，而焊接应力较大。常见焊接变形如表 3-4 所示。

表 3-4　焊件变形的分类

类　型	示意图	说　明
缩短变形 动画		由垂直焊接方向横向收缩和平行焊接方向的纵向收缩引起
角变形 动画		由于焊接时温度分布不均，因此沿板厚方向的横向收缩不同，使板件在焊缝中心处发生弯曲变形
弯曲变形 动画		焊缝位置在焊件上布置不对称，引起的弯曲变形
波浪变形 动画		焊接薄板时，由较大的焊接压应力引起薄板在厚度方向失稳所致
扭曲变形 动画		细长构件，纵向焊缝的横向收缩不均匀或组装质量不高，焊接方向、顺序不合理，使构件绕自身轴线扭转

2. 减小焊接应力的工艺措施

① 合理选择焊接顺序　其原则是减少约束，尽量使每条焊缝能自由地收缩。多条焊缝时，应先焊接收缩量最大的焊缝。如图 3-16 所示，应先焊横向收缩大的对接焊缝 1，后焊角焊缝 2。若焊接顺序相反，则对接焊缝 1 在焊接时，因横向收缩受阻而产生拉应力。

② 焊前预热　减小焊接应力的最有效方法是焊前预热，即在焊前将工件预热到 350～400℃，然后再进行焊接。预热可使焊缝金属和周围金属的温差减小，焊后又可比较均匀地同时缓慢冷却收缩，因此可显著减小焊接应力。

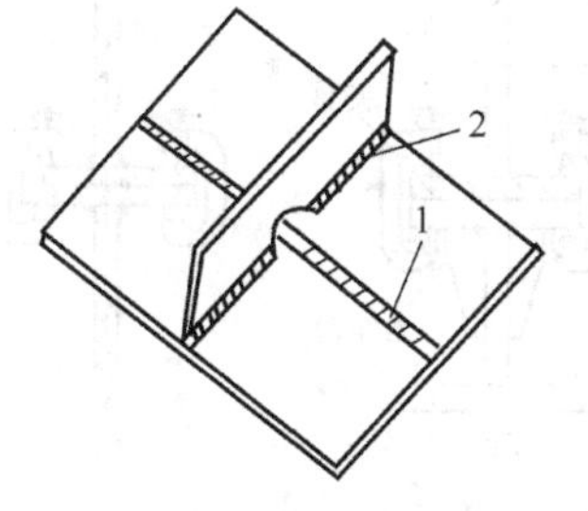

图 3-16　对接焊缝与角焊缝交叉

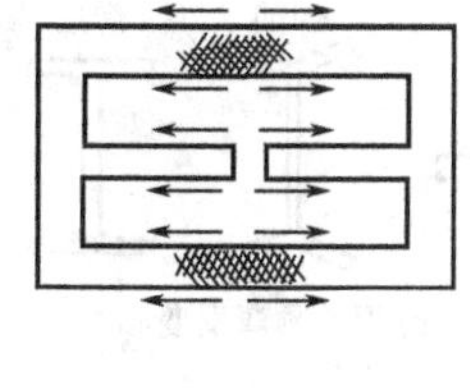

(a) 加热过程

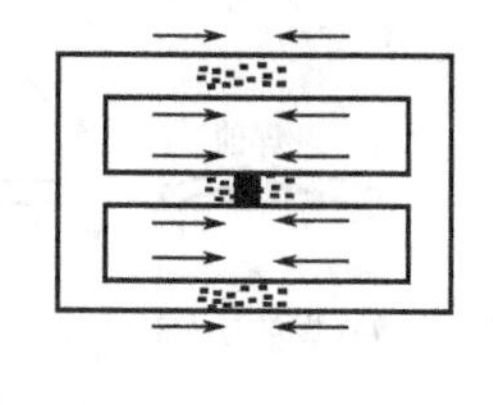

(b) 冷却过程

图 3-17　加热减应区

③ 加热减应区法　选择阻碍焊接部位自由收缩的区域（称减应区），对其加热，使之伸长。焊后冷却时，加热区与焊缝一起收缩，可以大大减小焊接应力与变形，如图 3-17 所示。

④ 锤击法　当焊件冷却开始形成拉应力时，在其塑性较好的状态下，及时用圆头小锤锤击焊缝，使焊缝金属的表面薄层延展，抵消焊缝区的一些收缩，降低焊接应力。

⑤ 热处理法　为了消除焊件内的焊接应力，可采用去应力退火。将焊件整体加热或

只将焊缝及近缝区局部加热到去应力退火温度，保温一定的时间后缓慢冷却，可达到焊件整体或局部消除焊接应力的目的。

3.减小焊接变形的工艺措施

① 合理选择焊接顺序　如图 3-18 所示，工字梁由一腹板和两翼板构成对称结构。若采用图 3-18(a) 所示先焊成 T 形梁再焊成工字梁的焊接顺序，将向先焊完的一侧产生较大的弯曲变形。若采用图 3-18(b) 所示先点固成工字梁，再按 1-3-4-2 的顺序焊接四条焊缝，则可避免弯曲变形。

② 合理选择焊接方法和焊接工艺参数　选用能量较集中、热输入小的焊接方法，如 CO_2 气体保护焊、脉冲钨极氩弧焊、激光焊、电子束焊等。焊接方法确定后，在保证焊透和焊缝无缺陷的条件下，调节焊接工艺参数减小焊接热的输入，使焊件变形降至最小。

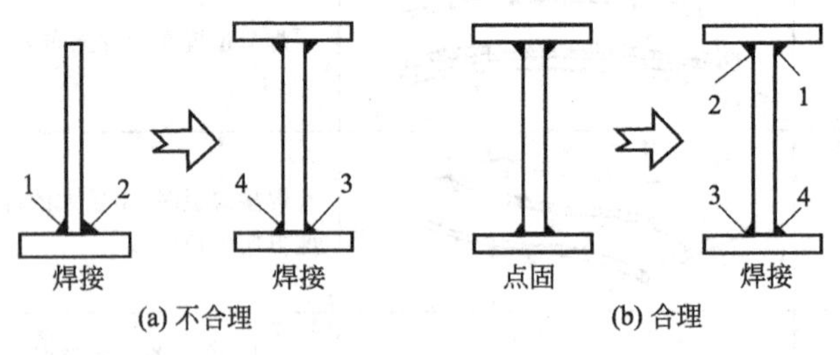

图 3-18　工字梁的装配与焊接顺序

③ 反变形法　焊前使焊件具有一个与焊后变形方向相反、大小相当的变形，以便恰好能抵消焊接时产生的变形。如图 3-19(a)，为减少平板对接焊产生的角变形，焊前可以将焊件按变形大小反方向放置；如图 3-19(b)，为减少 T 形接头平板焊后产生的角变形，可以将平板按变形的反方向预先压形，再进行焊接。

④ 刚性固定法　利用简单夹具把焊件夹到与之相适应的胎具或工作台上，焊件在不能自由变形的条件下进行焊接，以减小焊后变形，如图 3-20 所示的 T 形梁焊接，可以减小角度变形和弯曲变形。图 3-20(a) 是把平板固定在工作台上进行焊接；图 3-20(b) 是根据 T 形梁的结构特点，将两根 T 形梁组装成十字形构件，两平板在刚性夹紧下施焊。

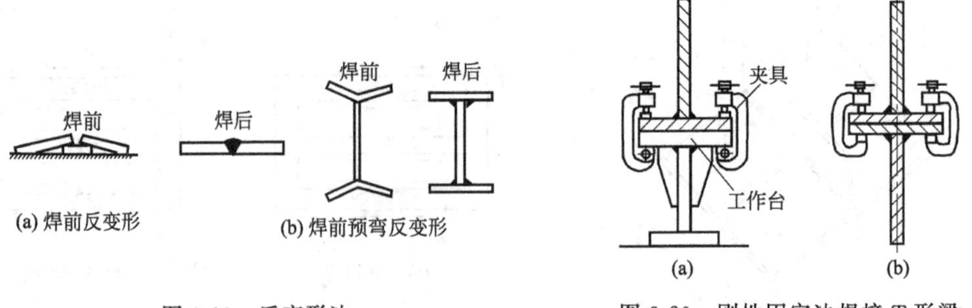

图 3-19　反变形法　　　　图 3-20　刚性固定法焊接 T 形梁

⑤ 矫正法　在实际生产中，若采取各种措施后，焊件变形仍超过技术要求，可采用机械矫正法或火焰矫正法进行矫正。

ⅰ.机械矫正法。利用外力（如压力机、千斤顶、辊压机等机械力或手锤锻打）使焊件产生与焊接变形方向相反的塑性变形，达到消除变形的目的。图 3-21 是压力机机械矫直工字梁的示意图。

ⅱ. 火焰矫正法。以火焰为热源对焊件的适当部位进行局部加热，用焊件冷却时产生的收缩变形来抵消焊接引起的变形。如图 3-22 所示，对焊后上拱变形的 T 形梁，在其上腹板的三角形阴影处，将火焰加热到 600～800℃，冷却后腹板收缩引起反向变形，以矫直 T 形梁。

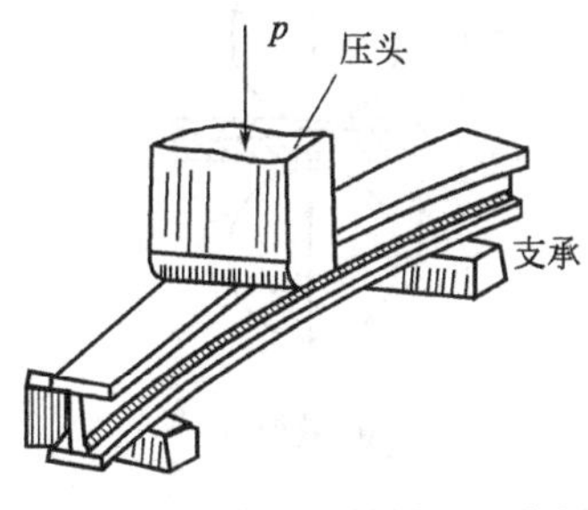

图 3-21　压力机机械矫正工字梁

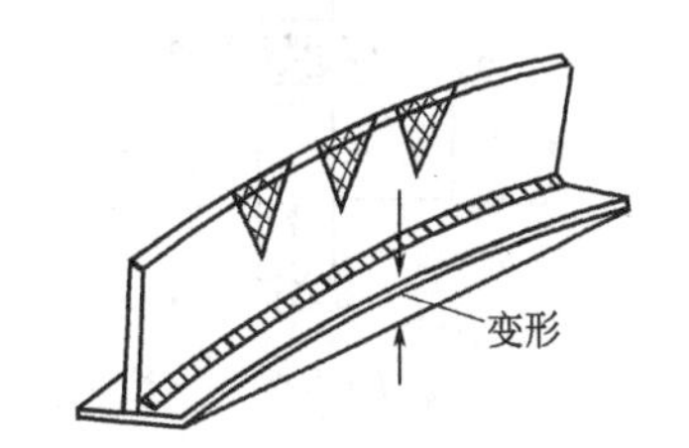

图 3-22　火焰矫正上拱的 T 形梁

第二节　压焊与钎焊

一、压焊

压焊是焊接过程中必须对焊件施加压力（加热或不加热），以完成焊接的方法。

1. 电阻焊

电阻焊是工件组合后通过电极施加压力，利用电流通过接头的接触面及邻近区域产生的电阻热进行焊接的方法。

电阻焊时电流通过焊件产生的热量 Q 为

$$Q=I^2Rt \tag{3-1}$$

式中　Q——产生的热量，J；

I——焊接电流，A；

R——两电极间的电阻，Ω；

t——通电时间，s。

从式（3-1）看出，电阻焊的热量与焊接电流的平方、两电极间的电阻、通电时间成正比关系。热量的一部分用于加热焊件形成焊缝，另一部分散失于周围金属中。由于两电极间的电阻很小，为了在几秒之内甚至更短时间迅速加热，必须采用数千安培以上的焊接电流。按工艺特点不同，电阻焊分为点焊、缝焊和对焊。

（1）点焊

点焊是焊件装配成搭接接头，并压紧在两电极之间，利用电阻热加热母材金属，形成焊点的电阻焊方法。

如图 3-23(a) 所示，两焊件由棒状电极压紧后通电加热，两焊件接触处的金属因电阻热而形成熔化核心（熔核）。切断焊接电流后，棒状电极继续施压，在此压力作用下熔核冷却凝固，形成密实的焊点。由于电极本身有冷却水系统，电极与焊件间接触电阻产生的热量，大部分被水冷的电极带走，电极与焊件接触处的温度远低于两焊件接触处的温度，正常情况下达不到熔化温度，因此该处不会焊合。

两相邻焊点之间应有一定距离，否则上一个焊点产生的分流作用会使下一个焊点的焊接电流下降，影响下一个焊点的焊接质量。

点焊是一种高速、经济的连接方法。它适用于制造采用搭接接头、无气密性要求、厚度小于 3mm 的冲压或轧制的薄板构件，在汽车、铁路车辆、飞机等薄板结构件上得到广泛应用。

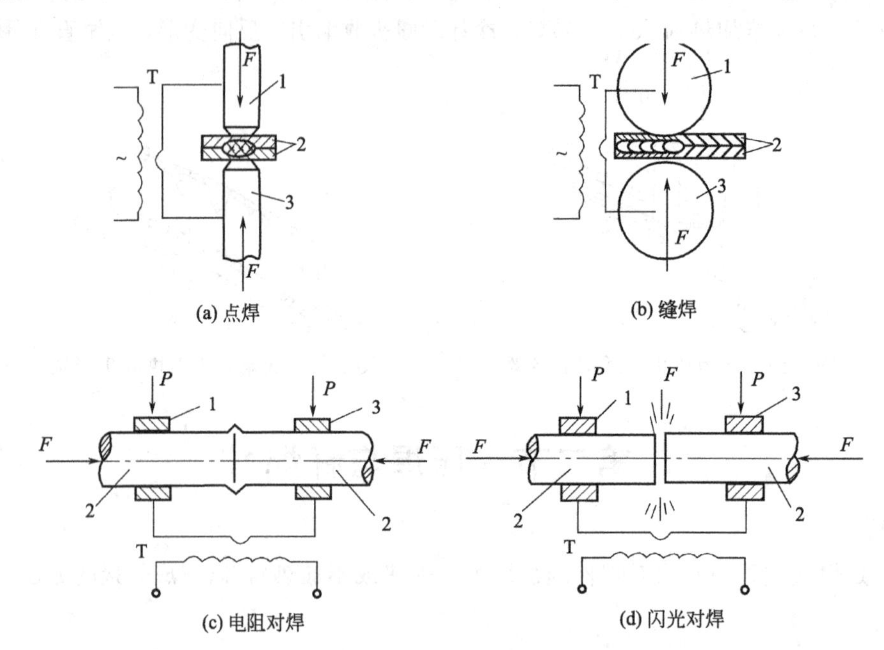

图 3-23　电阻焊原理图

1，3—电极；2—焊件；F—电极压力；T—电源（变压器）；P—夹紧力

（2）缝焊

缝焊是工件装配成搭接或对接接头并置于两滚轮电极之间，滚轮加压工件并转动，连续或断续送电，形成一条连续焊缝的电阻焊方法。

缝焊的原理与点焊相似，如图 3-23(b) 所示，只是缝焊是以圆盘状滚轮电极代替点焊的棒状电极。焊接时，滚轮电极在对焊件施加压力的同时滚动，带动焊件向前移动。电极滚动时连续或断续通电，在焊件间产生相互重叠的焊点，从而形成连续的焊缝。

厚度小于 3mm 的薄板结构一般采用搭接接头。因焊缝是由重叠的焊点形成的，故具有较好的密封性，主要用于焊接有气密性或液密性要求的薄壁容器，如油箱、水箱、火焰筒等，在汽车、拖拉机、包装、喷气式发动机等工业领域广泛应用。

厚度达到 3mm 的薄板结构若采用搭接接头，则需要降低焊接速度、增大焊接电流和电极压力，这会带来电极的黏附和焊接接头质量的下降。在这种情况下，可以采用垫箔对接接头，焊件对接，并在焊件与滚轮之间铺垫两条宽 4～6mm、厚 0.2～0.3mm 的箔带。

（3）对焊

对焊即对接电阻焊。根据加压和通电的先后次序不同，对焊又分成电阻对焊、闪光对焊两种。

① 电阻对焊　电阻对焊是将工件装配成对接接头，使其端面紧密接触，利用电阻热加热其端面金属至塑性状态，然后迅速施加顶锻力完成焊接的方法。

电阻对焊是先加压后通电，其原理如图 3-23(c) 所示。焊接时将焊件用电极夹紧，并使两焊件端面在预压力的作用下压紧，然后通电加热，当焊件接触处金属被加热到一定温度，呈塑性状态时，断电并突然施加较大的顶锻力，使两焊件端面产生一定的塑性变形而焊接起来。

电阻对焊具有接头表面光滑、毛刺小、焊接过程简单、易于操作等优点。但也存在焊前端面需要加工和清理、端面在高温下易氧化等问题。因此，电阻对焊一般适于焊接直径小于 20mm 的、强度要求不高的焊件。

② 闪光对焊　闪光对焊是工件装配成对接接头，接通电源，并使其端面逐渐移近达到局部接触，利用电阻热加热这些接触点（产生闪光），使端面金属熔化，直至端部在一定深度范围内达到预定温度时，迅速施加顶锻力完成焊接的方法。

闪光对焊是先通电后加压，其原理如图 3-23(d) 所示。焊接时先将焊件用电极夹紧，通电后使焊件轻微接触，开始时只是个别点先接触加热，因电流密度大很快熔化，甚至蒸发，在蒸汽压力和电磁力作用下，液态金属不断从接口间向外喷射出来，形成闪光的火花。两焊件逐渐靠近，闪光连续不停，当整个端面被加热到一定温度（塑性温度）时，迅速施加顶锻力并断电，熔化金属被全部挤出端面，两焊件在压力作用下产生塑性变形而焊接起来。

闪光对焊端面上的熔化金属或氧化物在施加顶锻力时被挤掉，使端面上的杂质得以清除，焊接接头质量好，强度高。但也存在闪光火花污染环境、焊接接头毛刺需清理等问题。因此，闪光对焊常用于重要的受力结构件的焊接，如轴、锅炉管道等。

总之，电阻焊热量集中，加热时间短，焊件变形小，焊接接头质量较好。不需要焊剂、焊丝和焊条等材料，操作简单，机械化和自动化程度高，劳动条件较好，生产率高。但设备投资大，维修较困难，焊接的接头形式受到限制。

2.其他压焊方法

① 超声波焊　超声波焊是利用超声波的高频振荡对焊件接头进行局部加热和表面清理，然后施加压力实现焊接的一种压焊方法。

在焊接过程中，无电流通过焊件，也无火焰、电弧等热源作用，焊件不发生熔化，也不使用焊剂和填充金属，是一种特殊固态压焊方法。其特点是焊件应力、变形小，无热影响区，焊前对焊件表面的清理要求不高。超声波焊适于厚度小于 0.5mm 的金属薄片、细丝及微型器件的焊接，可焊各种金属，尤其适合焊接铜、铝、银等导电、导热性好的金属，也可以焊接一些物理性能差别很大的异种金属和某些非金属材料。

② 扩散焊　扩散焊是将工件在高温下加压，但不产生可见变形和相对位移的固态焊接方法。

在焊接过程中，一般将焊件置于真空或保护性气氛中，在一定温度和压力下使焊件表面相互接触，通过微观塑性变形，经较长时间的原子扩散而实现焊接。扩散焊接头强度高，焊接应力和变形小。可焊接各种同种材料和异种材料，可制造多层复合材料，也能焊接厚薄相差大的工件。扩散焊的不足之处是焊接时间长、生产率低。扩散焊主要用于精密、复杂焊件的焊接，异种金属以及金属与非金属材料之间的焊接。

③ 爆炸焊　爆炸焊是利用炸药爆炸产生的冲击力造成焊件的迅速碰撞，实现连接焊件的一种压焊方法。

在焊接过程中，炸药爆炸产生的巨大冲击波使焊件发生高速倾斜撞击，撞击面因塑性变形、适量的熔化和原子间的相互扩散而形成焊接接头。爆炸焊接头强度高，热影响区小。主要用于异类平板材料间的复合，如铝-钢、钛-不锈钢等板块间的焊接。

二、钎焊

钎焊是采用比母材熔点低的金属材料作钎料，将母材（焊件）与钎料加热到高于钎料熔点、低于母材熔点的温度，利用液态钎料润湿母材，填充接头间隙并与母材相互扩散实现焊件连接的方法。

为保证钎焊过程的顺利进行并获得致密的接头，钎焊过程中一般要使用钎焊焊剂，以清除钎料和母材表面的氧化物，改善液态钎料的流动性，保护母材和钎料免于氧化。

1. 钎焊的种类

按使用钎料的不同，钎焊分为硬钎焊和软钎焊。

① 硬钎焊　硬钎焊是使用硬钎料进行的钎焊。硬钎料是熔点高于450℃的钎料，如铝基、银基、铜基、锰基、镍基钎料等。硬钎焊的接头强度在200MPa以上，主要用于黑色金属或铜合金构件的焊接以及工具、刀具的焊接。

② 软钎焊　软钎焊是使用软钎料进行的钎焊。软钎料是熔点低于450℃的钎料，如锡铅钎料以及以锡元素为钎料合金主要成分的无铅钎料。软钎焊的接头强度在70MPa以下，主要用于仪表、导电元件的焊接以及接头强度要求不高的黑色金属或铜合金构件的焊接。

2. 钎焊的接头形式和加热方法

焊件是依靠液态钎料的凝固而被连接起来的，接头强度主要取决于钎料种类及连接面积的大小。因此钎焊接头多采用搭接接头，设计钎焊对接接头、T形接头和角接接头等接头时，尽可能使局部构造搭接化，如图3-24所示。

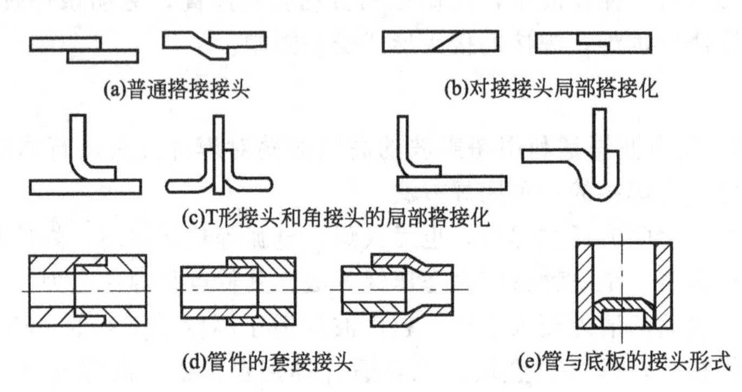

图3-24　各类钎焊接头的搭接化

钎焊的加热方式有多种，并可依此对钎焊方法进行分类，如烙铁钎焊、火焰钎焊、电阻钎焊、感应钎焊、炉中钎焊等。使用时应综合考虑焊件的材料、形状和尺寸、所用的钎料和钎剂、生产批量、成本等因素加以选择。

3. 钎焊的特点和应用

ⅰ. 采用整体加热时，可多条焊缝或大批量焊件同时或连续钎焊，生产效率高。

ⅱ. 钎焊温度低，焊件变形小，焊件的尺寸易于保证。

ⅲ. 可实现同种金属、异种金属、金属与非金属、非金属与非金属之间的焊接。

基于以上特点，钎焊主要用于焊接承载不大、常温下工作的接头。适于焊接薄件、精密的微型件以及导线、刀具等，在国防和尖端技术部门、机电制造业、电子工业、仪表制造业中得到广泛应用。

第三节　常用金属的焊接性

一、金属的焊接性

焊接性是材料在限定的施工条件下焊接成符合规定设计要求的构件，并满足预定服役要求的能力，即材料在一定的焊接工艺条件下获得优质接头的难易程度。焊接性受材料、焊接方法、构件类型及使用要求四个因素的影响。

焊接性包括工艺焊接性和使用焊接性两个方面。工艺焊接性是指获得致密、无缺陷（如气孔、夹杂、裂纹等）焊接接头的能力；使用焊接性是指焊接接头在使用中的可靠性，包括常规力学性能和其他特殊性能（如低温韧性、耐磨性和耐蚀性等）。

钢材的化学成分会影响焊接热影响区的淬硬及冷裂倾向，生产中可用碳当量（C_E）对其焊接性进行评估。碳当量是把钢中合金元素（包括碳）的含量按其作用换算成碳的相当含量，作为评定钢材焊接性的一种参考指标。不同国家或国际组织，根据各自经验提出了针对一定钢种和成分范围的碳当量经验公式。碳钢和低合金高强度结构钢的碳当量经验公式为

$$C_E = w(\mathrm{C}) + \frac{w(\mathrm{Mn})}{6} + \frac{w(\mathrm{Cr}) + w(\mathrm{Mo}) + w(\mathrm{V})}{5} + \frac{w(\mathrm{Cu}) + w(\mathrm{Ni})}{15} \tag{3-2}$$

式中的 w 表示该元素在钢中的质量分数。

根据式（3-2）计算出的碳当量越大，钢材的淬硬倾向就越大，热影响区越容易产生冷裂纹。因此，可按碳当量的大小评估钢材焊接性的好坏，以提出相应的焊接条件，防止焊接裂纹的产生。

若 $C_E < 0.4\%$，钢的淬硬倾向不大，焊接性良好。除厚大工件或低温下焊接外，一般焊前不需预热。

若 $C_E = 0.4\% \sim 0.6\%$，钢的淬硬倾向随碳当量的增大而不断增大，焊接性越来越差。需采取焊前适当预热、焊后缓冷及其他工艺措施才能防止裂纹。

若 $C_E > 0.6\%$，钢的淬硬倾向大，很易产生裂纹，焊接性差。焊前需采用较高的预热温度（350℃以上）和其他严格的工艺措施，焊后需经过适当的热处理才能保证焊接质量。

二、结构钢的焊接

1. 碳钢的焊接

① 低碳钢的焊接　低碳钢的含碳量 $w(\mathrm{C}) \leqslant 0.25\%$，其塑性好，一般无淬硬、冷裂倾向，焊接性优良，焊接时通常不需要采取特殊的工艺措施，即可获得优质焊接接头。但在低温环境下焊接厚件时，应采取焊前预热；对厚度大于 50mm 的焊件，焊后需进行热处理，以消除应力；电渣焊后，需进行正火处理，以细化晶粒。

低碳钢几乎可采用所有的焊接方法进行焊接，常用的焊接方法有焊条电弧焊、埋弧焊、电渣焊、二氧化碳气体保护焊和电阻焊等。

② 中碳钢的焊接　中碳钢的含碳量 $w(\mathrm{C})$ 在 $0.25\% \sim 0.60\%$之间。随着含碳量的提高，其塑性越来越差，越易出现淬硬组织和冷、热裂纹，焊接性不断下降。在大多数情况下，中碳钢焊接需要焊前预热，预热温度一般不超过 400℃。焊接过程采用细焊条、小电流、慢速焊、开坡口、多层焊等措施，以减小含碳量较高的母材金属熔入焊缝的比例。焊后缓冷，必要时进行去应力退火。

③ 高碳钢的焊接　高碳钢的含碳量 $w(\mathrm{C}) > 0.60\%$，其焊接性能差，一般不用于制造焊接结构，仅采用焊条电弧对有破损的工件进行补焊。

2. 合金结构钢的焊接

① 低合金高强度结构钢的焊接　此类钢焊前一般为轧制或锻造的坯料。GB/T 1591

《低合金高强度结构钢》对钢材各种牌号和状态的碳当量进行了规定，表 3-5 为热机械轧制或热机械轧制加回火状态时钢材的碳当量。由表可见，小厚度、低强度等级的焊接性良好，不需要采取特殊的工艺措施即能获得优质焊接接头。但随着强度等级及结构尺寸的增大，碳当量逐渐变大，产生淬硬组织的可能性大增，需采取焊前预热、焊后缓冷等工艺措施才能保证接头质量。

该类钢材可采用的焊接方法有焊条电弧焊、埋弧焊、气体保护焊、电渣焊及压焊等。

表 3-5　热机械轧制或热机械轧制加回火状态交货钢材的碳当量（摘自 GB/T 1591）

牌号		碳当量,不大于/%				
钢级	质量等级	公称厚度或直径/mm				
		≤16	>16～40	>40～63	>63～120	>120～150①
Q355M	B、C、D、E、F	0.39	0.39	0.40	0.45	0.45
Q390M	B、C、D、E	0.41	0.43	0.44	0.46	0.46
Q420M	B、C、D、E	0.43	0.45	0.46	0.47	0.47
Q460M	C、D、E	0.45	0.46	0.47	0.48	0.48
Q500M	C、D、E	0.47	0.47	0.47	0.48	0.48
Q550M	C、D、E	0.47	0.47	0.47	0.48	0.48
Q620M	C、D、E	0.48	0.48	0.48	0.49	0.49
Q690M	C、D、E	0.49	0.49	0.49	0.49	0.49

① 仅适用于棒材。

② 珠光体耐热钢的焊接　合金结构钢中的渗碳钢和调质钢一般不用来制作焊接结构。如需焊接，其焊接性与中碳钢相似。在合金结构钢中，以 Cr、Mo、(V) 为合金元素的珠光体耐热钢，其正火态组织由珠光体加铁素体组成，具有较高的热强性、抗氧化性和价格优势，在化工设备领域应用较多，主要用作锅炉受热面、热交换器管、蒸汽导管等耐热元件。GB/T 3077《合金结构钢》中的 12CrMo、12CrMoV、12Cr1MoV、15CrMo 等牌号属于该类钢。

珠光体耐热钢在焊接过程中，热影响区易产生淬硬组织，冷裂倾向较大；在焊后热处理过程中易出现再热裂纹。可采用的焊接方法有焊条电弧焊、埋弧焊、气体保护焊、电渣焊及压焊等。在实际生产中，要选用与母材成分相近的焊条或焊丝，并采用焊前预热、焊后缓冷与及时热处理等工艺措施以保证焊接质量。

三、铸铁的补焊

铸铁由于含碳量高、杂质多、塑性差，所以焊接性很差。铸铁焊接时的主要问题是易产生白口组织和裂纹。铸铁的焊接实际上只用于对存在有缺陷或损坏的铸铁件进行补焊。

铸铁的补焊通常采用气焊、焊条电弧焊和钎焊。按照焊件在焊前是否预热，可将其分为热焊法和冷焊法。

1. 热焊法

焊前将铸件整体或较大范围局部预热至 600～700℃，焊时维持该高温，焊后在炉中缓冷或去应力退火。热焊法可避免工件产生白口组织和裂纹，补焊质量好，补焊处可进行机械加工。整体预热一般用于补焊刚度大、壁厚、结构复杂以及采用局部预热会引起很大热应力的铸件。局部预热只适用于结构简单、刚性小的铸件。

热焊可采用气焊或焊条电弧焊，并采用铁基铸铁填充焊丝或铁基铸铁焊条（包括灰铸铁焊条、球墨铸铁焊条）。热焊接头无白口组织和裂缝，焊后可进行机械加工。

热焊法成本较高，工艺复杂，生产周期长，劳动条件差。一般仅用于焊后要求切削加工或形状复杂的重要铸件，如机床导轨和内燃机气缸体等。

2. 冷焊法

焊前不预热或只进行 400℃以下的低温预热。此法操作简单，劳动条件好，生产率高，但补焊质量不如热焊法，补焊处机械加工性能较差。

冷焊法一般采用焊条电弧焊。常用的焊条有镍基铸铁焊条、碳钢铸铁焊条、高钒铸铁焊条等。其中，镍基铸铁焊条对防止白口和裂纹的效果较好，焊后可以机械加工。碳钢铸铁焊条和高钒铸铁焊条熔合处有白口，适用于非加工面的补焊。

四、有色金属的焊接

1. 铝及铝合金的焊接

通常铝及铝合金的可焊性较差，其原因如下。

ⅰ. 极易氧化。铝和氧的亲和力很大，焊接过程中在金属表面及熔池上形成的难熔 Al_2O_3 薄膜会阻碍金属之间的结合，并容易引起夹渣。

ⅱ. 易产生气孔。液态铝能溶解大量氢，而固态铝几乎不溶解氢，因此易产生氢气孔。

ⅲ. 易产生裂纹。铝的胀系数较大，易产生焊接应力和变形，并可能导致裂纹的产生。

ⅳ. 易焊穿。高温下的铝及铝合金塑性差，强度低，易引起熔池金属的塌陷与焊穿。

为防止以上缺陷，铝及铝合金焊接时，焊前必须做充分的准备工作，包括焊前清洗、预热、工件底面加垫板等。焊前清洗的目的是去除工件及焊丝表面的氧化膜和油污。厚度超过 5～10mm 的焊件焊前需要预热，预热温度在 100～300℃，预热可减小焊件所需热量和焊接应力，防止裂纹和气孔的产生。工艺垫板可托住熔池金属，以防熔池金属塌陷。此外，由于去氧化膜的焊剂对铝有强烈腐蚀作用，因此使用焊剂的焊件，焊后应仔细清洗，以防腐蚀。

目前，铝及铝合金的常用焊接方法有氩弧焊、气焊、电阻焊和钎焊等。氩弧焊一般采用纯度大于 99.9%氩气，使用直流反接或交流电源，利用阴极雾化原理去除工件表面的氧化膜，可以不使用焊剂。要求不高的焊件可采用气焊。

2. 铜及铜合金的焊接

铜及铜合金较铝及铝合金的焊接性更差，主要原因如下。

ⅰ. 焊缝成形能力差。热导率在常温下约为碳钢的 7 倍，焊接时大量热从加热区散失，使母材与填充金属难以熔合，焊缝成形能力差。因此，焊前工件应预热，焊接过程中采用功率大、热量集中的热源，但这样会增加热影响区宽度，降低焊缝力学性能。

ⅱ. 焊缝热裂倾向大。铜及铜合金的线胀系数及收缩率都较大，而且铜在液态时氧化生成的低熔点共晶体分布在晶界上，易导致热裂纹的产生。

ⅲ. 气孔倾向严重。液态铜溶氢能力强，凝固时其溶解度下降很快，来不及逸出的氢形成的气孔，几乎可以分布在焊缝的各个部位。

ⅳ. 接头性能下降。熔焊过程中，由于焊缝与热影响区晶粒严重长大，某些有用合金元素比铜更易氧化、蒸发，导致接头性能下降。

目前，黄铜一般采用气焊，其他种类的铜一般采用氩弧焊。除此之外，焊条电弧焊、埋弧焊、等离子弧焊、电子束焊和钎焊等焊接方法也可以采用。

第四节　焊接结构设计

设计焊接结构时，既要满足产品的使用性能，又要具有良好的工艺性。焊接结构的工艺性包括焊件材料的选择、焊接方法的选择、焊接接头的工艺设计等。

一、焊件材料的选择

ⅰ.在满足使用性能的前提下，应尽可能选择焊接性好的材料。一般碳质量分数$w(C) \leqslant 0.25\%$的低碳钢和碳当量$C_E<0.4\%$的低合金结构钢，都具有良好的焊接性，应优先选用。含碳量$w(C)>0.5\%$的碳钢和碳当量$C_E>0.4\%$的合金钢，焊接性不好，一般不宜采用。如果采用，应在设计和生产工艺中采取必要措施。

ⅱ.应优先选用强度等级低的低合金高强度结构钢。其焊接性与低碳钢相近，但强度大、重量轻、节约钢材、寿命长。在设计强度要求高的重要结构时，也可选用强度等级较高的高强度结构钢。其焊接性虽然差些，但只要采取合适的焊接工艺措施，也能获得满意的焊接接头。

ⅲ.应尽量选用同种金属材料制作。异种金属材料焊接时，往往由于两者的物理性能、化学成分不同，焊在一起有一定困难，需通过焊接性试验确定能否焊接。

二、焊接方法的选择

焊件材料选定后，所考虑的问题是选用哪种焊接方法可以保证焊接质量，达到产品设计的技术要求，同时又能提高焊接生产率、降低制造成本和改善劳动条件。

选择焊接方法时，应针对焊件的材料性能和结构特征，结合各种焊接方法的特点、焊件生产批量的大小和生产条件等因素，综合分析确定，其中焊件的材料性能和结构特征起主要作用。

1.考虑焊件材料的性能

① 焊件材料的物理性能　包括焊件的导热、导电、熔点等性能。对导热性好的焊件材料，应选用热功率大、焊透能力强的焊接方法；对导电性好的材料，不宜采用电阻焊；对难熔金属，应采用高能束焊接方法，如电子束焊等。

② 焊件材料的力学性能　主要是指焊件材料的强度、塑性、韧性和硬度等。焊接一般要求接头的性能与焊件材料的相同或相近，但由于焊接热的作用，焊缝金属和热影响区的组织和性能与焊件的组织和性能有不同程度的差别，这主要与各焊接方法的热源特性有关。如电渣焊的热功率大但冷却慢，焊缝和热影响区晶粒粗大，接头的冲击韧性将降低；电子束焊却因焊接热量集中，焊缝和焊接热影响区窄，接头的力学性能几乎不受影响。

③ 焊件材料的冶金性能　影响因素主要是焊件材料的化学成分。如常用的碳钢及合金结构钢，随含碳量或碳当量的增加，其焊接性越差，可选择的焊接方法越少。对极易氧化的材料，如铝、镁及其合金，应采用用惰性气体作保护介质的氩弧焊。

2.考虑焊件的结构特征

焊件的结构特征包括焊件的几何形状和尺寸、接头形式、焊接位置，和焊缝类型、形状与长度等。各种焊接方法对焊件结构的适应性有差异，见表 3-6。如果焊件板材的厚度中等，选择焊条电弧焊、埋弧焊和气体保护焊均可；如果是长直焊缝或大直径环焊缝，且批量生产，应选用埋弧焊。如果是各种焊接位置的短曲焊缝，且单件或小批量生产，应采用焊条电弧焊。焊接铝合金工件，板厚＞10mm 采用熔化极氩弧焊，板厚＜3mm 采用钨极氩弧焊。对于板厚＞40mm 钢材的立焊，采用电渣焊最适宜。

表 3-6　常用焊接方法对焊件结构的适应性

焊接方法		接头形式			板厚			焊接位置				费用		自动化程度
		对接	T形接头	搭接	薄板	厚板	超厚板	平焊	立焊	横焊	仰焊	设备费	焊接费	
熔焊	焊条电弧焊	A	A	A	B	A	B	A	B	B	C	少	少	差
	埋弧焊	A	A	A	C	A	A	A	D	B	D	中	少	好
	CO_2 保护焊	A	A	A	B	A	A	A	A	B	C	中	少	好
	钨极氩弧焊	A	A	A	A	B	C	A	B	B	C	少	中	好
	熔化极氩弧焊	A	A	A	C	A	A	A	B	C	C	中	中	好
	电渣焊	A	A	B	D	C	A	C	A	D	D	大	少	好
	电子束焊	A	A	B	A	A	B	A	D	D	D	大	中	最好
压焊	点焊	D	C	A	A	C	D	A	B	B	C	中	中	好
	缝焊	D	D	A	A	C	D	A	D	D	D	中	中	好
	闪光对焊	A	C	D	C	A	C	A	C	D	D	中	中	好
	超声波焊	D	C	A	A	D	D	A	D	D	D	中	少	好
钎焊		C	C	A	A	B	D	A	D	D	D	少	中	稍好

注：A 为最佳，B 为佳，C 为差，D 为极差。

三、焊接接头的工艺设计

1. 焊件的焊缝布置

焊缝是焊件经焊接后所形成的结合部分。焊缝布置是否合理，将直接影响焊件的使用性能和生产率，设计时一般遵循以下原则。

① 便于施焊　焊件上每一条焊缝周围都应留有足够的空间，使焊工能自由操作或焊接装置正常运行。熔焊时一般应尽量使焊接位置为平焊。平焊施焊容易，对技能要求较低，焊接质量易于保证。立焊、横焊和仰焊的劳动条件差，对操作技能要求高，其中仰焊施焊难度最大。例如，焊条电弧焊焊接具有两个平行的 T 形接头结构或型材组合的结构时，焊件尺寸与焊缝布置对焊接操作难易程度的影响，如图 3-25、图 3-26 所示。点焊、缝焊时，电极要能伸入方便，如图 3-27 所示。埋弧焊时，焊缝所处的位置应能存放焊剂，如图 3-28 所示。

② 尽量减少焊缝数量　在设计焊接结构时，应尽量选用型材、板材和管材，形状复杂的部分可以采用冲压件、锻件和铸件，以减少焊缝数量。如图 3-29 所示的箱形结构，用平板拼焊时需要 4 条焊缝，改用槽钢拼焊后只需要 2 条焊缝。这样既可减少焊接应力和变形，又可提高生产率。

③ 避免焊缝过分集中或交叉　焊缝间应保持足够的距离，以避免焊缝过分集中引起的应力分布不均匀，产生变形甚至开裂，如图 3-30 所示。

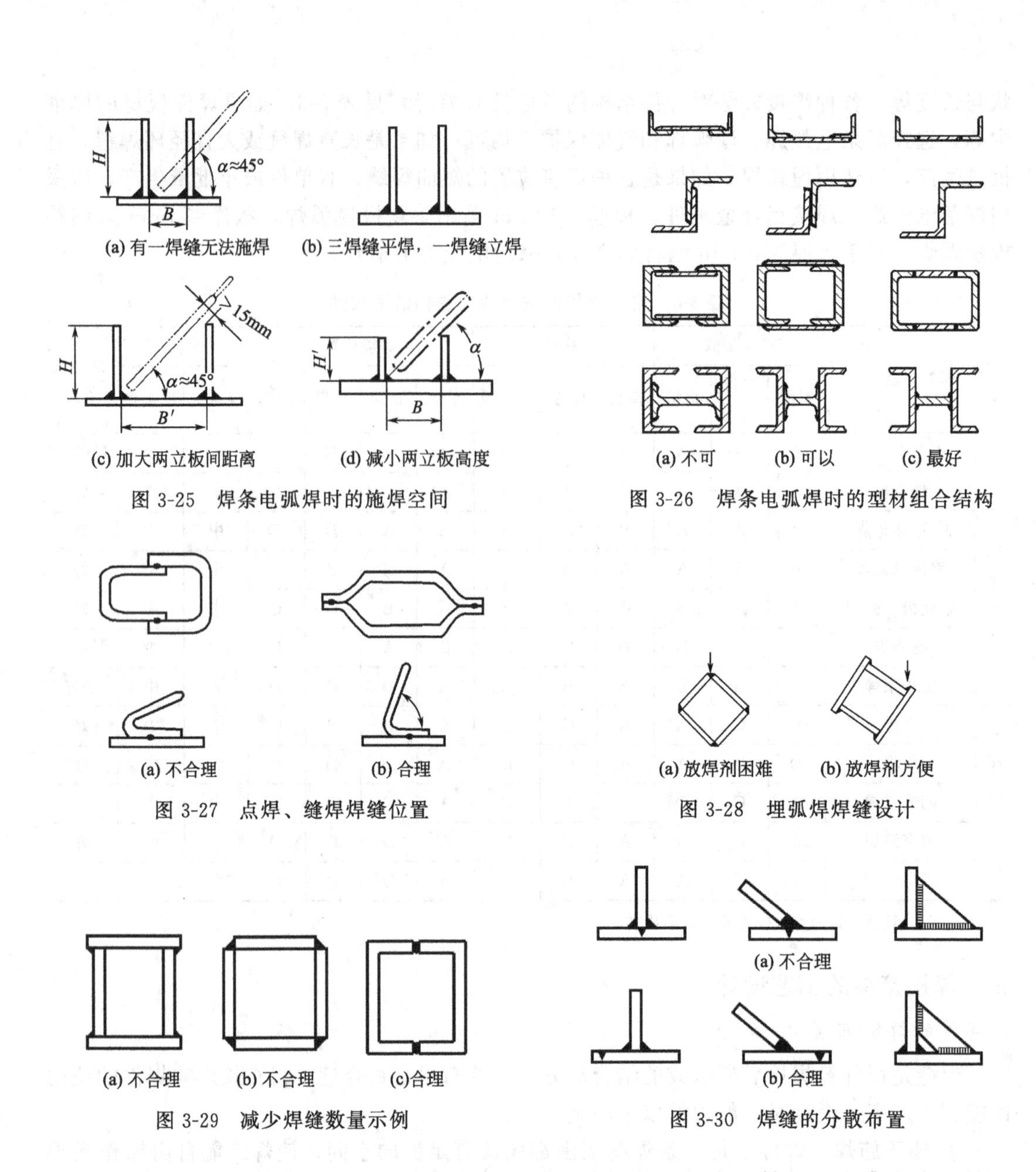

图 3-25　焊条电弧焊时的施焊空间

图 3-26　焊条电弧焊时的型材组合结构

图 3-27　点焊、缝焊焊缝位置

图 3-28　埋弧焊焊缝设计

图 3-29　减少焊缝数量示例

图 3-30　焊缝的分散布置

④ 尽量使焊缝对称布置　尽量把焊缝安排在结构截面的中心轴上，力求在中心轴两侧的变形大小相等、方向相反，起到相互抵消的作用。如图 3-31 所示箱形结构，图 3-31(a) 焊缝集中在一侧，弯曲变形大；图 3-31(b)、(c) 的焊缝对称布置，设计合理。

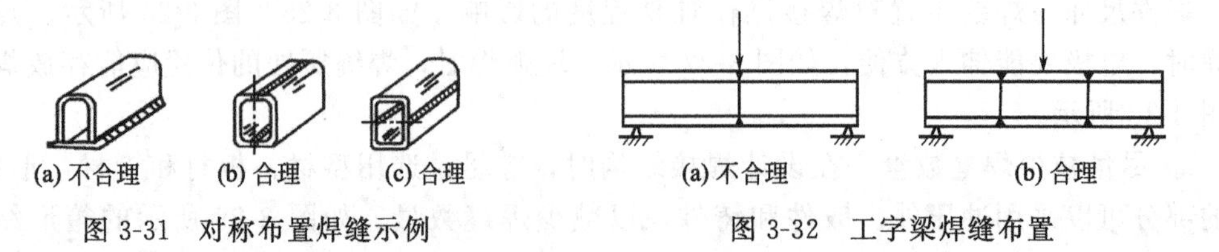

图 3-31　对称布置焊缝示例

图 3-32　工字梁焊缝布置

⑤ 避免焊缝受力　应尽量避免焊缝受力，不可避免时，力求布置在应力较小处。图 3-32 是工字梁采用对接焊缝接长时焊缝的布置。受图示压力的工字梁，其中部将产生最大的弯曲应力，焊缝应避免落在如图 3-32(a) 所示的中部截面上，否则整个结构的承载能

力将下降。改用图 3-32(b) 的设计，虽多出一条焊缝，但焊缝避开了最大应力处，可提高结构的承载能力。

在焊接如图 3-33 所示的箱形容器时，若采用图 3-33(a) 所示的设计，会使得四条角焊缝处于应力集中区，设计不合理。若改用图 3-33(b) 所示的设计，将四条角焊缝变成对接焊缝，避开了拐角处的应力集中区，设计合理。

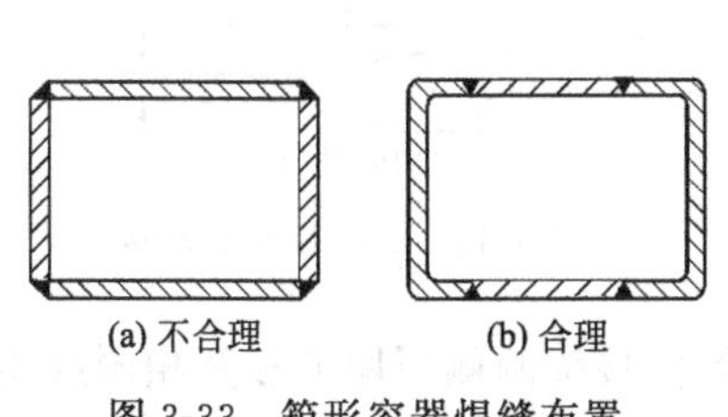

图 3-33 箱形容器焊缝布置

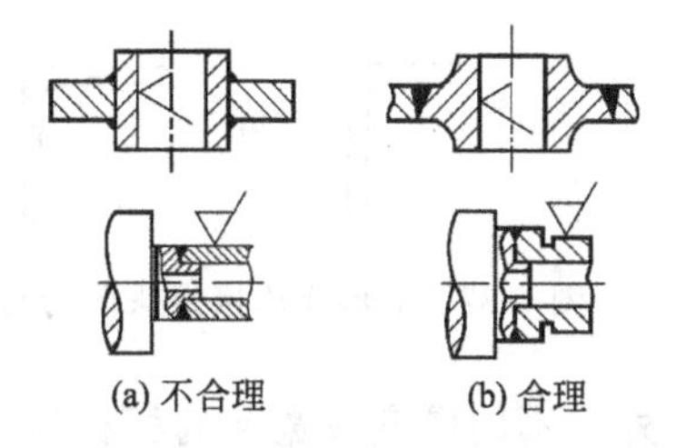

图 3-34 焊缝布置远离机械加工面

⑥ 应远离机械加工表面 有些焊接结构，某些零件需要机械加工后再焊接，在布置焊缝时，应使焊缝位置远离机械加工面。如图 3-34 所示，在焊接轮毂、管配件时，若先加工孔或外圆后再焊接，应采用图 3-34(b) 所示的设计，以避免或减少焊接对机械加工面的影响。

2. 焊缝类型

焊缝的类型很多。按焊接是在接头的一面（侧）还是两面进行，焊缝分为单面焊缝和双面焊缝。按焊缝在接头中的位置，焊缝又可分为对接焊缝和角焊缝。对接焊缝是在焊件的坡口面间或一零件的坡口面与另一零件表面间焊接的焊缝。角焊缝是沿两直交或近直交零件的交线所焊接的焊缝。图 3-35 为几种焊缝类型的示意图。

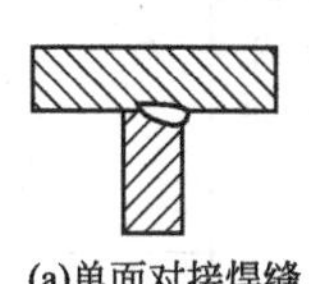

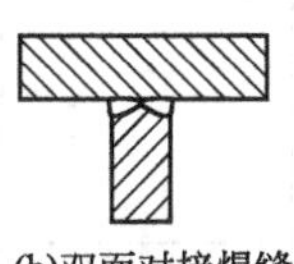

图 3-35 焊缝类型

3. 接头形式及特点

焊接接头形式很多，常见的类型有对接接头、搭接接头、T 形接头和角接接头，如图 3-36 所示。

对接接头是两件表面构成大于或等于 135°且小于或等于 180°夹角的接头。对接接头应力分布均匀，易于保证焊缝质量，是锅炉、压力容器等重要焊件首选的接头形式，但焊前装配精度要求高，焊接变形也较大。

搭接接头是两件部分重叠构成的接头。搭接接头不在同一平面内，应力分布不均匀，会产生附加弯曲应力，使焊缝强度降低，母材和焊接材料消耗量大，焊前装配精度要求较低，多用于工作环境良好的焊件，如厂房金属屋架、桥梁、起重机吊臂等桁架结构。

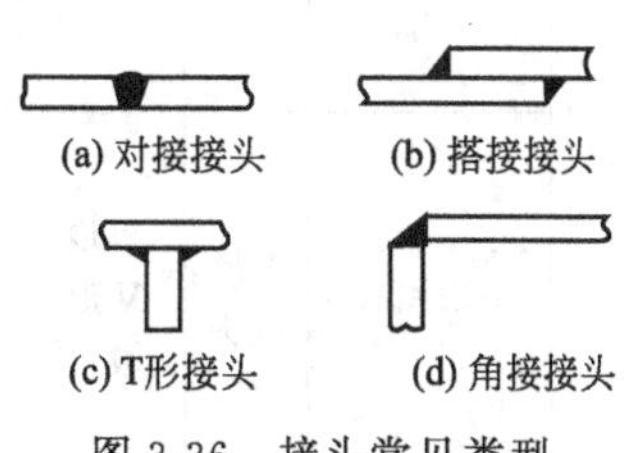

图 3-36 接头常见类型

T 形接头是一件的端面与另一件表面构成直角或近似直角的接头。角接接头是两件端部构成大于 30°且小于 135°夹角的接头。T 形接头和角接接头在焊缝的根部有很大的应力集中，若有可能可把 T 形或角接接头改成对接接头，如图 3-37 所示，以降低应力集中，提高接头的强度。

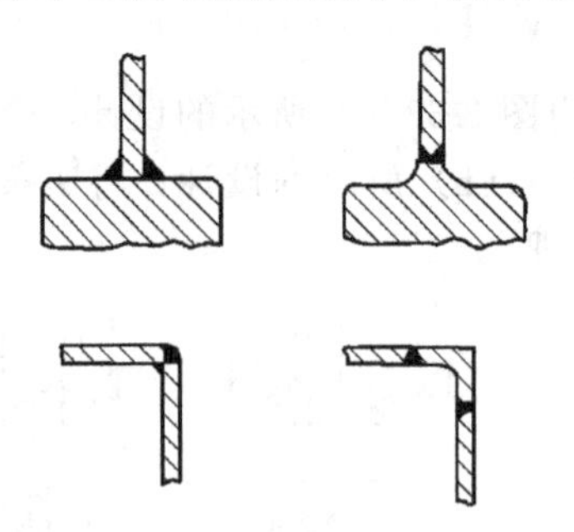

图 3-37　T 形或角接接头改为对接接头

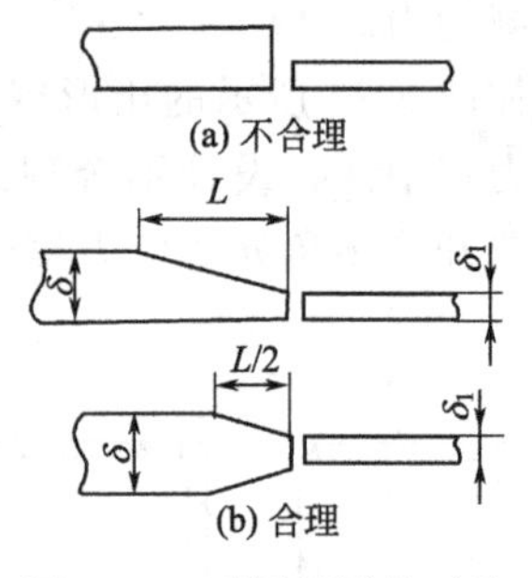

图 3-38　不同板厚的对接

另外，不同厚度或宽度的板材焊接时，应尽量使接头两侧板厚或板宽相同或相近，以保证焊接接头两侧受热均匀。如图 3-38 所示为板厚不同的焊件间的对接接头。

4. 坡口的设计与选择

坡口是根据设计或工艺需要，在焊件的待焊部位加工并装配成的一定几何形状的沟槽。常见的坡口有 I 形坡口、V 形坡口、U 形坡口、K 形坡口等。表 3-7 为 GB/T 985.1 推荐的气焊、焊条电弧焊、气体保护焊和高能束焊的坡口。埋弧焊的推荐坡口见 GB/T 985.2。

表 3-7　气焊、焊条电弧焊、气体保护焊和高能束焊的推荐坡口（参考 GB/T 985.1）

焊缝类型	母材厚度 t (t_1、t_2)/mm	接头形式	坡口类型	横截面示意图	坡口角度 α、β	间隙 b/mm	钝边 c/mm	焊接示意图
单面对接焊缝	$t\leqslant4$	对接接头	I 形坡口		—	$b\approx t$	—	
	$3<t\leqslant8$					$b\approx t$ 或 $3<b\leqslant8$		
	$t\leqslant15$					$0\leqslant b\leqslant1$		
	$3<t\leqslant10$	对接接头	V 形坡口		$40°\leqslant\alpha\leqslant60°$	$b\leqslant4$	$c\leqslant2$	
	$8<t\leqslant12$				$6°\leqslant\alpha\leqslant8°$	—		
	$5\leqslant t\leqslant40$	对接接头	带钝边 V 形坡口		$\alpha\approx60°$	$1\leqslant b\leqslant4$	$2\leqslant c\leqslant4$	
	$t>12$	对接接头	U 形坡口		$8°\leqslant\beta\leqslant12°$	$b\leqslant4$	$c\leqslant3$	
	$3<t\leqslant10$	T 形接头	单边 V 形坡口		$35°\leqslant\beta\leqslant60°$	$2\leqslant b\leqslant4$	$1\leqslant c\leqslant2$	

续表

焊缝类型	母材厚度 t (t_1、t_2)/mm	接头形式	坡口类型	横截面示意图	坡口角度 α、β	间隙 b/mm	钝边 c/mm	焊接示意图
单面对接焊缝	$t \leqslant 100$	T形接头	—	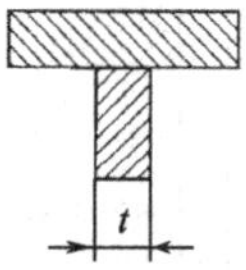	—	—	—	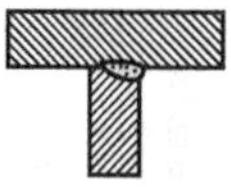
双面对接焊缝	$t \leqslant 8$	对接接头	I形坡口	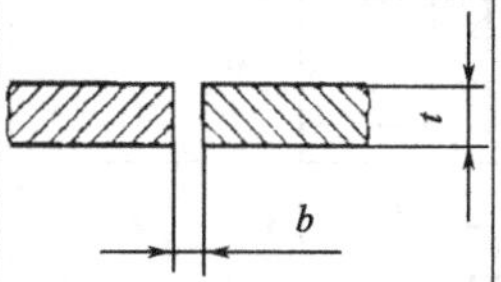	—	$b \approx t/2$	—	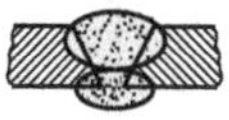
	$t \leqslant 15$					0		
	$3 \leqslant t \leqslant 40$	对接接头	V形坡口	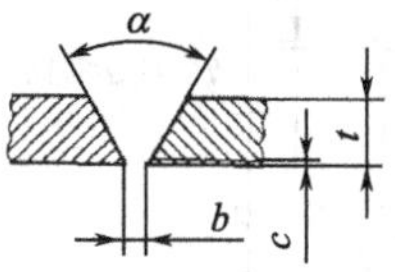	$\alpha \approx 60°$ 或 $40° \leqslant \alpha \leqslant 60°$	$b \leqslant 3$	$c \leqslant 2$	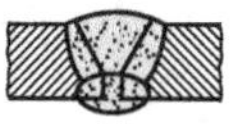
	$t > 10$	对接接头	带钝边V形坡口	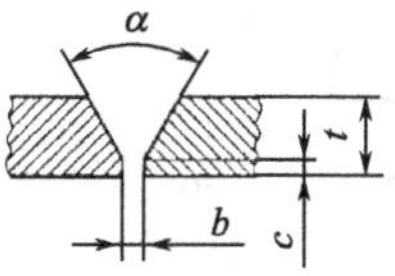	$\alpha \approx 60°$ 或 $40° \leqslant \alpha \leqslant 60°$	$1 \leqslant b \leqslant 3$	$2 \leqslant c \leqslant 4$	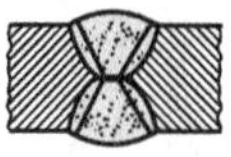
	$t > 10$	对接接头	双V形坡口	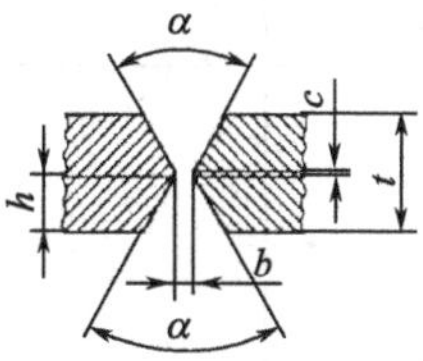	$\alpha \approx 60°$ 或 $40° \leqslant \alpha \leqslant 60°$	$1 \leqslant b \leqslant 3$	$c \leqslant 2$	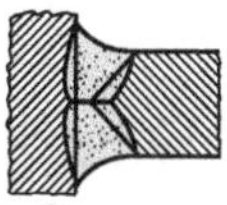
	$t > 10$	T形接头	K形坡口	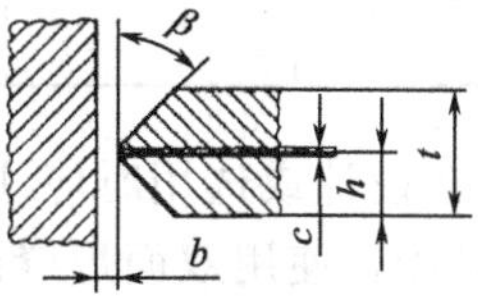	$35° \leqslant \beta \leqslant 60°$	$1 \leqslant b \leqslant 4$	$c \leqslant 2$	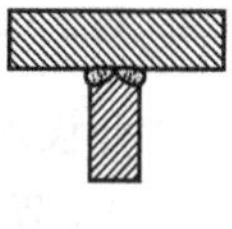
	$t \leqslant 170$	T形接头	—	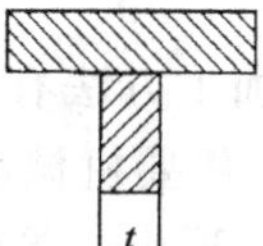	—	—	—	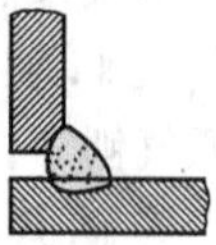
单面角焊缝	$t_1 > 2$ $t_2 > 2$	T形接头	—	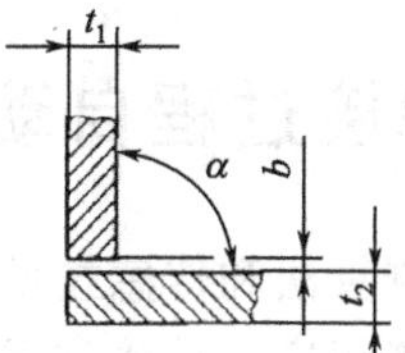	$70° \leqslant \alpha \leqslant 100°$	$b \leqslant 2$	—	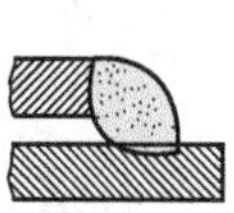
	$t_1 > 2$ $t_2 > 2$	搭接接头	—	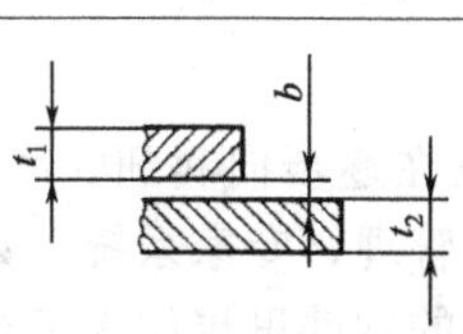	—	$b \leqslant 2$	—	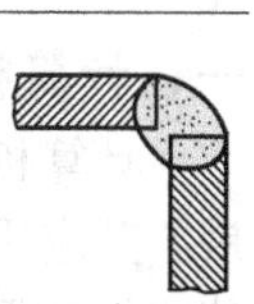

续表

焊缝类型	母材厚度 t (t_1、t_2)/mm	接头形式	坡口类型	横截面示意图	坡口角度 α、β	间隙 b/mm	钝边 c/mm	焊接示意图
单面角焊缝	$t_1>2$ $t_2>2$	角接接头	—	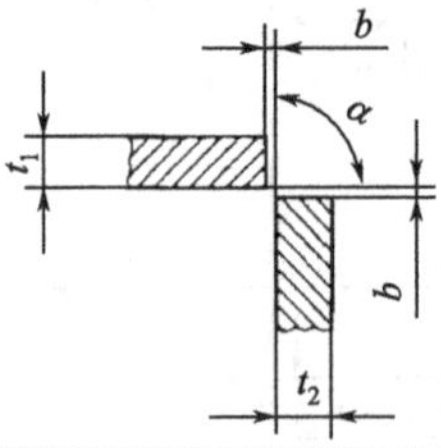	$60°\leqslant\alpha\leqslant120°$	$b\leqslant2$	—	
双面角焊缝	$t_1>3$ $t_2>3$	角接接头	—	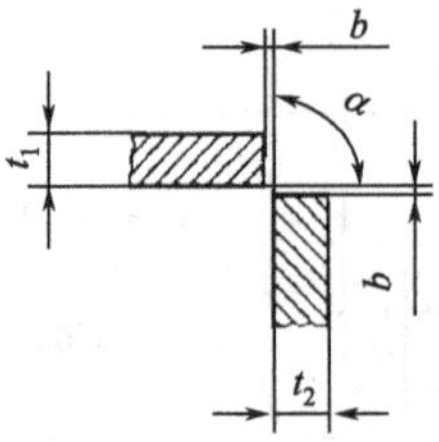	$70°\leqslant\alpha\leqslant100°$	$b\leqslant2$	—	
	$t_1>2$ $t_2>5$	角接接头	—	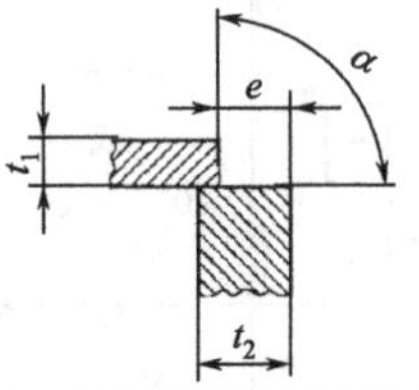	$60°\leqslant\alpha\leqslant120°$	—	—	
	$2\leqslant t_1\leqslant4$ $2\leqslant t_2\leqslant4$	T形接头	—	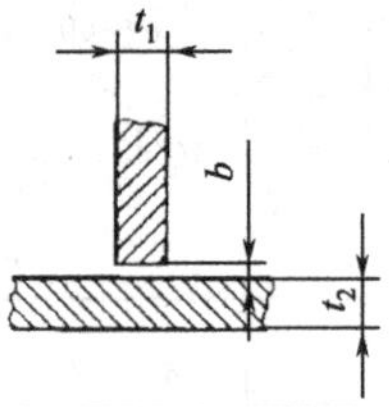	—	$b\leqslant2$	—	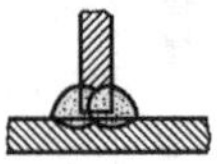
	$t_1>4$ $t_2>4$					—	—	

开设坡口的目的是为了使接头焊透，在设计或选用时应注意如下几点。

ⅰ.节省填充材料。如同样厚度平板对接，使用双面焊缝的双V形坡口比单面焊缝的V形坡口需要的填充金属量约少一半。

ⅱ.坡口易加工，且成本低。坡口常用的加工方法有气割、切削加工（车或刨）和碳弧气刨等。V形坡口可以气割，而U形坡口一般要机械加工，成本较高。

ⅲ.焊接变形小。双面焊缝对称坡口的角变形小，单面焊缝坡口的角变形大。

第五节　焊接过程自动化

随着计算机技术、视觉识别技术、控制算法和传感技术的不断发展，计算机辅助焊接技术、焊接机器人在焊接生产中的应用越来越广，焊接过程自动化程度得到很大提高。

一、计算机辅助焊接技术

计算机在焊接行业中的应用较早，正在逐步向科研、生产、管理等各个领域深入发展，其应用软件主要集中在焊接生产工艺管理、专家系统、数据库与应用、数值分析、数值模拟和焊接生产控制等方面。一些先进的软件思想如人工智能、神经网络、模糊控制等也已经引入到焊接领域中，提高了软件的整体设计水平和实用性。图 3-39 为计算机技术在焊接工程方面的主要应用。

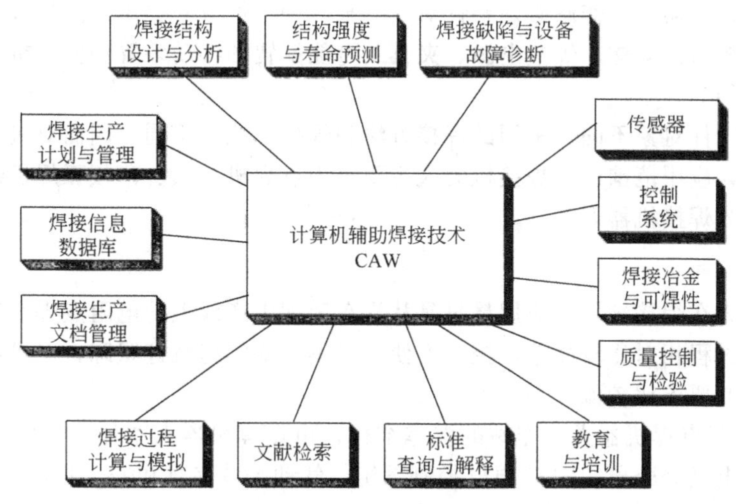

图 3-39　计算机辅助焊接技术示意图

在上述应用中，焊接教育与培训多媒体软件将焊接知识以图像、声音、动画和图表等方式表示出来，例如，可以将焊接变形过程以动画的形式表现出来，将电弧焊的种类及熔滴过渡的形式以声音和图像的形式表现出来，非常有利于焊接基本理论与基本技能的认知与普及。

传感器是实现焊接自动化与智能化的关键技术。由于焊接传感器所处的应用环境极其恶劣，受到弧光、高温、烟尘、飞溅、振动和电磁场的干扰，其中大部分干扰无法去除，这对焊接传感器提出了较高的要求。目前弧焊机器人常用的传感器主要有触杆接触式传感器、电极接触式传感器、温度传感器、电磁传感器、声学传感器、光学传感器和电弧传感器等。在众多焊接传感器中，接触式传感器、激光视觉传感器和电弧传感器以其独特的优势而获得广泛应用。例如，采用弧光传感检测熔池振荡的振幅，根据熔透时的固有振荡特征进行相应的熔透控制，在低碳钢和高强度合金钢的钨极氩弧焊焊接中获得了较好的控制效果。

在焊接中影响焊缝成形质量的因素主要有起收弧稳定性、起收弧位置、焊接电流电压、焊接速度、焊枪倾斜角、焊枪摆动幅度及频率、焊枪摆动左右停留时间、焊丝干伸长(焊丝端头至导电嘴端头的距离)、弧长、熔滴过渡形式和保护气体流量等，这些因素的控制得当与否直接决定了焊缝成形质量的好坏。上述因素主要影响焊缝的熔深、熔宽、余高、热影响区和气孔等。这是一个典型的多输入、多输出的非线性时变系统，控制难度极大。目前焊接专家系统、模糊计算、神经网络是焊缝成形质量控制发展最有潜力的技术。

二、焊接机器人

在市场竞争激烈、质量要求高、产品交货期短、产品价格敏感、母材强度级别大、人力资源成本高的今天，焊接机器人逐渐代替焊工是一种必然的趋势。

焊接机器人是工业机器人的一个重要分支，全球已销售的工业机器人中 40%左右为焊接机器人。据统计，2021 年 1～8 月，我国规模以上工业企业的焊接机器人产量近 24 万套。我国焊接机器人的早期应用主要是从轿车制造业开始的，之后在动车和高铁的转向架及车体的焊接中大量使用焊接机器人，最近陆续扩展到包括工程机械、建筑机械、煤矿机械、石油机械、农业机械、桥梁钢结构、建筑钢结构、船舶制造、港口机械、电力设备、家用电器等领域。

单个焊接机器人本体可以独立应用，但绝大部分要有与之配套的周边装置一起组成一个机器人焊接工作站来进行具体工件的焊接。因此，焊接机器人的应用主要是以机器人工作站为主。焊接机器人工作站必须要针对具体某一种工件或一类工件的焊接进行设计和配置，包括焊接机器人本体、焊接电源、夹具及可能配置的移动装置和变位机，以及可能需要的焊接传感器等。

由于待焊工件对象不同，采用的焊接方法和焊接工艺也不同，因而对机器人的要求不同。应用量大，应用范围广的焊接机器人主要分为点焊机器人、薄板弧焊机器人、厚板弧焊机器人和激光焊接机器人等。

1. 点焊机器人

工业机器人在焊接领域的应用最早是从汽车装配生产线上的电阻点焊开始的，其原因是电阻点焊的过程相对比较简单，控制方便，且不需要焊缝轨迹跟踪，对机器人的精度和重复精度的控制要求比较低。

图 3-40 为某点焊机器人工作站的整体结构，由点焊机器人本体、伺服或气动点焊钳及水汽单元、电极修磨器、PLC 电气控制系统、气动工装夹具和安全防护系统等组成。

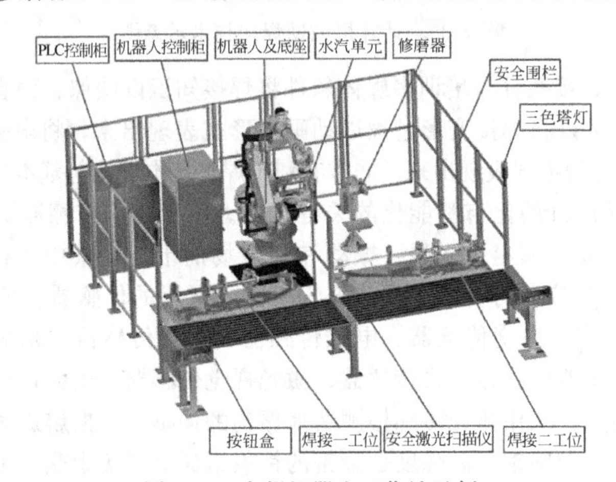

图 3-40 点焊机器人工作站示例

在点焊生产中，电极在高温与压力的双重作用下，易于失去其原有的形状，使得焊核的大小难以稳定。同时电极在高温作用下，其导电面因氧化而造成导电能力下降，使得通电电流难以保证。为了消除电极形状和性能对焊接质量的影响，必须使用电极修磨器对电极进行定期修磨。

2. 弧焊机器人

在弧焊时，焊件的厚度是影响机器人焊接工艺的重要参数。对于板厚 4mm 以下的焊件，电弧在焊接过程中不需要进行横向摆动；而对于板厚 4mm 以上的焊件，电弧在沿着焊接线方向移动的同时还需要做左右横向摆动，以保证两侧的熔透和一定的熔宽。

焊接工艺的不同导致焊接机器人软硬件配置不同。为实现电弧的横向摆动，厚板弧焊机器人需要比薄板弧焊机器人增加相应的硬件和功能软件。另外，厚板一般需要多层多道焊接，这就需要增加自动排道功能软件。

图 3-41 为弧焊机器人工作站组成示意图。由弧焊机器人本体、焊接电源、送丝机、焊枪、冷却装置、移动装置、变位机、夹具、传感装置、控制系统、示教器、清枪剪丝装置、除尘装置和安全防护设施等部分构成。

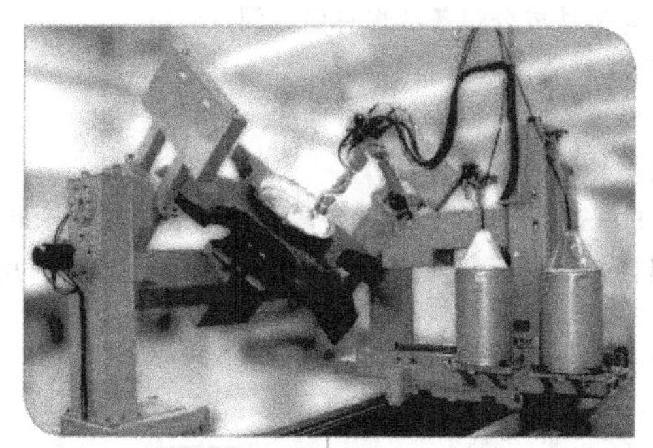

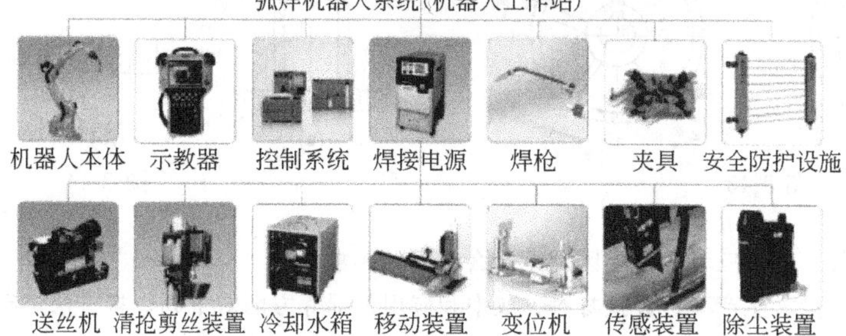

图 3-41 典型的弧焊机器人工作站组成示意图

与点焊相比，弧焊过程比较复杂，焊丝端头的运动轨迹、焊枪姿态等参数要求精确控制，所选机器人本体的自由度需要满足焊接工艺的要求，一般采用5轴以上的机器人本体。

在操作过程中，焊枪喷嘴内外残留的焊渣和焊丝干伸长的变化，会影响焊接质量及操作稳定性。清枪剪丝装置一般由焊枪清洗机、喷化器和焊丝剪断装置三部分组成。焊枪清洗机用于清除喷嘴内外表面的焊渣，以保证气体的通畅和稳定；喷化器喷出的防飞溅液可以极大程度降低焊渣的附着率；焊丝剪断装置用来保证焊丝的干伸长度一定，提高起弧等操作的稳定性。

思考与练习题

1.焊缝形成过程对焊接质量有何影响？试说明其原因。

2.焊条药皮在焊接过程中起什么作用？

3.何谓焊接热影响区？低碳钢焊接热影响区中各区域组织和性能如何？从焊接方法和工艺上考虑，能否减小或消除热影响区？

4.产生焊接应力与变形的原因是什么？焊接过程中和焊接以后，焊缝区纵向受力是否一样？焊接应力是否一定要消除？消除的方法是什么？

5.焊接变形的基本形式有哪些？如何防止和矫正焊接变形？

6.按图 3-42 拼接大块钢板是否合理？为什么？可否改变？怎样改变？为减少焊接应力与变形，其合理的焊接次序是什么？

7.有两块材质、厚度相同，宽度不同的钢板，采用相同的工艺分别在边缘上各焊一条焊缝，试问发生什么变化？哪块钢板的应力和变形大？为什么？

8.什么是金属的焊接性？钢材的焊接性主要决定于什么因素？

9.中碳钢、强度较高的低合金高强度结构钢的焊接性低于低碳钢，主要表现在哪里？它们焊接时，工艺上和焊条选择上有何共同特点？焊前预热和焊后缓冷起何作用？若某碳钢与某低合金高强度结构钢的力学性能相同，宜选用哪一种材料做焊接结构？

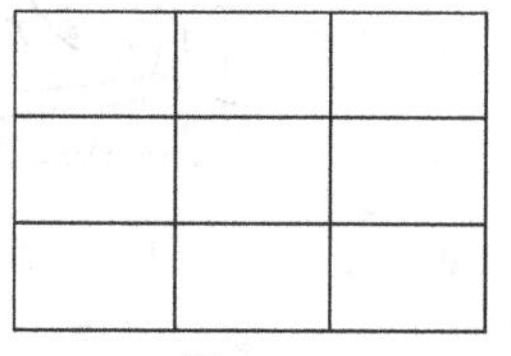

图 3-42

10.铸铁补焊中有哪些困难？可采取哪些措施？采用非铸铁成分焊条冷

焊铸铁的主要目的是什么？它与铸铁成分焊条冷焊有何异同点？

11. 下列灰铸铁件补焊各用哪种方法和焊条？

（1）变速箱箱体，加工前发现安装面部位有大砂眼。

（2）机床工作台使用中擦伤导轨面，需修复。

12. 图 3-43 所示为直径为 500mm 的铸铁齿轮和带轮，铸造后出现图示断裂现象。曾先后用 J422 焊条和碳钢铸铁焊条进行电弧焊焊补，但焊后再次断裂，试分析其原因为何。用什么方法能保证焊后不裂，并可进行机械加工？

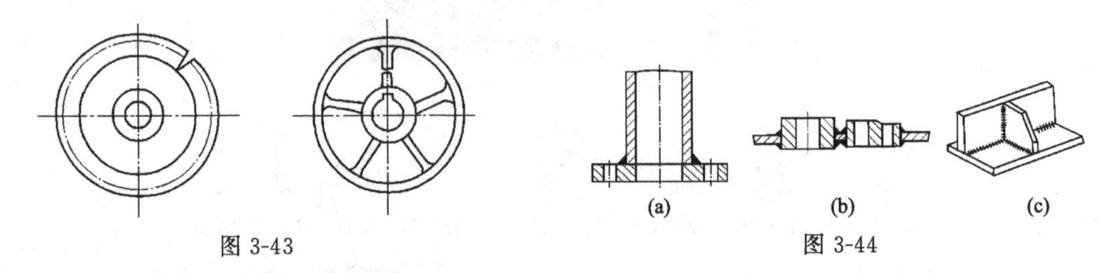

图 3-43　　图 3-44

13. 熔焊、压焊、钎焊三者的主要区别是什么？哪种最常用？

14. 试从焊接质量、生产率、焊接材料、成本和应用范围等方面对下列焊接方法进行比较。

（1）焊条电弧焊；

（2）埋弧焊；

（3）氩弧焊；

（4）CO_2 气体保护焊。

15. 焊接铜、铝及其合金时，需要考虑的主要问题是什么？选用何种焊接方法最佳？

16. 电渣焊的热源是什么？试分析电渣焊开始时不引燃电弧是否可以？电渣焊不要起焊槽、引出板是否可以？为什么？

17. 电阻焊的热源是什么？简述点焊、缝焊、对焊的焊接过程特点及其应用范围。

18. 在点焊过程中，为什么电极与焊件间不会产生熔核？对铜或铜合金板材可否进行点焊？为什么？厚薄不同的钢板或三块薄板搭接是否可以进行点焊？为什么？点焊对工件厚度有何要求？怎样才能保证焊接质量？

19. 钎焊与熔化焊的过程实质有何差别？钎焊的主要适用范围是哪些？

20. 电子束焊接、激光焊接和超声波焊接的热源是什么？焊接过程有何特点？各自的适用范围如何？试分析电子束在非真空条件下可否进行焊接？

21. 焊接结构材料和焊接方法的选择应考虑哪些因素？

22. 图 3-44 所示三种焊件，其焊缝布置是否合理？若不合理，请加以改正。

23. 图 3-45 所示两种铸造支架，材料为 HT150，因单件生产拟改为焊接结构，请选择原材料、焊接方法，并画出简图表示焊缝及接头形式。

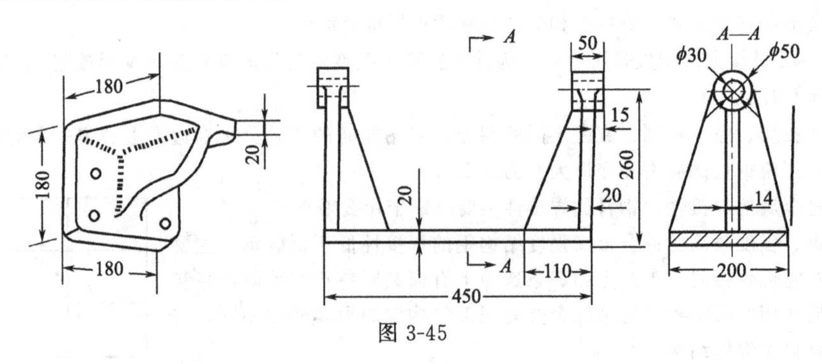

图 3-45

24. 图 3-46 所示的焊接结构哪组更合理？为什么？

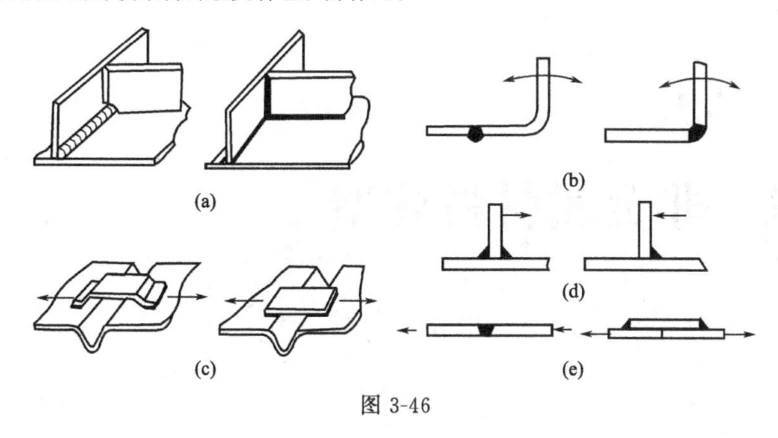

图 3-46

25. 图 3-47 所示的焊件有何缺点？试提出改进方案。

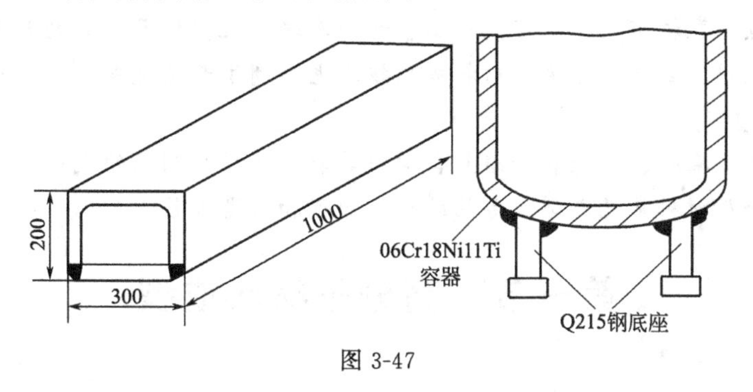

图 3-47

26. 一焊接梁结构如图 3-48 所示，选用 15 钢成批生产，现有钢板的最大长度为 2500mm，试确定：

（1） 腹板、翼板的焊缝位置；

（2） 各焊缝的接头形式和坡口类型；

（3） 各焊缝的焊接方法；

（4） 各焊缝的焊接顺序。

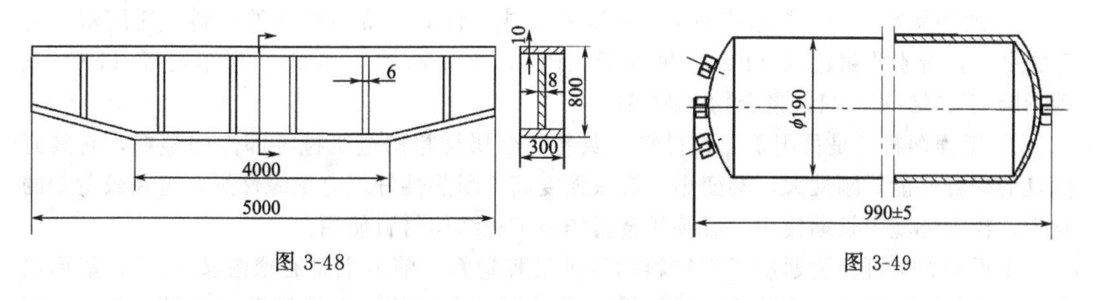

图 3-48　　图 3-49

27. 汽车刹车用压缩空气储存罐（尺寸如图 3-49），用低碳钢钢板制造，筒壁厚 2mm，端盖厚 3mm，4 个管接头为标准件 M10，工作压力为 0.6MPa。试根据工件结构形状确定制造方法及焊缝位置，请选择焊接方法、接头形式与焊接材料，并确定装配焊接次序。

28. 计算机辅助焊接技术主要可以完成哪些工作？

29. 简述点焊机器人工作站电极修磨器的作用。

30. 简述弧焊机器人工作站清枪剪丝装置的作用。

第四章　非金属材料成型

【学习意义】 非金属材料具有资源丰富、质量轻、成本低、物化性能和力学性能优良等一系列优点，在机械电子、石油化工、运输车辆、航空航天、家电五金等工业领域有着越来越多的应用。因此，非金属材料成型技术也得到了长足发展。

【学习目标】

1. 了解塑料、橡胶、陶瓷和纤维复合材料等非金属材料制品的成型方法及其特点；

2. 了解非金属材料常见成型设备的结构、原理和成型工艺。

第一节　高分子材料成型

一、塑料成型

1. 塑料概述

塑料经过不断发展完善，已经在服装、家电、食品包装、农用薄膜、建材、汽车零部件、模具以及容器包装等领域中得到了广泛的应用。塑料可分为通用塑料和工程塑料两大类。

① 通用塑料。一般是指产量大，用途广、成型性好、价格便宜的塑料。通用塑料有五大品种，分别为聚乙烯（PE）、聚丙烯（PP）、聚氯乙烯（PVC）、聚苯乙烯（PS）及丙烯腈-丁二烯-苯乙烯共聚合物（ABS）。

② 工程塑料。是可用于工程材料以及替代金属材料制造机械零部件的塑料，它具有优良的综合性能，刚性大，蠕变小，机械强度高，耐热性好，电绝缘性好，可在较苛刻的化学、物理环境中长期使用，可替代金属作为工程结构材料使用。

工程塑料又可分为通用工程塑料和特种工程塑料。前者主要有聚酰胺（PA，俗称尼龙）、聚碳酸酯（PC）、聚甲醛（POM）、改性聚苯醚和热塑性聚酯等五大类；后者主要是指耐热达 150℃以上的工程塑料，主要品种有聚酰亚胺类、聚苯硫醚（PPS）、聚砜类（PES）、聚苯酯（PAR）、聚醚酮类、热致液晶聚合物（TLCP）和氟树脂（PTFE）等。

2. 塑料成型工艺及设备

塑料的成型方法很多，根据加工时聚合物所处状态的不同，塑料成型加工方法大体可分为三种。

① 处于玻璃态的塑料，可以采用车、铣、钻、刨等机械加工方法和电镀、喷涂等表面处理方法。

② 处于高弹态的塑料，可以采用热压、弯曲、真空成型等加工方法。

③ 处于黏流态的塑料，可以进行挤出成型、注塑成型、吹塑成型等加工。

塑料成型方法的选择取决于塑料的类型（热塑性或热固性），特性，起始状态及制成品的结构、尺寸和形状等。这里主要介绍黏流态塑料的几种加工工艺及设备。

（1）挤出成型

挤出成型也称为挤塑成型或挤压模塑，是一种将高分子材料加热熔化到黏流态，借助柱塞或螺杆挤压产生的压力和机头口模的定型作用，使黏流态塑料成型为具有连续且恒定截面的型材。挤出成型是一种高效、连续、低成本、适应面宽的成型加工方法，是高分子材料加工中出现较早的一门技术，经过百年来的发展，挤出成型成为聚合物加工领域中生产品种最多、生产率高、适应性强、用途广泛、产量所占比重最大的成型加工方法。绝大多数的热塑性塑料以及少量的热固性塑料均可通过该工艺成型。

挤出成型的工艺过程分为两个阶段：第一阶段是使固态塑料塑化（即变为黏流态），并加压使其通过特殊形状的口模，进而成为截面与口模形状相仿的连续体；第二阶段是用适当的方法，使挤出的连续型材失去塑性状态，最终固化成所需制品。根据第一阶段中固态塑料塑化的不同方式，可将挤出工艺分为干法和湿法。

挤出成型工艺流程图如图 4-1 所示。从制品和模具角度考虑，挤出工艺具有如下特点：可以连续地挤出任意长度的塑件，生产效率高，且塑件材料均匀紧密，尺寸稳定性好；模具结构简单，制造维修方便，投资少、收效快；材料普适性强，除氟塑料外，所有的热塑性塑料都可采用挤出成型，部分热固性塑料也可采用挤出成型。此外，如需生产不同规格的塑件，可通过变更机头口模，来实现对产品截面形状和尺寸的调控。

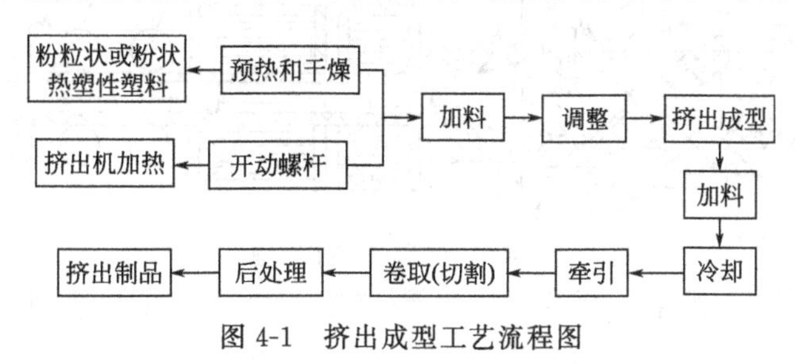

图 4-1　挤出成型工艺流程图

挤出机主要由挤压系统、传动系统、加热冷却系统和机身等组成。挤压系统主要由螺杆和料筒组成，通过剪切生热使塑料熔融，并在螺杆挤压作用下将塑料连续定压、定量、定温地从机头挤出，是挤出机的关键部分；传动系统是螺杆的驱动单元，为螺杆提供工作所需的转矩和转速；加热冷却系统在整个挤出成型过程中，为机筒加热保温，为挤出制品冷却定型。

考虑到不同制品的生产需求，挤出机通常配有辅机机组。一般情况下，辅机由机头、定型装置、冷却装置、牵引装置、卷取装置和切割装置等所组成。

机头：其作用是限制连续化制品的外形，是挤出成型的核心部件。

定型装置：其作用是将制品精整，获得更为精确的截面形状、尺寸和光亮的表面。通常采用冷却和加压的方法达到这一目的。

冷却装置：其作用是将定型后的塑料制品充分冷却，获得最终的形状和尺寸。

牵引装置：其作用是均匀地牵引制品，并对制品截面尺寸进行控制，使挤出过程稳定地进行。

卷取装置：其作用是将软制品（如薄膜、软管、电线电缆等）卷绕成卷。

切割装置：其作用是将制品切成一定的长度和宽度。

塑料挤出机的类型日益增多，分类方法也多种多样。按螺杆的数量分为无螺杆挤出机（其中又分柱塞式挤出机和弹熔体挤出机）、单螺杆挤出机、双螺杆和多螺杆挤出机；按螺杆空间位置不同分为卧式挤出机和立式挤出机；按螺杆转速分为普通挤出机、高速和超高速挤出机；按能否排气分为排气式挤出机和非排气式挤出机；按装配结构分为整体式挤出机和分开式挤出机（即传动装置与挤压系统分开安装）。卧式单螺杆挤出机实例见图 4-2，挤出机工作原理图见图 4-3。

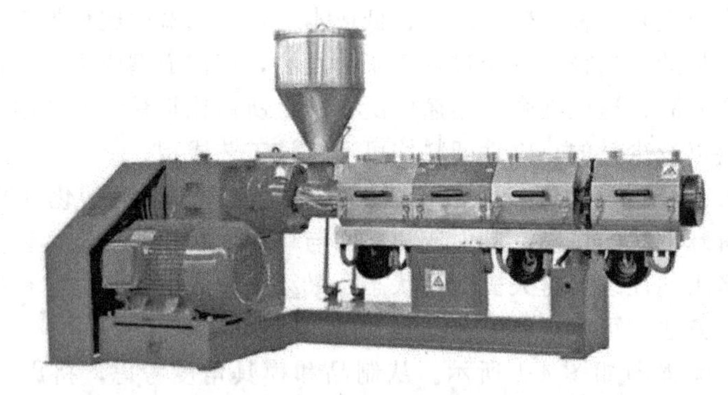

图 4-2　卧式单螺杆挤出机

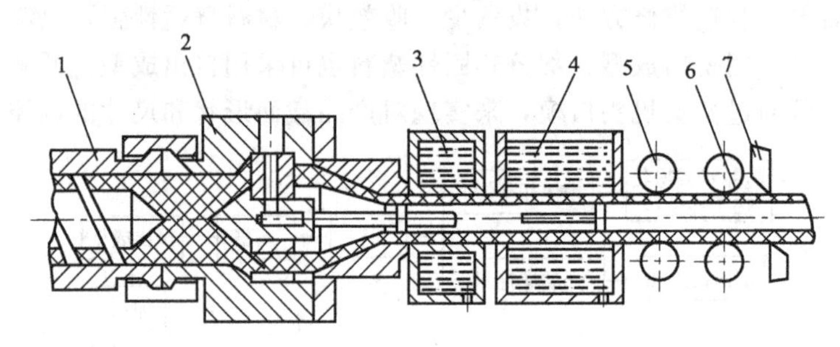

图 4-3　挤出机工作原理

1—挤出机料筒；2—机头；3—定径装置；4—冷却装置；5—牵引装置；6—塑料管；7 切割装置

（2）注射成型

注射成型是一种将注射和模塑两个过程集成于同一装备上的成型方法。该成型原理是先将塑料的颗粒或粉状熔融塑化，再经高压射入模腔，最后经冷却固化得到制品的方法。注射成型适用于形状复杂制品的批量化生产，且具有生产速率快、效率高等特点，类似于挤出成型工艺，绝大多数热塑性塑料可以采用该工艺加工成型，少部分热固性塑料也适用于该工艺。

注射成型的周期短、生产效率高、易于实现全自动化，一个模塑周期从几秒至几分钟不等，时间的长短取决于制品的大小、形状和厚度，注射成型机的类型以及塑料品种和工艺条件等因素。此外，通过注射成型模具设计，一模多腔、尺寸精确、制品嵌件均被应用于注塑制品加工，使其成为经济而先进的塑料制品成型技术。

注塑机又名注射成型机或注射机，可分为立式、卧式、全电式。注塑机能加热塑料，并对熔融塑料施加高压，使其射出而充满模具型腔。其一般工作循环图见图 4-4。

一般螺杆式注塑机的成型工艺过程是：首先将粒状或粉状塑料加入机筒内，并通过螺杆的旋转和机筒外壁加热使塑料成为熔融状态，然后机器进行合模和注射台前移，使喷嘴

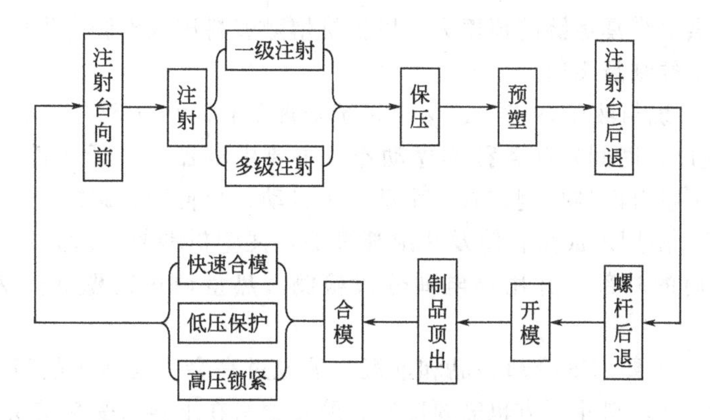

图 4-4　注塑机一般工作循环图

贴紧模具的浇口道，接着向注射缸通入压力油，使螺杆向前推进，从而以很高的压力和较快的速度将熔料注入温度较低的闭合模具内，经过一定时间和压力保持（又称保压）、冷却，使其固化成型，便可开模取出制品（保压的目的是防止模腔中熔料的反流、向模腔内补充物料，以及保证制品具有一定的密度和尺寸公差）。注塑成型的基本要求是塑化、注射和冷却定型。塑化是实现和保证成型制品质量的前提，而为满足成型的要求，注射必须保证有足够的压力和速度。同时，由于注射压力很高，相应地在模腔中产生很高的压力（模腔内的平均压力一般在 20～45MPa 之间），因此必须有足够大的合模力。由此可见，注射装置和合模装置是注塑机的关键部件。如图 4-5 所示为往复螺杆式注塑机的组成示例。

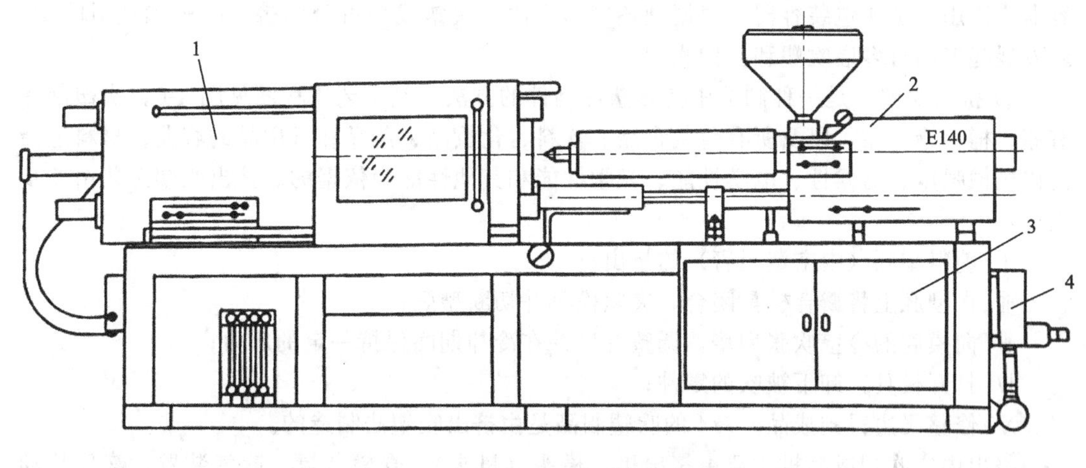

图 4-5　往复螺杆式注塑机的组成

1—合模装置；2—注射装置；3—电气控制系统；4—液压传动系统

注塑机通常由注射系统、合模系统、液压传动系统、电气控制系统、润滑系统、加热系统及冷却系统、安全监测系统等组成。

① 注射系统　由塑化装置和动力传递装置组成，螺杆式注塑机塑化装置主要由加料装置、料筒、螺杆、过胶组件、喷嘴组成。动力传递装置包括注射油缸、注射台移动油缸以及螺杆驱动装置（熔胶马达）。

② 合模系统　主要由合模装置、机绞、调模机构、顶出机构、前后固定模板、移动模板、合模油缸和安全保护机构组成。其作用是保证模具闭合、开启及顶出制品。同时，

在模具闭合后，供给模具足够的锁模力，以抵抗熔融塑料进入模腔产生的模腔压力，防止因模具开缝而产生的制品飞边。

③ 电气控制系统与液压系统　这两个系统合理配合，可实现注塑机的工艺过程要求（压力、温度、速度、时间）和各种程序动作。主要由电器、电子元件、仪表、加热器、传感器等组成。一般有四种控制方式：手动、半自动、全自动、调模。

④ 加热系统　是用来加热料筒及注射喷嘴的，注塑机料筒一般采用电热圈作为加热装置，安装在料筒的外部，并用热电偶分段检测。热量通过筒壁导热为物料塑化提供热源。

⑤ 冷却系统　主要用来冷却制品和油温。油温过高会引起多种故障出现，所以油温必须加以控制。此外，料斗下方也需要冷却，防止塑料在下料口受热结块，导致原料不能正常下料。

⑥ 润滑系统　作用是为注塑机的动模板、调模装置、连杆机铰、注射台等有相对运动的部位提供润滑作用，以便减少能耗和提高零件寿命，润滑可以是定期的手动润滑，也可以是自动电动润滑。

(3) 吹塑成型

吹塑成型技术也称中空吹塑，是一种发展迅速的塑料加工方法。热塑性塑料经挤出或注塑成型得到的管状塑料型坯，趁热（或加热到软化状态）置于对开模中，闭模后立即在型坯内通入压缩空气，使塑料型坯吹胀而紧贴在模具内壁上，经冷却脱模，即得到各种中空制品。20 世纪 50 年代后期，随着高密度聚乙烯的诞生和吹塑成型机的发展，吹塑技术得到了广泛应用。适用于吹塑的塑料有聚乙烯、聚氯乙烯、聚丙烯、聚酯等，所得的中空容器广泛用作工业包装容器。根据型坯制作方法，吹塑成型可分为挤出吹塑和注射吹塑，新发展起来的有多层吹塑和拉伸吹塑。

① 挤出吹塑　是一种制造中空热塑性制件的方法。其工艺流程图见图 4-6。吹塑制品有瓶、桶、罐、箱，以及所有包装食品、饮料、化妆品、药品和日用品的容器。材料选择是以机械强度、耐候性、电学性能、光学性能和其他性能为依据的。挤出吹塑工艺由 5 步组成：

ⅰ.塑料型胚（中空塑料管）的挤出；

ⅱ.在型胚上将瓣合模具闭合，夹紧模具并切断型胚；

ⅲ.向模腔的冷壁吹胀型培，调整开口并在冷却期间保持一定的压力；

ⅳ.打开模具，卸下被吹的零件；

ⅴ.修整飞边得到成品。3/4 的吹塑制品是由挤出吹塑法制造的。

挤出中空吹塑成型机主要由挤出机、模头（机头）、合模装置、吹气装置、液压传动装置、电气控制装置和加热冷却系统等组成。挤出机主要完成物料的塑化挤出；模头是成型型坯的主要部件，熔融塑料通过它获得管状的几何截面和一定的尺寸；合模装置是对吹塑模的开、合动作进行控制的装置，通常通过液压或气压控制与机械肘杆机构相连的合模板来使模具开启与闭合；吹气装置是在机头口模挤出的型坯进入模具并闭合后，将压缩空气吹入型坯内，使型坯吹胀成模腔所具有的精确形状的装置，根据吹气嘴位置的不同分为针管吹气、型芯顶吹和型芯底吹三种形式。

② 注射吹塑　是制造中空塑料制品的方法。先用注塑机做出试管状一端封闭、一端形成最后容器瓶颈部分的管状型坯，成型时使用一对开式模具，中间有一芯棒，机筒中的熔料通过浇口注入模具筒状模腔中（芯棒周围），模具有温控系统使型坯冷却并在芯棒上

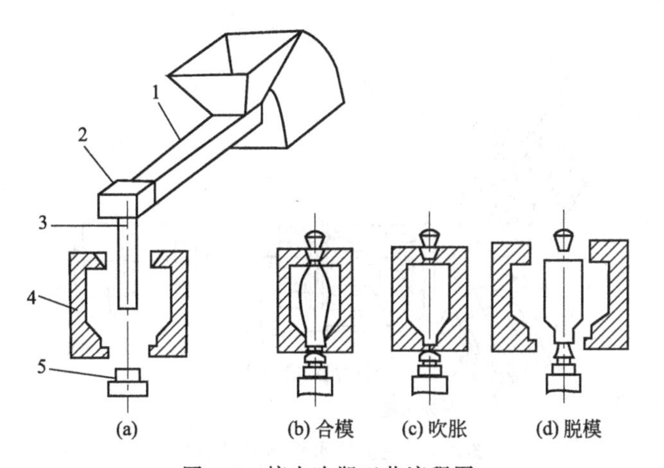

图 4-6 挤出吹塑工艺流程图

1—挤出机；2—管坯成型模具；3—管状熔料坯；4—中空制品成型模具；5—吹气嘴

固化，但仍保持一定温度，然后把模具打开，由一水平旋转定位装置把芯棒连同其上的型坯一起转移到另一工位的吹塑模具内。对开的吹塑模具在芯棒外闭合，通过芯棒送入空气吹胀型坯，此时型坯除瓶颈部分外脱离芯棒而紧贴于模具内壁上。通过模具的冷却水通道把制件冷却，之后打开模具。把带有成型好制件的芯棒再转移到脱模工位上，脱模后即得到制品。

注塑中空吹塑成型机与普通注射机的区别在于合模装置带有注射型坯成型和吹塑成型两副模具以及模具工位的回转装置等（三工位水平回转装置示例见图 4-7）。注塑中空吹塑成型机主要由注射装置、合模装置（包括注射合模、吹塑合模）、回转工作台、脱模装置、模具系统、辅助装置和控制系统（电、液、气）等组成。注塑中空吹塑成型机类型较多，按不同的塑料型坯传递方法，通常可把注塑中空吹塑成型机分为往复移动式与旋转运动式两大类型；按不同的注射中空吹塑机的工位数来分，通常分为二工位、三工位、四工位等类型，目前注塑中空吹塑成型机通常以三工位居多。采用往复移动式传送的设备一般只有注射工位和吹塑工位两个工位，而旋转运动式传送的设备通常有注射工位、吹塑工位和脱模工位等三个工位，有的还可能有注射、吹塑、脱模和辅助工位等四个工位。一般注塑中空吹塑成型机的辅助工位主要用于安装嵌件、安全检查或对吹塑容器进行修饰及表面处理，如烫印及火焰处理等。安全检查主要是检查芯棒转入注射工位之前容器是否已经脱模，或者在该工位进行芯棒调温处理，使芯棒在进入注射工位时处于最佳温度状态。辅助工位用于吹塑容器的修饰及表面处理时，一般设置在吹塑工位与脱模工位之间。

（4）滚塑成型

滚塑成型是依靠模具旋转使原料均匀分布在模具内壁的工艺，为常压成型，因而制品残余应力低，不会产生翘曲等缺陷，而且模具也可大大简化，从而显著降低制造成本，成为生产中型、大型或超大型全封闭与半封闭空心无缝容器的主要方法。其原理就是将粉末状或液状聚合物放在模具里加热，同时模具分别围绕两个相互垂直的轴自转和公转，然后冷却成型。其工艺流程图见图 4-8。在加热阶段的最初，如果用的是粉末状材料，则先在模具表面形成多孔层，然后随循环过程渐渐熔融，最后形成均匀厚度的均相层；如果用的是液体材料，则先流动和涂覆在模具表面，当达到凝胶点时则完全停止流动。模具随后转入冷却工作区，通过强制通风或喷水冷却，然后被放置于工作区，在这里模具被打开，完成的制件被取走，接着再进行下一轮循环。

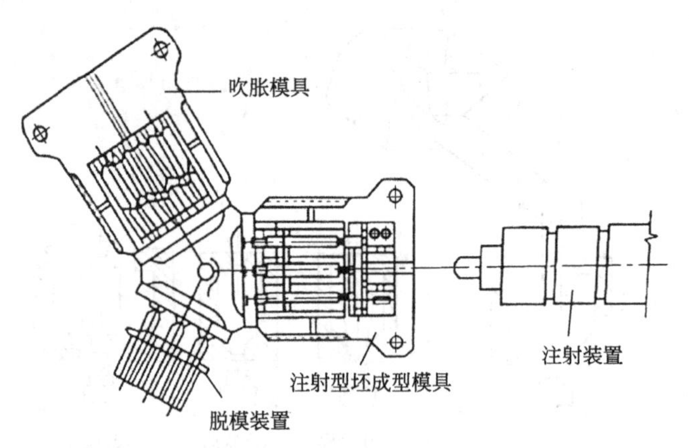

图 4-7　三工位水平回转装置图

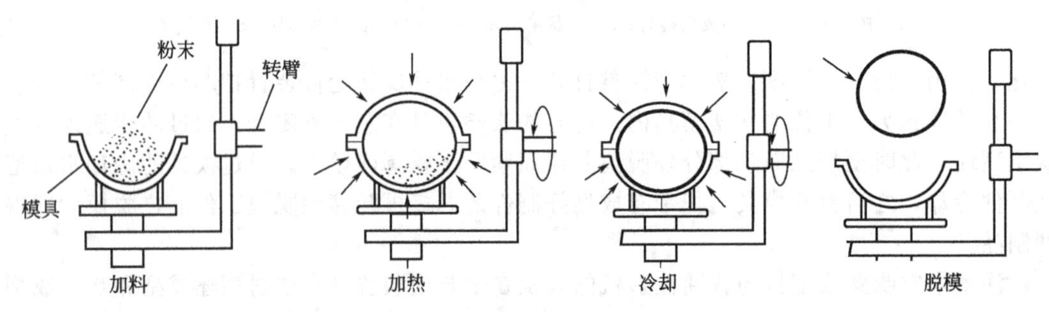

图 4-8　滚塑成型工艺流程图

滚塑成型最大的优点是模具简单，成本低廉。其广泛应用于生产大型中空制品，但相应需要较大型生产设备和设计合理的模具。滚塑成型必须要保证其在旋转过程中模具各部位的受热均匀，尤其是在一些大型滚塑制品生产过程中，受热不均往往导致产品局部收缩不同，冲击强度减弱。在模具设计方面，尽管滚塑由于压力小而对模具压力要求较低，但为了保证原料良好的流动性，模具仍需要设计合理的压力。

以下为几种典型的滚塑机。

① 摇摆式滚塑机　具有能经济地生产体积大、形状简单制品的优点，缺点在于系统自动化程度不高，造成效率低下和操作烦琐。

② 穿梭式滚塑机　拥有两个梭机，能经济地生产大型储存罐、容器及小型制品。操作简单，维护费用低，属于入门级滚塑设备。

③ 蛤壳式滚塑机　初始费用低，占地面积小，手工劳动少以及制品质量好。该机滚塑过程中双轴旋转由主、副轴变速齿轮电机提供。转臂可直也可曲，能处理小型或大型模具。

④ 垂直式滚塑机　分为三臂式和六臂式，其转臂操作起来在同一个平面内，有分开的加热、冷却或装/卸工位，最大的模具摆幅通常限于 900～1200mm，使制品的大小受到局限。主要用于制作玩具娃娃部件、球类和汽车部件等。

⑤ 固定转臂式滚塑机　该设备可以从小型的 1000mm 摆幅到大型的 3800mm 摆幅，有加热、冷却或装/卸三个工位，设备效率高、容易维护，在滚塑领域中占统治地位。通常加热是整个周期的关键环节，因此温度成了设备运转的控制因素。

⑥ 独立转臂式滚塑机　是滚塑工业常用设备类型，具有空气循环加热室和空气/水冷

却室，提供五个工位，包含一台自动车架来控制每台转臂绕中心台转动，而每台转臂和车架之间是独立的，提供更自动化和更完善的加工手段，充分体现了独立转臂式滚塑机的灵活性。

二、橡胶成型

1.橡胶材料概述

橡胶（rubber）是指具有可逆形变的高弹性聚合物材料，在室温下富有弹性，它的玻璃化转变温度（T_g）低，分子量很大。根据外观形态，橡胶可分为固态橡胶（又称干胶）、乳状橡胶（简称乳胶）、液体橡胶和粉末橡胶四大类；根据橡胶物理形态，橡胶可分为硬胶和软胶，生胶和混炼胶等；根据性能和用途，橡胶可分为天然橡胶和合成橡胶，合成橡胶又可分为通用合成橡胶、半通用合成橡胶、专用合成橡胶和特种合成橡胶。

通用合成橡胶的综合性能较好，应用广泛。主要包括异戊橡胶（PR）、丁苯橡胶（SBR）、丁二烯橡胶（BR）、氯丁橡胶（CR）等。特种合成橡胶指具有某些特殊性能的橡胶，主要包括丁腈橡胶（NBR）、硅橡胶（SR）等。

橡胶结构主要有三种：

① 线型结构　未硫化橡胶的普遍结构。由于分子量很大，无外力作用下，大分子链呈无规卷曲线团状。当有外力作用时，撤除外力，线团的纠缠度发生变化，分子链发生反弹，产生强烈的复原倾向，这便是橡胶高弹性的由来。

② 支链结构　橡胶大分子链的支链的聚集，形成凝胶。凝胶对橡胶的性能和加工都不利。在炼胶时，各种配合剂往往进不了凝胶区，形成局部空白，形成不了补强和交联，成为产品的薄弱部位。

③ 交联结构　线型分子通过一些原子或原子团的架桥而彼此连接起来，形成三维网状结构。随着硫化历程的进行，这种结构不断加强。这样，链段的自由活动能力下降，可塑性和伸长率下降，强度、弹性和硬度上升，压缩永久变形率和溶胀度下降。

2.橡胶成型工艺及设备

（1）橡胶挤出机

橡胶挤出机的工作原理是采用加热、加压和剪切等方式，将固态橡胶转变成均匀一致的熔体，并将熔体送到下一个工艺。熔体的生产涉及混合色母料等添加剂、掺混树脂以及再粉碎等过程。成品熔体在浓度和温度上必须是均匀的。加压必须足够大，以将黏性的聚合物挤出。

橡胶挤出机及其辅机是橡胶行业应用最广泛的设备。主要用于胎面、内胎、胶条、胶管、胶带及其他橡胶制品的挤出成型，设备具有节能、高产、塑化好、低温炼胶等优点。橡胶挤出机设备在制造纯胶管、轮胎胎面、胶管内外层胶和电线电缆等半成品中应用广泛，也可用于生胶的塑炼、胶料的过滤、金属丝覆胶等。

橡胶挤出机有很多分类方式，按照喂料方式，可将其分为热喂料挤出机和冷喂料挤出机两类。热喂料挤出机要求喂入的胶料必须经过热炼，且供料均匀、稳定、等速，料温保持在50～70℃，热喂料挤出机螺杆短，螺纹沟深，均化效果不理想。一般这种工艺多配合开练机使用，开练机下片直接喂料。冷喂料挤出机与热喂料挤出机相比，一般有较长的机身，长径比（L/D）为8～20，螺纹沟较浅，所以其塑化效果比热喂料挤出机好，胶料在挤出机内二次混合，混合更均匀，且由于其喂料温度低，挤出产品更致密。且其不用配合热练机，占地小，操作方便。另外由于机身长、功能多，进料温度低，其功率比热喂料挤出机大得多，约相当于同规格热喂料挤出机的2～4倍。

橡胶挤出机的关键部件之一就是螺杆，包括工作部分和传动部分，螺杆在工作时的作用主要为对胶料进行一定程度的塑化、混炼、压缩以及产生足够的压力，使胶料克服阻力而从机头口模处挤出。螺杆材料通常采用38CrMoAl钢，对其进行表面渗碳处理，使其具备足够的强度和刚度，具有良好的耐磨性和耐蚀性，高温下可长时间工作而不变形。螺杆的结构可以分为加料段、压缩段和均化段三个部分。随着螺杆不断旋转，带动物料在挤出机中不断向前推进，螺杆表面受到的剪切力和摩擦增大，从而产生热量，温度升高，促进物料熔融。

(2) 橡胶混合混炼设备

① 开炼机　开炼机（图4-9）的全称是开放式炼胶机，是橡胶工业中的基本设备之一，也是三大炼胶设备之一，它是橡胶工业中使用最早，结构比较简单的最基本的橡胶机械，主要工作部件是两异向相对旋转的中空辊筒或钻孔辊筒，装置在操作者一面的称作前辊，可通过手动或电动水平前后移动，借以调节辊距，适应操作要求；后辊则是固定的，不能作前后移动。两辊筒大小一般相同，各以不同速度相对回转，生胶或胶料随着辊筒的转动被卷入两辊间隙，受强烈剪切作用而达到塑炼或混炼的目的。

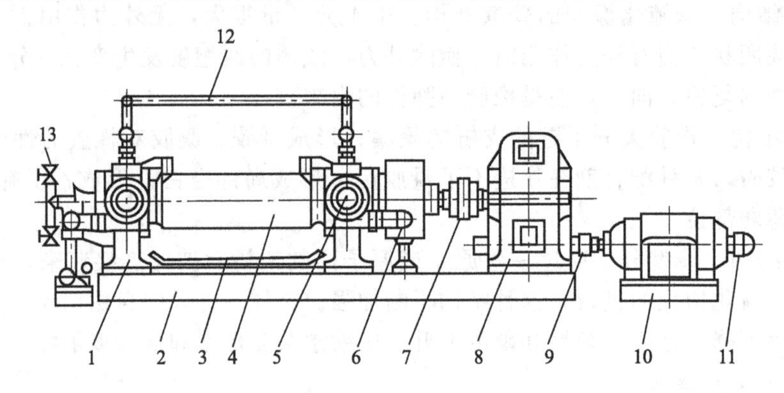

图4-9　开炼机结构示意图

1—机架；2—底座；3—接料盘；4—辊筒；5—调距装置；6—速比齿轮；7—齿轮形联轴器；8—减速器；9—弹性联轴器；10—电动机底座；11—电动机；12—急停装置；13—温控水阀

开炼机混炼的工作原理通常包括包辊、吃粉以及翻炼三部分。其中包辊是开炼机混炼的前提；吃粉是指在混炼阶段，加入所需配合剂混入塑炼胶中，一般于辊隙上方保留一定量的堆集胶，堆集胶不断翻滚和更替，可以使配合剂尽快地混入胶料中去；开炼机翻炼时，胶料只是沿着辊筒周向流动产生层流，而没有轴向流动，贴近辊筒表面的胶层会因很难流动而形成死层，可采用薄通法来消除死层。

② 密炼机　密炼机（图4-10）的全称是密闭式炼胶机，是生橡胶塑炼和胶料混炼加工的主要设备之一，密炼机工作时，同样是两辊筒相对回转，物料经过加料口由辊筒夹挤带入辊缝，这一过程受到辊筒的挤压和剪切，之后被下顶栓尖棱分成两部分，分别沿前后室壁与辊筒之间缝隙再回到辊隙上方。物料沿着辊筒做周向运动且受到剪切和摩擦做功生热，为胶料的温度急剧上升提供能量，胶料黏度与温度成反比，使橡胶与配合剂的接触更加全面充分。配合剂团块随胶料一起在密炼机内部做沿着辊筒的周向运动，其受到剪切而破碎，浸于处于拉伸状态的橡胶中，稳定在破碎状态。同时，辊筒上的凸棱使胶料沿辊筒的轴向运动，起到搅拌混合作用，使配合剂在胶料中混合均匀。配合剂如此反复剪切破

碎，胶料反复产生变形和恢复变形，转子凸棱不断搅拌，使配合剂在胶料中分散均匀，并达到一定的分散度。由于密炼机混炼时胶料受到的剪切作用比开炼机大得多，炼胶温度高，因此密炼机炼胶的效率大大高于开炼机。

密炼机有如下优点：周期短、效率高、产品质量好；设备容量大，对人工要求低，操作相对简便安全；因其密闭的特性，故有较少的损失和污染。

密炼机的缺点同样与性质有关：密闭设备不能及时散热，会造成混炼温度难以控制；加工的产品需通过补充加工来调整其不规则形状；密炼机混炼的原料种类少于开炼机，一般不适用于浅色胶料、特殊胶料以及受温度影响较大的胶料。

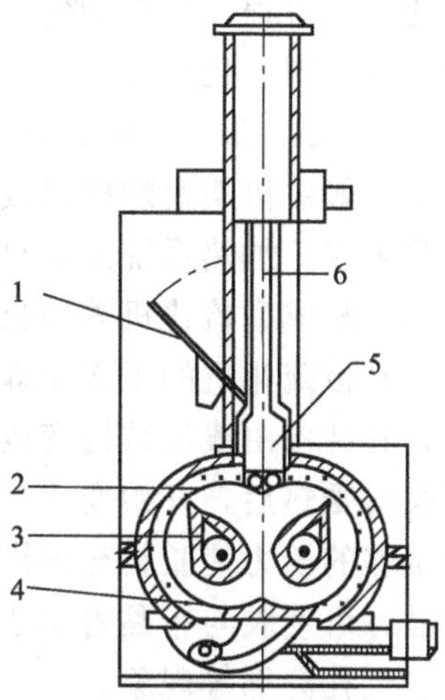

图 4-10　密炼机示意图

1—料斗；2—混炼室壁；3—转子；4—下顶栓；5—上顶栓；6—上顶栓控杆

③ 橡胶压延机　压延机一般由机架、机座、工作辊筒、调速和辊距调节装置、辊筒加热和冷却系统、挡料装置、传动系统、润滑系统以及紧急停车装置等组成。

ⅰ.工作辊筒：压延机对辊筒的尺寸精度、表面粗糙度、传动部分和工作部分的尺寸精度、几何公差以及刚度都有较高的要求。

ⅱ.挡料装置：挡料装置是为了不让胶料从辊筒两边被挤出，用来调整压延制品的宽度的。

ⅲ.辊距调节装置：通过调节辊筒间的距离来达到适应各种胶料的压延的要求并且满足制造多种制品的需求。

ⅳ.润滑系统和冷却系统：润滑油在两个系统中都有很重要的作用，一是可以带走压延机工作时由辊筒表面传递的和轴承高速运转所产生的热量，即起到冷却作用，另一个作用就是润滑。

压延机的种类很多，为了适应不同的工艺要求，工作辊筒可以采用两个、三个、四个或五个，其中最常用的是三辊和四辊。三辊橡胶压延机工作流程图如图 4-11。

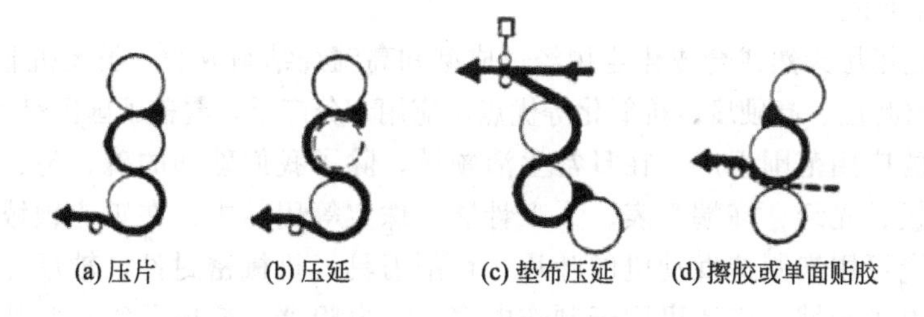

图 4-11　三辊橡胶压延机工作流程图

按照辊筒的排列方式可以分为：三角型、直立型、L 型、Z 型和 S 型等压延机。

按照工艺用途来分，主要有：通用压延机、压片压延机、擦胶压延机、贴合压延机、压型压延机和钢丝压延机等。

(3) 橡胶硫化与硫化设备

硫化又称交联、熟化。在橡胶中加入硫化剂和促进剂等交联助剂，在一定的温度、压力条件下，胶料中的生橡胶（塑性橡胶）与交联助剂发生化学反应转变为弹性橡胶或硬橡胶的加工过程，其中的变化为橡胶由线型结构的大分子交联成立体网状结构的大分子，使橡胶的物理、化学性质都有较大的改变。硫化设备主要有以下几种。

① 硫化机　一般由四部分组成：夹紧机构、控制系统、压力系统、加热系统。夹紧机构一般由机架及螺栓组成，控制系统由电控箱及二次导线组成，压力系统由水压板及试压泵组成，加热系统由加热板及隔热板组成。硫化机按结构可分为平板硫化机、压力硫化机和注塑成型硫化机等种类。

平板硫化机的工作原理：在平板硫化机工作时热板使胶料升温并使橡胶分子发生了交联，其结构由线型结构变成网状的体型结构，这时可获得具有一定物理力学性能的制品，但胶料受热后，开始变软，同时胶料内的水分及易挥发的物质要气化。这时依靠液压缸给以足够的压力使胶料充满模型，并限制气泡的生成，使制品组织结构密致。如果是胶布层制品，可使胶与布黏着牢固。另外，给以足够的压力防止模具离缝面出现溢边、花纹缺胶、气孔海绵等现象。

② 硫化罐　硫化罐是指将橡胶制品用蒸汽进行硫化处理的设备，其中快开式硫化罐需频繁开启的压力容器。橡胶硫化时的蒸汽压力一般不超过1MPa表压，温度在180℃以下。硫化罐均为圆筒形带凸形封头的容器，按照放置形式分为立式与卧式，且一端封头为快开式。小型硫化罐用手工启闭，大型的则用液压方法启闭。液压启闭时用液压缸推动封头旋转一定角度，便可将封头与筒身连接部分的锁紧齿锁紧或退去。封头与筒身之间有摇臂相连。卧式硫化罐内底部设置输送轨道，以便装有被硫化橡胶制品的小车进出。硫化罐承受交变载荷，快开齿根处常有裂纹出现。操作时必须保证内部完全卸压之后才能开启端盖，为此必须装有卸压与快开门开启的联锁装置，以防尚未完全卸压即开启快开门而导致安全事故。

按硫化罐罐体的结构形式分为：直接加热硫化罐、间接加热硫化罐。

按硫化的橡胶制品分为：胶鞋硫化罐、胶管硫化罐、胶布和胶辊硫化罐。

第二节　陶瓷材料成型

一、陶瓷材料概述

陶瓷材料是指用天然或合成化合物经过成型和高温烧结制成的一类无机非金属材料，具有高熔点、高耐磨性、高硬度、抗氧化等优点，应用十分广泛，覆盖了国民经济的多个领域。

陶瓷材料的应用范围很广。在日常生活领域，除了我们熟知的碗、勺、花瓶外，陶瓷也用在手机背板、光纤、高端手表、人工骨骼、珠宝等用品中；在工业领域，氮化硅、碳化硅等新型陶瓷可用来制造发动机的叶片、切削刀具、机械密封件、轴承、火箭喷嘴、炉子管道等；在电子领域，陶瓷可用于制作电容器、电阻器、变压器等；此外，陶瓷还用作光导材料、压电材料、磁性材料、基底材料等。

陶瓷材料的成分是多种多样的，从简单的化合物到由多种复杂的化合物构成的混合物，主要成分是氧化物、碳化物、氮化物、硅化物等。主要由金属元素和非金属通过离子键或兼有离子键和共价键的方式结合起来。陶瓷材料的纤维组织由晶体相、玻璃相和气相组成。晶相是陶瓷材料主要的组成相，是决定陶瓷材料物理化学性质的主要成分。玻璃相是一种非晶态固体，是由在陶瓷烧结时各组成相与杂质产生一系列物理化学反应形成的液相在冷凝固时形成的。气相指陶瓷孔隙中的气体即气孔，在生产过程中不可避免。

陶瓷材料的发展经历了从简单到复杂、从粗糙到精细、从低温到高温的过程。传统陶瓷是陶器和瓷器的总称，主要是指天然的硅铝酸盐。之后随着生产力的发展与科技水平的提高，开始使用高纯度人工合成的原料，陶瓷的含义与范围也在不断扩大。根据其原材料来源是否为天然原料，陶瓷材料可以分为普通陶瓷与特种陶瓷两大类。

二、陶瓷加工工艺及设备

1. 陶瓷材料的原料组成

陶瓷是用黏土（$Al_2O_3 \cdot 2SiO_2 \cdot 2H_2O$）、长石（$K_2O \cdot Al_2O_3 \cdot 6SiO_2$，$Na_2O \cdot 6SiO_2$）和石英（$SiO_2$）为原料，经粉碎、成型、烧结而成的陶瓷。其组织中主晶相为莫来石（$3Al_2O_3 \cdot 2SiO_2$），玻璃相占25%～60%，气相占1%～3%。

黏土是指具有可塑性且粒度小于几微米的矿物，或粒度小于几微米的层状硅酸盐矿物。它的化学组成以 SiO_2、Al_2O_3 为主，也含有少量其他氧化物（K_2O、Na_2O、Fe_2O_3、MgO、CaO 等）。石英的化学组成以 SiO_2 为主，其他杂质很少。此外，陶瓷也会用到碳酸盐、滑石、硅灰石、透辉石和透闪石等原料。

2. 陶瓷材料的特点

① 物理性能　多数陶瓷材料的熔点高，线胀系数小，热稳定性差，绝缘性好。陶瓷材料熔点一般都高于金属，高的可达 3000℃以上，而且具有优于金属的高温强度，是工程上常用的耐高温材料。陶瓷的线胀系数较小，比金属低得多。多数陶瓷的导热性差、韧性低，故热稳定差。

② 化学性能　陶瓷的结构非常稳定，通常不可能同介质中的氧发生反应，并且对酸、碱、盐等的腐蚀有较强的抵抗能力，也能抵抗熔融金属（如铝、铜等）的侵蚀。

③ 力学性能　陶瓷材料不易变形，硬度高，耐磨性好，韧性低，脆性大。陶瓷材料弹性模量一般都很高，极不容易变形；硬度很高，绝大多数陶瓷的硬度远超金属；耐磨性好，是制造各种特殊要求的易损零件的好材料；抗拉强度低，但抗弯强度较高，抗压强度更高，一般比抗拉伸强度高一个数量级。在外力作用下几乎不产生塑性变形，常呈现脆性断裂，这是陶瓷材料作为工程材料最致命的缺点。由于陶瓷质脆，抗冲击能力很低，耐疲劳的性能也很差。普通陶瓷在室温下几乎没有塑性。

3. 陶瓷的加工工艺及设备

一般来讲，陶瓷的加工工艺分为四大部分，分别是：坯料制备、成型、烧制以及后处理。

(1) 坯料制备

坯料制备是指通过机械或物理或化学方法制备粉料。制备坯料时，要控制坯料粉的粒度、形状、纯度及脱水脱气、配料比例和混料均匀等质量要求。按不同的成型工艺要求，坯料可以是粉料、浆料或可塑泥团。

坯料制备主要由原料破粉碎、筛分、泥浆脱水、造粒等步骤组成。

破粉碎加工过程一般因原料本身的性状及工艺不同，所要求的细度也有所不同。对于软质料，可以采用直接粉碎（一步式）或破碎、粉碎（二步式）的方式。对于硬质料，一般采用粗碎、中碎、细碎（三步式）的方式。

粗碎过程就是将原料破碎至 40～50mm 的块度，通用设备为颚式破碎机（图 4-12）；中碎过程是将原料破碎至 0.3～0.5mm 的块度，通用设备为轮碾机、对辊破碎机、圆锥破碎机等；细碎过程是将原料破碎至产品生产工艺所要求的最终细度，一般达到 0.06mm 以下，通用设备为球磨机、筒磨机、雷蒙磨机等。

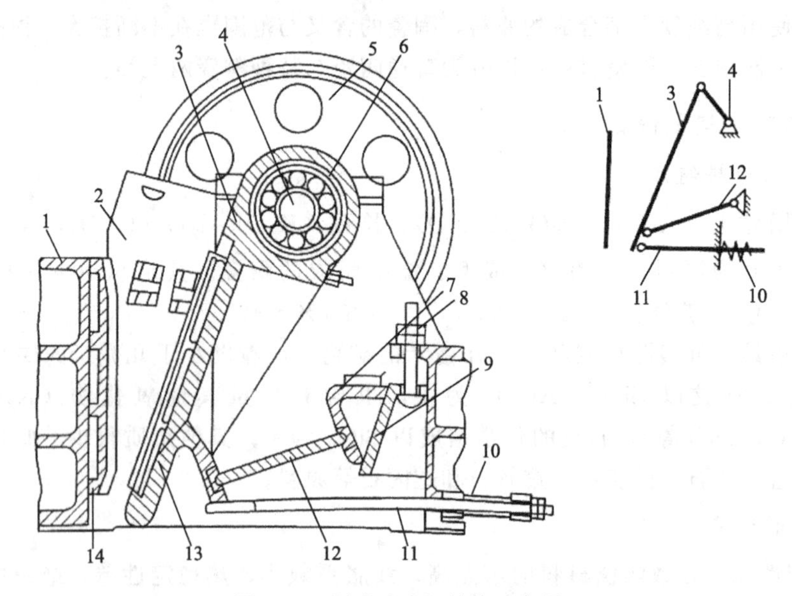

图 4-12　颚式破碎机结构示意图

1—机架；2—侧衬板；3—动颚；4—偏心轴；5—飞轮；6—滚动轴承；7—前楔铁；8—调节螺栓；9—后楔铁；10—弹簧；11—拉杆；12—推力板；13—动颚衬板；14—定颚衬板

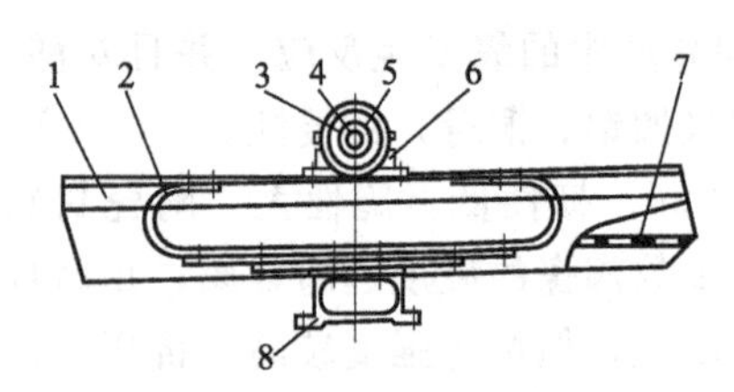

图 4-13　惯性振动筛示意图

1—筛框；2—弹簧；3—圆盘；4—主轴；5—偏重；6—轴承座；7—筛面；8—机座

筛分的主要作用有：确保流入下一道工序的物料颗粒粒度符合工艺要求；及时分离出细度合格的物料颗粒，以减少物料过粉碎现象和降低单位粉碎物料的能耗；确定颗粒的粒度大小及其比例，并避免不合格的粗颗粒混入坯料。筛分的方式主要有干法筛分和湿法筛分，筛分设备主要有摇动筛、回转筛、振动筛等。惯性振动筛示例如图 4-13。

一般来讲，泥浆不能直接用于成型，还要进行脱水处理，常用的脱水方法主要有机械脱水和热风脱水。机械脱水常用的设备是间歇式室内压滤机，影响压滤效率的因素主要有压力大小、加压方式、泥浆温度和相对密度、泥浆的性质等。热风脱水即喷雾干燥，它既是一个脱水过程，也是一个造粒过程，主要由泥浆的制备与输送、热源的产生与供给、雾化与干燥、干粉收集与废气分离等步骤组成；主要影响因素有泥浆浓度、进塔热风温度、排风温度、离心盘转速和喷雾压力等。图 4-14 所示为厢式压滤机示意图。

（2）成型

成型是将制备好的坯料，用各种不同的方法制成具有一定形状和尺寸的坯体（生坯）的过程。成型工艺可以提高陶瓷材料的均匀性、重复性和成品率及降低陶瓷制造成本。陶瓷的成型应满足如下要求：坯体符合产品要求的生坯形状和尺寸（考虑收缩）；坯体应具有相当的机械强度，便于后续工序的操作；坯体结构均匀，具有一定的致密度；成型过程适用于多、快、好、省的组织生产。根据坯料的性能和含水量的不同，陶瓷的成型方法可分为三类：注浆成型、可塑成型和压制成型。新型陶瓷成型方法还有热压铸成型、注凝成

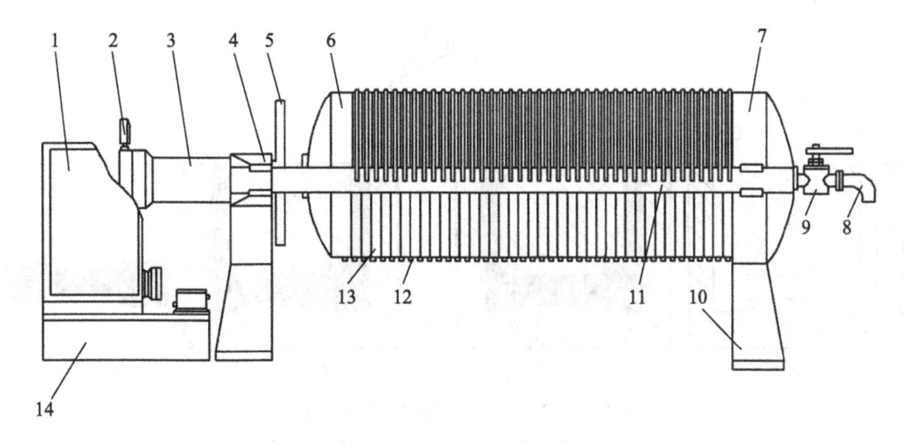

图 4-14 厢式压滤机示意图

1—电气箱；2—电接点压力表；3—油缸；4—前座；5—锁紧手轮；6—活动顶板；7—固定顶板；8—料浆进口；9—旋塞；10—机架；11—横梁；12—滤液出口；13—滤板；14—油箱

型、注塑成型和流延成型等。

① 注浆成型　注浆成型是利用多孔模型的吸水性，将泥浆注入其中的成型方法。它适应性强，凡是形状复杂、不规则、薄壁、厚胎、体积较大且尺寸要求不严的制品都可以用注浆成型。如日常用陶瓷材质的花瓶、汤碗、椭圆形盘、茶壶手柄都可采用注浆成型。

工艺过程：将制备好的坯料泥浆注入多孔模型内，由于多孔模型的毛细管有吸水性，泥浆在贴近模壁的一侧被模型吸水而形成均匀的泥层，并随时间的延长而加厚，当达到所需厚度时，将多余的泥浆倾出，最后该泥层继续脱水收缩而与模型脱离，从模型取出后即为毛坯。

注浆成型常见缺陷有开裂、坯体生成不良或缓慢、脱模困难、气泡针孔、变形等。

基本注浆成型方法主要有空心注浆、实心注浆和强化注浆。

空心注浆是将泥浆注入模型，待泥浆在模型中停留一段时间形成所需的注件后，倒出多余的泥浆而形成空心注件的注浆方法。空心注浆常规操作过程如图 4-15 所示。

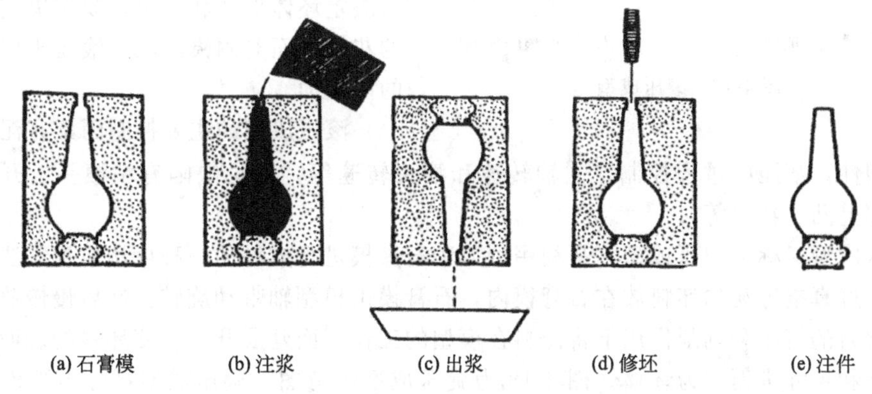

图 4-15 空心注浆的操作过程示意图

实心注浆是将泥浆注入两石膏模面之间（模型与模芯）的空穴中，泥浆被模型和模芯的工作面吸水，由于泥浆中水分不断被吸收而形成坯泥，注入的泥浆面就会不断下降，因此注浆时必须陆续补充泥浆，直至空穴中的泥浆全部变为坯为止。坯体厚度由模型与模芯之间的距离来决定，没有多余的余浆被倒出。实心注浆常规操作过程如图 4-16 所示。

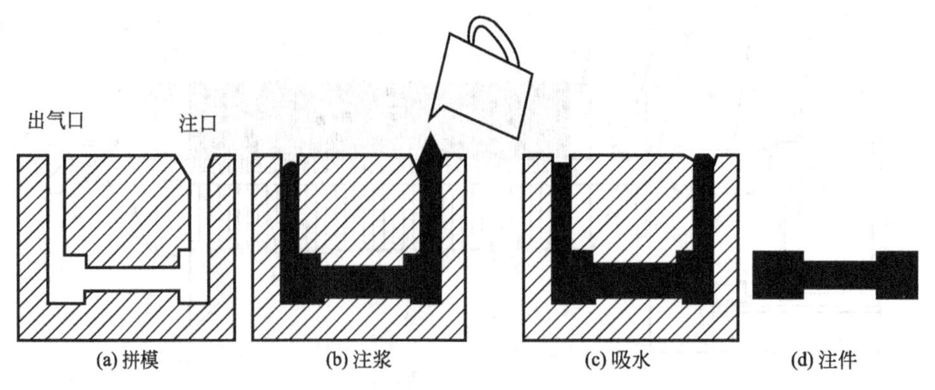

图 4-16　实心注浆的操作过程示意图

除了空心注浆和实心注浆，为了改善注浆坯件质量，缩短生产周期，减轻劳动强度，目前在生产中还采用了压力注浆、离心注浆及真空注浆等强化注浆方法。

② 可塑成型　可塑成型是对有可塑性的陶瓷坯料或泥团施加外力，迫使其在外力作用下发生变形而制成坯件的成型方法。可塑成型主要分为手工成型和机械成型两大类。雕刻、印坯、拉坯、手捏等属于手工成型，这些成型手法较为古老，多用于艺术陶瓷的制造。而旋压、滚压成型，是目前工厂最常用的机械成型方法，可用于盘、碗、杯、碟等制品的生产。另外，其他陶瓷工业中还采用了挤制、车坯、塑压、轧膜等可塑成型方法。

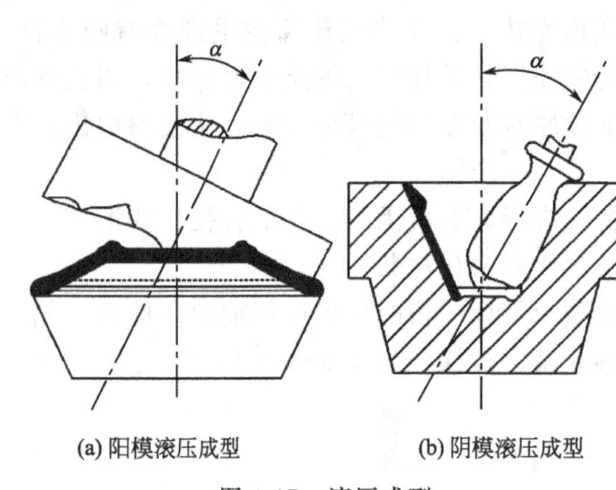

图 4-17　滚压成型

滚压成型是指将盛放着泥料的石膏模型和滚头分别绕其自身的轴线以一定的速度同方向旋转，使压头在旋转的同时逐渐靠近石膏模型，对泥料进行滚压成型的方法。它的优点是坯体致密、组织结构均匀、表面质量高。滚压成型主要包括阳模滚压（外滚压）成型和阴模滚压（内滚压）成型（图 4-17）。对阳模滚压，滚压头决定坯体形状和大小，模型决定内表面的花纹。而对阴模滚压，滚压头形成坯体的内表面。

滚压成型的主要控制因素有泥料的水分、可塑性，滚压的过程控制、主轴转速和滚头转速等，常见缺陷有粘滚头、开裂、鱼尾、底部上凸、花底等。

旋压成型又称为刀压成型，是利用型刀和石膏模进行成型的一种可塑成型方法。成型时，将经过真空练泥的坯料放在石膏模内，石膏模由模型轴带动旋转，然后慢慢放下样板刀，在型刀的挤压和刮削作用下将泥料在模型的工作表面延展开来，使坯料的表面具有一定的形状和尺寸进而成为坯体。图 4-18 为旋压成型示意图。旋压成型可分为阳模成型和阴模成型，前者适用于生产扁平制品，后者适用于生产深腔空心制品。旋压成型的特点是设备简单、适应性强，可以旋制大型深腔制品，但其成型时坯泥含水率高，正压力小，致密性差，坯体不够均匀，易变形；且劳动强度大，生产效率低，并需要一定的劳动技能。目前日用陶瓷生产中已广泛使用滚压成型来代替旋压成型。

旋压成型工艺需要对泥料的水分、型刀的刀口角度、样板刀的材料、石膏模型、主轴

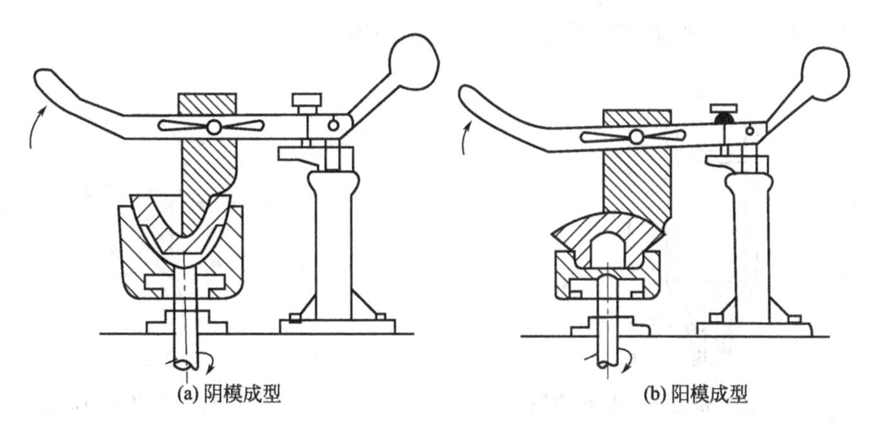

图 4-18　旋压成型示意图

转速进行控制，常见的缺陷有：夹层开裂、外表开裂。

塑压成型就是将可塑泥料放在模型中常温压制成型的方法（图 4-19）。塑压成型的特点是设备结构简单，操作方便，劳动强度低，生产效率较高，适用于成型鱼盘等异形产品。不足之处是模具制作较为麻烦，且模型使用次数偏低。如果在成型时施加一定的压力，坯体的致密度较旋压成型、滚压成型都高。

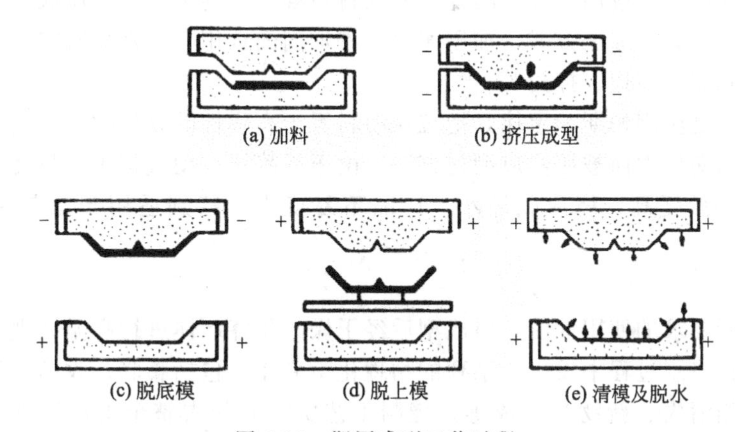

图 4-19　塑压成型工艺过程

+—送压缩空气；-—抽真空

挤压成型一般是将真空炼制的泥料放入挤制机内，挤制机一头可以对泥料施加压力，另一头装有挤嘴即成型模具，通过更换挤嘴，能挤出各种形状的坯体。挤压成型对泥料的要求较高。粉料细度要求较细，外形圆润；溶剂、增塑剂、黏结剂等用量要适当，同时必须要使泥料高度均匀，否则挤压的坯体质量不好。挤压法的优点是污染小，操作易于自动化，可连续生产，效率高，适合管状、棒状产品的生产。但挤嘴的结构复杂，加工精度要求高。由于溶剂和结合剂较多，因此坯体在干燥和烧成时收缩较大，性能受到影响。挤压成型常见的缺陷有气孔、弯曲变形、管壁厚度不一致、表面不光滑等。立式挤制机见图 4-20。

轧膜成型（图 4-21）适合生产 1mm 以下的薄片状制品。轧膜成型是将准备好的坯料，拌以一定量的有机黏结剂（一般采用聚乙烯醇）置于两辊轴之间进行辊压，通过调节轧辊间距，经过多次滚轧，最后达到所要求的厚度。轧膜成型具有工艺简单、生产效率高、膜片厚度均匀、生产设备简单、粉尘污染小、能成型厚度很薄的膜片等优点。但用该法成型的产品干燥收缩和烧成收缩较干压成型制品的大。

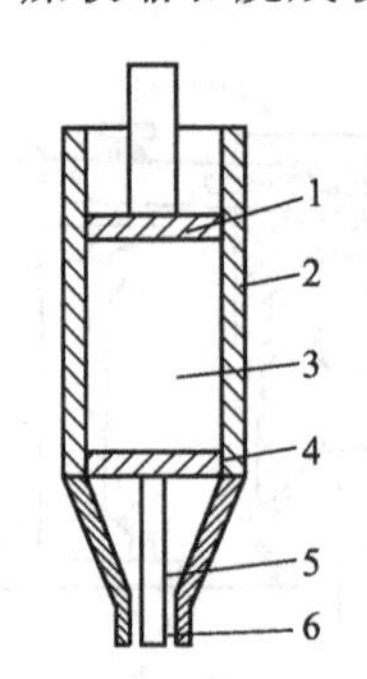

图 4-20　立式挤制机结构示意图

1—活塞；2—挤压筒；3—瓷料；4—型环；5—型芯；6—挤嘴

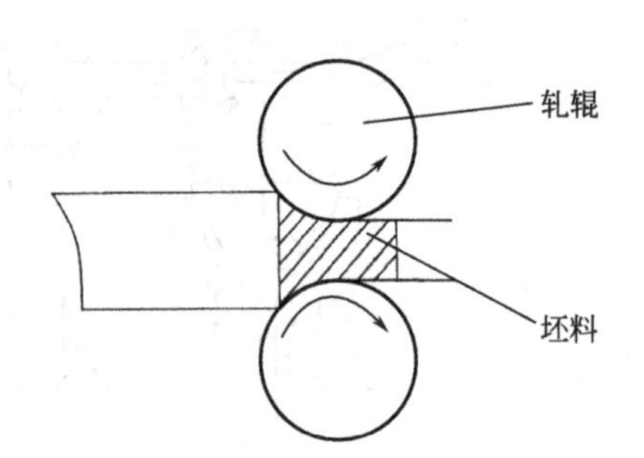

图 4-21　轧膜成型示意图

③ 压制成型　压制成型分为干压成型和等静压成型。

干压成型就是利用压力将置于模具内的粉料压紧，成为具有一定形状和尺寸的坯体的成型方法。坯体致密，干燥收缩小，产品的形状、尺寸准确，质量高。另外，成型过程简单，生产量大，便于机械化的大规模生产，对于生产具有规则几何形状的扁平制品尤为适宜。目前干压成型广泛应用于建筑陶瓷、耐火材料等产品的生产。干压成型中影响坯体质量的因素有成型压力、加压方式、加压速度、添加剂的选用等，常见缺陷有规则尺寸不合要求、裂纹、麻面、掉边、掉角等。

等静压成型是应用帕斯卡定律，把粒状粉料置于有弹性的软模中，使其受到液体或气体介质传递的均衡压力而被压实成型的方法。由于等静压成型过程中粉料受压均匀，所以坯体结构致密，强度高，烧成收缩小，产品不易变形。特别适用于压制盘类、汤碗类制品。

（3）烧制

为了获得所要求的使用性能，对成型后经干燥的陶瓷坯体进行高温处理的工艺过程称为烧制。坯体在烧制过程中发生一系列的物理化学变化，包括膨胀、收缩、气体产生、液相生成、旧物相消失、新物相生成等。烧制工艺所需时间占整个生产周期的 1/4～1/3，所需费用占产品总成本的 40%左右。所以正确的设计和选择窑炉，科学地制定和执行烧成制度，并严格地执行装烧操作规程，是提高产品质量和降低燃料消耗的必要保证。

烧结一般分为两个阶段。烧结前期阶段是坯体入炉到 90%致密化的过程，在此过程中，黏结剂等脱除；随着烧结温度升高，原子扩散加剧，孔隙缩小，颗粒间由点接触转变为面接触，连通孔隙变得封闭，并孤立分布；小颗粒间率先出现晶界，晶界移动，晶粒长大。在烧结后期阶段，晶界上的物质不断扩散到孔隙处，使孔隙逐渐消除，晶界移动，晶粒长大。常见烧结方法如下：

① 普通烧结　传统陶瓷在隧道窑中进行烧结，特种陶瓷大多在电窑中进行烧结。

② 热压烧结　热压烧结是在烧结过程中同时对坯料施加压力，加速了致密化的过程。所以热压烧结的温度更低，烧结时间更短。

③ 热等静压烧结　将粉体压坯或装入包套的粉体放入高压容器中，在高温和均衡的气体压力作用下，烧结成致密的陶瓷体。

④ 真空烧结　将粉体压坯放入到真空炉中进行烧结。真空烧结有利于黏结剂的脱除和坯体内气体的排除，有利于实现高致密化。

除以上方法外，其他烧结方法还有反应烧结、气相沉积成形、高温自蔓延烧结、等离子烧结、电火花烧结、电场烧结、超高压烧结、微波烧结等。

影响烧结的因素主要有原料粉末的粒度、烧结温度、烧结时间、烧结气氛；常用的热工设备是间歇式窑炉和连续式窑炉。

(4) 后处理

一般来讲，陶瓷经烧制后还要进行后处理。陶瓷的后处理主要有修饰、加工和表面改性等。装饰方法很多，常见的方法有陶瓷颜料、色釉、彩绘、贵金属装饰、晶化釉等。加工方法除常见的机械加工法外，还有其他的如特种加工技术、表面金属化和陶瓷金属封接技术等。常用的陶瓷的机械加工法有：切削加工、磨削加工、研磨、抛光。

① 切削加工　因陶瓷材料有高硬度、高耐磨性的特点，切削加工的刀具也需要有非常高的硬度。陶瓷材料是典型的硬脆材料，切削去除时，刀具刃口附近的被切削材料易产生脆性破坏，加工表面不会由于塑性变形而导致加工变质，但切削产生的脆性裂纹会部分残留在工件表面，从而影响零件的强度和工作可靠性。工程陶瓷硬度高、脆性大，切削难以保证其精度要求，表面质量差，而且加工效率低、成本高，因此切削加工陶瓷零件应用得不多。

② 磨削加工　磨削加工，是用高硬度的磨粒、磨具来去除工件上多余材料的方法。在磨削加工中，一般选用金刚石砂轮。一方面，金刚石砂轮磨削剥离材料时，由于磨粒切入工件，磨粒切削刃前方的材料受到挤压，当应力值超过陶瓷材料承受极限时被压溃，形成碎屑；另一方面，磨粒切入工件时由于压应力和摩擦热的作用，磨粒下方的材料会产生局部塑性流动，形成变形层。当磨粒划过后，由于应力的消失，使得变形层从工件上脱落，形成切屑。

磨削工艺中重要的影响因素主要有：砂轮磨削速度、工件进给速度、冷却液的选择、磨削深度、磨削方式、磨削方向及机床刚性。

③ 研磨　研磨加工是介于脆性破坏与弹性去除之间的一种精密加工方法。在一定刚性的软质研具上，利用涂覆或压嵌游离磨粒与研磨剂的混合物，借助研具与工件向磨粒施加的压力，使磨粒滚动与滑动，从被研磨工件上去除极薄的余量，提高工件的精度和降低表面粗糙度的加工方法。如图 4-22 即为研磨加工示意图。

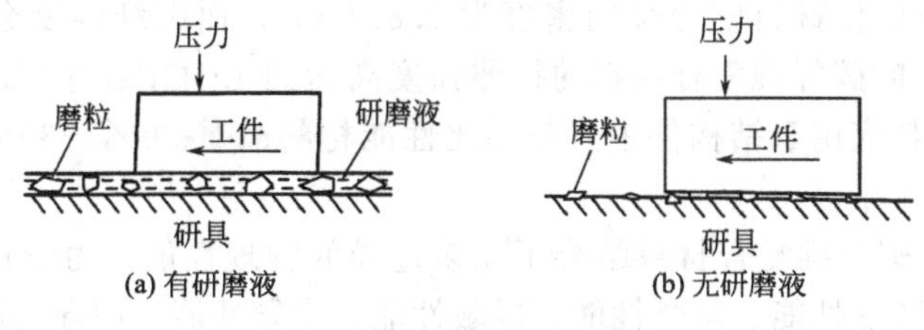

图 4-22　研磨加工示意图

④ 抛光　抛光是使用微细磨粒弹塑性的抛光机对工件表面进行摩擦，使工件表面产生塑性流动，生成细微的切屑的工艺。抛光的方法很多，一般的抛光使用软质、富于弹性或黏弹性的材料和微粉磨料。如利用细绒布垫，磨料镶嵌或粘贴于纤维间隙中，不易产生滚动，其主要作用机理以滑动摩擦为主，利用绒布的弹性与缓冲作用，紧贴在瓷件表面，以去除前一道工序所留下的瑕疵、划痕、磨纹等加工痕迹，获得光滑的表面。抛光加工基本上是在材料的弹性去除范围内进行的。

陶瓷的表面改性技术主要有陶瓷表面金属化、陶瓷金属封接技术以及表面改性新技术。陶瓷表面金属化主要用于制造电子元器件、电磁屏蔽和装饰生活如生产美术陶瓷。陶瓷表面金属化方法很多，在电容器、滤波器及印刷电路等领域中，常采用被银法。此外，还采用化学镀镍法、烧结金属粉末法、活性金属法、真空气相沉淀和溅射法等。陶瓷金属封接技术广泛用于真空电子技术、微电子技术、激光和红外技术、宇航工业、化学工业等领域。

第三节　纤维复合材料成型

一、纤维的性质及特点

1.天然纤维与合成纤维简介

① 天然纤维　天然纤维常用于纺织的有棉、麻、毛、丝四种。石棉是重要的建筑材料，可以供纺织应用。棉纤维可供缝制衣服、床单、被褥等生活用品。麻纤维大部分用于制造包装用织物和绳索。羊毛和蚕丝是极优良的纺织原料。毛纤维用来制成呢绒，丝纤维用来制成绸缎。

② 合成纤维　普通的合成纤维主要是指传统的六大纶纤维，即涤纶、锦纶、腈纶、维纶、丙纶和氯纶。

2.碳纤维、玻璃纤维复合材料的应用

① 碳纤维复合材料的应用　在航空航天领域中，先后开发了碳/酚醛防热复合材料、高强高韧碳纤维-环氧复合材料、耐高温碳纤维复合材料等系列产品，广泛应用于战略导弹、运载火箭、先进战机、卫星、飞机发动机导向叶片、机翼和涵道部件等。

② 玻璃纤维复合材料的应用　高性能玻璃纤维及其增强复合材料由于其良好的力学性能、耐腐蚀性和透波介电性等，被应用于飞机的内饰材料、热防护材料及固体发动机壳体，特别是应用于直升机的桨叶、方向舵、雷达罩、各类仪表盘上等。如在空中客车A380上，S-2玻璃纤维增强铝合金（GLARE）层板应用于飞机机身、地板等部位。

3.碳纤维、玻璃纤维复合材料的特性

（1）碳纤维复合材料的特性

① 轻量化　轻量化材料铝合金的密度为2.8g/cm^3，而碳纤维复合材料的密度仅为1.5g/cm^{3}左右，同时碳纤维复合材料的拉伸强度高达到1.5GPa，高出铝合金三倍还多。使得碳纤维复合材料应用于结构件中，与同比性能材料减重20%～30%，与同形状材料减重20%～40%。

② 多功能性　碳纤维复合材料结合了众多优异的物理性能、力学性能、生物性能以及化学性能，例如防热性能、阻燃性能、屏蔽性能、半导性能、超导性能等，并且不同的先进复合材料的组成不同，其功能性存在一定的差别。

③ 可设计性　采用树脂与碳纤维复合结构方式，能够获得不同形状、不同性能的复合材料，例如选择合适的材料、铺层程序，能够加工出线胀系数为零的碳纤维复合材料制品，并且碳纤维复合材料的尺寸稳定性优于传统金属材料。

（2）玻璃纤维复合材料的特性

ⅰ.轻质高强玻璃纤维增强复合材料密度小，只有普通钢的1/4，比铝合金还轻1/3，但若按比强度计算，玻璃纤维增强复合材料强度超过普通钢，甚至超过个别特殊合金钢。优异的比强度、比模量，满足了特种车辆轻量化的要求。

ⅱ. 各向异性，层间强度低、性能分散性大，材料的剪切强度低于拉伸强度。

ⅲ. 玻璃纤维增强复合材料是一种优秀的电绝缘材料，不受电磁作用，不反射无线电波。

ⅳ. 玻璃纤维增强复合材料耐热性能优异，可以耐瞬时高温，但其长期耐高温性能较差，一般不超过100℃。

ⅴ. 采用热固性树脂的玻璃纤维复合材料具有良好的耐腐蚀性能，但对于硝酸、浓硫酸等类含有氧化性介质的溶剂，复合材料基体树脂极易氧化，而且温度升高会加速腐蚀。

ⅵ. 玻璃纤维增强复合材料中纤维和基体形成的界面可以有效阻止裂纹的扩展。

二、纤维复合材料成型工艺及设备

1. 纤维增强挤出成型工艺

FRTP（fiber-reinforced thermoplastic，纤维增强热塑性塑料）由两种或者两种以上不同性质的材料组成，其主要组分是基体材料和增强纤维。基体材料的主要功能是将材料所承受的应力传递并分配到增强纤维，并把增强纤维黏结在一起形成一个整体，共同抵御变形和载荷。

目前国内外关于FRTP制备中的成型工艺大致可分为三类：配合模成型、原位固结成型以及柔性成型。

对于配合模成型，按照制造技术又可以分为：

模压成型。这种技术需要的成型压力低，纤维分布均匀且含量稳定，可以成型结构复杂的制品且操作简单，适合进一步推广应用。

辊压成型。这种方法制造的产品质量稳定，生产效率高。

拉挤成型。这种制造方法生产效率高、成本低、制品性能好，目前已经比较成熟，被广泛应用在电气、船艇等诸多领域。

对于原位固结成型，可分为：

缠绕成型。缠绕成型方法的制品从航空发动机壳体到一般储存罐体都有应用，热塑性基体的缠绕工艺需要较高的温度和压力条件，在制备过程中预浸料的表面活化技术以及固结压力是此工艺的关键因素。

带铺放成型。这种成型方法多用于飞机机翼、壁板等重要构件，制品质量稳定，性能好、技术可控性强，可成型非常复杂精细的构件。

对于柔性成型，又可分为热压罐成型、真空成型、隔膜成型以及橡胶垫成型。

图4-23为拉挤成型工艺流程图。拉挤成型设备由以下部分组成：

① 增强材料传送系统　如纱架、毡铺展装置、纱孔等。

② 树脂槽　直槽浸渍法最常用，在整个浸渍过程中，纤维和毡排列应十分整齐。

③ 预成型装置　浸渍过的增强材料穿过预成型装置，以连续方式谨慎地传递，以便确保它们的相对位置，逐渐接近制品的最终形状，并挤出多余的树脂，然后再进入模具，进行成型固化。

④ 模具　模具是在系统确定的条件下进行设计的。根据树脂固化放热曲线及物料与模具的摩擦性能，将模具分成三个不同的加热区，其温度由树脂系统的性能确定。

⑤ 牵引装置　牵引装置本身可以是一个履带型拉出器或两个往复运动的夹持装置，以便确保连续运动。

⑥ 切割装置　型材由一个自动同步移动的切割锯按需要的长度切割。

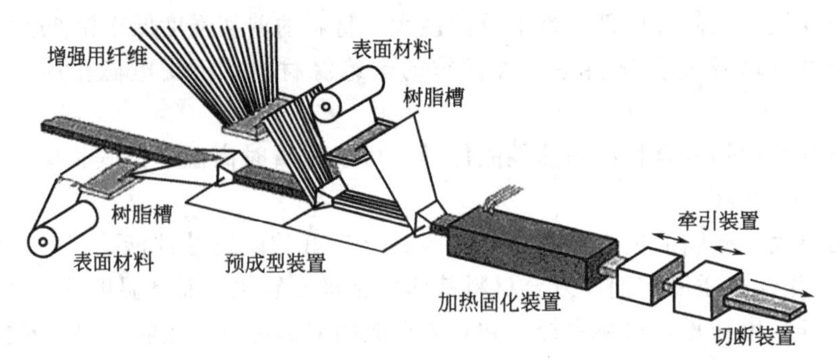

图 4-23　拉挤成型工艺流程图

2. 反应注射成型工艺

反应注射成型（RIM）工艺是把两种具有化学反应的反应性液态原料进行撞流混合并快速注射进入模具型腔进行反应成型的工艺。主要应用于汽车配件的生产，包括汽车保护杆、操控台、门板等大部件，在医疗领域也大放光彩，被广泛应用于结构泡沫机柜、轮椅以及可再用型泡沫定位件上。

（1）反应注射成型工艺分类

① 低压反应注射成型（RIM）　是一项应用于快速模塑制品生产的新工艺。它是将双组分聚氨酯材料混合后，在常温、低压条件下注入快速模具内，成型 RIM 制品的方法。这种方法效率高，生产周期短，过程简单，成本低。常用于产品开发过程中的小批量试制，以及小批量生产结构较简单的覆盖件和大型厚壁及不均匀壁厚的制品。

② 增强反应注射成型（RRIM）　为在原料中添加一定比例的磨碎玻璃纤维，倒入搅拌容器一起混合均匀，同时在原料里混合 40%～70%的 N_2 或空气，之后将物料注入模腔并压实，经快速反应固化成制品的工艺。

③ 结构反应注射成型（SRIM）　SRIM 是指用玻璃纤维织物、毡和预成型料生产结构性复合材料制品的一种工艺方法。

④ 长玻纤增强反应注射成型（LFI-RRIM）　LFI-RRIM 所用设备不仅应考虑对聚氨酯原料的工艺控制，还需严格控制玻纤在生产过程中的输送、计量、切断以及润湿等过程。

⑤ 毡片模塑反应注射成型（MM/RIM）　MM/RIM 将增强纤维制成毡片，预先放入模具，然后两组分低黏度液体经高压撞击混合并注入型腔，混合液体浸渍纤维毡片并反应形成制品。

⑥ 可变纤维反应注射成型（VFRIM）　VFRIM 是针对 MM/RIM 工艺的缺点开发的新工艺。其原理是先将纤维粗纱切成分散的短纤维，再将短纤维送入 L 型混合注射器，与树脂发生混合，最后将混合物注入模具进行固化成型。

（2）反应注射成型设备

反应注射成型设备与常规注塑设备不同，一般包括以下系统：

① 状态调整系统　用以准备液体状态的中间体；

② 计量泵系统　用以计量中间体并施以压力泵送中间体；

③ 混合机头　液体中间体通过混合机头撞流进行混合的地方；

④ 载模架　控制模具的取向和开合模设备，在清洁和脱模时使用。

反应注射多采用低黏度液体撞流混合，仅使用内部产生的压力即可实现充模功能，不需要额外施加压力，实现了低合模力生产大部件的功能，也使得RIM模具成本更低廉。

其单元操作流程如图4-24所示，主要包括储存料液、计量、混合、充模、固化、脱模及后处理等。图4-25为其设备示例。

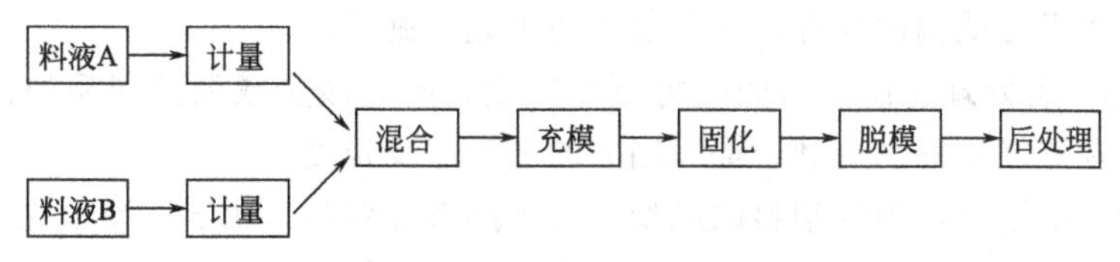

图4-24 反应注射成型流程示意图

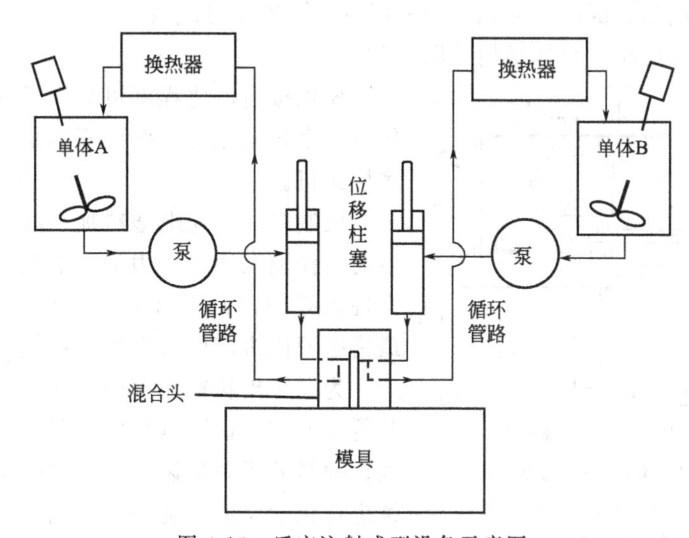

图4-25 反应注射成型设备示意图

3.模压成型工艺

模压成型工艺是利用树脂固化反应中各阶段特性来实现制品成型的，即模压料塑化、流动并充满模腔，树脂固化。主要用作结构件、连接件、防护件和电气绝缘件。广泛应用于工业、农业、交通运输、电气、化工、建筑、机械等领域。由于模压制品质量可靠，在兵器、飞机、导弹、卫星上也都得到了应用。

其工艺流程如下所示：

① 加料　按照需要往模具内加入规定量的材料，而加料的多少直接影响着制品的密度与尺寸等。

② 闭模　加料完后立即使阳模和阴模相闭合。合模时先快速合模，待阴、阳模快接触时改为慢速。先快后慢的操作方法有利于缩短非生产时间，防止模具擦伤，避免模槽中原料因合模过快而被空气带出，甚至使嵌件位移，成型杆遭到破坏。待模具闭合即可增大压力对原料加热加压。

③ 排气　模压热固性塑料时，常有水分和低分子物放出，为了排除这些低分子物、挥发物及模内空气等，在塑料模的模腔内待塑料反应进行至适当时间后，可卸压松模排气。排气操作能缩短固化时间和提高制品的物理力学性能，避免制品内部出现分层和气泡。

④ 固化　热固性塑料的固化是指在模压温度下保持一段时间，使树脂的缩聚反应达到要求的交联程度，使制品具有所要求的物理力学性能。

⑤ 脱模　脱模通常是靠顶出杆来完成的。带有成型杆或者某些嵌件的制品应先用专门工具将成型杆拧脱，然后进行脱模。

⑥ 模具吹洗　脱模后，通常用压缩空气吹洗模腔和模具的模面，如果模具上的固着物较紧，还可用铜刀或铜刷清理，甚至需要用抛光剂刷等。

⑦ 后处理　后处理能使塑料固化得更加完全，同时减少或消除制品的内应力，减少制品中的水分及挥发物等，有利于提高制品的电性能及强度。

模压成型主要用于热固性塑料的成型。对于热塑性塑料，由于需要预先制取坯料，且需要交替地加热再冷却，故生产周期长，生产效率低，能耗大，而且不能压制形状复杂和尺寸较为精确的制品，因此一般趋向于采用更经济的注射成型。

模压成型机（压机）总体结构见图 4-26。

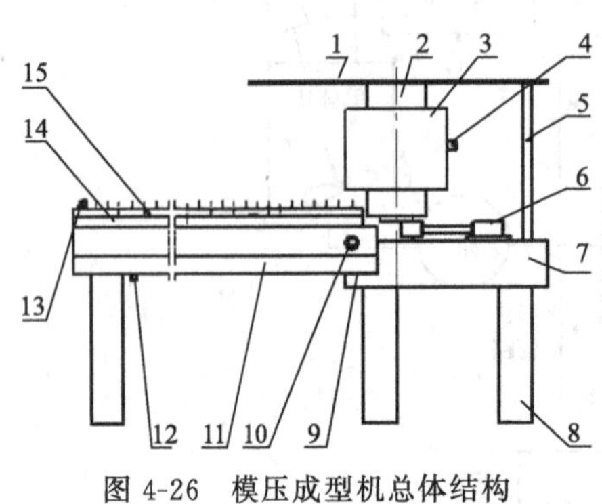

图 4-26　模压成型机总体结构

1—工作台；2—套筒；3—加热器；4—温度传感器；5—支撑杆；6—气缸；7—机架；8—支承脚；9—隔热垫；10—出水嘴；11—冷却通道座；12—进水嘴；13—调压螺栓；14—冷却通道体；15—冷却通道盖

压机按自动化程度可分为手动压机、半自动压机、全自动压机；按平板的层数可分为双层和多层压机。

压制时，首先把塑料加入敞开的模具内，随后向工作油缸通入压力油，活塞连同活动横梁以立柱为导向，向下（或向上）运动，进行闭模，最终把液压机产生的力传递给模具并作用在塑料上。为了排出塑料在缩合反应时所产生的水分及其他挥发物，保证制品的质量，需要进行卸压排气。随即升压并加以保持，此时塑料中的树脂继续进行化学反应，经一定时间后，便形成了不溶不熔的坚硬固体状态，完成固化成型。随即开模，从模具中取出制品。清理模具后，即可进行下一轮生产。

为了提高机器的生产率和运行的安全可靠性，压制塑料的液压机的压力能够调整，且此压力机能够满足压力要求；液压机的活动横梁在行程中的任何一点位置上都能停止和返回；液压机的活动横梁在行程中任何一点位置都能进行速度控制和施加工作压力，以适应不同高度模具的要求。

液压机的活动横梁，在阳模尚未接触塑料前的空行程中，应有较快的速度，以缩短压制周期，提高机器的生产率和避免塑料流动性能降低或硬化。当阳模接触塑料后即应放慢闭模速度，不然可能使模具或嵌件遭致损坏或粉料从阴模中冲散出来，同时放慢速度还可以使模内空气得到充分排除。

4. 纤维缠绕成型工艺

纤维缠绕成型工艺（图 4-27）是将浸过树脂胶液的连续纤维（或布带、预浸纱）按照一定规律缠绕到芯模上，然后经固化、脱模，获得制品。根据纤维缠绕成型时树脂基体的物理化学状态不同，分为干法缠绕、湿法缠绕和半干法缠绕三种。

① 干法缠绕　干法缠绕是采用经过预浸胶处理的预浸纱（或带），在缠绕机上经加热软化至黏流态后缠绕到芯模上。由于预浸纱（或带）是专业生产的，能严格控制树脂含量和预浸纱质量，因此，干法缠绕能够准确地控制产品质量。

② 湿法缠绕　湿法缠绕是将纤维集束（纱式带）浸胶后，在张力控制下直接缠绕到

芯模上。湿法缠绕成本比干法缠绕低40%；产品气密性好，因为缠绕张力使多余的树脂胶液将气泡挤出，并填满空隙；纤维排列平行度好；纤维上有树脂胶液，可减少纤维磨损；生产效率高。但是其树脂浪费大，操作环境差；含胶量及成品质量不易控制；可供湿法缠绕的树脂品种较少。

③ 半干法缠绕　半干法缠绕是在纤维浸胶后，到缠绕至芯模的途中，增加一套烘干设备，将浸胶纱中的溶剂除去。与干法相比，省却了预浸胶工序和设备；与湿法相比，可使制品中的气泡含量降低。

三种缠绕方法中，以湿法缠绕的应用最为普遍；干法缠绕仅用于高性能、高精度的尖端技术领域。

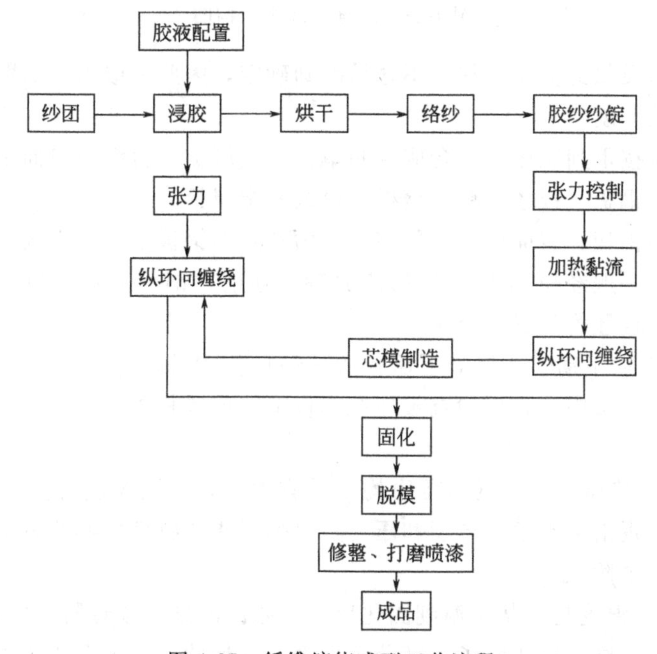

图4-27　纤维缠绕成型工艺流程

纤维缠绕机按缠绕机控制形式可分为机械式缠绕机、数字控制缠绕机、微机控制缠绕机及计算机数控缠绕机。

纤维缠绕机（图4-28）是纤维缠绕成型工艺的主要设备，通常由机身、传动系统和控制系统、辅助设备等几部分组成。辅助设备包括浸胶装置、张力测控系统、纱架、芯模加热器、预浸纱加热器及固化设备等。

5.层压成型工艺

层压成型工艺是将多层附胶片材叠合并送入热压机内，在一定温度和压力下，压制成层压塑料的成型方法。这种方法所制制品的质量高，也比较稳定。缺点是只能生产板材，而且板材的规格受到设备大小的限制。

它的基本工艺过程包括叠料、进料、热压、出料、加工、热处理等过程，热压中又分预热、保温、升温、恒温、冷却等五个阶段。

① 叠料　叠料时首先对所用附胶材料进行选择，选用的附胶材料应浸渍均匀，无杂质，树脂含量符合要求，而且树脂的固化程度也应达到规定的范围。其次是剪裁与叠层，即将附胶底材按制品的预定尺寸，裁成片并按预定的方向叠成板坯所用附胶材料的层数，

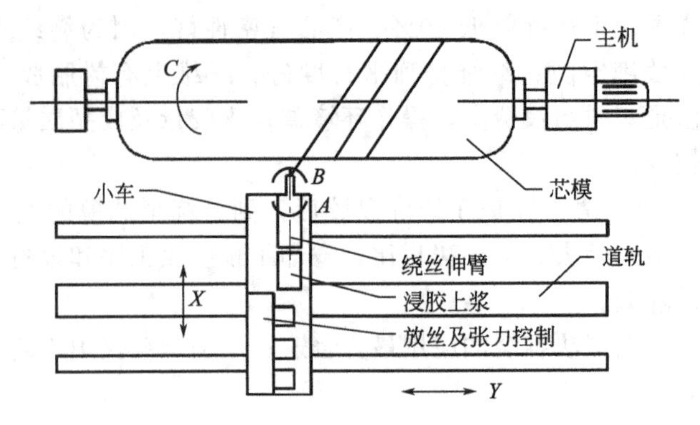

图 4-28　纤维缠绕机结构图

但是由于附胶材料质量的变化，往往不容易准确确定，因此一般采用层数和质量相结合的方法来确定制品的厚度。

叠好的板坯应按下列顺序集合合成压制单元：金属板—衬纸—单面钢板—板坯—双面钢板—板坯—双面钢板—板坯—单面钢板—衬纸—金属板。

金属板为普通钢板，表面应力求平整。单面和双面钢板由不锈钢板制成，凡与钢坯接触面应十分光滑（一般经磨光或抛光过）。放置板坯前，钢板上要均匀地涂上脱模剂。施放纸张的目的是使板坯均匀受热受压。

② 进料　将多层下动式压机的下压板放在最低位置处，而后将装好的叠合板坯分层推入多层层压机的热板中去，再检查板坯在热板中的位置是否合适，然后闭合压机，开始升温升压进行压制。

③ 热压　开始热压时，温度与压力均不适宜太高，否则树脂易流失，在压制玻璃布层压板时有时会出现滑缸现象。温度和压力是根据树脂的特性用实验方法确定的，压制温度控制一般分为五个阶段。

ⅰ.预热阶段：温度是指从室温到固化反应开始的温度。预热阶段中，树脂发生熔化，并进一步浸透底材，同时还排除了一部分挥发物。施加的压力为全压的 1/3～1/2。

ⅱ.保温阶段：使树脂在较低的反应速率下进行固化反应，直到板坯边缘流出的树脂不能拉成丝为止。

ⅲ.升温阶段：这一阶段是自固化开始的温度升到压制规定的最高温度的阶段，此时升温不宜太快，否则会使固化反应速率加快而引起成品分层或产生裂纹。

ⅳ.恒温阶段：当温度升到规定的最高温度后保持恒定的阶段。这一阶段的作用是保证树脂充分固化，而使制品性能达到最佳值。保温时间取决于树脂的类型、品种和制品的厚度。

ⅴ.冷却阶段：即当板坯中树脂已充分固化后进行降温准备脱模的阶段。降温可以在热板中通过冷却水，也可以自然冷却。降温冷却应在保持压力的情况下直到冷却完毕为止。

④ 出料　当压制好的板材温度已降到 60℃时，即可依次推出压制单元，并取出产品。

⑤ 加工　加工的目的是去除压制板材的毛边，一般在 3mm 以下的板材用剪裁机，在 3mm 以上的板材用锯板机进行。

⑥ 热处理　热处理是使树脂充分固化的补加措施，目的是提高制品的力学强度、耐热性和电性能。热处理的温度应根据树脂的类型不同而异。

思考与练习题

1. 何谓挤出成型？请简述挤出成型生产线的各组成部分及其在生产过程中的作用。
2. 简述注射成型机的组成部分及各部分的功用，试表示出螺杆式注射成型机的循环过程。
3. 开炼机与密炼机混炼的特征是什么？简述其工艺过程。
4. 压延机的基本结构有哪些？在工作过程中各有什么功能？
5. 简述陶瓷的基本成型方法，在选择成型方法时应考虑哪些因素。
6. 陶瓷的机械加工方式有哪些？如何选用？
7. 通过查阅资料列举一种特种陶瓷加工的新方法及其效果，分析其优缺点。
8. 简述碳纤维、玻璃纤维复合材料的优点及应用领域。
9. 碳纤维及玻璃纤维生产工艺分别是什么？主要用到的设备是什么？
10. 简述编织机的分类及主要特点。
11. 纤维缠绕成型工艺中不同的缠绕成型工艺各有什么特点？最常用的纤维缠绕成型工艺是哪种？

第五章　切削加工工艺基础

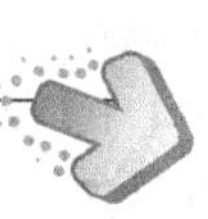

【学习意义】 由铸、锻、焊等成形方法生产的毛坯一般具有较低的精度和表面质量，切削加工是提高精度和表面质量，使毛坯成为零件的常用方法。

【学习目标】

1. 了解金属切削过程中的物理现象，熟悉切削加工的基本原理；
2. 掌握常用切削加工方法及其工艺特点；
3. 熟悉刀具的种类、结构特点并培养选用刀具的能力；
4. 了解影响加工精度和表面质量的主要因素。

第一节　切削加工概述

一、切削加工的特点和发展方向

1. 切削加工的特点

切削加工是利用切削工具从工件上切除多余材料的加工方法。其目的是使工件获得符合图纸要求的尺寸、位置和形状精度以及表面质量。凡精度要求较高的机械零件，除了很少一部分采用精密铸造、精密锻造、粉末冶金等方法直接获得外，绝大部分要经过切削加工才能获得。因此切削加工在机械制造业中占有十分重要的地位，占机械制造总工作量的40%～60%。切削加工多用于金属材料的加工，也可用于某些非金属材料的加工。切削加工对于零件的形状和尺寸一般没有限制，可加工外圆、内圆、锥面、平面、螺纹、齿形及空间曲面等各种型面。

2. 切削加工的发展方向

传统的切削加工有车削、铣削、刨削、钻削和磨削加工等，它们是在相应的车床、铣床、刨床、钻床和磨床上进行的。随着科学技术和现代工业的飞速发展，材料技术、数控技术、网络技术、AI 技术等新技术与制造技术不断交叉融合，切削加工正在朝着高精度、高效率、自动化、柔性化和智能化方向发展，与之相对应的加工设备也正朝着数控机床、智能机床、精密和超精密机床方向发展，刀具材料朝着超硬材料方向发展，加工精度向着纳米级方向发展。

二、切削运动与切削要素

1. 切削运动

切削加工是依靠刀具与工件之间的相对运动（即切削运动）进行的，切削运动可分为主运动和进给运动。

① 主运动　主运动是由机床或人力提供的主要运动，它促使刀具和工件之间产生相对运动，从而使刀具前面接近工件。如车削时工件的旋转运动（图 5-1）、刨削时刨刀的向前直线运动（图 5-2）。主运动的速度最高，消耗功率最大。主运动只有一个。

② 进给运动　进给运动是由机床或人力提供的运动，它使刀具和工件之间产生附加的相对运动，加上主运动，即可不断地或连续地切除切屑，并得出具有所需几何特性的已加工表面。如车削时车刀的直线运动（图 5-1）、刨削时工件的向右间歇性直线运动（图 5-2）。进给运动的速度较低，消耗功率较少。进给运动有时仅一个，有时有几个。

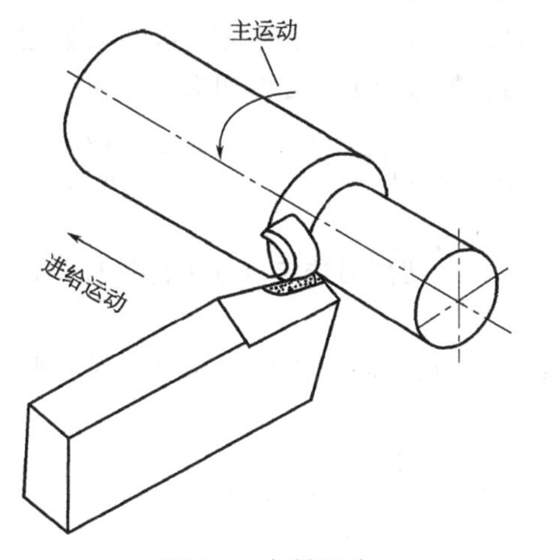

图 5-1　车削运动

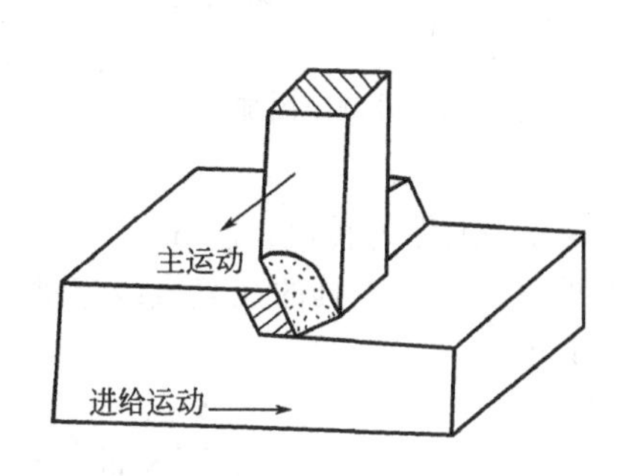

图 5-2　刨削运动

③ 合成切削运动　合成切削运动是由主运动和进给运动合成的运动，如图 5-3 所示的钻孔和铣平面时的合成运动速度 v_e。

图 5-3 为钻削、铣削和磨削的切削运动。其中钻孔的主运动为钻头的旋转运动，进给运动为钻头的向下直线运动。铣平面的主运动为铣刀的旋转运动，进给运动为工件的向右直线运动。磨外圆的主运动为砂轮的高速旋转运动，进给运动有工件的旋转运动、轴向直线运动和砂轮的径向直线运动。

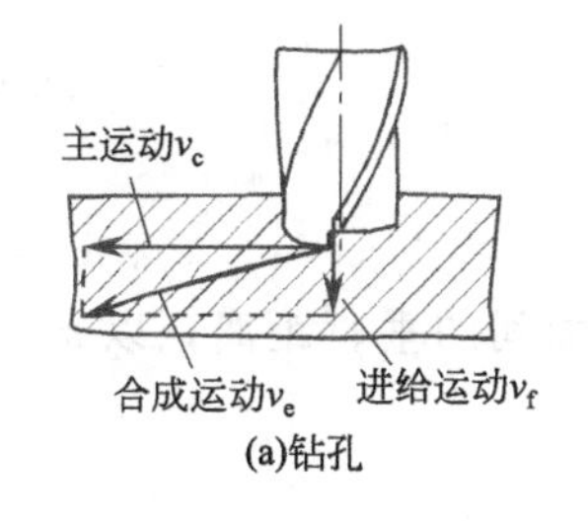

(a)钻孔

主运动v_c
合成运动v_e
进给运动v_f
(b)铣平面

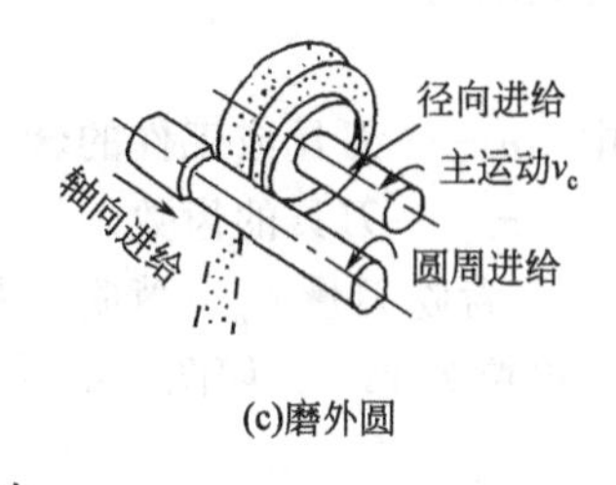

(c)磨外圆

图 5-3　钻削、铣削和磨削的切削运动

2. 工件上的工作表面

在主运动和进给运动的作用下，工件表面材料被刀具不断切除而形成切屑，使工件表面产生变化。在切削加工过程中，工件上存在三个不断变化的工作表面，即待加工表面、已加工表面和过渡表面。外圆车削加工中工件上的三个工作表面见图 5-4。

待加工表面指工件上有待切除的表面。已加工表面指工件上经刀具切削后形成的表面。过渡表面指工件上由切削刃形成的那部分表面，它在下一切削行程，刀具或工件的下

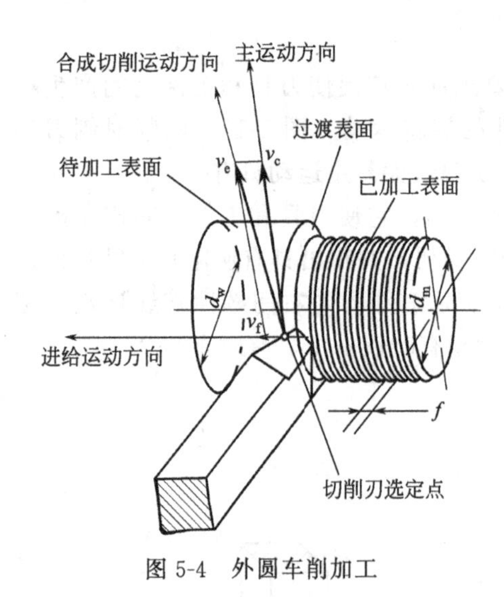

图 5-4　外圆车削加工

一转里被切除，或者由下一切削刃切除。

3. 切削用量

切削用量用来衡量切削运动量的大小，一般包含切削过程中的切削速度、进给量和背吃刀量三要素。

① 切削速度 v_c　切削速度是切削刃选定点相对于工件的主运动的瞬时速度，以 v_c 表示，单位为 m/s 或 m/min。

如果主运动为工件的旋转运动（如图 5-4 所示），则切削刃选定点处的切削速度为

$$v_c=\frac{\pi dn}{1000\times60}(\text{m/s}) \quad 或 \quad v_c=\frac{\pi dn}{1000}(\text{m/min}) \tag{5-1}$$

式中　d——切削刃选定点处工件的直径，mm；

n——工件的转速，r/min。

如果主运动为刀具的往复直线运动（如刨削），则常以工作行程和空行程的平均速度为切削速度

$$v_c=\frac{2Ln_r}{1000\times60}(\text{m/s}) \quad 或 \quad v_c=\frac{2Ln_r}{1000}(\text{m/min}) \tag{5-2}$$

式中　L——往复直线运动的行程长度，mm；

n_r——主运动每分钟的往复次数，str/min。

② 进给量 f　进给量是刀具在进给方向上相对工件的位移量，可用刀具或工件每转或每行程的位移量来表述和度量，以 f 表示。当主运动为旋转运动时，如图 5-4 所示，单位为 mm/r。当主运动为往复直线运动时，单位为 mm/str。

对于拉刀、铣刀等多齿刀具，还有每齿进给量，以 f_z 表示，单位为 mm/z。

除了进给量之外，还可以用进给速度对进给运动进行度量。进给速度是削刃选定点相对于工件的进给运动的瞬时速度，以 v_f 表示，单位为 mm/min。进给速度与进给量的关系可表示为

$$v_f=fn=f_z zn \tag{5-3}$$

式中　n——刀具或工件的转速，r/min；

z——刀具的齿数。

③ 背吃刀量 a_p　背吃刀量是工件已加工表面与待加工表面间的垂直距离，以 a_p 表示，单位为 mm。如图 5-4 所示，车削外圆时，背吃刀量为

$$a_p=\frac{d_w-d_m}{2} \tag{5-4}$$

式中　d_w——工件待加工表面的直径，mm；

d_m——工件已加工表面的直径，mm。

第二节　切削刀具

刀具是能从工件上切除多余材料或切断材料的带刃工具。无论哪种刀具，一般都是由

切削部分和夹持部分所组成，如图 5-5 所示。夹持部分是用来将刀具夹持在机床上的部分，要求它能保证刀具正确的工作位置，传递运动和动力，夹固可靠，装卸方便。切削部分是刀具上直接参加切削工作的部分，它的材料、几何参数和结构将决定刀具切削性能的优劣。

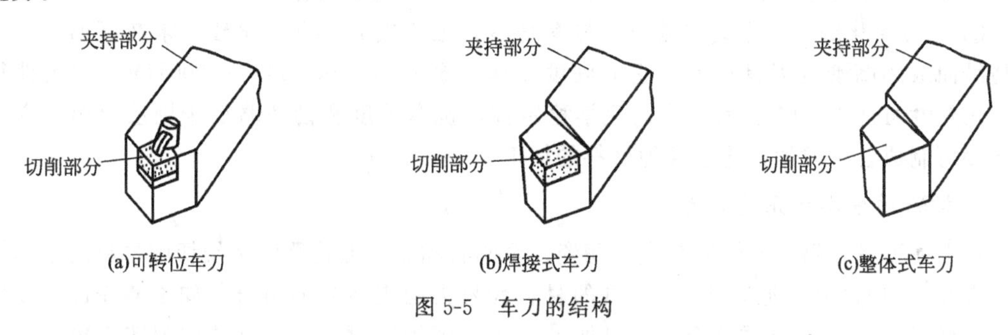

图 5-5　车刀的结构

一、刀具材料

刀具材料是指刀具切削部分的材料。刀具工作时，切削部分承受着高压、高温、剧烈摩擦和冲击振动，因此刀具材料必须具备较高硬度、较高耐磨性、较高耐热性、足够的强度和韧性，以及一定的工艺性等。

1. 刀具材料种类

① 碳素工具钢和合金工具钢　碳素工具钢和合金工具钢由于耐热性较差，在 200～250℃时硬度明显下降，切削速度仅为高速钢的 1/4～1/2。因此，常用来制造一些切削速度不高的手工工具，如锉刀、刮刀、手锯条等，较少用于制造其他刀具。

② 高速钢　高速钢是一种含有钨、钼、铬、钒等元素较多的高合金工具钢。它具有很高的强度和韧性以及较好的工艺性。高速钢淬火后硬度为 63HRC 以上，耐热性为 500～650℃，允许切削速度为 40m/min 左右。主要用于制造形状较为复杂的刀具，如麻花钻、拉刀、铰刀、齿轮刀具和各种成形刀具等。也可以用来制造车刀条，车刀条经过磨削形成各种不同形状的车刀。

高速钢可以采用物理气相沉积方法，在其表面涂覆一层硬度高于 1800HV 的涂层，以提高刀具的耐磨性。涂层厚度在 1μm 以上，涂层材料有钛基（TiN、TiCN)、铝钛基（TiAlN、TiAlCN、AlTiN)、铝铬基（AlCrN）三种。

③ 硬质合金　硬质合金是一种以 Co、Ni＋Mo 或 Ni＋Co 为黏结剂，将 TiC 或 WC 颗粒黏结在一起的合金。作为刀具材料，它具有优越的金属切削性能，能以较高的切削速度进行金属切削。它的硬度高达 88.5～92.3HRA，耐热性为 800～1000℃，切削速度为高速钢的 4 倍左右。但硬质合金抗弯强度低，仅是高速钢的 1/2 甚至更低；韧性也很低，仅是高速钢的十分之一到几十分之一。因此，硬质合金常制成刀片，焊接或机械夹固在车刀、刨刀、面铣刀等的刀体（刀杆）上。

④ 陶瓷　陶瓷刀具材料主要是以氧化铝（Al_2O_3）或以氮化硅（Si_3N_4）为基体，再添加少量金属化合物（ZrO_2、TiC 等)，采用加压烧结的方法获得的。陶瓷刀具常温硬度为 91～95HRA，在 1200℃下硬度为 80HRA，化学性稳定，耐磨性很好，切削速度为高速钢的 10 倍左右，因此陶瓷刀具被认为是最有希望提高生产率的刀具之一。它的主要缺点是抗弯强度低，冲击韧度差。陶瓷材料可制成各种刀片和磨具，也可以作磨料使用。

⑤ 人造金刚石　人造金刚石有单晶与聚晶之分，其中人造聚晶金刚石是在高温、高

压下将人造金刚石微粉烧结而成的多晶体材料，在刀具领域应用广泛。人造聚晶金刚石硬度达10000HV，耐磨性极好，刀具耐用度比硬质合金高几十倍至三百倍。但韧性和抗弯强度很差，只有硬质合金的1/4左右；耐热性为700～800℃。此外，它与铁有很强的亲和力，不宜加工黑色金属。可制成各种刀片和磨具，也可以作磨料使用。

⑥ 立方氮化硼　立方氮化硼刀具材料是由人工合成的立方氮化硼粉末在高温、高压下烧结而成的高硬度刀具材料。它的硬度仅次于金刚石，达7000～8000HV，耐磨性很好，耐热性可达1400℃，有很高的化学稳定性，抗弯强度和韧性略低于硬质合金。立方氮化硼可制成各种刀片，适于各种材料的加工。

2.刀具材料的分类和用途代号

在上述刀具材料中，硬质合金、陶瓷、金刚石和立方氮化硼四类硬切削材料的字母符号见表5-1，用途分类见表5-2。刀具的材料代号为两表参数的组合，如HW-P10，该代号表示材料是HW组硬质合金，可以加工P类（即钢）材料，刀具的切削速度较高，耐磨性较好，进给量较小，韧性较低。该刀具夹持部分的尾部涂上蓝色，表示适合于P类材料的加工。

表5-1　硬质合金、陶瓷、金刚石和立方氮化硼的字母符号（摘自GB/T 2075）

种类	字母符号	材料组
硬质合金	HW	主要含碳化钨(WC)的未涂层的硬质合金,粒度≥1μm
	HF	主要含碳化钨(WC)的未涂层的硬质合金,粒度<1μm
	HT	主要含碳化钛(TiC)或氮化钛(TiN)或者两者都有的未涂层的硬质合金
	HC	上述硬质合金,进行了涂层
陶瓷	CA	主要含氧化铝(Al_2O_3)的陶瓷
	CM	主要以氧化铝(Al_2O_3)为基体,但含有非氧化物成分的混合陶瓷
	CN	主要含氮化硅(Si_3N_4)的氮化物陶瓷
	CR	主要含氧化铝(Al_2O_3)的增强陶瓷
	CC	上述陶瓷,进行了涂层
金刚石	DP	聚晶金刚石
	DM	单晶金刚石
立方氮化硼	BL	含少量立方氮化硼的立方晶体氮化硼
	BH	含大量立方氮化硼的立方晶体氮化硼
	BC	上述氮化硼,进行了涂层

表5-2　硬切削材料的应用（参考GB/T 2075）

用途大组			用途小组
字母符号	识别颜色	被加工材料	硬切削材料①
P	蓝色	钢:除不锈钢外所有带奥氏体结构的钢和铸钢	P01,P05,P10,P15,…,P50
M	黄色	不锈钢:不锈奥氏体钢或铁素体钢,铸钢	M01,M05,M10,M15,…,M50
K	红色	铸铁:灰铸铁,球墨铸铁,可锻铸铁	K01,K05,K10,K15,…,K40
N	绿色	非铁金属:铝,其他有色金属,非金属材料	N01,N05,N10,N15,…,N30
S	褐色	超级合金和钛:基于铁的耐热特种合金,镍,钴,钛,钛合金	S01,S05,S10,S15,…,S30
H	灰色	硬材料:硬化钢,硬化铸铁材料,冷硬铸铁	H01,H05,H10,H15,…,H30

① 随着数字的增大，刀具的切削速度越来越低，耐磨性越来越差，进给量越来越大，韧性越来越高。

二、刀具切削部分的几何参数

刀具种类繁多，结构各异，但就切削部分而言，均可看作是由外圆车刀的切削部分演变而来。下面以外圆车刀为例，介绍刀具切削部分的组成及刀具角度。

1. 刀具切削部分的组成

如图 5-6 所示，车刀切削部分由三个面构成，即前面、主后面和副后面。

① 前面　刀具上切屑流过的表面。

② 主后面　刀具上与工件上过渡表面相对的表面。

③ 副后面　刀具上与工件上已加工表面相对的表面。

④ 主切削刃　刀具上前面与主后面的交线，用来在工件上切出过渡表面，它完成主要的切削工作。

⑤ 副切削刃　刀具上前面与副后面的交线，参加少量的切削工作。

⑥ 刀尖　指主切削刃与副切削刃的连接处相当少的一部分切削刃。为了增加刀尖处的强度，改善散热条件，通常在刀尖处磨有圆弧过渡刃。

2. 确定刀具角度的静止参考系

用于定义刀具设计、制造、刃磨和测量时几何参数的参考系称为刀具静止参考系。它是指在不考虑进给运动、刀尖与工件回转轴线等高等简化条件下的参考系。

刀具静止参考系的主要坐标平面有基面、切削平面和正交平面，如图 5-7 所示。

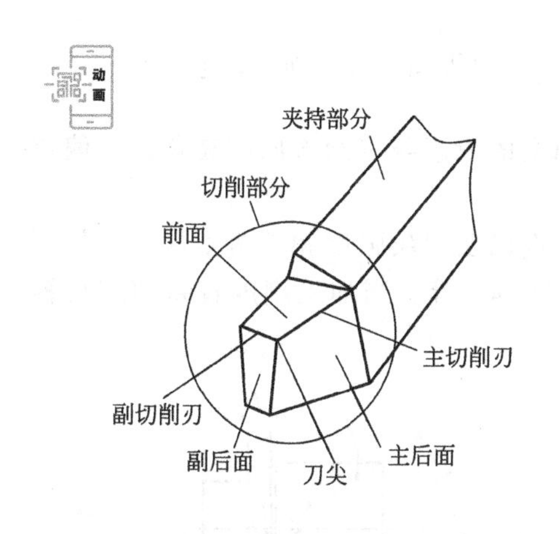

图 5-6　车刀的切削部分组成

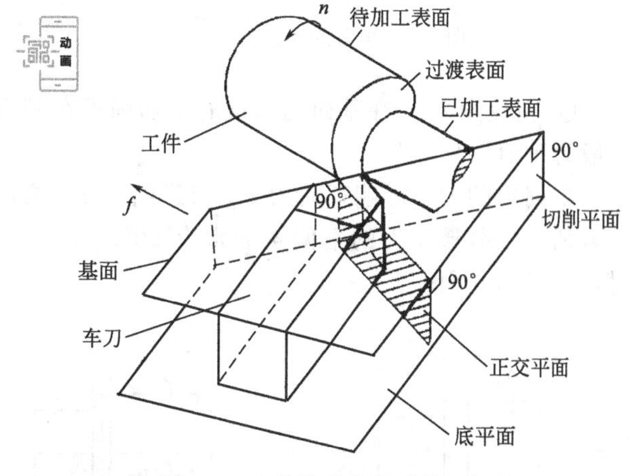

图 5-7　刀具静止参考系的坐标平面

① 基面 P_r　过切削刃选定点的平面，一般来说其方位要垂直于假定的主运动方向。车刀的基面可理解为平行于刀具底面的平面。

② 切削平面 P_s　过切削刃选定点与切削刃相切并垂直于基面的平面。车刀的切削平面一般为铅垂面。

③ 正交平面 P_o　过切削刃选定点并同时垂直于切削平面与基面的平面。车刀的正交平面一般也为铅垂面。

显然，$P_r \perp P_s \perp P_o$，此三个平面构成一空间直角坐标系，即刀具静止参考系。

3. 刀具角度

刀具角度是指刀具在静止参考系中的一组角度，是刀具设计、制造、刃磨和测量时所必需的，它主要包括前角、后角、主偏角、副偏角和刃倾角，如图 5-8 所示。

① 前角 γ_0 在正交平面中测量的刀具前面与基面间的夹角。前角表示刀具前面的倾斜角度。

前角的主要作用是使刃口锋利，减小切削变形、切削力和切削热。但前角过大，刀刃和刀尖的强度会下降。前角有正、负、零三种，如图 5-9 所示，常取 $\gamma_0=-5°\sim25°$。

② 后角 α_0 在正交平面内测量的主后面与切削平面间的夹角。后角表示主后面的倾斜角度，一般为正值。

后角的作用是减少刀具与工件之间的摩擦和磨损，并配合前角使切削刃更加锋利。但后角过大，刀刃和刀尖的强度也会下降。常取 $\alpha_0=4°\sim12°$。

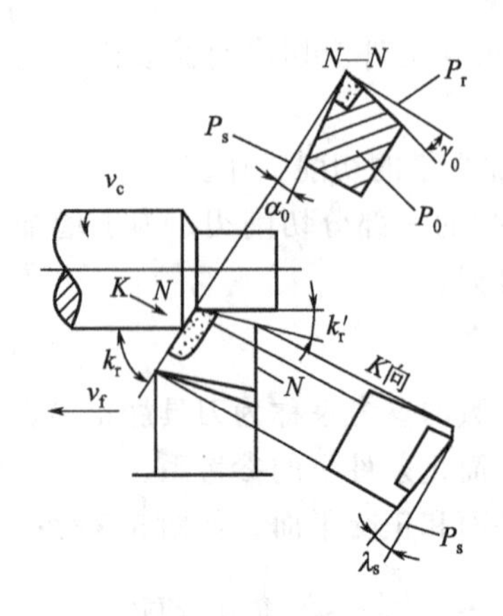

图 5-8 车刀的角度

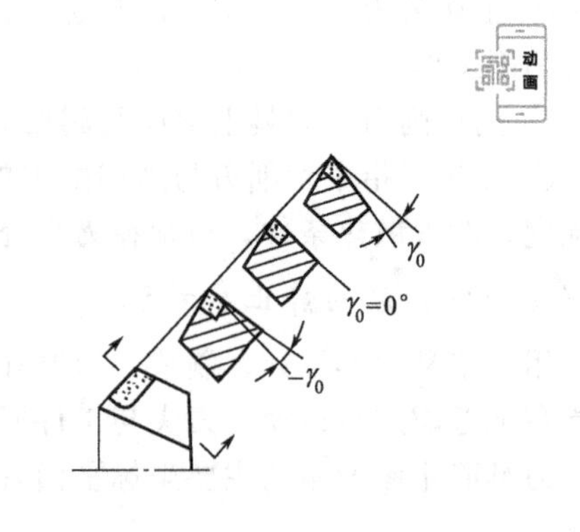

图 5-9 前角正、负的规定

③ 主偏角 k_r 在基面内测量的主切削刃在基面上的投影与进给方向的夹角。主偏角一般为正值。

主偏角的大小影响背向力 F_p 与进给力 F_f 的比例以及刀尖强度和散热条件等，如图 5-10 所示。外圆车刀的主偏角通常有 90°、75°、60°和 45°等。当加工刚度较差的细长轴时，常使用 90°偏刀。

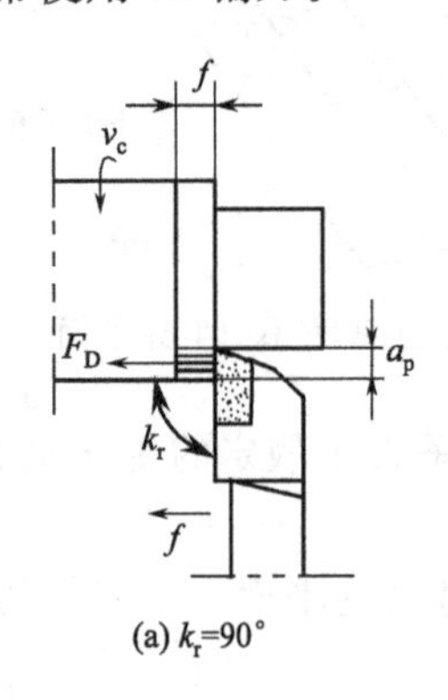

(a) k_r=90°

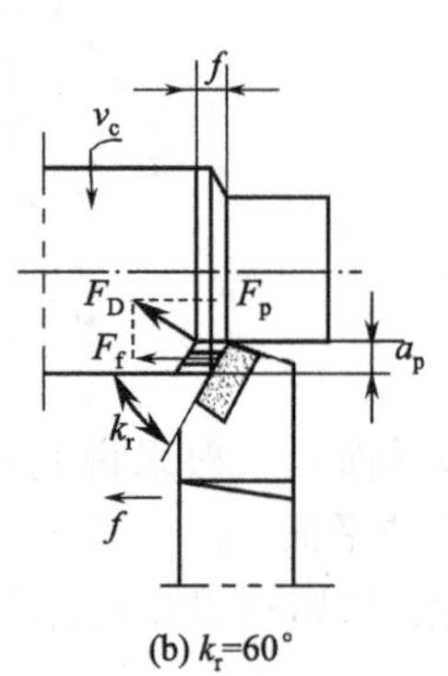

(b) k_r=60°

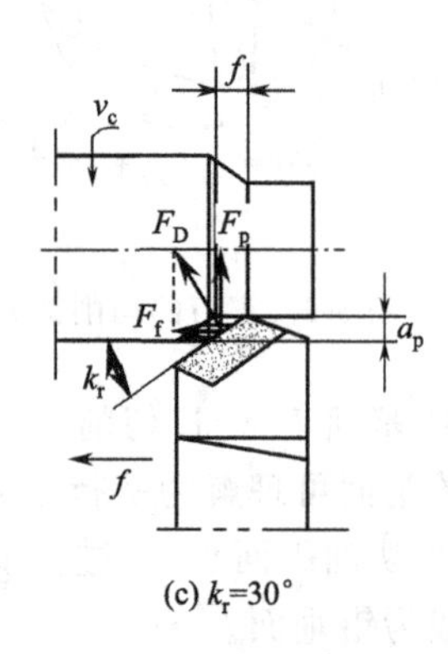

(c) k_r=30°

图 5-10 主偏角的作用

④ 副偏角 k_r' 在基面内测量的副切削刃在基面上的投影与进给反方向的夹角。副偏角一般为正值。

副偏角的作用是减少副切削刃与工件已加工表面的摩擦，减少切削振动。副偏角的大小影响工件表面残留面积的大小，进而影响已加工表面的表面粗糙度 Ra 值，如图 5-11 所示。副偏角一般在 5°～15°之间选取，粗加工取较大值，精加工取较小值。

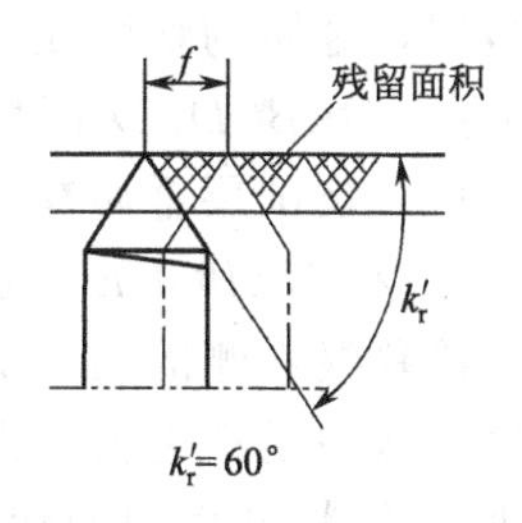

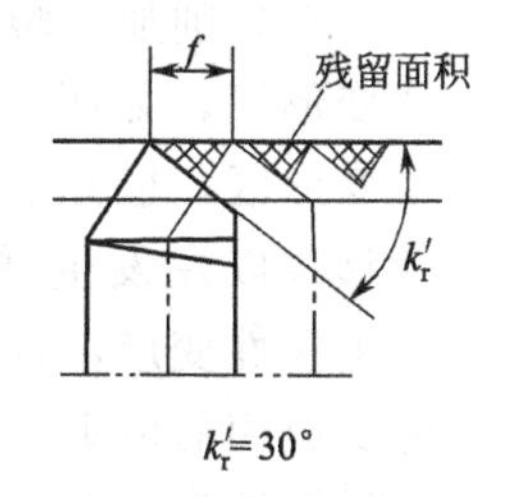

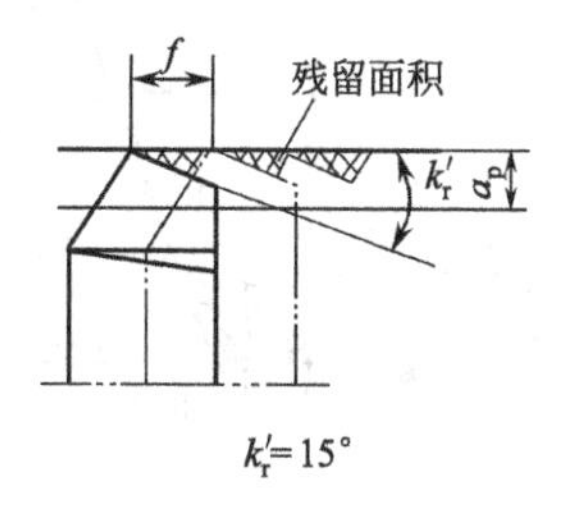

图 5-11　副偏角对表面粗糙度 Ra 的影响

⑤ 刃倾角 λ_s　在切削平面内测量的主切削刃与基面间的夹角。

刃倾角的作用主要是控制切屑的流向，其大小对刀尖强度也有一定的影响。刃倾角有正、负和零三种，如图 5-12 所示。当主切削刃水平时，$\lambda_s=0°$；当刀尖为主切削刃上最低点时，$\lambda_s<0°$；当刀尖为主切削刃上最高点时，$\lambda_s>0°$。当 $\lambda_s<0°$时，切屑流向工件已加工表面，刀尖强度较好，适宜粗加工；当 $\lambda_s>0°$时，切屑流向工件待加工表面，此时刀尖强度较差，适宜于精加工。

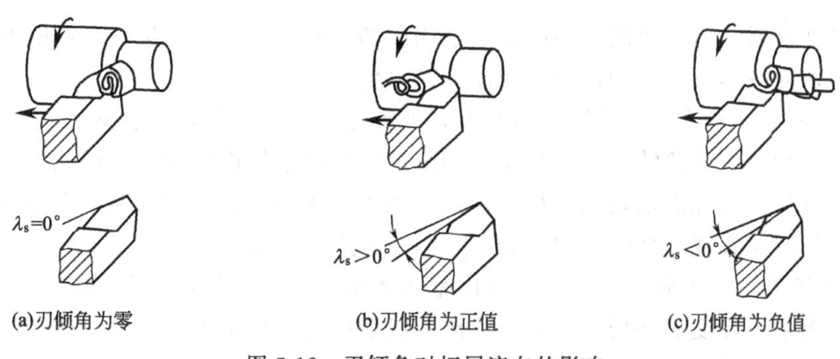

(a)刃倾角为零　(b)刃倾角为正值　(c)刃倾角为负值

图 5-12　刃倾角对切屑流向的影响

第三节　金属切削过程中的物理现象

金属切削过程就是利用刀具从工件上切下切屑的过程，也就是切屑形成的过程。在这一过程中的许多物理现象，如切屑形成、积屑瘤、切削力、切削热和刀具磨损等，对加工质量、生产率和生产成本有重要影响。

一、切屑形成过程及切屑种类

1. 切屑的形成与切削变形

金属的切削过程实际上是一种挤压变形过程。金属受刀具作用的情况如图 5-13 所示。当切削层金属受到刀具前面挤压时，在与作用力大致成 45°角的方向上，剪应力的数值最大。当剪应力的数值达到材料的屈服极限时，将产生滑移。由于 CB 方向的滑移受到限制，只能在 DA 方向上产生滑移。刀具再继续前进，应力进而达到材料的断裂强度，切削层金属被挤裂，并沿着刀具前面流出而形成切屑。

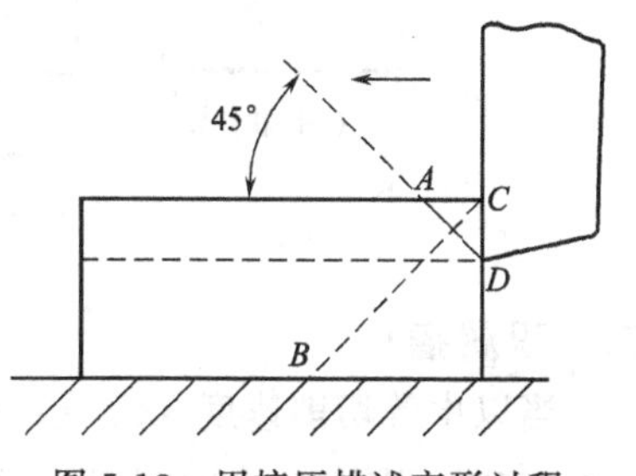

图 5-13　用挤压描述变形过程

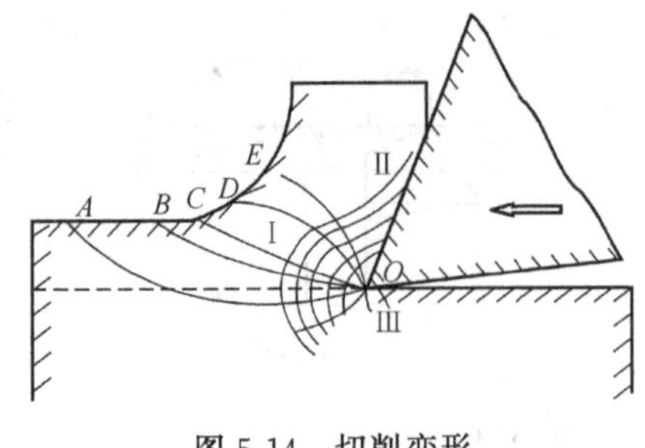

图 5-14　切削变形

在切削加工塑性金属时，金属的切削变形有三个变形区，如图 5-14 所示。*OABCDEO* 区域是基本变形区，也称第Ⅰ变形区。切削层金属在 *OA* 始滑移线以左发生弹性变形，在 *OABCDEO* 区域内发生塑性变形，在 *OE* 终滑移线右侧的切削层金属将变成切屑流走。由于这个区域是产生剪切滑移和大量塑性变形的区域，所以切削过程中的切削力、切削热主要来自这个区域。

切屑受到刀具前面的挤压，将进一步产生塑性变形，形成刀具前面摩擦变形区，也称第Ⅱ变形区。该区域的状况对积屑瘤的形成和刀具前面的磨损有直接影响。

由于刀口的挤压、基本变形区的影响和主后面与已加工表面的摩擦等，在工件已加工表面还会形成第Ⅲ变形区。该区域的状况对工件表面的变形强化和残余应力以及刀具后面的磨损有很大影响。

2. 切屑的种类

由于工件材料、刀具角度的不同及切削用量的差别，切削过程生成切屑的形态多种多样。常见的切屑按形态可分为四种，如图 5-15 所示。

① 带状切屑　这是最常见的一种切屑，外形连续不断呈带状，内表面光滑，外表面呈毛茸状。一般以大前角的刀具、较高的切削速度和较小的进给量切削塑性材料时，形成此类切屑。其最大的优点是切削过程平稳，切削力变化小，加工表面粗糙度 *Ra* 值小。但切屑连续容易产生缠绕，划伤已加工表面，因此要采取断屑措施。

② 节状切屑　内表面有裂纹，外表面呈锯齿形。常在以较小前角的刀具、低速和较大进给量切削中等硬度的钢材时产生。形成节状切屑时，切削力会产生一些波动，造成切削过程不平稳，使加工表面较粗糙。

③ 粒状切屑　在节状切屑产生的前提下，当切削速度进一步降低、进给量进一步增大、前角进一步减小时，节状切屑的裂纹将会扩展到整个断面上，整个变形单元则被分离，成为梯形的粒状切屑。此时，切削过程更不稳定，加工表面更粗糙。

④ 崩碎切屑　在切削铸铁、硬黄铜等脆性材料时，切削层金属发生弹性变形后，一般不经过塑性变形就直接崩落，形成不规则细小颗粒状的切屑，称为崩碎切屑。产生崩碎切屑时，切削过程不平稳，易损坏刀具，使加工表面粗糙。

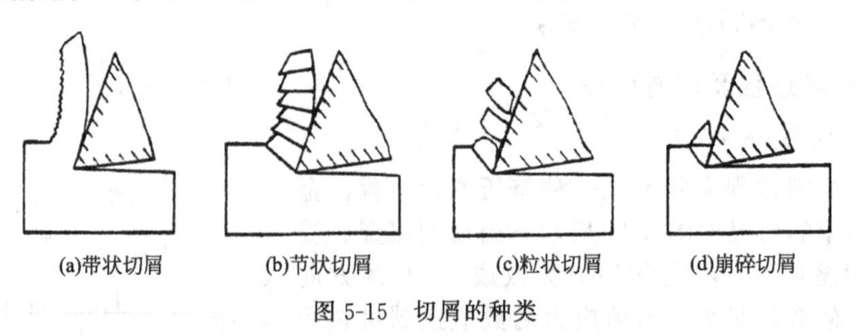

图 5-15　切屑的种类

二、积屑瘤

当以中等切削速度（v_c=5～60m/min）切削塑性金属时，由于切屑底层与刀具前面的挤压和剧烈摩擦，会使切屑底层的流动速度低于其上层的流动速度，当此层金属与刀具前面之间的摩擦力超过切屑本身分子间的结合力时，切屑底层的一部分新鲜金属就会黏结在刀具前面的切削刃附近，形成一个硬块，称为积屑瘤，如图 5-16 所示。

在积屑瘤形成过程中，积屑瘤不断长大增高，长大到一定程度后容易破裂而被工件或切屑带走，然后又会重复上述过程。因此，积屑瘤的形成是一个时生时灭、周而复始的动态过程。

积屑瘤经历了冷变形强化过程，其硬度远高于工件的硬度，从而有保护切削刃及代替切削刃切削的作用，而且积屑瘤增大了刀具的实际工作前角，使切削力减小。但积屑瘤长到一定高度会破裂，又会影响加工过程的稳定性，积屑瘤还会在工件加工表面上划出不规则的沟痕，影响表面质量。因此，粗加工时可利用积屑瘤保护刀尖，而精加工时应避免产生积屑瘤，以保证加工质量。高速（v_c>100m/min）或低速（v_c<5m/min）切削，或在良好的冷却润滑条件下切削时，由于切屑底面与前刀面之间的摩擦力较小，都不会产生积屑瘤。

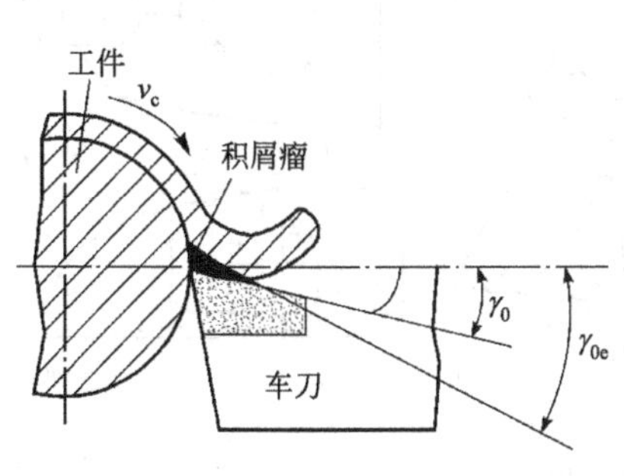

图 5-16　车刀上的积屑瘤

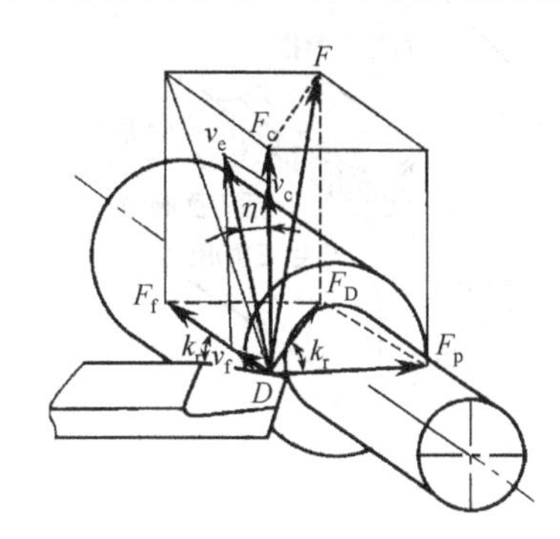

图 5-17　总切削力的分解

三、切削力

在切削加工时，刀具对工件的作用力称为总切削力，用符号 F 表示。它来源于三个变形区，具体来源于两个方面：一是克服切削层金属弹、塑性变形抗力所需要的力；二是克服摩擦阻力所需要的力。在进行工艺分析时，常将 F 沿主运动方向、进给运动方向和垂直进给运动方向分解为三个相互垂直的分力，如图 5-17 所示。

① 切削力 F_c　为总切削力 F 在主运动方向上的正投影。它消耗机床功率的 95%以上，是计算机床功率和设计主运动传动系统零件的主要依据。

② 进给力 F_f　为总切削力 F 在进给运动方向上的正投影。进给力一般只消耗机床功率的 1%～5%，它是设计进给运动传动系统零件的主要依据。

③ 背向力 F_p　为总切削力 F 在垂直进给运动方向上的正投影。背向力不做功，但由于它作用在工艺系统刚度最薄弱的方向上，会使工件产生弹性弯曲，引起振动，影响加工精度和表面粗糙度。

四、切削热

切削热是切削过程中因变形和摩擦而产生的热量，它来源于Ⅰ、Ⅱ、Ⅲ三个变形区。切削热产生后，将传递给切屑、刀具、工件和周围介质。一般在不施加切削液的条件下，传到工件中的热量占 10%～40%；传到刀具中的热量不足 3%～5%；50%～80%的切削热是通过切屑带走的。切削速度越高，或切屑厚度越大，由切屑带走热量的比例也越大。

切削热对切削加工十分不利。传入工件的热量会使工件温度升高，产生热变形，影响加工精度。传入刀具的热量虽然比例较小，但是刀具质量小，热容量小，仍会使刀具温度升高，不仅加剧刀具磨损，同时也会影响工件的加工尺寸。

要减小切削热的不利影响，就要减小切削热的产生，改善散热条件，其主要措施有合理选择切削用量（切削速度影响最大，进给量次之，背吃刀量影响最小）、合理选择刀具角度以及合理施加切削液等。

五、刀具磨损和刀具耐用度

在切削过程中切削区域有很高的温度和压力，刀具在高温和高压条件下，受到工件、切屑的剧烈摩擦，使刀具的前面和后面都产生磨损，随着切削加工的延续，磨损逐渐扩大，这种现象称为刀具正常磨损。刀具正常磨损时，按其发生的部位不同可分为三种形式，即后面磨损、前面磨损、前后面同时磨损，如图 5-18 所示。

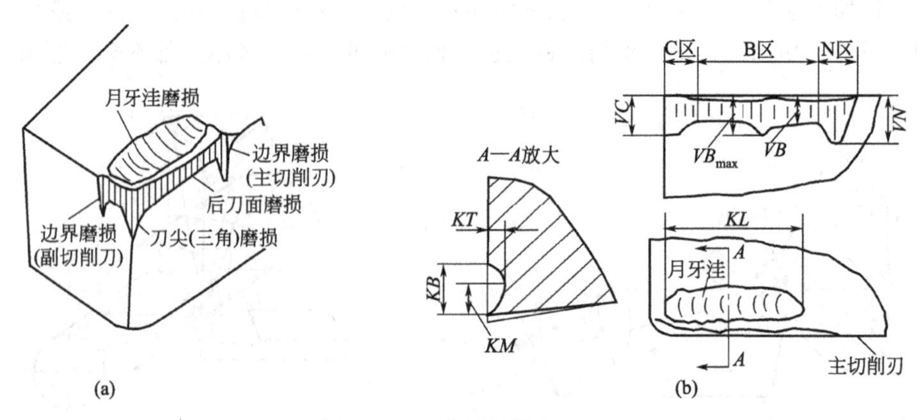

图 5-18　刀具正常磨损形式

① 后面磨损　以平均磨损高度 VB 表示，如图 5-18(b) 所示。切削刃各处磨损不均匀，刀尖部分（C 区）和近工件外表面处（N 区）因刀尖散热条件差或工件外表面材料硬度较高，故磨损较大，中间处（B 区）磨损较均匀。加工脆性材料或用较低的切削速度和较小的切削层厚度切削塑性金属时常见这种磨损。

② 前面磨损　以月牙洼的深度 KT 表示，如图 5-18(b) 所示。用较高的切削速度和较大的切削层厚度切削塑性金属时常见这种磨损。

③ 前后面同时磨损　在以中等切削用量切削塑性金属时易产生这种磨损。

刀具容许的磨损限度，通常以后面的磨损程度 VB 作为标准。但是，在实际生产中，不可能经常测量刀具磨损的程度，而常常是按刀具进行切削的时间来判断。刀具由开始切削到磨钝为止的切削总时间，称为刀具的耐用度。

第四节　普通刀具切削加工方法综述

一、车削加工

车削是工件旋转作主运动，车刀作进给运动的切削加工方法。车削特别适于加工回转面，而回转面是机械零件中应用最广泛的一种表面形式，所以车削比其他加工方法应用得更加普遍。

1. 车削的工艺特点

ⅰ. 加工精度比较高，易于保证各加工面之间的位置精度。车削加工过程连续进行，切削层公称横截面积不变，切削力变化小，切削过程平稳，所以加工精度高。在车床上经一次装夹能加工出外圆面、内圆面、台阶面及端面，这些表面具有同一个回转轴线，依靠机床的精度就能够保证这些表面之间的位置精度。

ⅱ.生产率高、应用范围广泛。除了车削断续表面之外，一般情况下在加工过程中车刀与工件始终接触，基本无冲击现象，可采用很高的切削速度以及很大的背吃刀量和进给量进行连续切削，所以生产率较高。而且车削加工适应多种材料、多种表面、多种尺寸和多种精度，应用范围广泛。

ⅲ.刀具简单、生产成本较低。

2. 车削的应用

在车床上使用不同的车刀或其他刀具，可以加工各种回转表面：中心孔、外圆、内圆、端面、沟槽、锥面、螺纹和滚花面等，如图 5-19 所示。根据所选用的车刀和切削用量的不同，车削可分为粗车（IT12～IT11，Ra 值为 25～12.5μm)、半精车（IT10～IT9，Ra 值为 6.3～3.2μm)、精车（IT8～IT7，Ra 值为 1.6～0.8μm）和针对有色金属的精细车（IT6～IT5、Ra 值可达 0.4～0.2μm)。

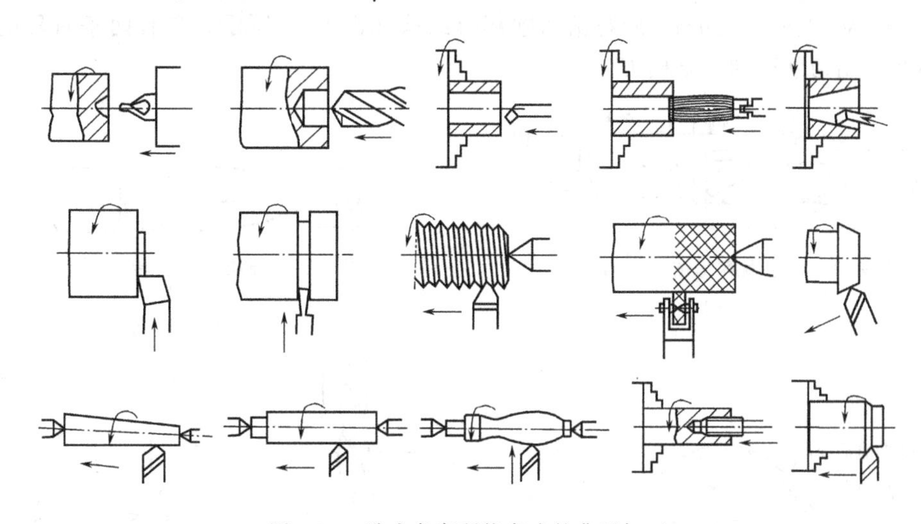

图 5-19　卧式车床所能完成的典型加工

车削常用来加工具有单一轴线的回转体零件，如直轴和一般盘、套类零件等。若改变工件的安装位置或适当调整机床某些部位，还可以加工多轴线的零件（如曲轴、偏心轮等）或盘形凸轮。

车削可以在卧式车床、立式车床、转塔车床、自动车床、数控车床以及各种专用车床上进行。

单件小批生产各种轴、盘、套等类零件时，一般在卧式车床或数控车床上进行加工。长径比在 0.3～0.8 之间的重型零件，多用立式车床加工。

成批生产外形较复杂，且具有内孔及螺纹的中小型轴、套类零件时，应选用转塔车床进行加工。

大批、大量生产形状不太复杂的小型零件（如螺钉、螺母、管接头、轴套等）时，多选用半自动和自动车床进行加工。

二、钻削、铰削和锪削加工

钻削是用钻头或扩孔钻头在工件上加工孔的方法。铰削是用铰刀从工件孔壁切除微量金属层，以提高其尺寸精度和表面粗糙度的方法。锪削是用锪钻或锪刀刮平孔的端面或切出沉孔的方法。它们可以在台式钻床、立式钻床、摇臂钻床上进行，也可以在车床、铣床、镗铣床或专用机床上进行。

1. 钻孔

钻孔是用钻头在实体材料上加工孔的方法。钻孔是最常用的孔加工方法之一。钻孔属于粗加工，多用作扩孔、铰孔前的预加工，或加工螺纹底孔和油孔，或加工枪管、挤出机机筒等。按深径比（孔深与孔径比）不同，钻孔可分为浅孔钻和深孔钻。

（1）浅孔钻

一般深径比 $L/D\leqslant 4$ 的孔为浅孔。加工浅孔所使用的刀具通常为麻花钻或浅孔钻。麻花钻的直径范围比较宽，最小直径可达 0.1mm，最大直径可达 100mm，深径比可以超过 4。浅孔钻的直径范围较窄，一般在 16～82mm 之间，深径比一般不超过 3。用标准高速钢麻花钻（图 5-20）加工的孔，精度可达 IT12～IT11，表面粗糙度 Ra 值为 25～12.5μm。用硬质合金可转位浅孔钻（图 5-21）加工的孔，精度可达 IT11～IT10，表面粗糙度 Ra 值为 12.5～3.2μm。麻花钻切削部分结构如图 5-22 所示，它有两条对称的主切削刃、两条副切削刃和一条横刃。

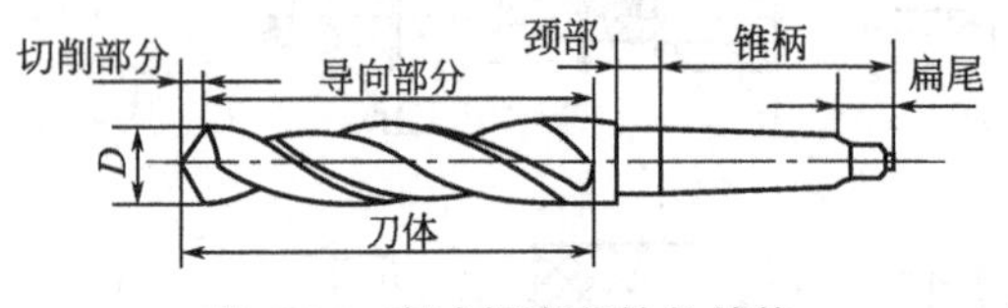

图 5-20　高速钢麻花钻的结构

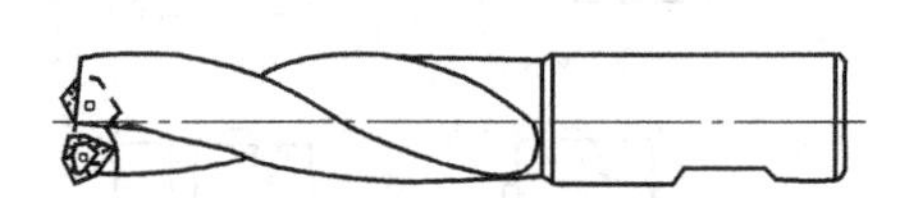

图 5-21　硬质合金可转位浅孔钻的结构

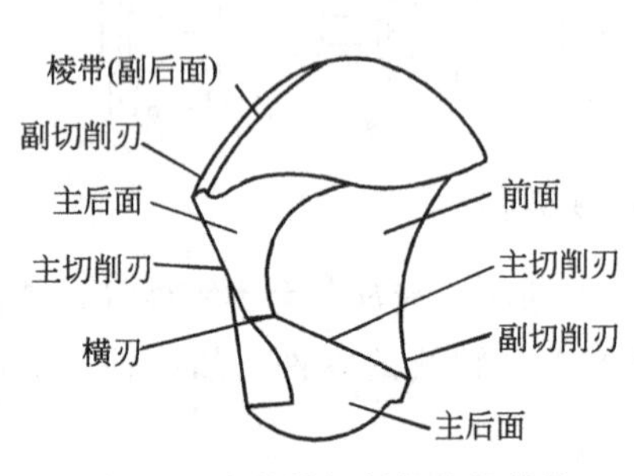

图 5-22　麻花钻切削部分的结构

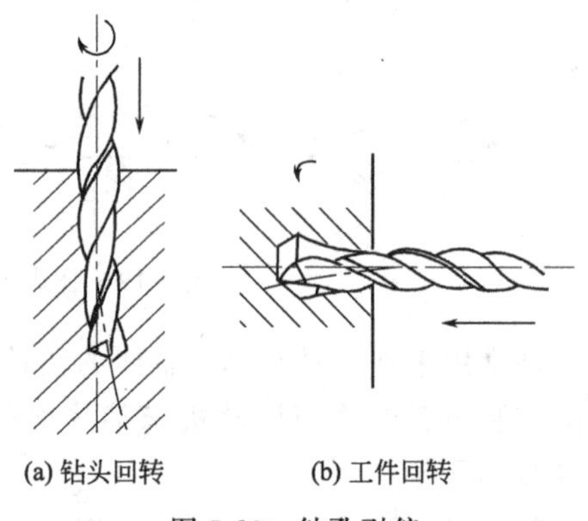

图 5-23　钻孔引偏

麻花钻的工艺特点如下。

① 容易产生“引偏”　麻花钻具有刚性差（因为有两条又宽又深的螺旋槽）、导向性差（只有两条很窄的棱带与孔壁接触导向）和轴向力大（主要因为横刃的存在）的特点，这容易导致钻头轴线的偏斜，从而引起被加工孔的轴线偏斜或孔径变大。

如图 5-23 所示，在钻床上钻孔时，钻头回转，工件静止，当钻头偏斜时，孔的轴线也偏斜，但孔径无明显变化。在车床上钻孔时，当钻头偏斜时，孔的轴线不偏斜，但孔径有较大变化。如图 5-24 所示，通过预钻定心坑和加设钻套等办法，可以有效抑制引偏。

② 排屑困难　切屑宽度大，螺旋槽空间有限，因此切屑导出困难，加工表面常被切屑划伤，导致孔壁质量差，甚至切屑卡在螺旋槽内，使钻头扭断。如图 5-25 所示，通过

在钻头上开设分屑槽，可以使切屑宽度变窄，减轻排屑困难。

③ 散热困难 钻削加工呈半封闭状态，冷却液难以进入切削区域，切削热很难通过切屑和冷却液散发，刀具和工件温度上升较快，这也限制了生产效率的提高。

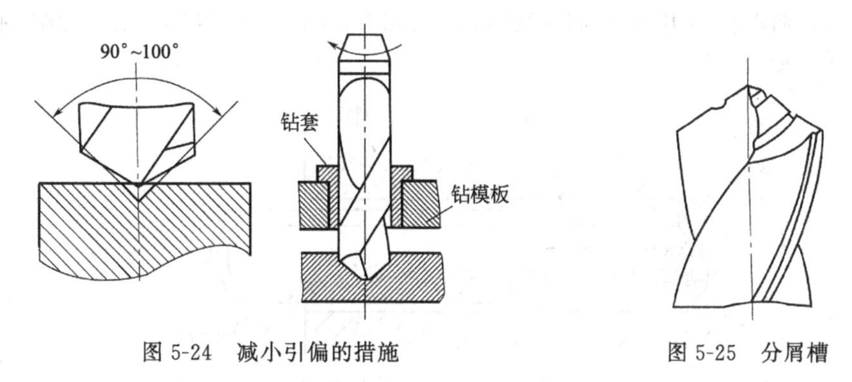

图 5-24 减小引偏的措施　　　　图 5-25 分屑槽

(2) 深孔钻

深径比 $L/D \geqslant 5$ 的孔即为深孔。$L/D=5\sim20$ 的孔称为普通深孔，其加工可用深孔刀具或接长麻花钻在车床或钻床上进行；$L/D>20\sim100$ 的孔称为特殊深孔，其需用深孔刀具在深孔加工机床上进行加工。图 5-26 为深孔加工示意图，由于零件较长，$L/D>20$，工件安装采用一夹一托方式。图 5-26(a) 是内排屑方式深孔钻削示意图；图 5-26(b) 是外排屑方式深孔钻削示意图。

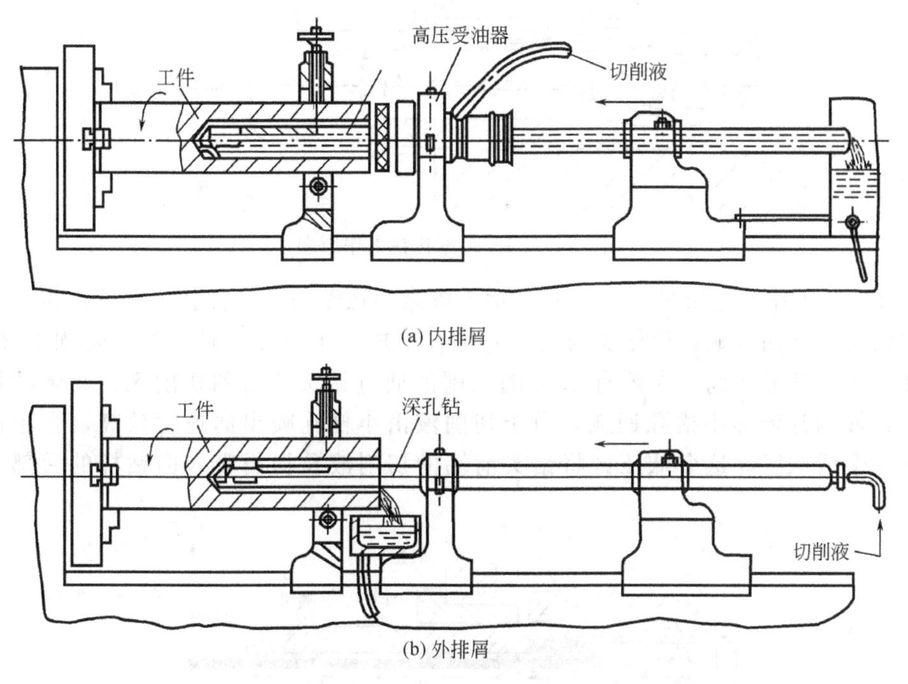

图 5-26 深孔加工示意图

① 外排屑深孔钻 采用外排屑法钻孔时，切削液从中空的钻杆压入，经钻头的小孔喷射到切削部位，然后带着切屑从孔壁与钻头及钻杆的外表面所形成的空间排出。图 5-27 是用于加工小直径深孔的枪钻工作原理图，工作时切削液由钻杆中压入，切屑由钻杆上的 V 形槽排出。

② 内排屑深孔钻　采用内排屑法钻孔时，切削液带着切屑从钻杆内部排出。由于切屑从钻杆内部排出，切屑不会划伤已加工孔表面，故孔粗糙度较好。同时，钻杆为圆形截面，其扭转刚度及弯曲强度比枪钻高，因此可以采用较大的进给量钻削，生产效率高。目前常见的内排屑深孔钻主要有 BTA（Boring and Trepanning Association，国际孔加工协会）深孔钻、喷吸钻等。

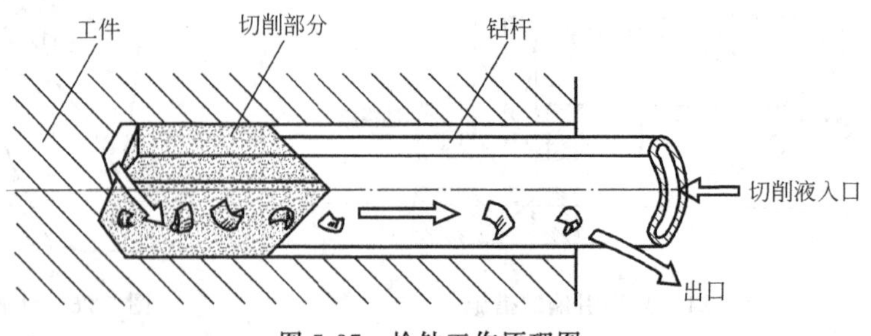

图 5-27　枪钻工作原理图

BTA 深孔钻的工作原理如图 5-28 所示。工作时，通过从钻杆与工件孔壁之间的间隙中加入高压切削液，使之可以充分地对切削区进行冷却，并利用高压切削液把切屑从钻头和钻杆的内孔中冲出。

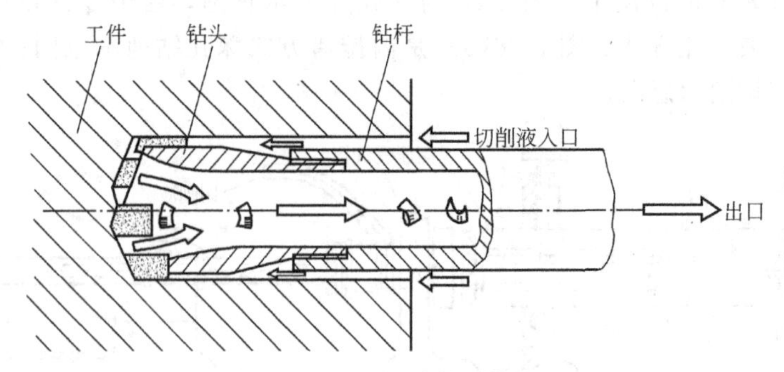

图 5-28　BTA 深孔钻工作原理

喷吸钻的工作原理如图 5-29 所示。钻头依靠外螺纹与外钻杆相连接，钻头上的内孔端面与内钻杆端面紧贴，使钻头与内、外钻杆组成一个整体。钻削时，切削液经过内、外钻杆之间的环形空间，大约有 60％的切削液通过钻头喷射到切削区，剩余的切削液通过内钻杆的月牙形小槽孔回流，由于切削液由小槽孔喷出的速度较高，在小槽孔附近造成一个低压区，这个低压区将钻头前端的切削液及切屑吸入内钻杆的后部并顺利排出。

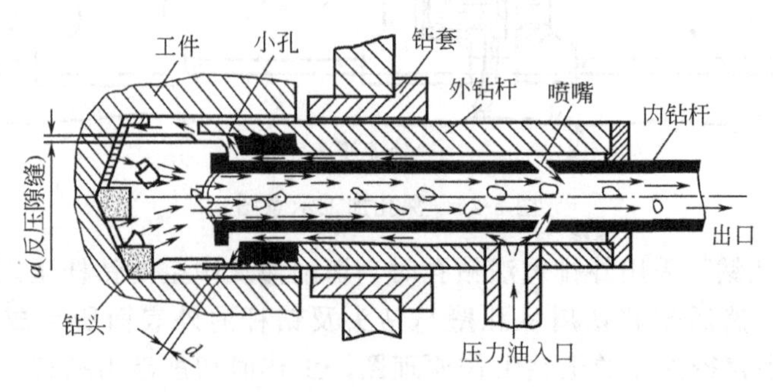

图 5-29　喷吸钻工作原理图

喷吸钻与一般的BTA内排屑深孔钻相比，其输入切削液的压力可降低1/2或1/3，同时也不需要在钻头和工件之间安装复杂的密封装置，生产率也有所提高。

深孔加工的工艺特点如下。

ⅰ. 深孔加工的轴线易歪斜，这是因为深孔钻细长，强度和刚性比较差，加工中容易发生引偏和振动，孔的精度不易保证，需选择合理的加工工艺与切削用量。

ⅱ. 钻头在近似封闭的状态下工作，刀具冷却散热条件差，排屑困难，须采用高压冷却系统进行有效冷却。

ⅲ. 无法直接观察刀具切削情况，只能用听声音及看切屑等手段来判断钻头的磨损情况。

2. 扩孔

扩孔是用扩孔工具扩大工件孔径的加工方法。直柄扩孔钻的直径为ϕ3～19.7mm，锥柄扩孔钻直径为ϕ7.8～50mm，套式扩孔钻的直径为ϕ23.6～101.6mm。由于扩孔时的加工余量比钻孔时小得多，所以扩孔刀具的结构（图5-30）和切削条件比钻孔时好得多。

ⅰ. 扩孔钻刀齿多，一般有3～4个，每个刀齿周边上有一条螺旋棱带，故导向性好，切削平稳。

ⅱ. 扩孔钻中心部位不切削，无横刃，切屑薄而窄，不易划伤孔壁，所以切削条件得到了显著的改善。

ⅲ. 扩孔钻容屑槽浅，钻芯厚度大，刀体强度高，刚性好，对孔的形状误差有一定的校正能力。

扩孔通常作为孔的半精加工，其加工后工件的尺寸精度为IT10～IT9，表面粗糙度Ra值为6.3～3.2μm。

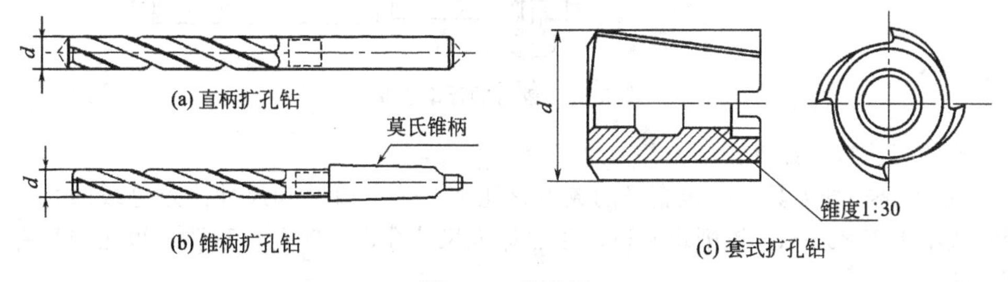

图5-30 扩孔钻

3. 铰孔

铰孔是指用铰刀在未淬硬工件孔壁上切除微量金属层，以提高工件尺寸精度和减小表面粗糙度的加工方法。铰孔可加工圆柱孔和圆锥孔。可以在机床上进行（机铰），也可以手工进行（手铰）。机用铰刀分直柄和锥柄，手用铰刀仅直柄一种，手用铰刀的柄部为方柄，工作时可以用铰杠转动。铰刀由切削部分和修光部分所组成，修光部分的作用是校准孔径、修光孔壁，使孔的加工质量得到提高，图5-31是几种常用铰刀。其中图5-31(a)、(b)为手用铰刀，图5-31(c)、(d)为机用铰刀，图5-31(e)、(f)为两把一套的圆锥铰刀。

铰孔的精度主要取决于铰刀的精度、安装方式以及加工余量、切削用量和切削液等条件。因此，铰孔时应合理选择切削用量，一般粗铰时，加工余量为0.15～0.5mm，精铰时为0.05～0.25mm，切削速度v_c<0.083m/s，以避免产生振动、积屑瘤和过多的切削

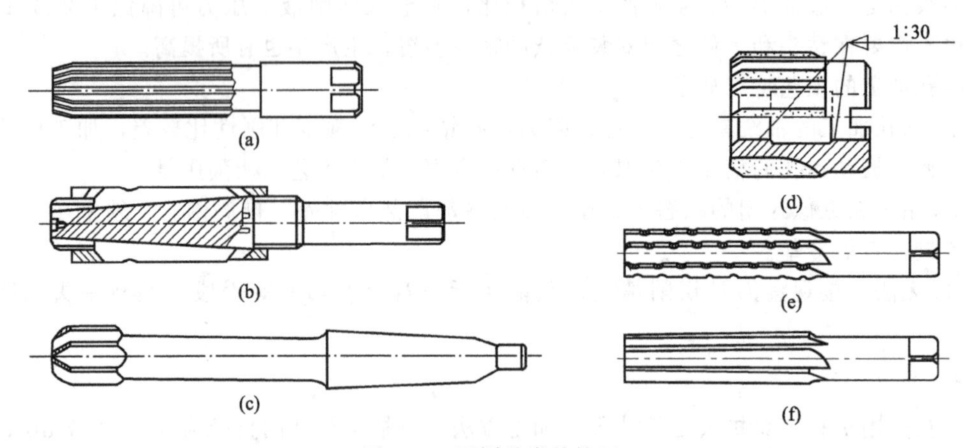

图 5-31　不同种类的铰刀

热。此外，铰刀在孔中不可倒转，机铰时铰刀与机床最好用浮动连接方式（如图 5-32 所示，主轴的转动通过锥柄套上的螺钉传递给浮动套和铰刀），以避免因铰刀轴线与被铰孔轴线偏移而使铰出的孔不圆，或使孔径扩大；铰钢制工件时，应加注切削液进行润滑、冷却，以减小孔的表面粗糙度值。

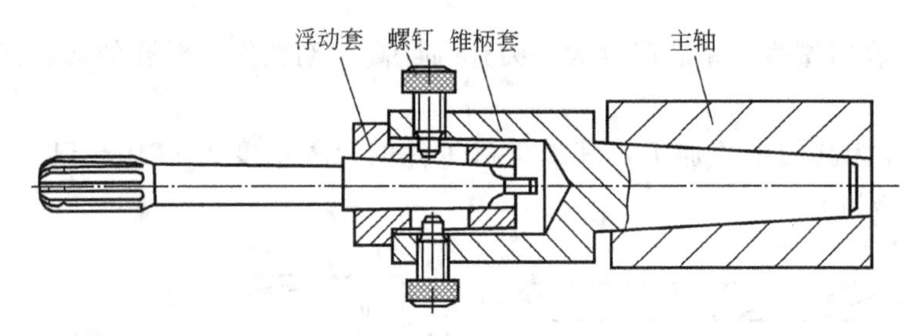

图 5-32　铰刀的浮动连接

铰孔的工艺特点如下。

ⅰ. 铰刀是标准刀具，一定直径的铰刀只能加工一种直径和尺寸公差等级的孔。铰孔直径一般不大于 80mm。铰削也不适用于非标准尺寸孔、台阶孔、盲孔、短孔和具有断续表面的孔。

ⅱ. 铰孔只能保证孔本身的形状与尺寸精度，而不能修正孔的位置误差，孔的位置精度应由铰孔前的工序来保证。

ⅲ. 生产率高，尺寸一致性好，适于成批和大量生产。钻-扩-铰是生产中常用的加工较高精度中小孔的典型工艺。

铰孔属于精加工，它又可分为粗铰和精铰。粗铰的尺寸精度为 IT8～IT7，表面粗糙度 Ra 值为 1.6～0.8μm；精铰的尺寸精度为 IT7～IT6，表面粗糙度 Ra 值为 0.8～0.4μm。

4. 锪孔

锪孔是用锪削方法加工平底或锥形沉孔。锪孔一般在钻床上进行。图 5-33(a) 所示为带导柱平底锪钻，它适用于加工六角螺栓、带垫圈的六角螺母、圆柱头螺钉的沉头孔。图 5-33(b)、(c) 所示是带导柱和不带导柱的锥面锪钻，用于加工锥面沉孔。图 5-33(d) 所示为端面锪钻，用于加工凸台。锪钻上带有的定位导柱（直径为 d_1）是用来保证被锪孔或端面与原来孔的同轴度或垂直度。

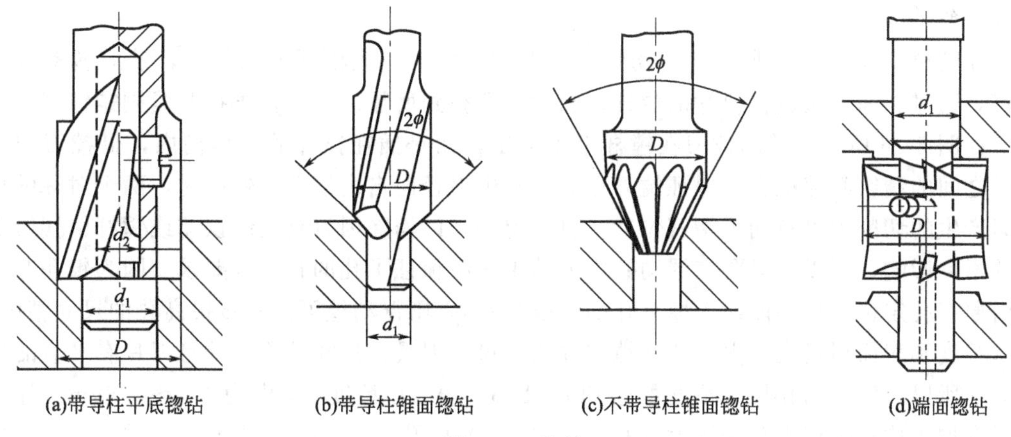

图 5-33 锪钻

三、镗削加工

镗削是指镗刀旋转作主运动，工件或镗刀作进给运动的切削加工方法。镗削加工主要在镗床、镗铣床上进行，镗孔是加工较大孔径最常用的加工方法之一，箱体类零件上的孔以及要求相互平行或垂直的孔系通常都在镗床或镗铣床上镗孔。镗孔可作为粗加工、半精加工，也可作为精加工或精细加工，一般粗镗孔的尺寸精度为 IT12～IT11，表面粗糙度 Ra 值为 25～12.5μm；精镗孔尺寸精度为 IT8～IT7，表面粗糙度 Ra 值为 1.6～0.8μm；精细镗孔的尺寸精度可达 IT7～IT6，表面粗糙度 Ra 值为 0.8～0.2μm，根据结构特点及使用方式不同，镗刀可分为单刃镗刀和浮动镗刀两种结构形式。

1. 单刃镗刀镗孔

如图 5-34 所示，单刃镗刀切削部分的结构与车刀类似，被加工孔径大小依靠调整镗刀的悬伸长度来保证，因此一把镗刀可加工直径不同的孔。

微调镗刀在调整尺寸时，先松开拉紧螺钉，然后转动带刻度盘的调整螺母，待镗刀头调至所需尺寸，再拧紧拉紧螺钉，使镗刀头压紧在镗杆上。调整螺母的螺距为 0.5mm，螺母转一格，镗刀头径向移动 0.01mm。镗盲孔时，镗刀头倾斜 53°8′安装，使用 40 格刻度的调整螺母。镗通孔时，镗刀头垂直安装，使用 50 格刻度的调整螺母。

用单刃镗刀镗孔可校正原有孔的轴线歪斜或位置偏差等缺陷，但是单刃镗刀刚性较差，为减小镗孔时镗刀的变形和振动，不得不采用较小的切削用量，所以生产率低，多用于单件小批生产。

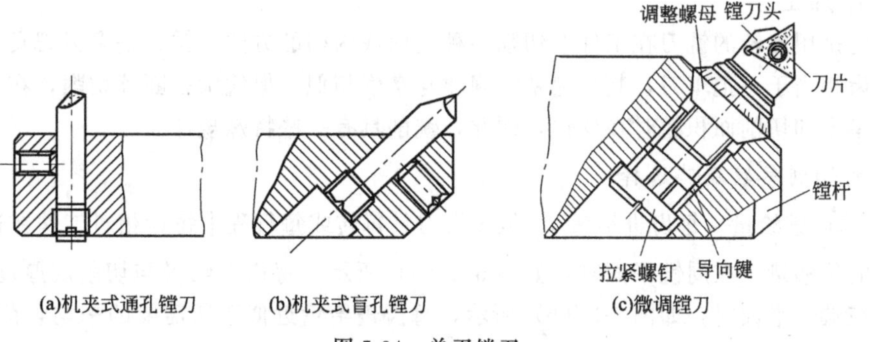

图 5-34 单刃镗刀

2. 浮动镗刀镗孔

浮动镗刀如图5-35所示。浮动镗刀在调整尺寸时，先松开紧固螺钉，然后转动调节螺钉，通过斜面垫板调整刀片的位置。当镗刀调整到所需尺寸时，再拧紧紧固螺钉。

如图5-36所示，浮动镗刀在镗杆上不固定，而是插在镗杆的矩形槽内，借镗刀与矩形槽之间的精密间隙配合，保证镗刀在矩形槽中沿径向自由滑动。镗孔时，两个对称的切削刃产生的切削力可自动平衡其位置，自动定心，以消除因刀具安装误差或镗杆偏摆所引起的不良影响。所以，只要在浮动镗之前的工序中保证了孔的直线度要求（因为镗孔时刀具由原有孔定位，故不能纠正原有孔的轴线歪斜），则浮动镗可进一步提高孔的尺寸精度、形状精度和表面粗糙度。由于浮动镗刀片是定尺寸刀具，尺寸准确，并且刀片有平直的修光刃，所以浮镗后的孔尺寸精度可达IT7～IT6，表面粗糙度 Ra 值为1.6～0.8μm。浮动镗适宜加工成批生产中孔径较大（ϕ40～330mm）的孔。

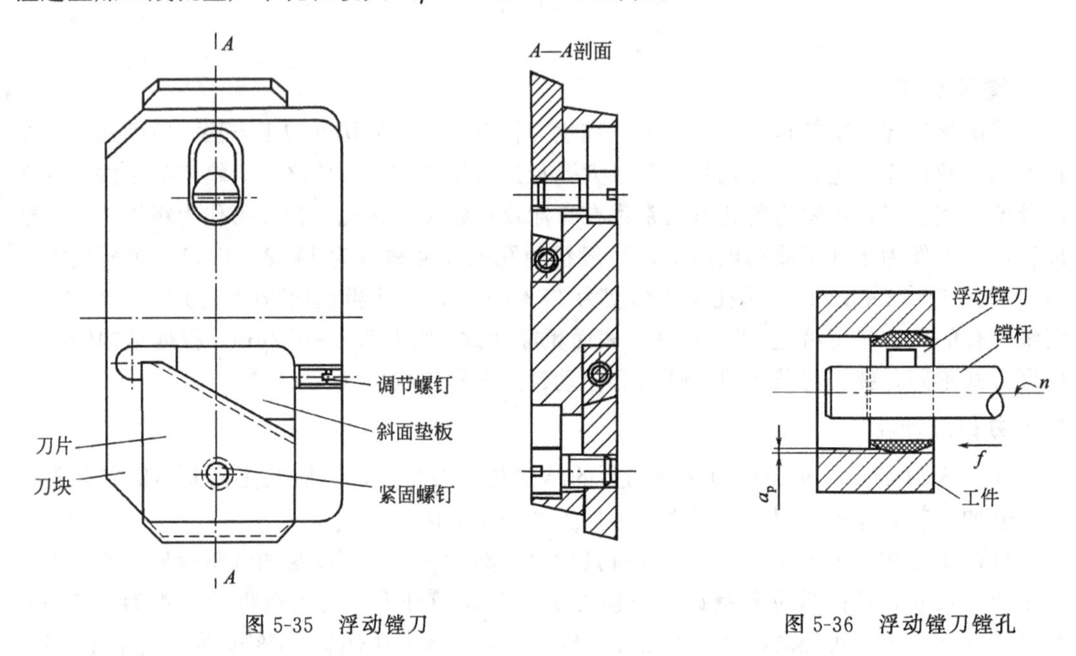

图5-35　浮动镗刀

图5-36　浮动镗刀镗孔

镗床类机床主要用于机座、箱体、支架等大型零件上孔和孔系的加工。此外，还可以铣平面、车凸缘等，以保证在一次安装中加工出相互有位置精度要求的孔、外圆和端平面等。

四、铣削加工

铣削是用旋转的铣刀在工件上切削各种表面或沟槽的方法。铣刀是多刃刀具，它的每一个刀齿相当于一把车刀，其切削基本规律与车削相似。但铣削是断续切削，在切削过程中切屑厚度和切削面积随时在变化，因此，铣削具有一些特殊规律。

1. 铣削的切削参数及其选择

① 每齿进给量　每齿进给量 f_z 是多齿刀具每转或每行程中每齿相对工件在进给运动方向上的位移量。在周铣平面时，如图5-37(a) 所示，每齿进给量与切削层厚度 h_i 相差较大。在端铣平面时，如图5-37(b) 所示，每齿进给量近似于所需要的平均切削层厚度。每齿进给量的典型范围为0.1～0.4mm。

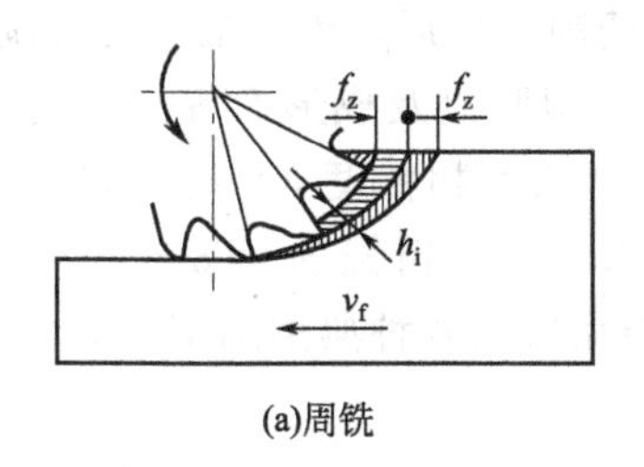

(a)周铣

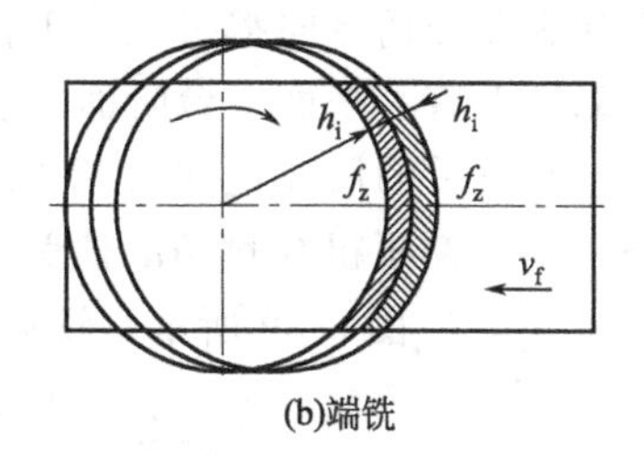

(b)端铣

图 5-37 切削层的变化

② 平均切削层厚度 如图 5-37 所示，在铣削过程中，切削层厚度是不断变化的。当平均切削层厚度太小时，铣刀与工件间的摩擦加剧，会产生过度的切削热以及过度的侧后刀面磨损。平均切削层厚度一般不应低于 0.07mm。

③ 铣刀刀齿数 根据铣刀齿距的不同，可将铣刀分为疏齿铣刀、密齿铣刀以及特密齿铣刀。对于一把直径为 80mm 的面铣刀，疏齿铣刀分布 4 个刀片，密齿铣刀分布 6 个刀片，特密齿铣刀分布 8 个刀片。刀片有时采用不等距分布，这样可有效抑制铣削加工过程中的振动现象。

密齿铣刀是一般用途的刀具，对于绝大部分铣削加工都是首选的刀具。疏齿铣刀的刀片数少，在加工稳定性差或机床功率小的条件下，一般选用这种铣刀。特密齿铣刀的刀片数多，适用于加工稳定性好或充分利用机床大功率作大进给量的加工条件。

④ 铣削方向 如图 5-38 所示，在利用圆柱形铣刀的圆周刀齿加工平面时，分为顺铣和逆铣两种不同方式。顺铣时，在铣刀与工件已加工面的切点处，铣刀旋转切削刃的运动方向与工件进给方向相同，切削层厚度从最大减小到零，刀齿在开始切削时就咬住工件并切下最厚的切屑。逆铣时，在铣刀与工件已加工面的切点处，铣刀旋转切削刃的运动方向与工件进给方向反，切削层厚度从零增大到最大，刀齿在接触工件的初期与工件之间产生挤压与滑行，使刀具磨损加剧、工件表面质量降低。顺铣时切削力将工件压向工作台，而逆铣时切削力使工件离开工作台。

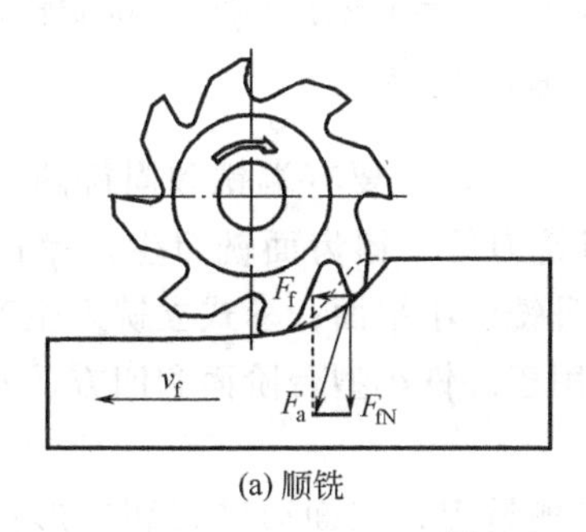

(a) 顺铣

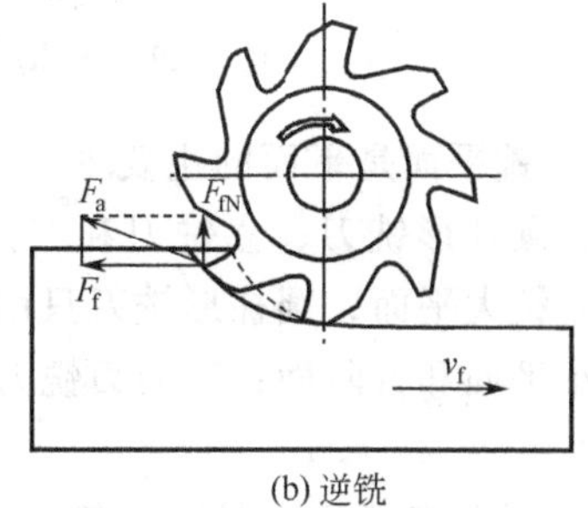

(b) 逆铣

图 5-38 顺铣和逆铣

顺铣有利于提高刀具耐用度和工件夹持的稳定性，但水平方向的切削分力容易引起工件沿进给方向的窜动，只能对表面无硬皮的工件进行加工，且要求铣床装有调整丝杠和螺母间隙的装置。而对于没有调整丝杠和螺母间隙装置的铣床以及具有硬皮的铸、锻件毛坯，一般采用逆铣。

2. 铣削的应用

铣削加工可以在卧式铣床、立式铣床、龙门铣床、工具铣床以及各种专用铣床上进行。由于铣刀几乎在任何方向都可以对工件进行切削，所以，铣削的应用范围很广泛，能加工的主要轮廓表面有：平面、台阶面、各种槽、型腔以及成形面等。铣削可分为粗铣、半精铣和精铣，粗铣后的尺寸精度为IT12～IT11，表面粗糙度 Ra 值为 25～12.5μm；半精铣为IT10～IT9，表面粗糙度 Ra 值为 6.3～3.2μm；精铣为IT8～IT7，表面粗糙度 Ra 值为 3.2～1.6μm。图 5-39 所示是铣床上所能完成的各种典型加工。

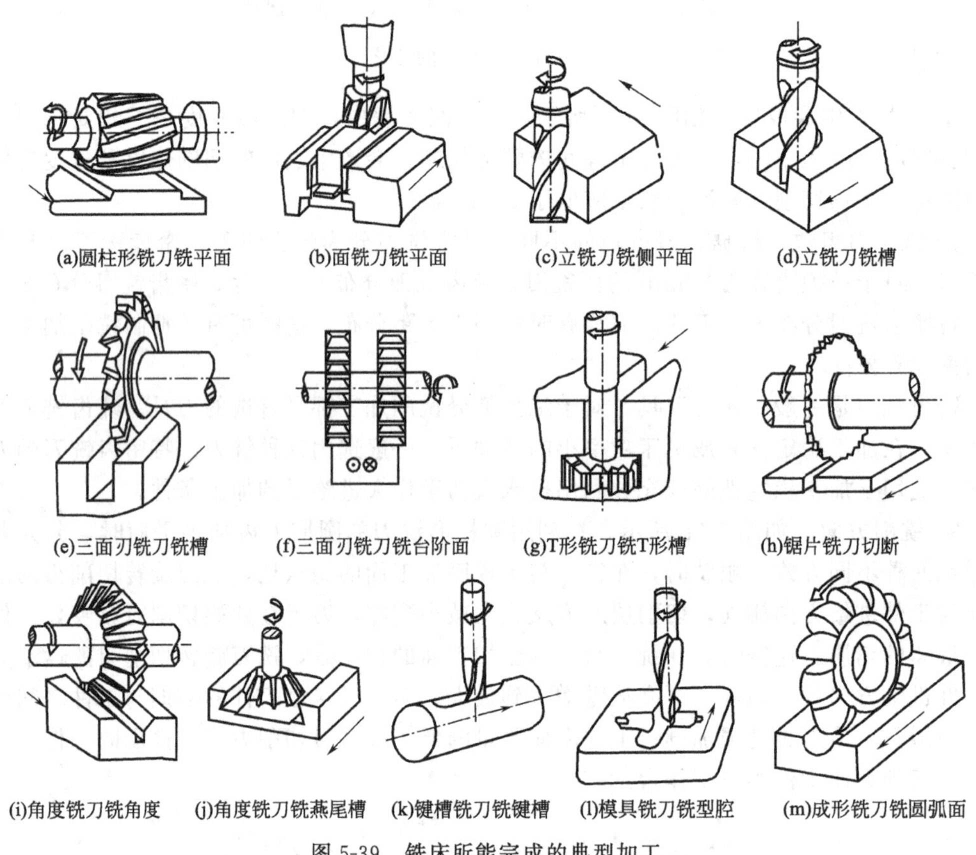

图 5-39　铣床所能完成的典型加工

① 铣平面　铣平面是平面的主要加工方法之一，主要有端铣和周铣两种方式。所用刀具有面铣刀、圆柱形铣刀、立铣刀和三面刃铣刀等。镶齿面铣刀生产率高，应用很广泛，主要用于立铣大平面；圆柱形铣刀只用于卧铣中小平面；套式立铣刀生产率较低，用于铣削各种中小平面和台阶面；三面刃铣刀只用于卧铣小型台阶面和四方、六方螺钉头等小平面。

② 铣沟槽　铣沟槽所用刀具有立铣刀、键槽铣刀、三面刃铣刀和成形铣刀等。铣成形槽之前，应先用立铣刀铣出直角槽。铣螺旋槽时，工件在作等速移动的同时还要作等速旋转，且保证工件轴向移动一个导程刚好自身转一周。铣圆弧形槽时，可采用立铣刀，并使用圆形回转工作台。

五、刨削加工

刨削是用刨刀对工件作水平相对直线往复运动的切削加工方法。刨削也是加工平面和沟槽的主要方法之一，与铣削相比，虽然两者均以加工平面和沟槽为主，但由于所用机床、刀具和切削方式不同，在工艺特点和应用方面还是存在着较大差异。

1. 刨削和铣削的比较

ⅰ. 刨削和铣削的加工质量一般同级，经粗、精加工之后可达到中等精度。

ⅱ. 刨削的生产率一般低于铣削。刨刀的往复直线运动为主运动，其回程不切削，换向时产生很大的惯性力，加之切入和切出时有冲击，限制了切削速度的提高。因此，刨削的生产率一般低于铣削。但是，当加工导轨、长槽等狭长表面时，由于减少了进给次数，以及可以采用多件、多刀刨削，刨削的生产率可能高于铣削。

ⅲ. 铣削的加工范围比刨削广泛，而且铣削适用于各种批量的生产，而刨削仅适用于单件小批生产及修配工作中。

2. 刨削的应用

刨削可以在牛头刨床和龙门刨床上进行。前者适宜加工中小型工件，后者适宜加工大型工件或同时加工多个中型工件。刨削主要用来加工平面（包括水平面、垂直面和斜面），也广泛地用于加工沟槽（包括直角槽、燕尾槽和T形槽等）。刨削可分为粗刨、半精刨和精刨。粗刨后的尺寸公差等级为IT12～IT11，表面粗糙度 Ra 值为 25～12.5μm；半精刨为IT10～IT9，表面粗糙度 Ra 值为 6.3～3.2μm；精刨为IT8～IT7，表面粗糙度 Ra 值为 3.2～1.6μm。图5-40所示是在刨床上可进行的各种工作。

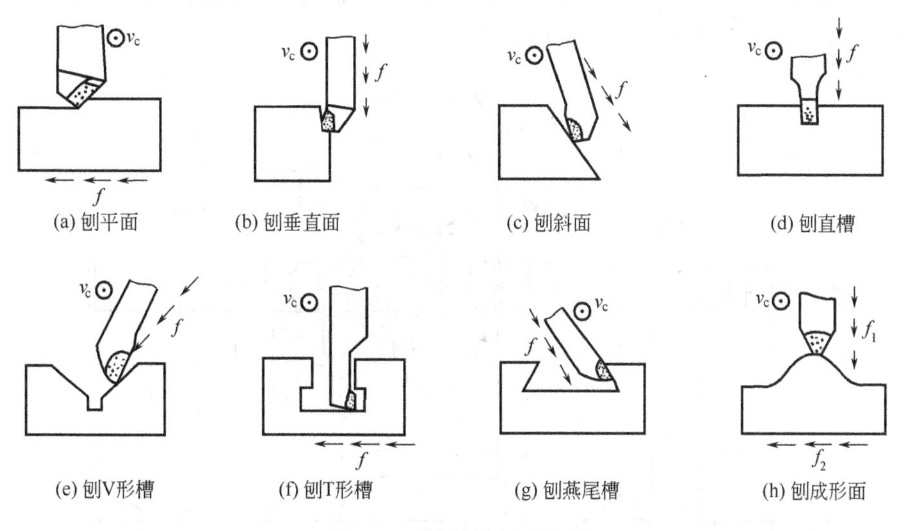

图5-40 刨削的主要应用

六、插削加工

插削是用插刀对工件作垂直相对直线往复运动的加工方法。插削在插床上进行，插床的滑枕是在垂直方向运动的，所以也称为立式牛头刨床。插床主要用于加工工件的内表面，如键槽、花键、多边形孔等，如图5-41所示。由于插床的生产率比牛头刨床还低，所以只用于单件小批生产，在成批大量生产中已被拉削所代替。

七、拉削加工

拉削是用拉刀加工工件内、外表面的方法。拉削可在卧式拉床和立式拉床上进行。如图5-42所示，拉刀的直线运动为主运动，进给运动是由后一个刀齿高出前一个刀齿一定高度（每齿进给量 f_z）来完成的，从而能在一次行程中，一层一层地从工件上切去多余的金属层，获得所需要的表面。

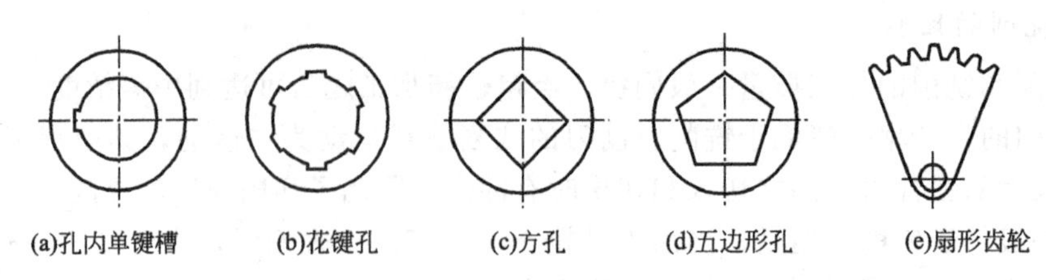

图 5-41　插削表面举例

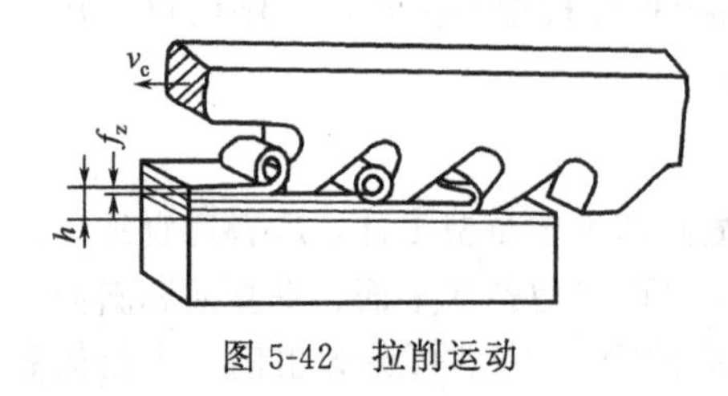

图 5-42　拉削运动

拉孔时，工件不需要夹紧，而是把端面靠紧在拉床的支承板上，因此工件的端面应与孔垂直，否则容易损坏拉刀，将破坏拉削的正常进行。如果工件的端面与孔不垂直，则应采用球面自动定心的支承垫板来补偿，如图 5-43 所示，球面支承垫板略微转动，可以使工件上的孔自动地调整到与拉刀轴线一致的方向。

拉削与其他切削加工方法相比，具有以下主要特点。

ⅰ.生产率高。拉刀同时工作的刀齿多，一次行程能够完成粗、精加工。

ⅱ.加工质量好。拉刀属于定形刀具，且具有校准部分（见图 5-43），可校准尺寸、修光孔壁；拉床又属于液压传动，切削平稳。

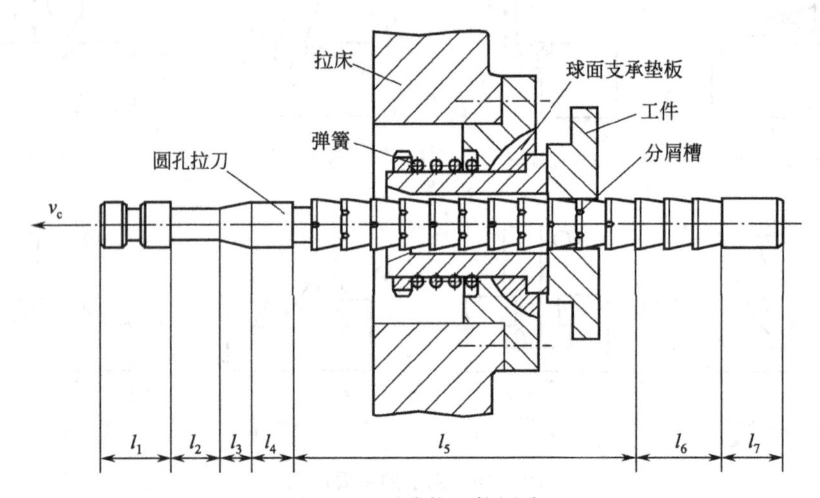

图 5-43　圆孔拉刀拉圆孔

l_1—拉刀柄部；l_2—颈部；l_3—过渡锥部；l_4—前导部；l_5—切削部；l_6—校准部；l_7—后导部

ⅲ.拉刀耐用度高。因为拉削速度低，每齿切削层厚度很小，切削力小，切削热少。

ⅳ.拉床只有一个主运动（直线运动），结构简单，工作平稳，操作方便。

ⅴ.可以加工形状较复杂的内、外表面，尤其对于内表面加工有广泛的应用。图 5-44 所示为拉削加工的各种表面举例。

拉削主要用于大批大量生产。拉削可分为粗拉和精拉。粗拉的尺寸公差等级为 IT8～IT7，表面粗糙度 Ra 值为 1.6～0.8μm；精拉为 IT7～IT6，Ra 值为 0.8～0.4μm。由于拉刀制造复杂、成本高，因此除标准化和规格化的零件外，在单件小批生产中很少应用。

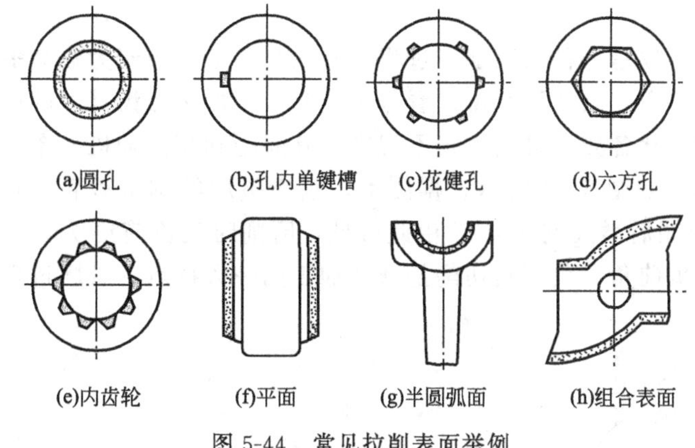

图 5-44 常见拉削表面举例

第五节 磨削加工方法综述

磨削是用磨具以较高的线速度对工件表面进行加工的方法。磨具是以磨料为主制造而成的一类工具，它是由结合剂或粘结剂将许多细微、坚硬而形状不规则的磨粒按一定要求粘接而成的。磨具种类很多，有砂轮、砂带和油石等，其中以砂轮为主要磨削工具，图 5-45 为砂轮结构示意图。由于磨料、结合剂及制造工艺等的不同，砂轮特性可能差别很大，对磨削精度、表面质量和生产率影响很大。砂轮特性主要由磨料、粒度、硬度、结合剂、组织以及形状和尺寸等因素决定。其中磨粒粒度有粗磨粒和微粉两大类，见表 5-3。

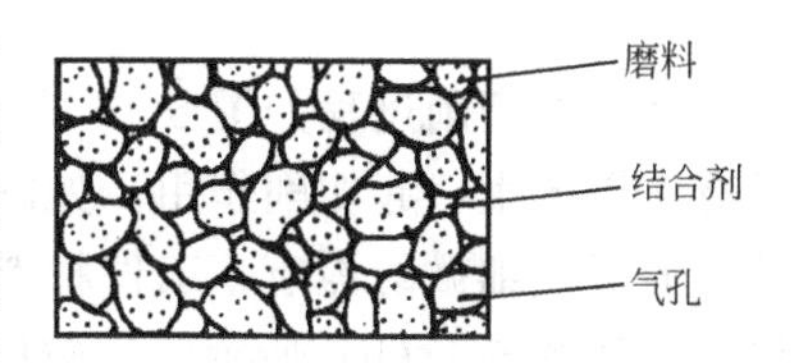

图 5-45 砂轮结构示意图

表 5-3 磨粒粒度组成（摘自 GB/T 2481.1 和 GB/T 2481.2）

粗磨粒(筛分法)			微粉(光电沉降仪法)	
粒度标记	筛孔尺寸/mm	筛上物/%	粒度标记	最大值/μm
F4	8.00	0	F230	82.0
F6	5.60	0	F240	70.0
F8	4.00	0	F280	59.0
F10	3.35	0	F320	49.0
F14	2.36	0	F360	40.0
F20	1.70	0	F400	32.0
F24	1.18	0	F500	25.0
F36	0.850	0	F600	19.0
F46	0.600	0	F800	14.0
F60	0.425	0	F1000	10.0
F80	0.300	0	F1200	7.0
F100	0.212	0	F1500	5.0
F150	0.150	0	F2000	3.5
F220	0.106	0		

一、磨削过程

磨削过程实质上也是一种切削加工过程。砂轮表面上分布着为数甚多的磨粒，每个磨粒相当于一个微小刀齿，因此磨削可以看作是具有极多微小刀齿铣刀的一种超高速铣削。

砂轮表面磨粒形状各异，排列也很不规则，其间距和高低随机分布。砂轮磨粒切削时的前角 γ_0 和后角 α_0 如图 5-46 所示。据测量，刚修整后的刚玉砂轮，γ_0 平均为 $-65° \sim -80°$，磨削一段时间后增大到 $-85°$。由此可见，磨削时是负前角切削，且负前角远远大于一般刀具切削的负前角。负前角切削是磨削加工的一大特点，磨削过程中的许多物理现象均与此有关。

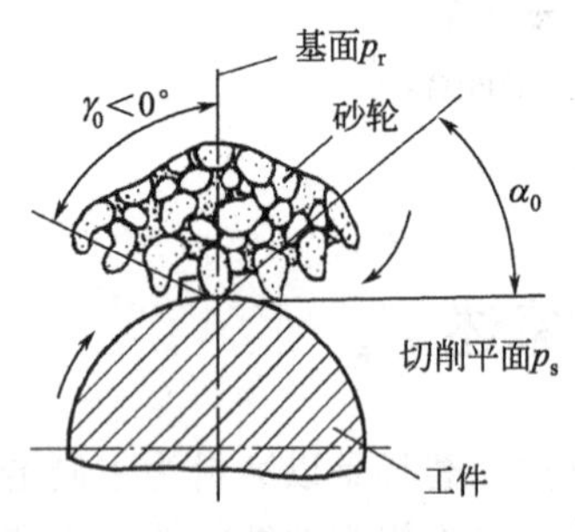

图 5-46 砂轮磨粒切削时的前、后角

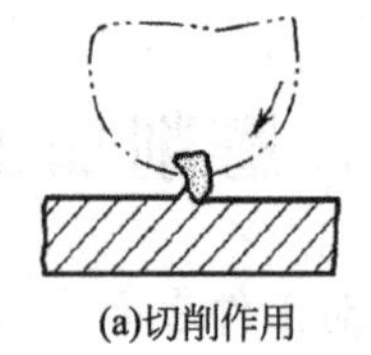

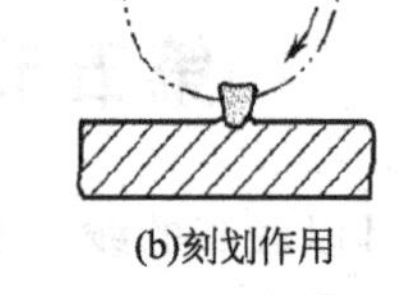

图 5-47 磨粒的磨削过程

磨粒的磨削过程如图 5-47 所示。磨削时比较锋利且比较凸起的磨粒，切入工件较深且有切屑产生，起切削作用，如图 5-47(a) 所示。凸起高度较小和较钝的磨粒，只能在工件表面形成细微的沟痕，工件材料被挤向两旁而隆起，此时无明显的切屑产生，仅起刻划作用，如图 5-47(b) 所示。比较凹下和已经钝化的磨粒，既不切削，也不刻划，只是从工件表面滑擦而过，起摩擦抛光作用，如图 5-47(c) 所示。由此可见，磨削过程的实质是切削、刻划和摩擦抛光的综合作用过程。因此可获得较小的表面粗糙度值。显然，粗磨时以切削作用为主，精磨时三种作用并存。

二、磨削的工艺特点

ⅰ.加工精度高、表面粗糙度值小。由于砂轮表面有极多锋利的磨粒，且磨粒的刃口半径小，所以磨削时能切下一层极薄的金属，同时可以在工件表面形成细小而致密的网纹磨痕。加之磨床本身精度高，液压传动平稳，具有微量进给机构，因此磨削加工的尺寸公差等级可达 IT6～IT5，表面粗糙度 Ra 值可达 $0.4 \sim 0.2\mu m$。

ⅱ.砂轮具有自锐性。自锐性是模具在使用过程中保持切削能力的性能。在磨削过程中，砂轮上的磨粒发生破碎或脱落，会形成新的磨削刃或露出新的磨粒，从而保证了砂轮的自锐性。砂轮的自锐性是其他刀具不具备的特性，该特性使砂轮总能以锋利的状态对工件进行持续的加工。

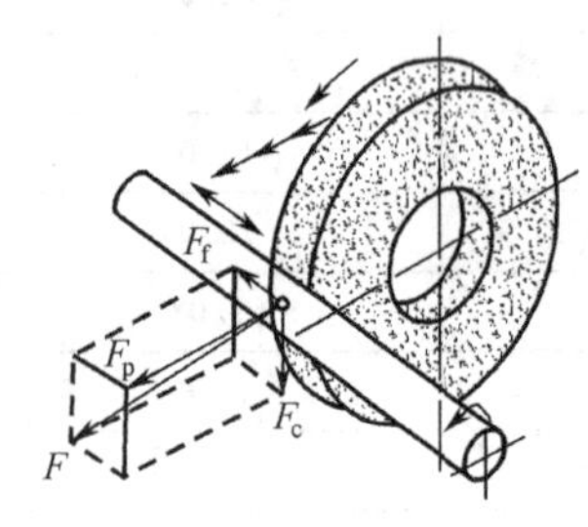

图 5-48 磨削力及其分解

ⅲ.背向磨削力 F_p 大。砂轮作用在工件上的总磨削力 F 也可以分解成三个相互垂直的分力，即磨削力 F_c、背向磨削力 F_p 和进给磨削力 F_f，如图 5-48 所示。磨削时，由于背吃刀量很小，所以磨削力 F_c 较小，进给磨削力 F_f 则更小，一般可忽略不计。但背向磨削力 F_p 很大，一般 $F_p/F_c \approx 1.5 \sim 4$。这是因为砂轮的宽度较大，磨粒又是以很大的负前角切削的缘故。背向磨削力大是磨削加工的一个显著特点。背向磨削力作用于在工艺系统刚性差的方向上，容易使工艺系统产生变形，直接影响工件的形状精度和表面质量。为此，磨削时尤其精磨时，需要有一定的光磨次数，或采用辅助支承，以消除或减小因背向磨削力所引起的形状误差。

ⅳ.磨削温度高。磨削时不仅产生大量的切削热，而且在短时间内切削热传散不出去，这样就会在磨削区形成瞬时高温，有时高达800～1000℃。高的磨削温度容易烧伤工件表面，使淬火钢件表面退火，降低硬度。即使由于切削液的浇注，可能发生二次淬火，也会在工件表层产生拉应力及微裂纹，降低零件的表面质量和使用寿命。为此，磨削时需施加大量切削液，以降低磨削温度。

三、磨削的应用

磨削加工主要在磨床上进行。一般来说，磨削加工属于精加工，主要是对淬硬钢件和高硬度材料的精加工。磨削加工可分为普通磨削和高效磨削。

1.普通磨削

普通磨削是一种应用十分广泛的精加工方法，它是用砂轮在通用磨床上进行的内外圆面、锥面、平面等的磨削加工。通用磨床包括：外圆磨床、内圆磨床、平面磨床以及无心磨床等。普通磨削可分为粗磨和精磨，粗磨采用磨粒较粗的砂轮和较大的切削用量，粗磨后的尺寸公差等级为IT8～IT7，表面粗糙度 Ra 值为0.8～0.4μm；精磨的磨削余量很小，只占总磨削余量的1/10～3/10，精磨后的尺寸公差等级可达IT6～IT5，表面粗糙度 Ra 值为0.4～0.2μm。

① 磨外圆　磨外圆通常在外圆磨床上进行。外圆磨床磨削外圆有纵磨法、横磨法、综合磨法和深磨法四种，其磨削运动及特点见表5-4。

表5-4　外圆磨床上的四种磨削方法

方法	简图	磨削运动	特点
纵磨法		主运动：砂轮高速旋转 进给运动：① 工件旋转作圆周运动 ② 工件往复运动，纵向进给 ③ 砂轮周期横向进给	① 磨削力小，散热条件好 ② 可磨削不同长度的工件 ③ 磨削工件的质量高，生产率低 ④ 适用于单件小批生产
横磨法		主运动：砂轮高速旋转 进给运动：① 工件旋转作圆周运动 ② 砂轮连续横向进给	① 磨削力大，热量多，工件易变形 ② 生产率高，适于大批量生产中磨削刚度好的轴及成形表面
综合磨法	5~10	开始同横磨法，最后同纵磨法	综合了横磨法和综合法的优点
深磨法		同纵磨法，但进给量较小，磨削深度大	① 一次进给磨去全部余量 ② 生产率高，适用于磨削刚度大的短轴

② 磨内圆　磨内圆一般在内圆磨床上进行，也可以在万能外圆磨床上进行。内圆磨床可以磨削圆柱孔、圆锥孔和成形内圆面等。磨削时工件安装在卡盘上，砂轮与工件

按相反方向旋转，同时砂轮作直线往复运动，每一次往复行程终了时，做横向进给，如图5-49所示。

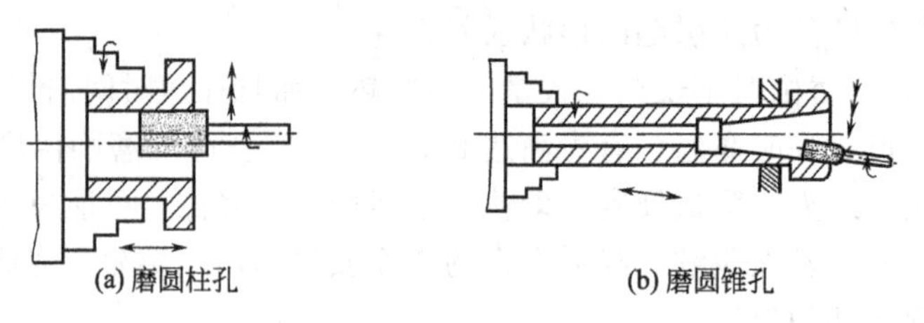

(a) 磨圆柱孔　　(b) 磨圆锥孔

图 5-49　磨内圆的方法

磨内圆时砂轮受孔径限制，即使转速很高，其线速度也难以达到磨外圆时的速度。砂轮轴直径小，悬伸长，刚度差，易弯曲变形和振动，只能采用很小的背吃刀量。砂轮与工件成内切圆接触，接触面积大，磨削热多，散热条件差，表面易烧伤。因此，磨内圆的加工质量和生产率低，均不如磨外圆。作为孔的精加工方法，它主要用于不宜采用铰孔或拉孔的情况。例如，表面硬度高的孔、直径较大的孔、带有断续表面（如键槽等）的孔、盲孔等。磨内圆的适应性较好，在单件小批生产中应用较广。

③ 磨平面　磨平面一般在平面磨床上进行，工件通常用电磁吸盘固定在矩形工作台或圆形工作台上，砂轮高速旋转作主运动，各种进给运动如图5-50所示。平面磨削有周磨法和端磨法两种。

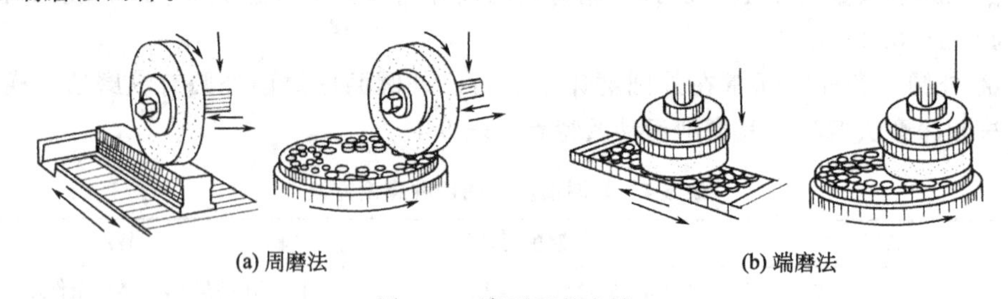

(a) 周磨法　　(b) 端磨法

图 5-50　磨平面的方法

周磨法的特点是利用砂轮的圆周面进行磨削，砂轮与工件的接触面积小，排屑和散热条件好，因此加工精度高，但生产率低，在单件小批生产中应用较广。

端磨法的特点是利用砂轮的端面进行磨削，砂轮轴立式安装，因此刚性好，可采用较大的磨削用量，且砂轮与工件接触面积大，同时工作的磨粒数多，故生产率比周磨高。但由于砂轮与工件接触面积大而导致发热量多，冷却较困难，加之砂轮端面上径向各处切削速度不同，磨损不均匀，因此加工质量较差，故仅适用于粗磨。

④ 无心磨削外圆　无心磨削外圆在无心磨床上进行。如图5-51(a)所示，工件2放在砂轮1、导轮3和托板4之间，使导轮轴线相对于砂轮轴线倾斜一个角度ϕ。磨削时，砂轮和导轮的旋转方向相同，砂轮的旋转是主运动，其速度很大，而导轮（它是用摩擦系数较大的树脂或橡胶作黏结剂制成的刚玉砂轮）以比砂轮低得多的速度转动。如图5-51(b)所示，导轮与工件接触点的线速度$v_{导}$可以分解为两个分速度：一个是沿工件圆周方向的分速度$v_{工}$，另一个是沿工件轴线方向的分速度$v_{通}$。$v_{工}$使得工件产生旋转进给运动，$v_{通}$使得工件产生轴向进给运动。

无心磨削不需要在工件两端打定位的中心孔，故称为无心磨削。其磨削方式有纵磨法和横磨法两种。纵磨法磨削时，改变ϕ的大小，可调节工件轴向进给速度。纵磨法适用于大批大量磨削光轴零件，特别是细长光轴，零件一个接一个连续进行加工，生产效率

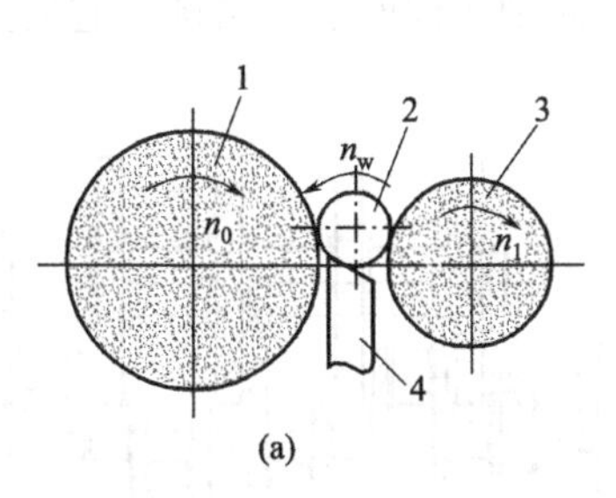

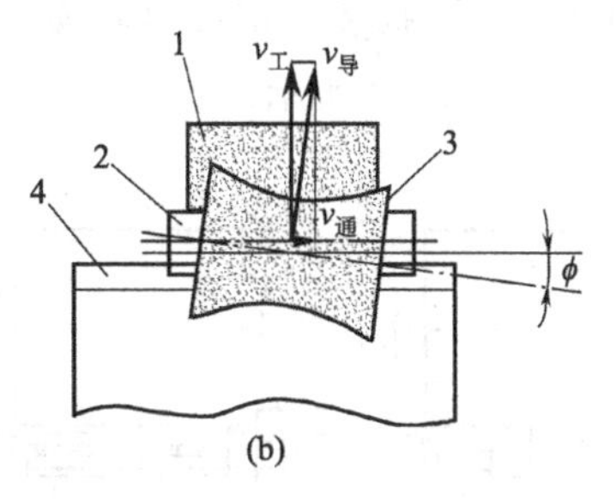

图 5-51　无心外圆磨削示意图

高。横磨法磨削时，由磨削砂轮横向进给，导轮仅倾斜一个很小的角度（$\phi \approx 30'$），使工件有微小轴向推力紧靠在挡块上，得到可靠的轴向定位，工件不作轴向运动。无心横磨法主要用于磨削带台肩的外圆、锥面和成形面等。

2. 高效磨削

随着科学技术的发展，作为传统精加工方法的普通磨削正在逐步向高效率和高精度的方向发展。高效磨削包括高速磨削、强力磨削、宽砂轮与多砂轮磨削和砂带磨削等，主要目标是提高生产效率。

① 高速磨削　普通磨削的线速度一般为 30～35m/s，高速磨削是指磨削线速度高于 50m/s 的磨削。磨削线速度提高后，可以使用更大的进给量，从而使生产率提高。在其他条件不变的情况下，高速磨削使得单位时间内作用在工件表面上的磨粒数量增多，每个磨粒的切削层厚度降低，从而提高砂轮的耐用度。高速磨削目前已应用于各种磨削工艺，不论是粗磨还是精磨。

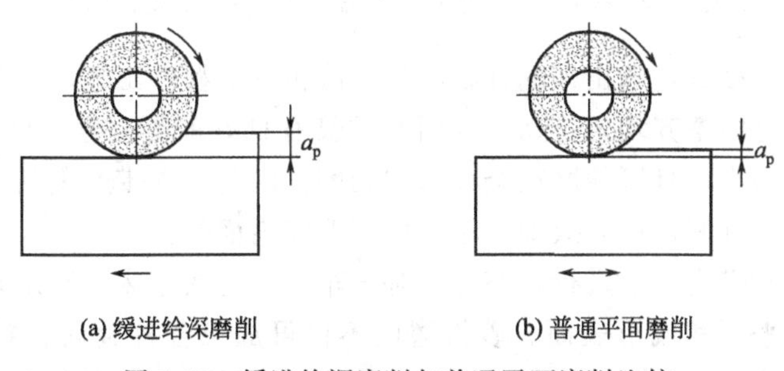

(a) 缓进给深磨削　　(b) 普通平面磨削

图 5-52　缓进给深磨削与普通平面磨削比较

② 强力磨削　强力磨削就是以大的背吃刀量（可达 3～30mm，为普通磨削的 100～1000 倍）和小的纵向进给速度（相当于普通磨削的 1/100～1/10）进行磨削，所以又称缓进给深磨削，如图 5-52。缓进给深磨削适用于各种成形面和沟槽，特别能有效地磨削难加工材料（如耐热合金等），并且它可以从铸、锻件毛坯直接磨出合乎要求的零件，生产率可大大提高。

目前，还有将高速磨削与强力磨削相结合的磨削方法，其效果更佳。例如，利用高速强力磨削法，用 CBN（立方氮化硼）砂轮以 150m/s 的速度一次磨出宽 10mm、深 30mm 的精密转子槽时，磨削长度为 50mm 仅需零点几秒。这种方法已成功实现丝杠、齿轮、转子槽等沟槽、齿槽加工的以磨代铣。

③ 宽砂轮与多砂轮磨削　宽砂轮磨削是用增大磨削宽度来提高磨削效率的。普通外圆磨削的砂轮宽度为 50mm 左右，而宽砂轮外圆磨削，砂轮宽度可达 300mm，平面磨削可达 400mm，无心磨削可达 1000mm。宽砂轮外圆磨削一般采用横磨法。多砂轮磨削则

是宽砂轮磨削的另一种形式，可以对同轴心线的不同轴颈同时进行磨削，它们主要用于大批大量生产中，如图5-53所示。

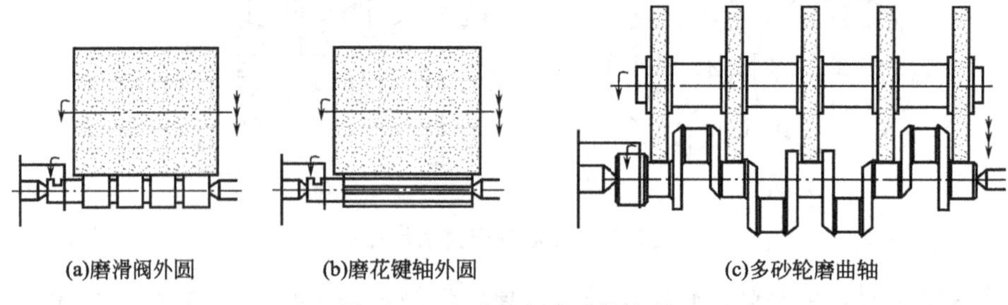

(a)磨滑阀外圆　(b)磨花键轴外圆　(c)多砂轮磨曲轴

图5-53　宽砂轮与多砂轮磨削

④ 砂带磨削　砂带磨削是用高速运动的砂带作为磨削工具磨削各种表面的加工方法。它是发展极为迅速的一种新型高效磨削方法，并能得到高的加工精度和表面质量，具有广泛的应用前景和应用范围。图5-54为砂带磨削的几种形式。

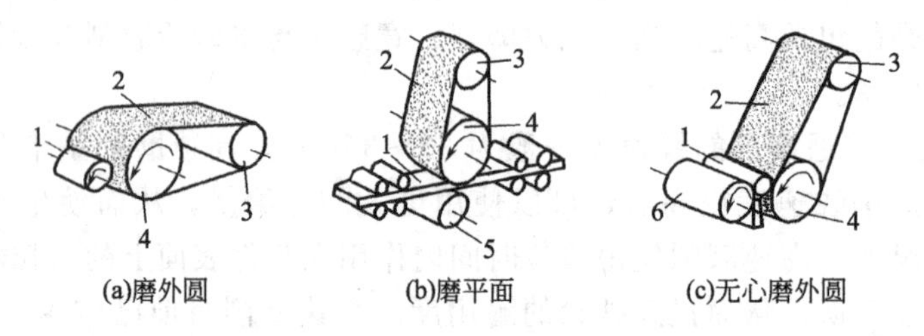

(a)磨外圆　(b)磨平面　(c)无心磨外圆

图5-54　砂带磨削

1—工件；2—砂带；3—张紧轮；4—接触轮；5—承载轮；6—导轮

砂带所用磨料大多是精选出来的针状磨粒，应用静电植砂工艺，使磨粒均直立于砂带基体且锋刃向上、定向整齐均匀排列，因而磨粒具有良好的等高性，磨粒间容屑空间大，磨粒和工件接触面积小，且可使磨粒全部参与切削。因此，砂带磨削的效率高，磨削时产生的热量少，散热条件好，可有效地减小工件变形和表面烧伤。

砂带磨削多在砂带磨床上进行，亦可在卧式车床、立式车床上利用砂带磨头进行。可加工外圆、内圆、平面和成形表面。砂带磨削不仅可加工各种金属材料，而且可加工木材、塑料、石材、橡胶、单晶硅、陶瓷和宝石等非金属材料和水泥制品。

第六节　精密加工方法综述

精密加工是尺寸精度和表面粗糙度可达微米级、亚微米级、分子级、纳米级或更高精度的加工方法。超精密加工是按照超稳定、超微量切除等原则，实现加工尺寸误差和形状误差在0.1μm以下的加工技术。通常将尺寸精度为1～0.1μm、表面粗糙度Ra值为0.1～0.02μm的加工方法称为精密加工，而将尺寸精度高于0.1μm、表面粗糙度Ra值小于0.01μm的加工方法称为超精密加工。精密加工方法主要有研磨、珩磨、超精加工和抛光等，超精密加工将在第十章介绍。

一、研磨

研磨是用研磨工具和研磨剂，从工件上研去一层极薄表面层的精加工方法。研磨剂通

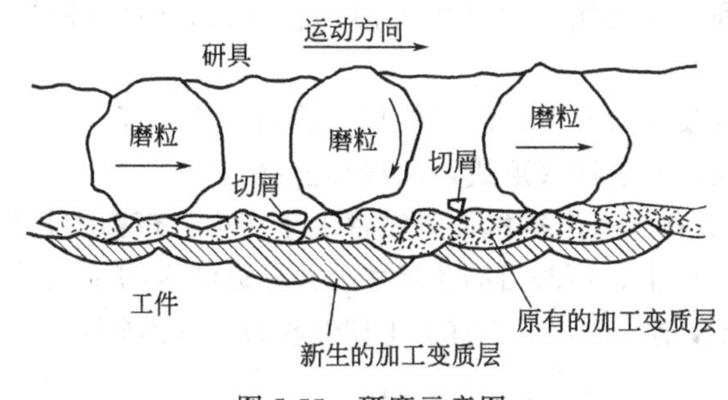

图 5-55　研磨示意图

常用 1μm 大小的氧化铝和碳化硅磨粒加上研磨液及辅料调配而成，研磨工具比工件材料的硬度低，常用灰铸铁制成。如图 5-55 所示，研磨时，研磨剂置于研具与工件之间，在一定压力作用下，研具与工件做复杂的相对运动，部分磨粒镶嵌在研具中对工件进行微量切削或擦磨，部分磨粒则在研具和工件表面间滚动或滑动，每一颗磨粒几乎都不会在工件表面上重复自己的轨迹，这就有可能保证均匀地切除工件表面上的凸峰，获得很小的表面粗糙度。经研磨后的表面，其尺寸精度可达到 IT5～IT3，形状精度如圆度可达 0.001mm，表面粗糙度 Ra 值为 0.2～0.008μm。

研磨的应用很广，可加工常见的各种表面。如平面、圆柱面、圆锥面、螺纹表面、齿轮齿面等，都可以用研磨进行精密加工。

在现代工业中，常采用研磨作为精密零件的最终加工。例如，在机械制造业中的精密量具、精密刀具，精密配合件；光学仪器制造业中的棱镜、光学平面等仪器零件；电子工业中的石英晶体、半导体晶体、陶瓷元件等。

二、珩磨

珩磨是利用珩磨工具对工件表面施加一定压力，珩磨工具同时作相对旋转和直线往复运动，切除工件上极小余量的精加工方法。如图 5-56(a) 所示，珩磨头上的磨石与垫块黏结在一起，垫块两端通过弹簧圈紧箍。转动调整螺母，使调整锥向下运动，调整销径向向外运动，将磨石压向孔壁。珩磨时，珩磨头同时做相对旋转和直线往复运动，磨石从工件表面切除一层极薄的金属，获得很高的加工精度和很好的表面粗糙度，并在工件表面形成交叉网纹，如图 5-56(b) 所示。

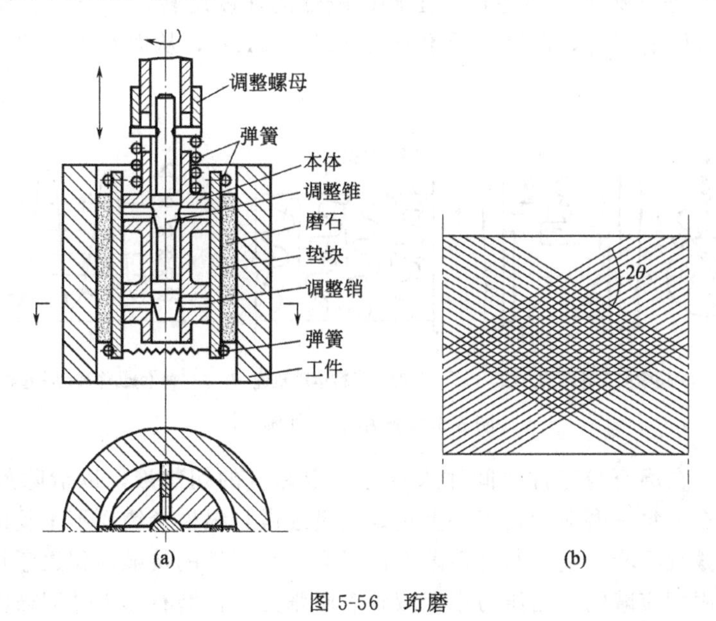

图 5-56　珩磨

珩磨多在精镗后进行，与其他精密加工方法相比，珩磨具有如下特点。

ⅰ.珩磨时有多个磨石同时工作，并且经常连续变化切削方向，能较长时间保持磨粒锋利，所以珩磨生产率较高。

ⅱ.珩磨能提高孔的尺寸和形状精度以及表面质量，但不能提高孔的位置精度。

ⅲ.珩磨后工件已加工表面有交叉网纹，利于油膜形成，润滑性能好。

珩磨广泛用于发动机汽缸孔、连杆大头孔、挤出机机筒等零件的生产中，珩磨的孔径范围为 $\phi5\sim\phi500$mm，孔的深径比可达 10 以上，珩磨后的孔尺寸公差等级可达 IT6～IT4，表面粗糙度 Ra 值为 0.8～0.05μm。珩磨与磨削一样，也不宜加工韧性较大的有色金属。

三、小粗糙度磨削

小粗糙度磨削是指表面粗糙度 Ra 值小于 0.2μm 的磨削方法。多用于机床主轴、轴承、液压滑阀、滚动导轨、量规等的精密加工。

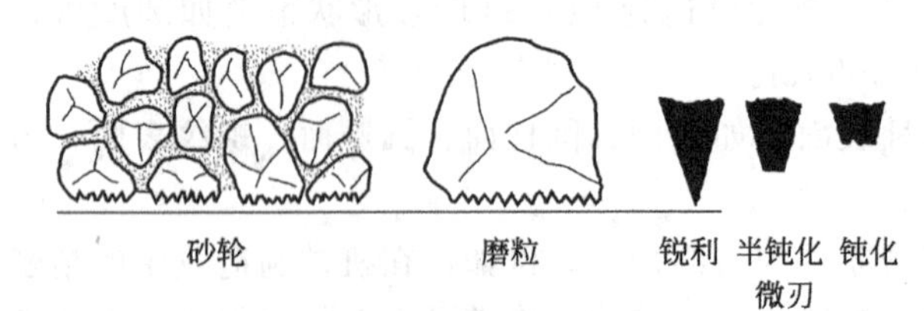

图 5-57　磨粒微刃性和等高性

小粗糙度磨削主要是靠砂轮的精细修整，使磨粒具有微刃性和等高性，如图 5-57。利用这些锋利的等高微刃进行极细切削，利用半钝化的微刃对工件进行摩擦抛光，使磨削后的表面留下大量极细的磨削痕迹，残留面积极小，加上无火花磨削阶段的作用，获得高精度和小粗糙度的表面。

根据表面粗糙度 Ra 值的大小不同，小粗糙度磨削又可分为精密磨削（Ra 为 0.2～0.025μm）、超精密磨削（Ra 为 0.025～0.012μm）和镜面磨削（$Ra\leqslant0.012$μm）。

四、超精加工

超精加工是用细粒度的磨具对工件施加很小的压力，并做往复振动和慢速纵向进给运动，以实现微量磨削的一种光整加工方法。

图 5-58 为超精加工外圆的示意图。工件以较低的速度旋转，磨石以恒压力轻压于工件表面，在纵向进给的同时，做纵向低频振动（12～25Hz），从而对工件的微观不平表面进行修磨。

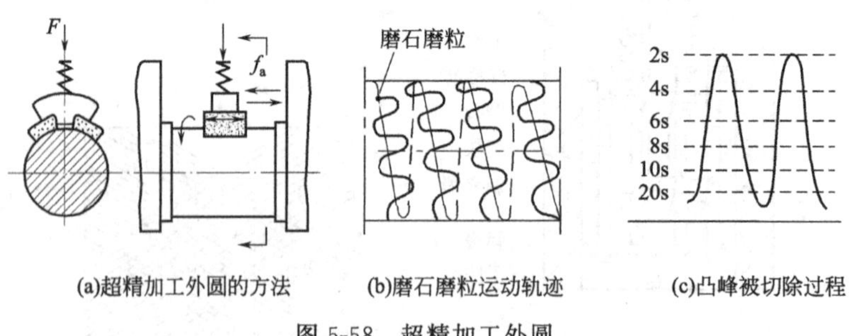

图 5-58　超精加工外圆

加工过程中，在磨石与工件之间注入具有一定黏度的切削液，以清除屑末和形成液膜。加工时，磨石上每一磨粒均在工件上刻划出极细微且纵横交错而不重复的痕迹，以切除工件表面上的微观凸峰。随着凸峰逐渐降低，磨石与工件的接触面积逐渐加大，压强随之减小，切削作用相应减弱。当压力小于液膜表面张力时，磨石与工件即被液膜分开，切削作用自行停止。

超精加工的特点及应用如下。

ⅰ.加工余量极小。超精加工只能切除微观凸峰，一般不留加工余量或只留很小的加工余量（0.003～0.01mm）。

ⅱ.加工表面质量好。由于磨石运动轨迹复杂，加工过程是由切削作用过渡到抛光，所以经超精加工后的表面粗糙度 Ra 值可达 0.1～0.01μm，并具有复杂的交叉网纹，利于储存润滑油，提高耐磨性。

ⅲ.超精加工一般不能提高尺寸精度、形状精度和位置精度，这些要求应由前面的工序保证。

ⅳ.超精加工生产率很高，常用于大批量生产中加工曲轴、凸轮轴的轴颈外圆，飞轮、离合器盘的端平面，以及滚动轴承的滚道等。

五、抛光

抛光是利用物理、化学或电化学的作用，使工件获得光亮、平整表面的加工方法。其通常是在高速旋转的抛光轮上涂以抛光膏对工件进行加工，从而降低工件表面粗糙度值，提高光亮度。

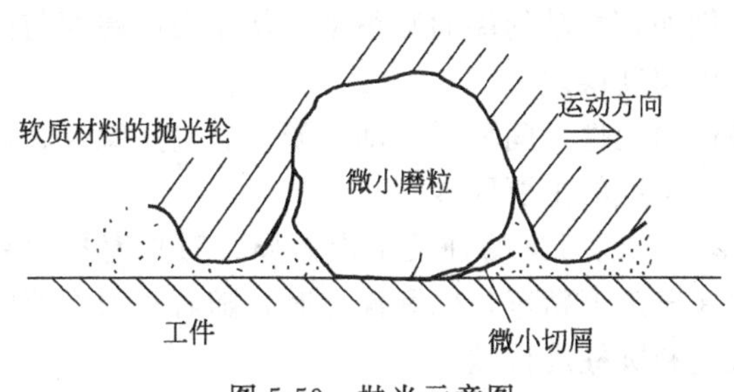

图 5-59　抛光示意图

抛光膏中的磨粒是 1μm 以下的微小磨粒，抛光轮则是用沥青、石蜡、合成树脂和人造革等软质材料制成。如图 5-59 所示，抛光时，微小磨粒弹性地埋嵌在抛光轮中，对工件的作用力很小，即使抛光脆性材料也不会在工件表面留下划痕。加之高速摩擦，使工件表面出现高温，表层材料被挤压而发生塑性流动，对原有微观沟痕起填平作用，从而获得光亮的表面。

抛光一般在磨削或精车、精铣、精刨的基础上进行，不留加工余量。经过抛光，表面粗糙度 Ra 值可达 0.1～0.012μm，并可明显地增加光亮度。抛光不能提高尺寸精度、形状精度和位置精度。因此，抛光主要用于表面的修饰及电镀前的预加工。

第七节　机械加工精度和表面质量

一、机械加工精度

1.机械加工精度的概念

加工精度是零件加工后的实际几何参数（尺寸、形状和位置）与理想几何参数的符合程度。符合程度越高，加工精度就越高。在实际加工时，不可能也没有必要把零件做得与理想零件完全一致，而总会有一定的偏差，即所谓加工误差。加工误差是零件加工后的实际几何参数对理想几何参数的偏离程度。所以，加工误差的大小反映了加工精度的高低。从保证产品使用性能分析，可以允许零件存在一定的加工误差，只要这些误差在规定的范围内，就认为是保证了加工精度。加工精度和加工误差是从两个不同的角度来评定零件几何参数的，加工精度的低和高是通过加工误差的大和小来表示的，所谓保证和提高加工精度的问题，实际就是限制和降低加工误差的问题。

零件的加工精度包括尺寸精度、形状精度和位置精度，分别由尺寸公差、形状公差和位置公差来控制。这三者之间是有联系的，通常在同一要素上给定的形状公差值应小于位置公差值，而位置公差值应小于尺寸公差值。当尺寸精度要求高时，相应的形状精度、位置精度也要求高；但当形状精度要求高时，相应的尺寸精度和位置精度有时不一定要求高，这要根据零件的功能要求来决定。

2.影响加工精度的主要因素

① 加工原理误差　加工原理误差是指由于采用了近似的成形运动或近似的刀具轮廓而产生的误差。例如在用齿轮滚刀加工齿轮时，由于滚刀切削刃数有限，切削是不连续的，因而滚切出的齿轮齿形不是光滑的渐开线，而是小折线段组成的曲线。又如模数铣刀成形铣削齿轮时，由于采用近似刀刃齿廓，同样会产生加工原理误差。

② 机床误差　机床误差主要由导轨导向误差、主轴回转误差及传动链误差组成。导轨是机床确定主要部件相对位置的基准，也是运动的基准，它的误差直接影响被加工工件的精度。例如卧式车床的纵向导轨在水平面内的直线度误差，直接产生工件直径尺寸误差和圆柱度误差。

主轴是用来装夹工件或刀具并传递主要切削运动的重要零件，它的回转误差主要影响零件加工表面的几何形状精度和位置精度。例如，主轴的端面圆跳动会使车出的端面与圆柱面不垂直，主轴的径向圆跳动会使工件产生圆度误差。

传动链的传动误差是传动链中首末两端传动元件之间相对运动的误差。它是螺纹、齿轮、蜗轮等零件按展成原理加工时，影响加工精度的主要因素。

③ 刀具误差　刀具误差对加工精度的影响，因刀具的种类不同而异。刀具磨损误差会引起工件的尺寸误差和形状误差。例如，在车床上精车长轴和深孔时，随着车刀逐渐磨损，工件表面会出现锥度，进而产生直径误差和圆柱度误差。

④ 工件装夹误差　工件装夹误差包括定位误差和夹紧误差两方面，它们对加工精度有一定影响。定位误差直接影响工件加工表面的位置精度或尺寸精度。对于刚度不高的工件，很容易产生夹紧误差而影响工件的形状精度。图 5-60(a) 为三爪卡盘装夹薄壁盘套工件的情形，图Ⅰ为装夹前工件的形状；图Ⅱ为夹紧后的形状；图Ⅲ为孔加工完成后工件还未卸下的形状；图Ⅳ为卸下工件，弹性变形恢复后的形状，此时装夹误差使孔的形状精度下降。因此，加工薄壁零件时，夹紧力应在工件圆周上均匀分布，可采用开口过渡环或采用专用卡爪夹紧，如图 5-60(b)、(c) 所示。

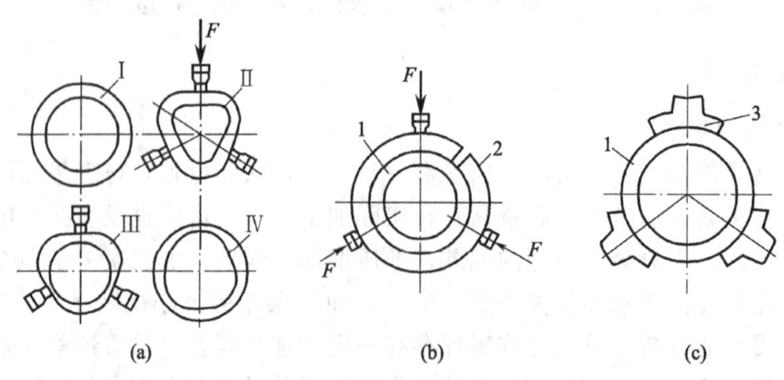

图 5-60　三爪自定心卡盘装夹薄壁工件变形状况

1—工件；2—开口过渡环；3—专用卡爪

⑤ 工艺系统变形误差　切削加工时，由机床、夹具、刀具和工件构成的工艺系统，

在切削力、夹紧力以及重力等作用下，将产生相应的弹性变形和热变形，使刀具和工件在静态下调整好的相互位置，以及切削成形运动所需要的正确几何关系发生变化，而造成加工误差。例如，在车削细长轴时，工件在两顶尖间加工，近似于一根梁自由支承在两个支点上，在背向力的作用下，最后加工出的工件形状呈中间粗两头细，如图 5-61(a) 所示。又如，在内圆磨床上以横向切入法磨孔时，砂轮轴受背向力的作用产生弯曲变形，磨出的孔由圆柱孔变为圆锥孔，出现圆柱度误差，如图 5-61(b) 所示。再如，在车削加工中，车床部件中受热最多又变形最大的是主轴箱，图 5-62 中的虚线表示车床的热变形，车床主轴前轴承的温升最高，影响加工精度最大的是主轴轴线的抬高和倾斜。

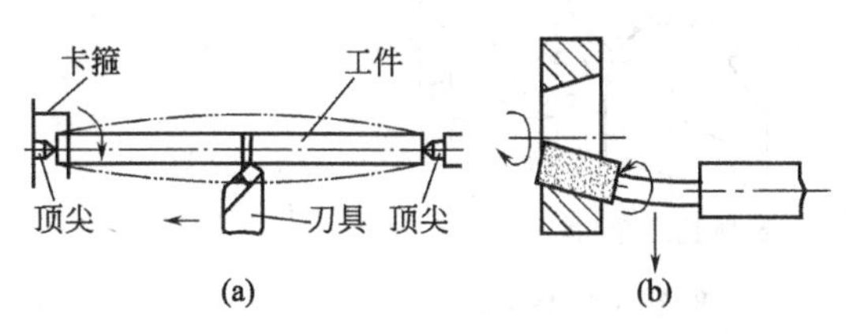

图 5-61　工艺系统受力变形引起的加工误差

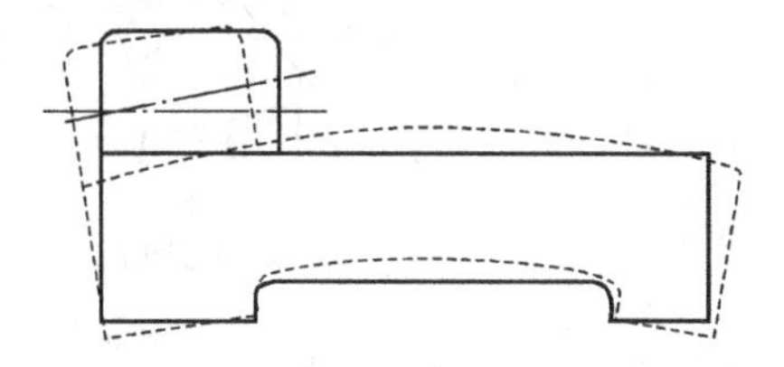

图 5-62　车床的热变形

⑥ 工件内应力　工件内应力总是拉应力和压应力并存而总体处于平衡状态。当外界条件发生变化，如温度改变或表面被切去一层金属后，内应力的平衡即遭到破坏，引起内应力重新分布，使零件产生新的变形。这种变形有时需要较长时间，从而影响零件加工精度的稳定性。因此，常采用粗、精加工分开，或粗、精加工分开且在其间安排时效处理的方法，以减少或消除内应力。

二、机械加工表面质量

1.表面粗糙度及其对使用性能的影响

表面质量是对零件表面层宏观和微观形状误差以及表面层力学性质的综合描述。具体内容包括表面粗糙度等几何形状精度以及表面层的力学性能和理化性能。这里只介绍表面粗糙度。

表面粗糙度是加工表面上具有较小间距和峰谷所组成的微观几何形状特征。这种微观几何形状的尺寸特征，一般是由在切削加工中的振动、刀痕以及刀具与工件之间的摩擦引起的。表面粗糙度对零件的耐磨性、耐疲劳性、耐蚀性以及配合性能有着密切的关系。

表面粗糙度对零件表面磨损的影响很大。一般来说表面粗糙度值愈小，其耐磨性愈好。但表面粗糙度值太小，润滑油不易储存，接触面之间容易发生分子粘接，磨损反而增加。

在交变载荷作用下，表面粗糙度的凹谷部位容易引起应力集中，产生疲劳裂纹。表面粗糙度值愈大，表面的纹痕愈深，纹底半径愈小，抗疲劳破坏的能力就愈差。

零件的耐蚀性在很大程度上取决于表面粗糙度。表面粗糙度值愈大，则凹谷中聚积的腐蚀性物质就愈多，抗蚀性就愈差。

表面粗糙度值的大小将影响配合表面的配合质量。对于间隙配合，粗糙度值大会使磨损加大，间隙增大，破坏了要求的配合性质。对于过盈配合，装配过程中一部分表面凸峰被挤平，实际过盈量减小，降低了配合件间的连接强度。

2.影响表面粗糙度的主要因素

① 切削残留面积　切削加工表面粗糙度值主要取决于切削残留面积的高度。从图 5-63 可以看出，影响残留面积高度的因素主要有刀尖圆弧半径 r_ε、进给量 f、主偏角 k_r 及

副偏角 k_r'等。图 5-63(a) 是用尖刀切削时的情况，切削时残留面积的高度为

$$H=\frac{f}{\cot k_r+\cot k_r'} \tag{5-5}$$

图 5-63(b) 是用圆弧刀刃切削时的情况，切削时残留面积的高度为

$$H=\frac{f^2}{8r_\varepsilon} \tag{5-6}$$

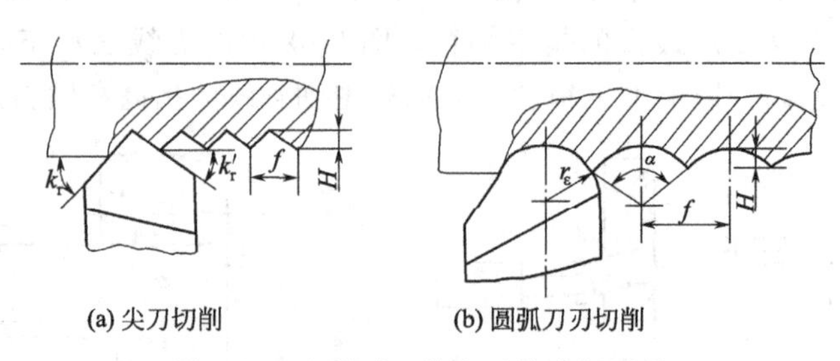

图 5-63　车削时工件表面的残留面积

由上述公式可知，减小进给量 f、主偏角 k_r 及副偏角 k_r'及加大刀尖圆弧半径 r_ε，均可有效地减小残留面积的高度，使表面粗糙度得到改善，其中进给量 f 和刀尖圆弧半径 r_ε 对切削加工表面粗糙度的影响比较明显。

② 积屑瘤　由图 5-16 可知，积屑瘤伸出刀尖之外，且不时破碎脱落，会在工件表面上刻划出不均匀的沟痕，对表面粗糙度影响很大。因此，精加工塑性金属时，常采用高速切削（$v_c>100$m/min）或低速切削（$v_c<5$m/min)，以避免产生积屑瘤，获得较小的表面粗糙度值。

③ 工艺系统振动　工艺系统振动使刀具对工件产生周期性的位移，在加工表面上形成类似波纹的痕迹，使表面粗糙度值增大。因此，在切削加工中，应尽量避免振动。

思考与练习题

1. 刀具材料应具备哪些性能？书中介绍的刀具材料各有什么特点？

2. 刀具静止参考系由哪些平面组成？它们是如何定义的？

3. 车刀角度主要有哪几种？它们是如何定义的？

4. 已知下列车刀切削部分的主要几何角度，试绘出它们切削部分的工作图。

(1) 外圆车刀 $\gamma_0=15°$、$\alpha_0=10°$、$k_r=75°$、$k_r'=15°$、$\lambda_s=5°$。

(2) 端面车刀 $\gamma_0=10°$、$\alpha_0=8°$、$k_r=45°$、$k_r'=30°$、$\lambda_s=-4°$。

(3) 切断刀 $\gamma_0=10°$、$\alpha_0=6°$、$k_r=90°$、$k_r'=2°$、$\lambda_s=0°$。

5. 刀具的前角、后角、主偏角、副偏角、刃倾角各有何作用？如何选用合理的刀具切削角度？

6. 金属切削过程有何特征？

7. 切削过程的三个变形区各有何特点？它们之间有什么关系？

8. 积屑瘤是如何形成的？其形成的条件有哪些？它对切削过程产生哪些影响？

9. 金属切削过程中为什么会产生切削力？车削时总切削力常分解为哪三个分力？它们的作用各是什么？

10. 切削热是如何产生和传出的？仅从切削热产生的多少能否看出切削区温度的高低？

11. 刀具磨损有哪几种形式？各在什么条件下产生？

12. 车床适于加工何种表面？为什么？

13. 一般情况下，车削的切削过程为什么比刨削、铣削等平稳？对加工有何影响？

14. 用标准麻花钻钻孔，为什么精度低且表面粗糙？

15. 在车床上钻孔或在钻床上钻孔，由于钻头弯曲都会产生引偏，它们对所加工的孔有何不同影响？在随后的精加工中，哪一种比较容易纠正？为什么？

16. 可转位浅孔钻、BTA深孔钻、枪钻的结构和应用有何特点？

17. 试比较内排屑和外排屑深孔钻的工作原理、优缺点和使用范围。

18. 扩孔和铰孔为什么能达到较高的精度和较小的表面粗糙度？

19. 铰孔时能否纠正孔的位置精度？为什么？

20. 镗孔与钻、扩、铰孔比较，有何特点？

21. 单刃镗刀和浮动镗刀加工孔时有哪些特点？它们各用在什么场合？

22. 从理论上分析，用周铣法铣平面时，顺铣比逆铣有哪些优点？实际生产中，目前多采用哪种铣削方式？

23. 铣削的工艺特点有哪些？铣床上能完成哪些工作？

24. 有哪几种铣刀可以铣平面？试述各自的应用场合。

25. 试比较刨削加工与铣削加工在加工平面和沟槽时各自的特点。

26. 拉削加工有哪些特点？适用于何种场合？

27. 磨削为什么能够达到较高的精度和较小的表面粗糙度值？

28. 磨削外圆的方法有哪几种？具体过程有何不同？磨削内圆比磨削外圆困难的原因有哪些？

29. 磨平面常见的有哪几种方式？

30. 加工要求精度高、表面粗糙度值小的紫铜或铝合金轴件外圆时，应选用哪种加工方法？为什么？

31. 磨孔和磨平面时，由于背向力 F_p 的作用，可能产生什么样的形状误差？为什么？

32. 磨削外圆时，三个分力中以背向力 F_p 最大；车削外圆时，三个分力中以切削力 F_c 最大，这是为什么？

33. 简述无心外圆磨床的磨削特点。

34. 用无心磨削方法磨削带孔工件的外圆面，为什么不能保证它们之间同轴度的要求？

35. 试说明研磨、珩磨、小粗糙度磨、超精加工和抛光的加工原理。

36. 为什么研磨、珩磨、小粗糙度磨、超精加工和抛光能达到很高的表面质量？

37. 何谓加工精度、加工误差？两者有何区别与联系？

38. 影响加工精度的主要因素有哪些？试举例说明。

39. 机械加工表面质量包括哪些具体内容？

40. 表面粗糙度对机器零件使用性能有什么影响？试举例说明影响表面粗糙度的主要因素。

第六章　特种加工与增材制造

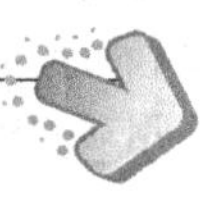

【学习意义】 随着工业生产的发展和新产业的兴起，传统制造和工艺技术面临着诸多难题，特种加工和增材制造正是在这样的背景下发展起来的，并还在研究和发展中。面向传统切削加工难以解决的加工问题，如高硬度、高强度、高韧性、高脆性的金属或非金属的加工，复杂特殊表面的加工，特种加工提供了高效的解决办法。增材制造则是传统加工模式的重大突破，大大缩短产品的生产周期，成为快速开发新产品的有力工具。

【学习目标】

1. 了解特种加工与增材制造的基础知识；

2. 能够在机械相关的设计开发和研究中，合理分析、正确选择特种加工与增材制造工艺。

第一节　特种加工

一、概述

特种加工（non-traditional machining，NTM）是指不采用常规的刀具或磨具对工件进行切削加工，而是将电、磁、声、光等物理能量、化学能量或其组合直接施加在工件被加工部位，从而使工件去除材料、改变形状或改变性能的加工方法。不同的特种加工方法具有不同的特殊功能，或者长于加工特硬零件，或者长于加工结构复杂的零件，或者能够进行精细加工甚至纳米级加工。

随着生产发展和科学实验的需要，机械加工产品向高精度、高速度、高温、高压、大功率、小型化甚至微型化发展，所用材料的加工难度增大，零件形状更加复杂，对加工精度、表面粗糙度和某些特殊问题的要求也越来越高。因此对机械制造部门提出了更高的要求，主要如下。

ⅰ. 解决各种难切削材料的加工问题。如硬质合金、钛合金、淬硬钢、金刚石、宝石、石英以及锗、硅等，各种高硬度、高强度、高韧性、高脆性材料的加工。

ⅱ. 解决特殊复杂表面的加工问题。如涡轮机叶片、整体蜗轮、各种模具的立体成形表面；冲模、冷拔模上特殊断面的型孔；喷油嘴、栅网、喷丝头上的小孔、窄缝等的加工。

ⅲ. 解决超精、光整或具有特殊要求的零件的加工问题。如航空航天陀螺仪、伺服阀以及细长轴、薄壁零件、弹性元件等低刚度零件的加工。

在这样的需求下，各种特种加工方法得到迅速发展。常用的特种加工方法有：电火花成形加工、电火花线切割加工、电解加工、激光加工、超声加工、电子束加工、离子束加工、高压水射流加工等。

二、电火花加工

电火花加工（electrical discharge machining，EDM）是在一定的介质中，通过工件和工具电极间脉冲火花放电，使工件材料熔化、气化而被去除材料或在工件表面进行材料沉积的一种加工方法。根据电火花加工工艺的不同，电火花加工又可分为电火花成形加工、电火花线切割加工、电火花小孔高速加工、电火花磨削加工等。

1. 电火花成形加工

电火花成形（sinking EDM）加工原理如图 6-1 所示，工件和成形工具电极分别与脉冲电源的两输出端相连接，电动机带动丝杠螺母机构的自动进给调节装置，保持工具和工件间的宏观放电间隙。当脉冲电压加到两极之间时，便在某一间隙最小处或绝缘强度最低处击穿工作液，在该局部产生火花放电，电火花瞬间高温使该部位工作表面的金属熔化、气化，抛离工件表面从而形成一个小凹坑。一次脉冲放电完成，经过一段脉冲间隔时间后，工作液又恢复了绝缘。当第二个脉冲电压又加到两极上，在新的极间距离最近或绝缘强度最弱处再次击穿放电，又电蚀出一个小凹坑。这样随着较高的脉冲频率连续不断地重复放电，逐步将工具的形状复制在工件上，加工出所需要的零件。从微观上看，整个加工表面由无数个小凹坑所组成，其表面粗糙度平均可达 10μm（最高可达 0.04μm）。

电火花成形加工具有如下特点：

ⅰ. 适用的材料范围广。可以加工任何硬、脆、韧、软、高熔点的导电材料，如工业纯铁、不锈钢、淬火钢、硬质合金、导电陶瓷、立方氮化硼和人造聚晶金刚石等。

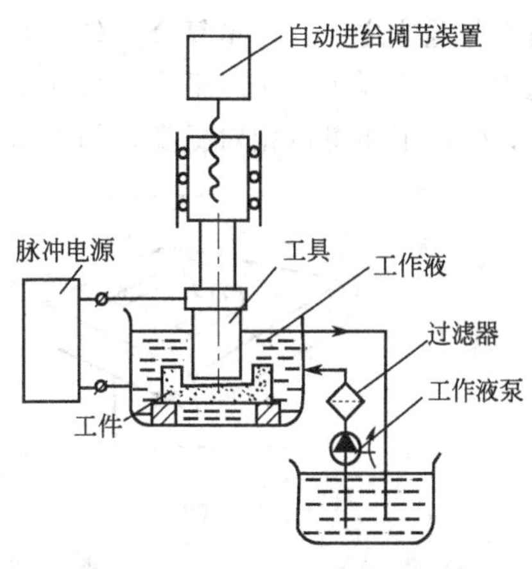

图 6-1 电火花成形加工原理图

ⅱ. 适于加工特殊及复杂形状的零件。由于工具电极和工件不直接接触，加工过程中没有宏观切削力，发热小，所以适宜壁薄、有弹性、低刚度和有微细小孔、有异形小孔零件的加工；由于可以简单地将工具电极的形状反向复制到工件上，所以特别适宜复杂型孔和型腔的加工。

ⅲ. 可方便地调节脉冲参数，从而实现了在同一台机床上连续进行粗、半精、精加工。

电火花成形加工的应用较为广泛：

ⅰ. 型孔加工。常用于加工冷冲模、拉丝模、喷嘴、喷丝孔、各种异形孔、微孔等。

ⅱ. 型腔型面加工。包括叶轮、叶片等曲面加工，以及锻模、压铸模、挤压模、塑料模等型腔加工。这类型腔多为盲孔，内部形状复杂，各处深浅不同，加工较为困难。为了便于排除加工产物和冷却，以提高加工的稳定性，有时在工具电极中间开有冲油孔，如图 6-2 所示。

ⅲ. 雕刻打印加工。电火花加工还可用于刻字、雕刻图案、打印记等。

2. 电火花线切割加工

电火花线切割（wire EDM）加工是在电火花成形加工基础上发展起来的一种工艺，它也是通过电火花放电对工件进行加工的，由于电极为线状，故称其为电火花线切割。

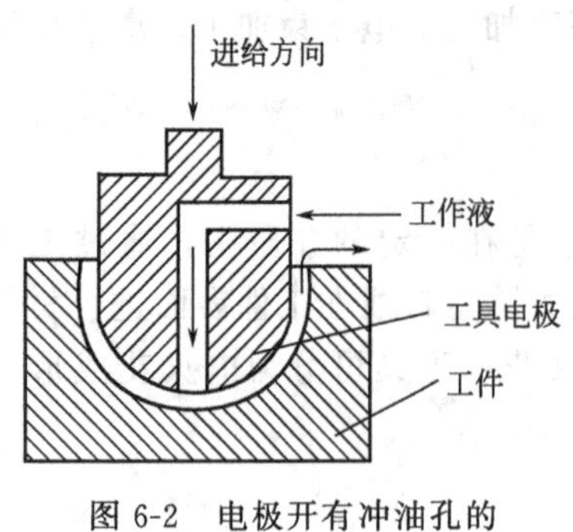

图 6-2 电极开有冲油孔的电火花成形加工

电火花线切割加工原理如图 6-3 所示，被切割的工件连接脉冲电源的正电极，电极丝接脉冲电源的负极。脉冲电源使电极丝和工件之间产生火花放电，放电通道的中心温度瞬时可高达 5000℃ 以上，高温使工件局部金属熔化，甚至有少量气化，高温也使电极丝和工件之间的工作液部分汽化，汽化后的工作液和金属蒸气瞬间迅速热膨胀，并具有爆炸的特性，从而实现对工件材料的电蚀切割加工。

电火花线切割机床按走丝速度可分为往复走丝电火花线切割机床（俗称快走丝加工机床）、单向走丝电火花线切割机床（俗称慢走丝加工机床）。快走丝加工机床是我国独创的机种，经过几十年的不断完善和发展，现已成为制造业中的一种重要加工手段，可满足中、低档模具加工和其他复杂零件制造的要求，在中低档市场中占有相当的分量。快走丝加工机床通常用乳化液作为绝缘介质，钼丝作为工具电极，走丝速度为 6～12m/s，电极丝作高速往返运动，造成电极丝损耗，导致加工精度和表面质量降低。慢走丝加工机床用去离子水作为绝缘介质、黄铜丝或黄铜镀锌丝作为工具电极，走丝速度一般低于 0.2m/s，切割精度较高。中走丝加工机床属于往复走丝电火花线切割机床范畴，它在往复走丝电火花线切割机床上实现多次切割功能，所谓“中走丝”并非指走丝速度介于高速与低速之间，而是复合走丝线切割机床，在粗加工时采用高速走丝、精加工时采用低速走丝，这样工作相对平稳，抖动小，并通过多次切割减少材料变形及钼丝损耗带来的误差，使加工质量也相对提高，加工质量可介于快走丝与慢走丝之间。

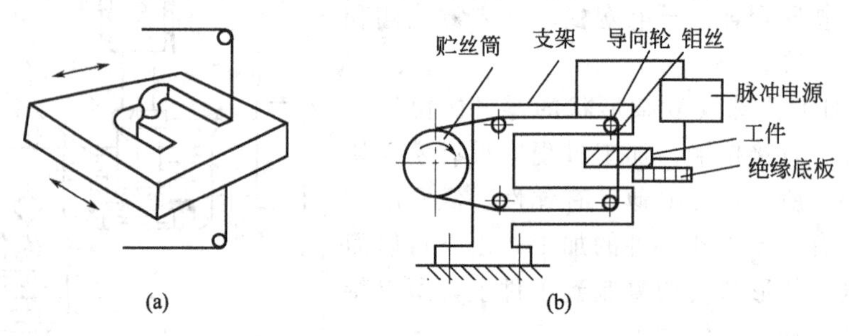

图 6-3 电火花线切割加工原理图

电火花线切割无须制造成形电极，用从市场采购的电极丝即可完成工件加工。主要切割淬火钢、硬质合金等各种高硬度、高强度、高韧性和高脆性的导电材料。由于电极丝比较细，可以加工微细异形孔、窄缝和复杂形状的工件。它能加工各种冲模、凸轮、样板等外形复杂的精密零件，尺寸精度可达 0.01～0.02mm，表面粗糙度 Ra 可达 1.6μm；还可切割带斜度的模具或工件，切割缝狭窄，节省材料，有时工件材料可以“套截”。

数控电火花线切割主要用于加工各种硬质合金和淬硬钢的冲模、样板，各种窄维、栅网等细微结构以及具有二维或三维直纹曲面的特形零件。

3. 电火花小孔高速加工

电火花小孔高速加工可以解决微孔加工、群孔加工、深小孔加工、特殊超硬材料的小孔加工等难题，适合加工直径为 0.3～3mm 的深小孔，而且理论上深径比可以超过 200∶1。

电火花小孔高速加工除了要遵循EDM的基本机理外，还有其特点：电火花小孔高速加工采用中空的管状电极，管状电极中通有高压工作液，以强制冲走加工蚀除产物，加工过程中电极要做回转运动，可以使管状电极的端面损耗均匀，不致受到电火花的反作用力而产生振动倾斜，工作原理如图6-4所示。由于高压工作液能够迅速强制将放电蚀除产物排出，因此这种电火花加工的特点就是加工速度很高。一般电火花小孔的加工速度可以达到30～60mm/min。

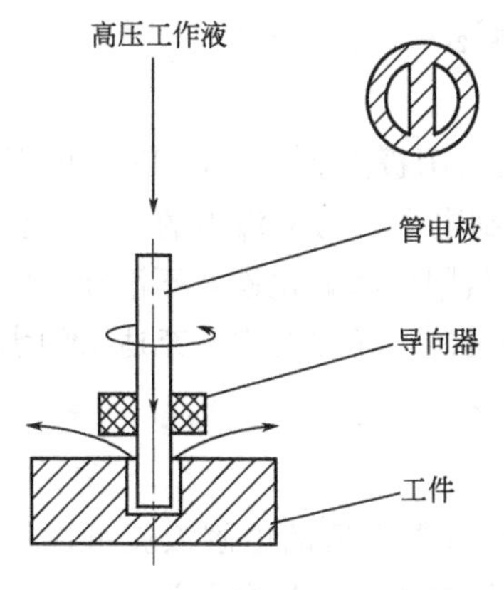

图6-4 电火花小孔高速加工原理图

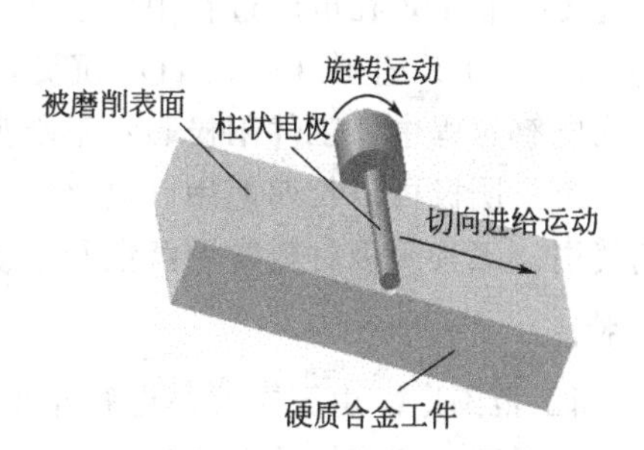

图6-5 电火花磨削加工

4.电火花磨削加工

电火花磨削（electrical discharge grinding，EDG）加工是在电火花加工的基础上，引入电极旋转运动，利用旋转的工具电极对工件材料进行电蚀加工的方法，工具电极与工件材料不直接接触，如图6-5所示。该运动方式类似于磨削，因此称之为电火花磨削加工。导电磨轮一般采用高纯石墨材料，磨轮的线速度通常为30～180m/min。电火花磨削加工的优点在于电极在加工过程中不断旋转，电极损耗会均匀地分布在电极圆周上，充分延长电极的使用寿命。此外，加工过程中电极的旋转会带动工作液高速流动，从工件表面蚀除的金属颗粒会被流动的工作液冲走，改善放电环境，进而提高加工效率和表面质量。

电火花磨削加工适用于任何导电材料，对机械磨削困难的硬质材料更能发挥优越性。用这种方法可磨削硬质合金成形刀具、可转位刀具的刀片、淬硬的镶拼模具或齿条等。由于磨削过程中无机械切削力，电火花磨削还可用于磨削微细、薄壁等易变形的零件和深槽、狭缝等。

此外，电火花加工还可以用于雕刻打印加工。

三、电解加工

1.加工原理

电解加工（electrochemical machining，ECM）是利用金属工件在电解液中产生阳极溶解的电化学反应原理，对金属工件进行加工的一种方法。

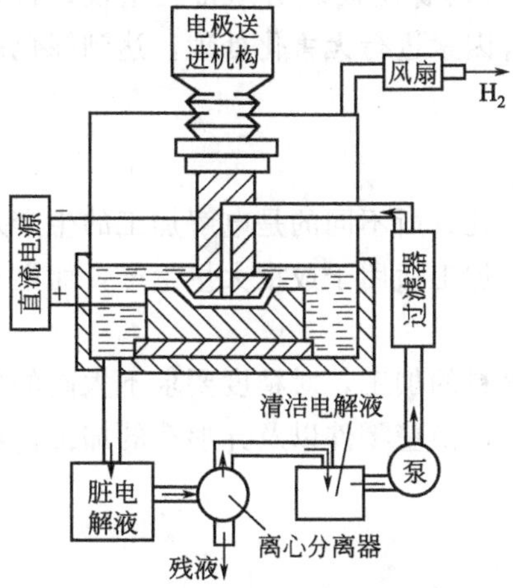

如图6-6所示，工件接阳极，工具（铜或不锈钢）接阴极，两极间加直流电压6～24V，极间保持0.1～1mm间隙，在间隙处通以6～60m/s高速流动电解液，形成极间导电通路。当工具阴极不断向工

图6-6 电解加工原理图

件进给时，在相对于阴极的工件表面上，金属材料按阴极型面的形状不断地溶解。溶解物及时被高速电解液冲走，于是在工件的相应表面上就加工出与工具阴极型面近似相反的形状。

以铁在氯化钠电解液中进行电解加工为例，分析阳极和阴极发生的电化学反应：

水溶液 $$H_2O \rightleftharpoons H^+ + OH^-$$

阳极反应 $$Fe - 2e^- \longrightarrow Fe^{2+}$$

$$Fe^{2+} + 2OH^- \rightleftharpoons Fe(OH)_2 \downarrow$$

阴极反应 $$2H^+ + 2e^- \longrightarrow H_2 \uparrow$$

由此可以看出，在电解过程中由于外电源的作用，阳极失去电子以 Fe^{2+} 的形式与溶液中的负离子 OH^- 生成 $Fe(OH)_2$ 沉淀，而阴极得到电子，与溶液中的 H^+ 结合游离出氢气。在电解过程中，工件阳极和水不断消耗，而工具阴极和氯化钠并不消耗。因此理想情况下，工具阴极可以长期使用。氯化钠电解液不断过滤干净并经常补充适量的水，也可以长期使用。工具阴极材料常用黄铜和不锈钢。

2. 加工特点

ⅰ. 加工范围广。由于主要是电解作用，因此只要选择合适的电解液就可以加工任何高硬度、高强度、高韧性的金属材料，如淬火钢、硬质合金、耐热合金等。

ⅱ. 加工效率高。能以简单的进给运动一次加工出形状复杂的型面或型腔，其加工效率高于电火花加工。

ⅲ. 适于低刚性工件的加工。由于加工过程中无切削力和切削热，工件不产生内应力和变形，适于加工易变形和薄壁类零件。

ⅳ. 加工表面质量好。加工后的零件表面无毛刺、残余应力和变形层，加工表面粗糙度 Ra 可达到 0.8～0.2μm。

ⅴ. 在电解加工过程中，由于阳极金属不断溶解且金属离子遇水及空气后发生氧化反应，因此会产生大量的固相化合物而聚成污泥。这些污泥，一方面会影响电化学反应的速度，容易造成加工区极间短路和结疤，另一方面也会带来严重的污染问题。沉淀物对周围环境具有较强的染色污染，有色工业废水除了给人以不愉快感，降低受纳水体的透光性，影响水生生物的生长，还具有一些有害离子（如六价铬），会导致人体重金属中毒，对环境有持久危险性。因此，电解加工中的环境保护问题必须得到重视，特别是应对电解加工的产物进行处理和回收，将其中的有害因素进行无害化处理，达到绿色制造的目的。

3. 应用范围

电解加工和电火花加工在应用范围上有许多相似之处，所不同的是电解加工的生产效率较高，加工精度较低，且机床费用较大。因此，电解加工适用于成批大量生产，而电火花加工主要适用于单件小批生产。

目前，电解加工主要用于批量生产条件下难切削材料的加工，对精度要求不太高的矿山机械、汽车拖拉机所需锻模中复杂型面、型腔的加工，薄壁零件以及异形孔的加工；还可用于去毛刺、刻印、表面光整加工等。

四、超声加工

振动频率超过 16000Hz 的波被称为超声波。利用超声波振动，不仅能加工脆硬金属材料，而且更适合加工不导电的脆硬非金属材料，如玻璃、陶瓷、半导体锗和硅片等。

1. 加工原理

超声加工（ultrasonic machining，USM）是利用工具端面的超声频振动，通过磨料撞击和抛压工件，从而使工件成形的一种加工方法。

如图 6-7 所示，超声加工装置的换能器将超声波发生器产生的超声频电振荡转换成 16000Hz 以上、振幅为 0.05～0.1mm 左右的超声频纵向振动，从而使工具的端面做超声频振动。磨料悬浮液中的磨粒在工具和工件之间以很大的速度和加速度不断地撞击、抛磨被加工表面，把被加工表面的材料粉碎成很细的微粒，从工件上剥落下来。由于每秒撞击的次数多达 16000 次以上，因此尽管每次剥落下来的材料很少，超声加工仍有一定的加工速度。超声加工中，工具在工件表面高速振荡。当工具端面加速度极高地离开工件表面时，工具与工件之间形成负压和局部真空，在工作液体内形成很多微空腔；当工具端面又以很大的加速度接近工件表面时，空腔闭合，引起极强的液压冲走波，从而强化加工过程。工具连续进给，加工持续进行，工具的形状便被复制在工件上，直到满足加工要求。

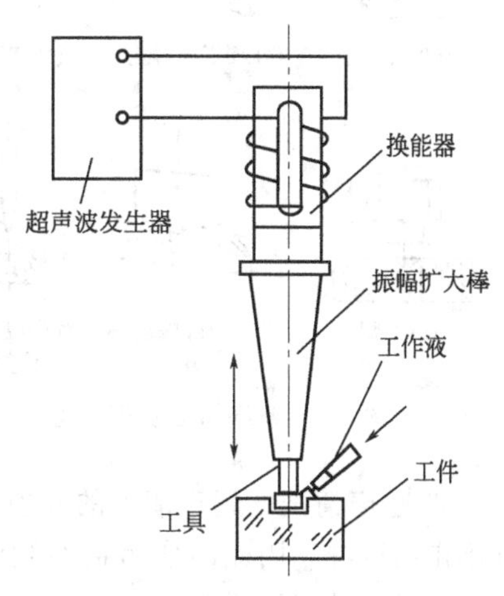

图 6-7 超声加工原理图

因此，超声加工过程是磨粒在工具端面的超声振动下，以机械锤击和研抛为主，以超声空化为辅的综合作用过程。工具材料常采用不淬火的 45 钢，磨料常采用碳化硼、碳化硅、氧化铅或金刚砂粉等。

2. 加工特点

ⅰ. 适合加工各种脆硬材料，特别是电火花和电解无法加工的不导电材料和半导体材料。超声加工基于微观局部撞击作用，所以材料越是脆硬，越适宜超声加工。例如，玻璃、陶瓷、石英、玛瑙、宝石、金刚石等材料。相反，具有韧性的材料难以采用超声加工。对于导电的硬质合金、淬火钢等也能加工，但加工效率比较低。

ⅱ. 工件加工精度高，表面质量好。加工精度可达 0.01～0.02mm，表面粗糙度 Ra 可达 1.0～0.1μm，加工表面无变形及烧伤等现象。

ⅲ. 加工过程中，工具对工件的宏观切削力小，热影响小，对于加工薄壁、窄缝等低刚度工件非常有利。

ⅳ. 软质材料工具易制成复杂的形状，工具和工件又无相对运动，因此超声加工的设备结构简单。

3. 应用范围

超声加工生产率虽然比电火花、电解加工低，但加工精度、表面粗糙度却更理想，因此目前主要应用于以下几方面。

① 型孔、型腔加工 主要用于加工各种硬脆材料的圆孔、异形孔、型腔，套料和雕刻等，如图 6-8 所示。

② 切割加工 锗、硅等半导体材料又硬又脆，用机械切割非常困难，采用超声波切割则十分有效，如图 6-9 所示。

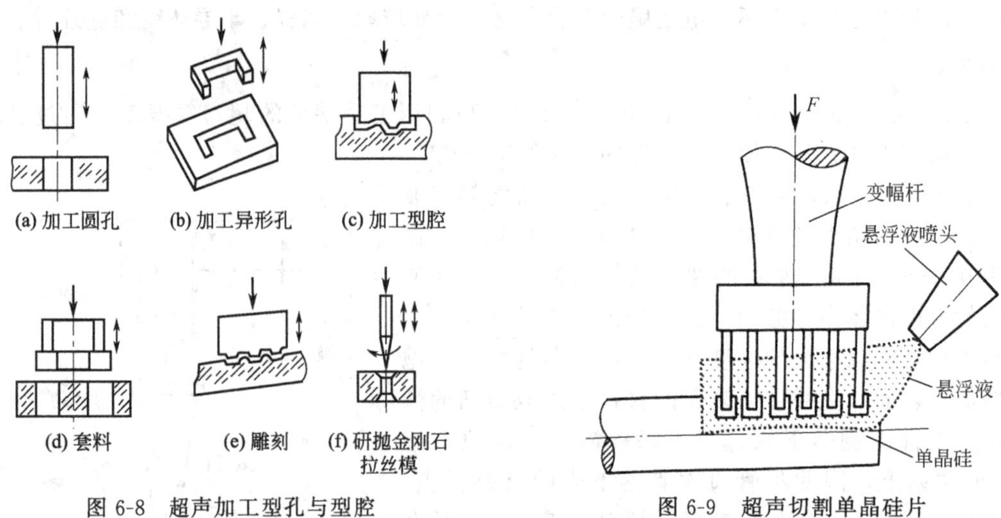

图 6-8　超声加工型孔与型腔

图 6-9　超声切割单晶硅片

③ 超声清洗　超声清洗的原理主要是利用超声频振动在液体中产生的交变冲击波和空化作用清洗，因此即使污物在被清洗物的窄缝、细小深孔、弯孔中，也容易被清洗干净。所以，被广泛用于对喷油嘴、喷丝板、微型轴承、仪表齿轮、手表整体机芯、印刷电路板、集成电路微电子器件的清洗。

④ 超声焊接　超声焊接不仅可以焊接尼龙、塑料以及表面容易生成氧化膜的铝制品等，还可以在陶瓷等非金属表面挂锡、挂银、涂覆熔化的金属薄层等。

五、激光加工

1. 加工原理

激光加工（laser beam machining，LBM）是利用光能经过透镜聚焦后达到很高的能量密度，依靠光热效应去除工件上多余材料的一种加工方法。

如图 6-10 所示，激光是一种经受激辐射产生的加强光，它具有高亮度、高方向性、高单色性和高相干性四大综合性能，通过光学系统可将激光束聚焦成直径为几十微米甚至几微米的极小光斑，从而提高能量密度。当激光束照射到工件表面上，光能被工件吸收并迅速转化为热能，使照射斑点处温度迅速升高、熔化、气化而形成小坑。由于热扩散，斑点周围金属熔化，小坑内金属蒸气迅速膨胀，产生微型爆炸，将熔融物高速喷出并产生一个方向性很强的反冲击波，于是在被加工表面上打出孔。

2. 加工特点

激光加工具有如下特点。

ⅰ. 激光加工能量密度高，功率密度最高可达 $10^8 \sim 10^{10}\,W/cm^2$，可以加工各种金属材料和非金属材料。

ⅱ. 激光加工无明显机械力，不存在工具损耗，加工速度快，热影响区小，易实现加工过程自动化。

ⅲ. 激光可透过玻璃等透明材料对工件进行加工，如对真空管内部的器件进行焊接等。

ⅳ. 激光光斑可以聚焦成微米级，又可以调节输出功率大小，因此可以进行精密微细加工。

ⅴ. 平均加工精度可达 0.01mm，最高加工精度可达 0.001mm，表面粗糙度 Ra 可达

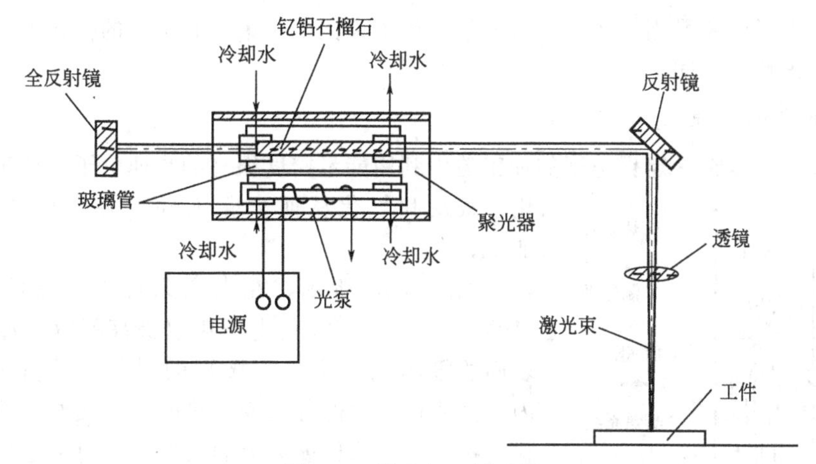

图 6-10 激光加工原理图

0.4～0.1μm。

3. 应用范围

激光可以进行打孔、切割、焊接、表面热处理、雕刻及微细加工等多种加工。

① 激光打孔 激光可在特殊零件或特殊材料上加工孔，如火箭发动机的喷油嘴、化学纤维的喷丝板、钟表上的宝石轴承和聚晶金刚石拉丝模等零件上的微细孔加工。激光打孔的效率很高，例如，用机械方法为金刚石拉丝模打孔，需要 24h；而利用 YAG 激光器打孔，只需要 2s。激光打孔的功率密度一般为 10^7～10^8W/cm^2。

② 激光切割 激光切割的功率密度一般为 10^5～10^7W/cm^2，它既可以切割金属材料，也可以切割非金属材料，还可以透过玻璃切割真空管内的灯丝，这是激光加工特有的功能。大功率 CO_2 气体激光器输出的连续激光广泛应用于切割钢板、钛合金板、石英和陶瓷、塑料、木材、纸张、包装用纸板和布匹等；固体激光器输出的脉冲式激光常用于半导体硅片的切割和化学纤维喷丝头异形孔的加工等。

③ 激光焊接 利用激光照射时高度集中的能量，将工件的加工区域“热熔”在一起。激光焊接一般无须焊料和焊剂，只需功率密度为 10^5～10^7W/cm^2 的激光束，照射约为 1/100s 的时间即可。激光焊接过程迅速，热影响区小，焊接质量高，不论同种材料还是异种材料均可焊接，甚至还可透过玻璃容器进行内部材料焊接。汽车零件中有 50%以上用激光加工，其中激光焊接占 40%。采用激光焊接可节省费用，减少总装时间，制件疲劳强度超过点焊，耐冲压、耐蚀性能也得到提高。

④ 激光表面处理 激光可以对铸铁、中碳钢甚至低碳钢等材料进行表面淬火。淬透层深度一般可达 0.7～1.1mm，淬透层硬度比常规淬火约高 20%。激光表面淬火处理的功率密度为 10^3～10^5W/cm^2。

六、电子束加工与离子束加工

电子束加工（electron beam machining，EBM）是近年来得到较大发展的特种加工方法，在精密微细加工方面，尤其是在微电子学领域中得到较多的应用。电子束加工主要用于打孔、焊接和光刻加工。近期发展起来的亚微米加工和毫微米加工等微细加工技术，主要是采用电子束加工。

与电子束加工类似的加工方法还有离子束加工（ion beam machining，IBM）。两者原理基本类似，应用各有侧重，离子束加工主要用于离子刻蚀、离子镀膜和离子注入等加工。电子与离子的质量相差数千、数万倍，离子束比电子束具有更大的机械能，两者加工时的物理基础略有不同。

1. 电子束加工的原理

电子束加工是在一定真空度的加工舱中利用能量密度很高的高速电子流使工件材料熔化、蒸发和气化从而去除工件上多余材料的高能束加工。

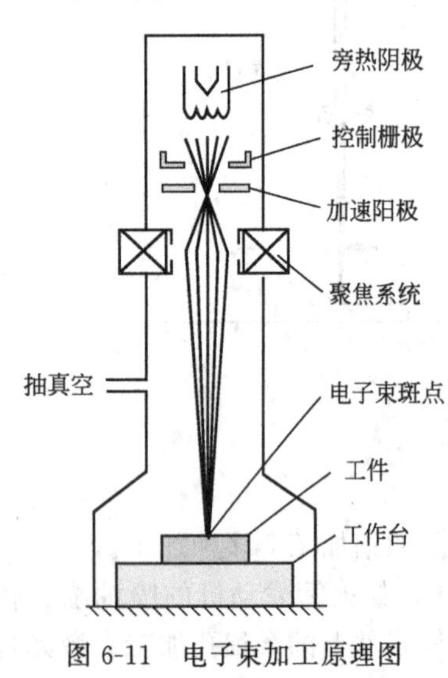

图 6-11　电子束加工原理图

如图 6-11 所示，在真空条件下，能量密度极高（10^6～10^9W/cm^2）的电子束以极高的速度冲击到工件表面的极小面积上，在极短的时间（几分之一微秒）内，其能量的大部分转变为热能，使被冲击部分的工件材料达到几千摄氏度以上的高温，进而引起材料的局部熔化和气化，被真空系统抽走，从而达到加工的目的。

控制电子束能量密度的大小和能量注入时间，就可以达到不同的加工目的。如，使材料局部加热可进行电子束热处理；使材料局部熔化就可进行电子束焊接；提高电子束能量密度，使材料熔化和气化，就可进行打孔、切割等加工；利用较低能量密度的电子束轰击高分子材料时产生化学变化的原理，即可进行电子束光刻加工。

2. 电子束加工的特点

ⅰ. 能量密度很高，焦点范围小（能聚焦到 0.1μm），适于微细深孔、窄缝等加工。

ⅱ. 加工速度快，效率高，一般厚度为 0.1～1mm 的工件打孔时间为 10μs 至数秒，切割厚度为 1mm 的钢板速度可达 240mm/min。

ⅲ. 工件不受机械力作用，不易产生宏观变形，对脆性、韧性、导体、非导体及半导体材料都可加工，加工材料适应范围很广。

ⅳ. 对电子束的强度、位置、聚焦等可以进行直接控制，整个加工过程便于实现自动化。

ⅴ. 由于加工在真空中进行，污染少，加工表面不氧化，所以特别适于加工高纯度半导体材料和易氧化的金属。

ⅵ. 加工设备较复杂，投资较大，因而生产应用不具有普遍性。

3. 电子束加工的应用范围

① 电子束打孔　电子束打孔已在生产中广泛应用，最小孔径可达 ϕ0.003mm 左右。电子束打孔速度极高，例如在 0.1mm 厚的不锈钢上每秒可打 3000 个直径为 ϕ0.2mm 的孔。人造革、塑料专用打孔机可将电子枪发射的片状电子束分成数百条小电子束同时打孔，每秒可打 50000 个孔，孔径为 ϕ40～120μm。

加工型孔也是电子束打孔的特殊应用。例如，生产化学纤维的喷丝头，需要在厚度为 0.6mm 的喷丝板上，打许多由宽度为 0.03～0.07mm、长度为 0.80mm 的窄缝组成的各种特殊形状图案的异形截面的孔，一般方法难以做到。离心过滤机、造纸化工过滤设备中钢板上的小孔为锥孔（上小下大），在 1mm 厚的不锈钢板上，用电子束每秒可打 400 个 ϕ0.13mm 锥孔；在 3mm 厚的不锈钢板上每秒可打 20 个 ϕ1mm 锥形孔。某些透平叶片需要打 30000 个斜孔，蜂房消音器等也需要打许多微孔，用电子束加工能廉价地实现。

② 电子束刻蚀　微电子器件的生产，需要在陶瓷或半导体材料上刻出许多微细沟槽和孔。例如，在硅片上刻出宽 2.5μm、深 2.5μm 的细槽，在混合电路电阻的金属镀层上刻出 40μm 宽的线条，这些均可发挥电子束加工的特长。

③ 电子束焊接　电子束焊接能量密度高，焊接速度快，所以焊缝深而窄，热影响区小，变形小，加工中不用焊条，焊接过程在真空中进行，焊缝纯净，焊接接头的强度高。电子束焊接既可以焊接钽、铌、钼等难熔金属，也可焊接钛、锆、铀等化学性质活泼的金属。工件不论厚薄均可焊接。电子束还能焊接铜和不锈钢、钢和硬质合金等异种金属。

④ 电子束热处理　电子束热处理在真空中进行，可以防止材料氧化。电子束设备的功率一般比激光功率大，可以有更广泛的应用前景。

电子束与气体分子碰撞时，会产生能量损失和散射，所以电子束加工一般在高真空度的工作室内进行，并且由于使用高电压，会产生较强的 X 射线，必须采取安全防护措施。因此，这此原因也限制了它的应用，除了特定的需要，一般为激光加工所代替。

4. 离子束加工

离子束加工与电子束加工的原理基本相同，不同的是离子质量比电子质量大数千、数万倍。如图 6-12 所示，首先把氩（Ar）、氪（Kr）、氙（Xe）等稀有气体注入低真空（约 1Pa）的电离室中，用高频放电、电弧放电、等离子体放电或电子轰击等方法使其电离成等离子体，接着用加速电极将离子呈束状拉出并使之加速。然后离子束进入高真空（约 10^{-4}Pa）的加工室，并用静电透镜聚焦成细束向工件表面冲击，或将工件的原子撞击出来（撞击效应），或将靶材的原子撞出后飞溅沉积到工件表面上（溅射效应），或直接将离子束中的离子注入工件表层之内（注入效应）。

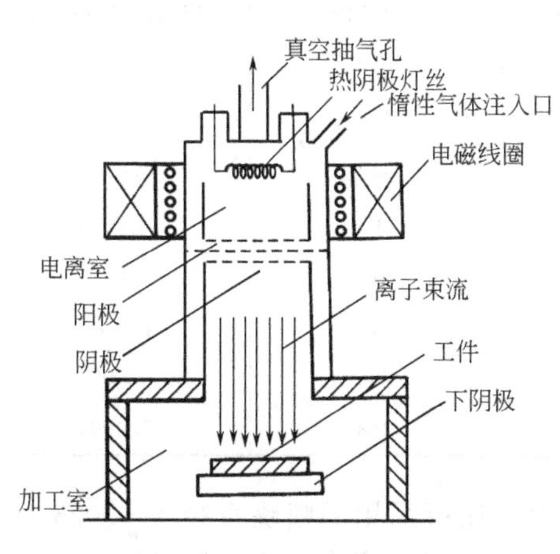

图 6-12　离子束加工示意图

离子束撞击和飞溅加工时，一般采用能量为 0.5～5keV（千电子伏）的氩离子轰击工件表面；注入加工时，一般根据需要采用 5～500keV 能力的碳、氮、硼、磷等离子束。离子束的离子能量和离子的流密度可以精确控制，可以对材料进行原子级加工、纳米加工，将材料的原子一层一层剥离，尺寸精度可以达到原子间的距离，达到尺寸精度和表面粗糙度的极限。离子束溅射去除加工的机理不同于电子束加工，它是一种无热加工。离子与工件材料原子之间碰撞接近弹性碰撞。在碰撞过程中，离子所具有的能量传递给材料的原子、分子，其中一部分能量使工件材料产生溅射、抛出，其余能量转变为材料晶格的振动能。

离子束加工主要用于精微的穿孔、蚀刻、切割、铣削、研磨和抛光，例如集成电路、表面声光器件、磁泡器件、超导器件、光电器件、光集成器件等微电子器件的图形蚀刻，石英晶体振荡器、压电传感器等的减薄，金刚石触针的成形，非球面透镜的加工等。

七、高压水射流加工

射流加工（jet machining，JM）主要应用于材料切割和工业清洗。其中，应用最为

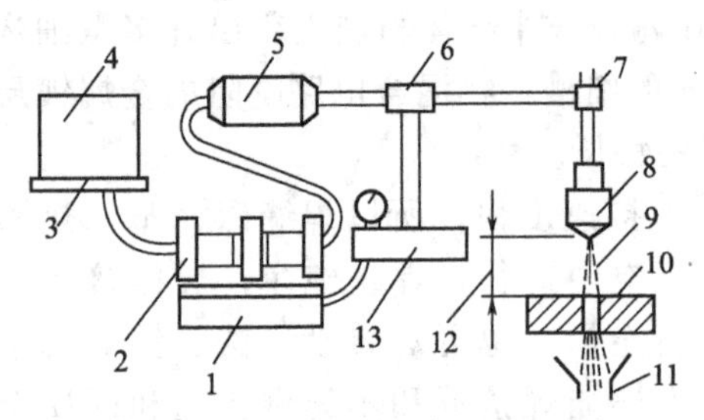

图 6-13　高压水射流加工原理图

1—增压器；2—水泵；3—混合过滤器；
4—供水器；5—蓄能器；6—控制器；7—阀；
8—蓝宝石喷嘴；9—射流；10—工件；11—排水道；
12—喷口至工件表面的间距；13—液压装置

广泛的是高压水射流加工。

1. 加工原理

高压水射流加工又称液体射流加工，它是利用高压高速水流对工件的冲击作用来去除材料的，俗称水刀。

如图 6-13 所示，采用水或带有添加剂的水，以 500～900m/s 的高速冲击工件进行加工或切割。水经水泵后通过增压器增压，经储液蓄能器使脉动的液流平稳。水从孔径为 0.1～0.5mm 的人造蓝宝石喷嘴喷出。

高压水射流加工装置一般由液压系统（如供水系统、增压系统、高压水路系统、磨料供给系统）、切割系统（如高压水射流喷嘴切割装置）、数控运动控制系统和外围设备（如 CAD/CAM 系统和全封闭防护罩等）组成。喷嘴的直径为 0.05～0.5mm，喷嘴直径取决于所加工材料的厚度及其力学性能。喷嘴的材料应具有良好的耐磨性、耐腐蚀性和承受高压的性能。常用的材料有硬质合金、蓝宝石、红宝石和金刚石。

2. 加工特点

高压水射流加工速度取决于工件材料，并与所用的功率大小成正比，与材料厚度成反比，不同材料的切割速度如表 6-1 所示。

表 6-1　某些材料高压水射流加工的切割速度

材料	厚度/mm	喷嘴直径/mm	压力/MPa	切割速度/(m/s)
吸声板	19	0.25	310	1.25
玻璃钢板	3.55	0.25	412	0.0025
环氧树脂石墨	6.9	0.35	412	0.0275
皮革	4.45	0.05	303	0.0091
胶质(化学)玻璃	10	0.38	412	0.07
聚碳酸酯	5	0.38	412	0.1
聚乙烯	3	0.05	286	0.0092
苯乙烯	3	0.075	248	0.0064

切割精度主要受喷嘴轨迹精度的影响，切缝大约比所采用的喷嘴直径大 0.025mm。加工复合材料时，射流速度要快，喷嘴直径要小，并具有小的前角，喷嘴紧靠工件，喷射距离要小。喷嘴愈小，加工精度愈高，但加工速度愈低。

切边质量受材料性质的影响很大，软材料可以获得光滑表面，塑性好的材料可以切割出高质量的切边。

纯水射流因介质仅为纯净水，加工能力较低，仅能切割较薄的零件，但其设备相对简单，使用成本较低。水中加入添加剂，能改善切割性能和减小切割宽度。另外，喷射距离对切口斜度的影响很大，距离愈小，切口斜度也愈小。有时为了提高切削速度和零件的加工厚度，在水中混入磨料细粉（如橄榄石、石榴石、氧化铝、金刚砂等）。

切割过程中，“切屑”混入液体中，故不存在灰尘，不会有爆炸或火灾危险。

3. 应用范围

水射流切割的用途和优势主要体现在难加工材料方面，如陶瓷、硬质合金、高速钢、模具钢、淬火钢、白口铸铁、钨钼合金、耐热合金、钛合金、耐蚀合金、复合材料、煅烧陶瓷、高速钢（30HRC以下）、不锈钢、高锰钢、马氏体钢（硬度<30HRC）、高硅铸铁和可锻铸铁等材料。高压水射流除用于切割外，稍微降低压力或增大靶距和流量还可以用于清洗、破碎、表面毛化和强化处理。

目前，高压水射流加工已在许多行业获得成功应用，如汽车制造与修理、航空航天、机械加工、兵器、电子电力、石油、采矿、建筑建材、核工业、化工、船舶、食品、医疗、林业、农业、市政工程等。

水射流切割可以加工很薄、很软的金属和非金属材料，还可以代替硬质合金切槽刀具，而且切边的质量很好。所加工材料厚度小则几毫米，大则几百毫米。由于加工的切缝很窄，可节约材料和降低加工成本。

第二节　增材制造

一、概述

增材制造（additive manufacturing，AM）技术的出现，为现代制造业的发展以及传统制造业的转型升级提供了巨大契机。增材制造可以以其强大的个性化制造能力充分满足未来社会大规模个性化定制的需求，以其对设计创新的强力支撑颠覆高端装备的传统设计和制造途径，形成前所未有的全新解决方案，使大量的产品概念发生革命性变化，成为制造业向创新驱动发展模式转换的支撑。

传统的机械加工手段，有一类通过工具对材料进行选择性去除，使材料变成想要的大小、形状和精细度，加工后的产品相比加工前的材料在重量和大小方面都发生了减少，如车削、钻削、电火花加工等，故称为减材制造。另一类为等材制造，产品所需的形状通过对原材料施加压力得到，如锻造、弯曲、铸造、注塑、粉末冶金或陶瓷加工中的坯体压缩等。增材制造是20世纪80年代依托计算机三维立体图形产生的新的加工制造技术，它是基于离散-堆积原理，由零件三维数据驱动直接制造零件的科学技术体系。基于不同的分类原则和理解方式，增材制造还有快速成形（rapid prototyping，RP）、快速制造、3D打印等称谓，其内涵仍在不断深化，外延也在不断扩展。

1. 增材制造技术的基本过程

基于材料累加原理的增材制造操作过程，有很多种工艺方法，但所有的工艺方法都是一层一层地制造零件，其区别是制造每一层的方法和材料不同。

① CAD模型制造　首先由CAD软件（如Pro/E、UG、SolidWorks、SolidEdge等）设计出所需零件的计算机三维曲面或实体模型，然后将三维数据模型转换成STL格式数据文件，即对实体曲面做面型化处理，用平面三角面片近似代替模型表面。每个三角面片用四个数据项表示，包括三个顶点坐标和一个法向矢量，而整个CAD模型就是这样一组矢量的集合。这样处理的优点是可以极大地简化CAD模型的数据格式，便于后续分层处理。

② Z向离散化　将三维实体模型（一般为STL格式）的数据文件输入专用的分层程序，根据工艺要求按照一定的规则将该模型离散为一系列有序的单元，通常在Z向（堆

积方向）将其按一定厚度进行离散（习惯称为分层或切片）。平行平面之间的距离就是分层的厚度，也就是成形时堆积的单层厚度，切片层的厚度直接影响零件的表面粗糙度和整个零件的形面精度。分层切片后所获得的每一层信息就是该层片上下轮廓信息及实体信息，轮廓信息是用平面与CAD模型的STL文件求交获得的，所以轮廓信息由求交后的一系列交点顺序连成的折线段所构成，故分层后所得的模型轮廓是近似的，而层层之间的轮廓信息已经丢失，层厚越大，丢失信息越多，导致成形过程中产生了型面误差。

③ 层面信息处理　把三维电子模型变成一系列的二维层片，再根据每个层片的轮廓信息，进行工艺规划，选择合适的加工参数，自动生成数控代码。

④ 层面加工与黏接　成形机接受控制指令制造一系列层片，并自动将它们连接起来。

⑤ 层层堆积　当一次制造完毕后，成形机工作台面下降一个层厚的距离，再加工新的一层，如此反复进行直至整个原形加工完成。

这种将一个物理实体复杂的三维加工离散成一系列二维层片的加工，是一种降维制造的思想。它大大降低了加工难度，成形过程的难度与待成形的物理实体的复杂程度无关。

2.增材制造技术的特点

增材制造技术基于材料叠加的方法制造零件，技术含量高，不用模具就能够制出复杂结构塑料件等。因而具有制造快速、可加工复杂形状零件、经济效益好、环保性能好等特点。

ⅰ.增材制造技术是机械加工技术领域的一次重大突破，也是机电一体化技术领域的新发展。它是计算机图形技术、数据采集与处理技术、材料技术，以及机电加工与控制技术的综合体现。

ⅱ.大大缩短产品设计周期。快捷的成形技术在新产品开发过程中发挥了极好的作用，从计算机设计三维立体图形，或用实体采集形体数据反求实体数据开始，到制造出实体零件，一般只需要几个小时或几十个小时，这是传统制造方法很难做到的。

ⅲ.可以较容易地制造出形状结构复杂的零件、模具型腔件等。例如，汽轮机叶轮、泵壳体、手机机壳、医用骨骼与牙齿等。

ⅳ.容易实现远程制造。通过计算机网络，用户可以在异地设计出制品的形状，并将设计结果传送到增材制造技术服务中心，由此制造出零件实物。

ⅴ.加工产生的废弃物较少，有利于环保。

增材制造成形材料包含了金属、非金属、复合材料、生物材料甚至是生命材料，成形工艺能量源包括激光、电子束、特殊波长光源、电弧以及以上能量源的组合。本章主要介绍四种典型增材制造方法：立体光固化成形（stereolithography apparatus，SLA）、分层实体制造（laminated object manufacturing，LOM）、熔融沉积成形（fused deposition modeling，FDM）、选区激光烧结成形（selected laser sintering，SLS）。

二、立体光固化成形

1.工艺原理

立体光固化成形是基于液态光敏树脂的光聚合原理工作的。这种液体材料在紫外光照射下能迅速发生光聚合反应，相对分子质量急剧增大，材料也就从液态转变成固态。

如图6-14所示，将一个可以准确微量平行下移的平台置在充满液态光敏树脂的容器内液面下，使平台上的液面等于一个切片层的厚度。计算机按照STL格式数据文件信息控制激光束反射镜转动或在水平平面内运动，使激光束扫描片层需要固化区域内的树脂，被激光照射过的树脂固化并黏附在可移动平台的基底层上，底层扫描完毕，平台下降一个片层的厚度；容器内液态光敏树脂迅速没过固化的树脂，激光束按照新一层材料的数据扫描液态敏树脂，使其固化并黏接在前一层固化了的树脂上；每固化好一层后平台下降一层厚度，直至工件制成。

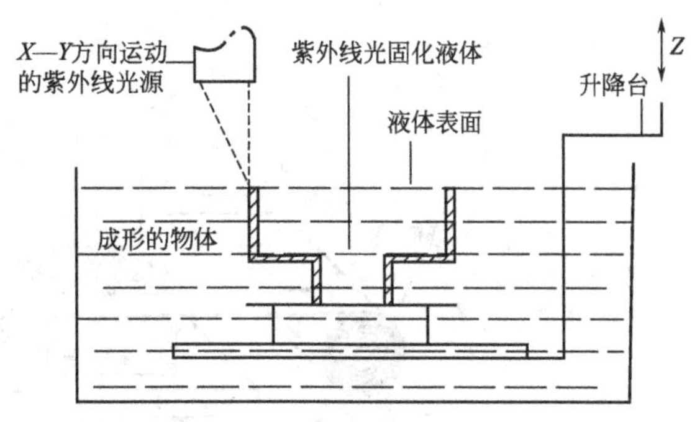

图 6-14 立体光固化成形原理图

初步成形的零件从充满液态光敏树脂的容器中取出，清洗以去除多余的液态树脂，初步检查制品质量。再把清洗过的零件放入后固化装置的转盘上用强紫外光照射，使其完全固化，且满足制品强度要求。最后，去除支承材料，打光、电镀、喷涂或着色即可。

2. 工艺特点及应用

SLA 是世界上第一种增材制造技术，也是目前研究最多、技术上最为成熟的方法之一。该技术的主要特点如下。

ⅰ. 可成形任意复杂形状的模型，且成形精度高（能达到或小于 1mm）、仿真性强、材料利用率高、性能可靠、性价比高。

ⅱ. 该工艺的缺点是成形过程需构建支承，液态树脂固化过程中，易发生翘曲变形，且所需设备和光敏树脂价格昂贵，成本较高。

SLA 工艺适合固化比较复杂的中小件，如产品外形评估、功能实验的模型。

三、分层实体制造

1. 工艺原理

叠层实体制造工艺采用薄片材料，如纸、金属箔、塑料膜、陶瓷膜等，片材表面事先涂覆上一层热熔胶，加工时，激光器束在计算机控制下切割片材，然后通过热压辊热压，使当前层与下面已成形的工件黏接，从而堆积成形。

如图 6-15 所示，以纸卷材料为例，增材制造系统的计算机将欲加工零件的三维数据模型分切成薄层，每一层厚度与纸的厚度相同。加热辊将背面涂有热熔胶的纸黏接到工作台平面上，激光束在 *X-Y* 平面上对这层纸扫描切割，得到一层与三维数据模型薄层完全一致的截面轮廓。完成一层纸的切割后，工作平台下降，然后自动送纸机构将下一层纸送上工作平台，加热辊使这一层纸黏接到上一层纸上。增材制造系统重复这样的过程，从工件的底层层片开始，由下至上逐层切割、黏合，直至完成整个工件。制作完成的毛坯从工作台上取下，剥离废料。由于纸的背面涂了特殊品质的黏胶，所以很容易去除多余材料并保持工件的尺寸精度。

2. 工艺特点及应用

ⅰ. LOM 工艺无须设计和构建支承，激光束只需切割出零件截面的轮廓，而不用扫描整个截面，成形效率较高。

ⅱ. 使用该工艺时，每一层材料之间是个整体，材料层内强度较好，而且层内无内应力，变形较小。

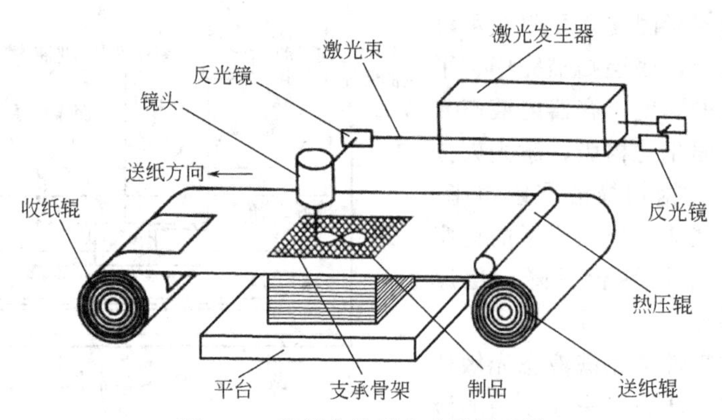

图 6-15　叠层实体制造成形原理图

ⅲ. 该工艺的缺点是材料种类有限，目前常用的主要是纸，且材料的利用率也较低，成形件表面质量差，后处理难度较大，尤其是中空零件的内部废料不易去除。

LOM 工艺具有制造效率高、速度快、成本低等优点，易于制造大型、实体零件，通常用于产品设计的概念建模和功能测试零件。

四、熔融沉积成形

1. 工艺原理

熔融沉积成形工艺是利用热塑性材料的热熔性、黏接性，在计算机控制下层层堆积成形的工艺。

如图 6-16 所示，材料先抽成丝状，通过送丝机构送进喷头，在喷头内被加热直至熔融状态，喷头沿零件截面轮廓和填充轨迹运动，同时将熔化的材料挤出，材料迅速固化，并与周围的材料黏结，层层堆积，最终制成计算机上预先设计出的零件。

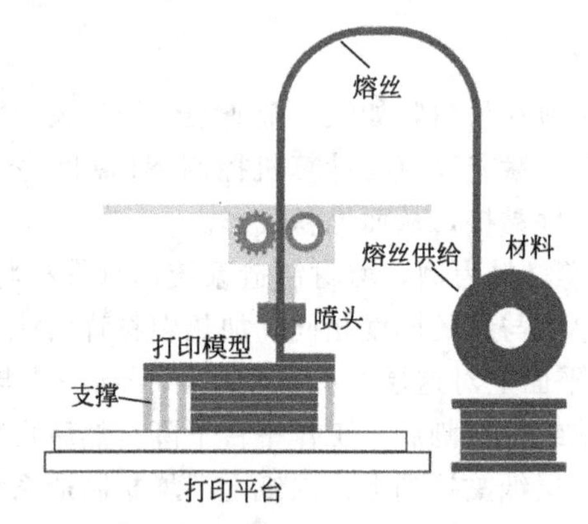

图 6-16　熔融沉积成形原理图

2. 工艺特点及应用

ⅰ. FDM 工艺不用激光，操作简单且对环境影响较小。

ⅱ. 成形过程需构建支承件，但所需的支承件可以用另一个喷嘴挤出另一种材料来实现，所用支承材料不容易去除。

ⅲ. 该工艺的缺点是结构复杂的零件不易制造，成形件精度偏低，表面质量差；成形效率低，不适合制造大型零件。

熔融沉积成形所用成形材料主要有ABS塑料、石蜡、低熔点金属、橡胶、聚酯等热塑性线材。可以用来制造精密熔模铸造用的蜡型，制造供新产品观感评价和性能测试的样件、结构分析和装配校合的样件，以及以往需要用模具生产的单件或小批量模制件。

五、选区激光烧结成形

1. 工艺原理

选区激光烧结成形工艺是利用粉末材料（金属或非金属粉末）在激光照射下烧结的原理，在计算机控制下层层堆积成形。

如图6-17所示，该方法采用CO_2激光器作为能源。在工作台上均匀铺上一薄层（0.1～0.2mm）的粉末，激光束在计算机控制下按照零件分层轮廓有选择地进行烧结，一层完成后再进行下一层烧结。全部烧结完成后，去掉多余的粉末，进行打磨、烘干等处理便获得零件。

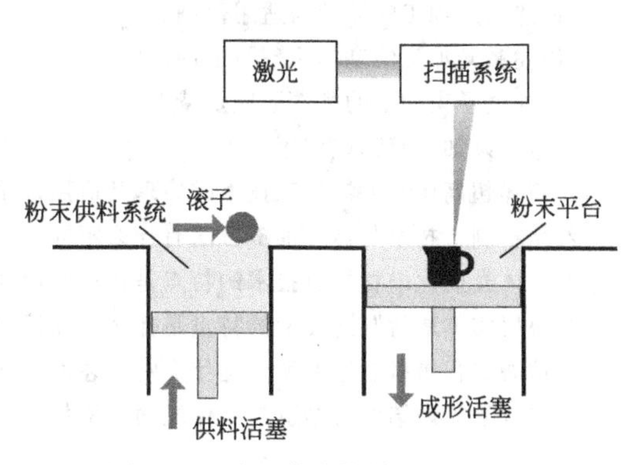

图6-17 选区激光烧结成形原理图

2. 工艺特点及应用

ⅰ. SLS工艺材料适应面广，不但能制造塑料、陶瓷、石蜡零件，还可以直接制造金属零件，这使SLS工艺颇具吸引力。

ⅱ. 成形过程无须构建支承，因为没有被烧结的粉末起到了支承的作用，所以可以烧结制造空心、多层镂空的复杂零件。

ⅲ. 该工艺的缺点是成形效率低，成形过程产生有毒气体，对环境有一定的污染，原型件疏松多孔，需进行后处理。

SLS烧结成形用的材料，早期采用蜡粉及高分子塑料粉，现在用金属或陶瓷粉进行黏结或烧结的工艺也已经达到实用阶段。近年来较为成熟的用于SLS工艺的材料包括石蜡、聚碳酸酯、尼龙、钢铜合金等。

SLS的应用范围与SLA工艺类似，可直接制作高分子粉末材料的功能件，用作结构验证和功能测试，并可用于装配样机。制件可直接作为精密铸造用的蜡模和砂型、型芯。制作出的原型件可快速翻制各种模具，如硅橡胶模、金属冷喷模、陶瓷模、合金模、电铸模、环氧树脂模和气化模等。

本章介绍的四种典型增材制造工艺，由于成形材料的差别而各有特点，其比较如表6-2所示。

表6-2 几种典型增材制造工艺的比较

工艺技术	原型精度	表面质量	复杂程度	零件大小	常用材料	材料利用率/%	材料价格	制造成本	生成效率	设备费用
SLA	较高	优	中等	中小件	热固性光敏树脂	接近100	较贵	较高	高	较贵
LOM	较高	较差	简单或中等	中大件	纸、金属箔、薄膜	较差	较便宜	低	高	较便宜
FDM	较差	较差	中等	中小件	石蜡、塑料、低熔点金属	接近100	较贵	较低	较低	较便宜
SLS	较低	中等	复杂	中小件	塑料、金属、陶瓷粉末	接近100	较贵	较低	中等	较贵

思考与练习题

1.简述电火花加工的原理与适用范围。

2.简述电火花线切割加工的原理与适用范围。

3.电火花线切割加工能加工什么样的制品?

4.简述电解加工的原理与适用范围。

5.电解加工有何特点?

6.试比较电解加工与传统机械加工、电火花加工有何异同。

7.简述超声加工的原理与适用范围。

8.简述激光加工的基本原理与适用范围。

9.简述电子束加工的基本原理及特点。

10.电子束加工有哪些应用?

11.简述超高压水射流加工技术的原理及应用范围。

12.增材制造技术与传统加工方法有什么不同?

13.立体光固化增材制造技术的特点是什么?简述使用本方法制造零件的全过程。

14.叠层实体增材制造技术的特点是什么?简述使用本方法制造零件的全过程。

15.熔融沉积增材制造的特点是什么?简述使用本方法制造零件的全过程。

16.选区激光烧结增材制造与立体光固化增材制造有什么区别?

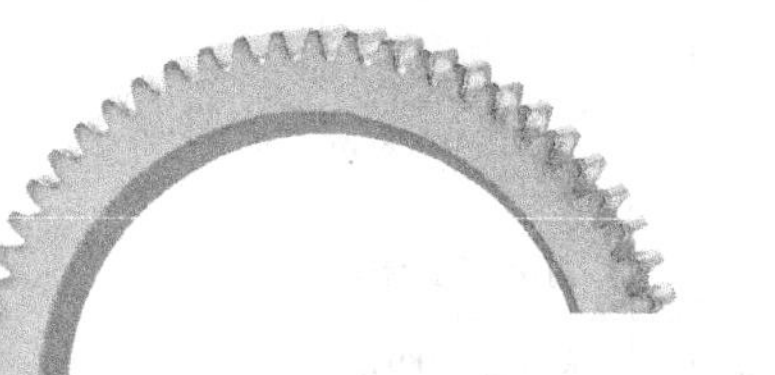

第七章 典型表面的加工

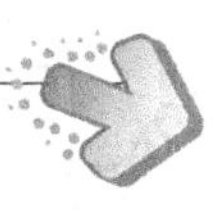

【学习意义】 机器零件尽管多种多样，但均由一些诸如外圆、内圆、平面、螺纹、齿形等典型表面所组成。加工零件的过程，实际上就是加工这些表面的过程。因此，合理选择这些典型表面的加工方案，是正确制定零件加工工艺的基础。

【学习目标】

1. 熟悉各种典型表面的加工方法；

2. 能根据零件表面的尺寸精度和表面粗糙度 Ra 值、零件的结构形状和尺寸大小、热处理状况、材料的性能以及零件的生产批量等因素，较合理地选用加工方案。

第一节 外圆面加工方案

一、外圆面的技术要求

外圆是组成轴类和盘套类零件的主要表面。外圆表面的技术要求一般分为四个方面。

① 尺寸精度 指外圆表面直径和长度的尺寸精度，一般直径尺寸公差等级较高，而长度多为未注尺寸公差。

② 形状精度 指外圆表面的圆度、圆柱度等形状精度。

③ 位置精度 主要有与其他外圆和孔的同轴度公差（或对轴线的径向圆跳动公差）、与端面的垂直度公差（或对轴线的轴向圆跳动公差）等。

④ 表面质量 主要指表面粗糙度，对某些重要零件的表面，还对表层硬度、残余应力、显微组织等提出要求。

二、外圆面加工方案分析

零件的外圆表面主要有下列五条基本加工路线，见图 7-1。

① 粗车—半精车—精车 这是应用最广的一条加工路线。对于加工精度等于或低于 IT7，表面粗糙度 Ra 值等于或大于 0.8μm 的未淬硬工件的外圆面，均可采用此方案，如果加工精度要求较低，可以只取粗车，也可以只取粗车—半精车。

② 粗车—半精车—粗磨—精磨 对于黑色金属材料，特别是对半精车后有淬火要求，加工精度等于或低于 IT5，表面粗糙度 Ra 值等于或大于 0.2μm 的外圆面可采用此方案。

③ 粗车—半精车—精车—精细车 此方案主要适用于有色金属零件的精密加工。

④ 粗车—半精车—粗磨—精磨—研磨（或小粗糙度磨削或超精加工或抛光） 对于精磨仍达不到要求的外圆表面，可采用研磨、小粗糙度磨削、超精加工或抛光等精密加工方

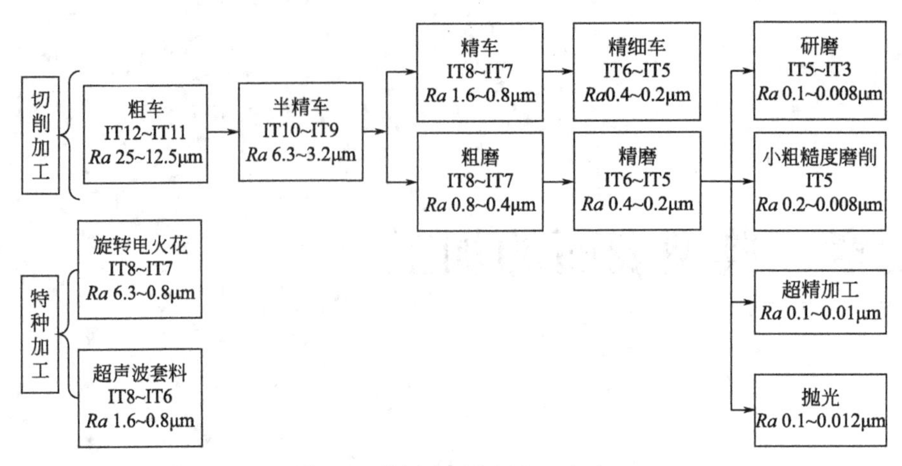

图 7-1 外圆表面常用加工方案

法，其中小粗糙度磨削、超精加工主要以减小表面粗糙度为主，抛光主要以提高光亮度、减小表面粗糙度为主。

⑤ 旋转电火花、超声波套料 用于加工各种特殊的难加工材料的外圆。其中，旋转电火花主要加工高硬度的导电材料，超声波套料主要加工又脆又硬的非金属材料。

第二节 内圆面加工方案

内圆面（即孔）是盘套、支架、箱体类零件的主要组成表面。其类型很多，从用途看，有轴和盘套类零件上的配合孔、支架和箱体类零件上的轴承支承孔以及各类零件上的销钉孔、穿螺钉孔、润滑油孔和其他非配合孔等。从尺寸和结构形状看，有大孔、小孔、微孔、通孔、盲孔、台阶孔和深孔等。孔类型的多样化给孔的加工方案带来多样化。

一、内圆面的技术要求

内圆面主要技术要求与外圆面基本相同，也有尺寸精度、形状精度、位置精度和表面质量等要求。

① 尺寸精度 孔径与长度的尺寸精度。

② 形状精度 孔的圆度、圆柱度及轴线的直线度等。

③ 位置精度 孔与相关孔和外圆的同轴度公差（或对轴线的径向圆跳动公差）、孔与端面的垂直度公差（或对轴线的轴向圆跳动公差）等。

④ 表面质量 表面粗糙度和表面力学性能要求等。

二、内圆面加工方案分析

孔加工可以在车床、钻床、镗床、拉床或磨床上进行，大孔常在镗床或镗铣床上进行，深径比 $L/D>20$ 的深孔一般在专用的深孔钻镗床上进行。

拟订孔的加工方案时，应考虑孔径的大小和孔的深浅、精度和表面粗糙度等要求，还要考虑工件的材料、形状、尺寸、重量和生产批量等。

与外圆面相比，孔的加工难度大。因为加工孔的刀具尺寸受孔径限制，刀杆细、刚度差，切削时易产生变形和振动，不能采用大的切削用量；又因为刀具处于被加工孔的包围之中，散热和排屑条件极差，刀具磨损快，孔壁易被切屑划伤。所以同等精度要求，内孔加工比外圆面加工要困难得多，需要的工序多，成本也高。

孔的加工方法很多，切削加工方法有钻孔、扩孔、铰孔、镗孔、拉孔、磨孔以及研磨和珩磨等，特种加工方法有电火花穿孔、超声波穿孔和激光打孔等。

图 7-2 是常见的孔加工路线框图，可分为五条基本路线。

① 钻—扩—铰—手铰　这是一条应用最为广泛的加工路线，在各种生产类型中都有应用，多用于中小孔径的加工。

② 钻（或粗镗）—半精镗—精镗—精细镗　这条加工路线适合各种生产类型中直径较大的孔，特别是箱体零件的孔系以及位置精度要求很高的孔系加工。在这条加工路线中，当工件毛坯上已有毛坯孔时，第一道工序安排粗镗，当无毛坯孔时则第一道工序安排钻孔。后面的工序视零件的精度要求，可安排半精镗，亦可安排半精镗—精镗或半精镗—精镗—精细镗。

精细镗是指在精镗床上使用刃磨质量较好的金刚石或硬质合金刀具进行高速、小进给精镗孔加工。因精镗床初期使用金刚石镗刀，故精镗床又称金刚镗床，精细镗又称金刚镗。

③ 钻（或粗镗）—半精镗—粗磨—精磨—珩磨（或研磨）　主要用于镗削加工后淬硬零件的加工和精度要求高的孔加工。

④ 钻—粗拉—精拉　这条加工路线多用于大批量生产未淬硬的盘套类零件的圆孔、单键孔和花键孔的加工。

⑤ 电火花穿孔、超声波穿孔、激光打孔　用于加工各种难加工材料上的孔。其中，电火花穿孔主要加工高硬度导电材料（如淬硬钢、硬质合金和人造聚晶金刚石）上的型孔、小孔和深孔；超声波穿孔主要加工各种又硬又脆的非金属材料（如玻璃、陶瓷和金刚石）上的型孔、小孔和深孔；激光打孔可加工各种材料，尤其是难加工材料上的小孔和微孔。

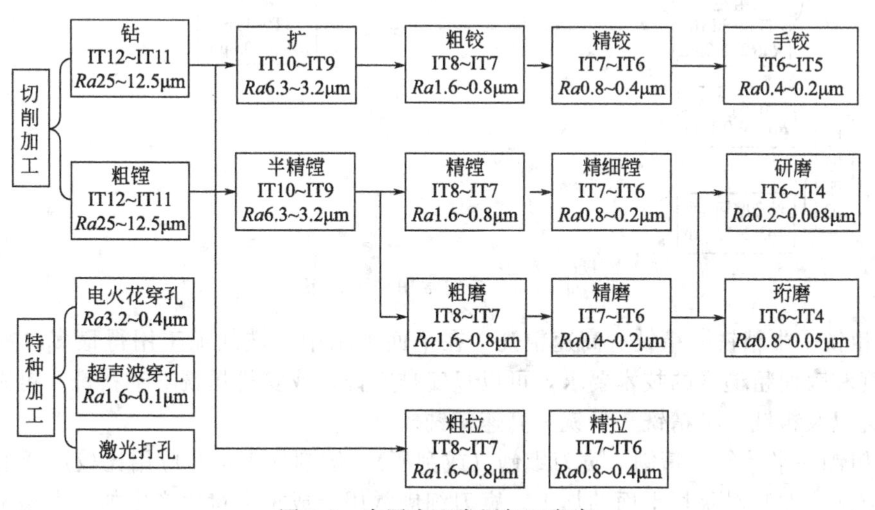

图 7-2　内圆表面常用加工方案

第三节　平面加工方案

平面是盘形和板形零件的主要表面，也是箱体类零件的主要表面之一。平面在机械零件上常见的类型有：导向平面（如导轨面）、结合平面（如箱体与机座的连接面）、精密量具平面（如量块工作面）以及非配合面（如各种外观平面等）。

一、平面的技术要求

① 形状精度　指平面本身的平面度和直线度等。

② 尺寸精度及位置精度　指平面之间的尺寸精度以及平行度和垂直度等。

③ 表面质量　指表面粗糙度、表层硬度、残余应力和显微组织等。

二、平面加工方案分析

平面常用的加工路线框图如图7-3所示。平面本身没有尺寸精度，图中的公差等级是指两平行平面之间距离尺寸的公差等级。平面加工方案可归纳为六条基本路线。

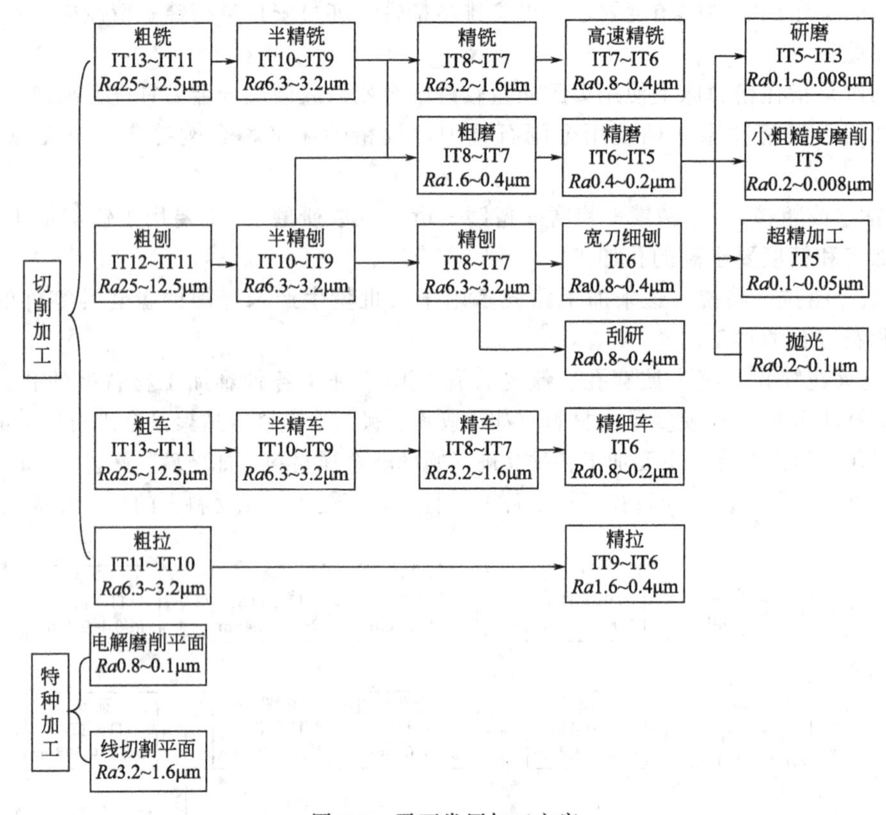

图7-3　平面常用加工方案

① 粗铣—半精铣—精铣—高速精铣　在平面加工中，铣削加工用得最多，视被加工面的精度和表面粗糙度的技术要求，可以只安排粗铣，或安排粗铣—半精铣、粗铣—半精铣—精铣以及粗铣—半精铣—精铣—高速精铣。

② 粗刨—半精刨—精刨—宽刀细刨（或刮研）　刨削加工也是应用比较广泛的一种平面加工方法，尤其对狭长平面的加工。宽刀细刨常用于成批大量生产中加工大型工件上精度较高的平面（如机床床身导轨面），以代替刮削和导轨磨削。刮研是用刮刀从工件表面刮去较高点，再用标准检具（或与其相配的件）涂色检验的反复加工过程，是获得精密平面的传统加工方法。刮研多用于单件小批生产中加工各种设备的导轨面、高精度结合面、滑动轴承轴瓦以及平板、平尺等检具。刮研还用于某些外露表面的修饰加工，可刮出各种漂亮的花纹，以增加美观程度。

同铣平面的加工路线一样，可根据平面精度和表面粗糙度要求，选定终工序，截取前半部分作为加工路线。

③ 粗铣（刨）—半精铣（刨）—粗磨—精磨—研磨（或小粗糙度磨削或超精加工或抛光等）。如果被加工平面有淬火要求，则可在半精铣（刨）后安排淬火。淬火后需要安排磨削工序，视平面精度和表面粗糙度要求，可以只安排粗磨，亦可只安排粗磨—精磨，还可以在精磨后安排研磨或小粗糙度磨削等，抛光多用于电镀前的预加工。

④ 粗拉—精拉　用于加工大批量生产中适宜拉削的各种零件上的平面。

⑤ 粗车—半精车—精车—精细车　多用于加工轴、盘、套等零件上的端平面和台阶面。精细车主要用于加工高精度的有色金属件平面。

⑥ 电解磨削平面、线切割平面　适宜加工高强度、高硬度、热敏性和磁性等导体材料上的平面。

第四节　螺纹表面的加工

螺纹也是零件上常见的表面之一。按用途不同有紧固螺纹和传动螺纹。紧固螺纹包括普通螺纹和管螺纹，主要用于零件的固定连接，其基本牙型多为三角形；传动螺纹主要用于传递动力、运动或位移，其基本牙型多为梯形或锯齿形。

螺纹和其他类型的表面一样，也有一定的尺寸精度、形状精度、位置精度和表面质量的要求。对于紧固螺纹和无传动精度要求的传动螺纹，一般只要求中径和顶径的尺寸精度。对于有传动精度要求的传动螺纹，除要求中径和顶径的尺寸精度外，还要求螺距和牙型角的形状精度，但国家标准只规定了螺纹中径和顶径的尺寸精度，螺距和牙型角的形状精度由中径的尺寸精度保证。

GB/T 197《普通螺纹　公差》对普通螺纹的精度作了规定，内螺纹小径和中径的公差分别有4、5、6、7、8五个等级，外螺纹大径的公差有4、6、8三个等级，外螺纹中径的公差有3、4、5、6、7、8、9七个等级。其中6级公差约为中等精度。螺纹常用的切削加工方法有车螺纹、铣螺纹、磨螺纹、攻螺纹和套螺纹等；少无切削加工方法有滚压螺纹等；特种加工方法有回转式电火花加工和共轭回转式电火花加工等。

常用螺纹加工方法及所能达到的精度和表面粗糙度 *Ra* 值、加工工艺特点与应用见表7-1。

表7-1　常用螺纹表面的加工方法及工艺特点与应用

序号	工艺方法	工艺说明及简图	加工精度	$Ra/\mu m$	工艺特点	应用范围
1	攻螺纹 和 套螺纹	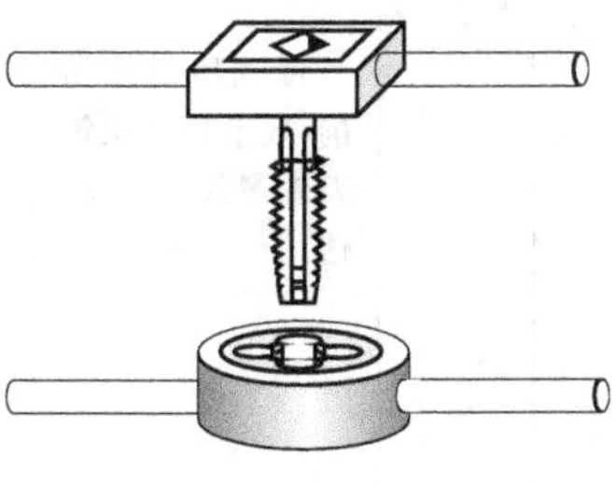	8～6级	6.3～1.6	一般用于手工操作，生产率较低，但对小尺寸螺纹，几乎是唯一有效方法	适用于各种批量，加工直径较小、精度较低的普通内外螺纹

续表

序号	工艺方法		工艺说明及简图	加工精度	$Ra/\mu m$	工艺特点	应用范围
2	车螺纹	普通螺纹车刀车螺纹	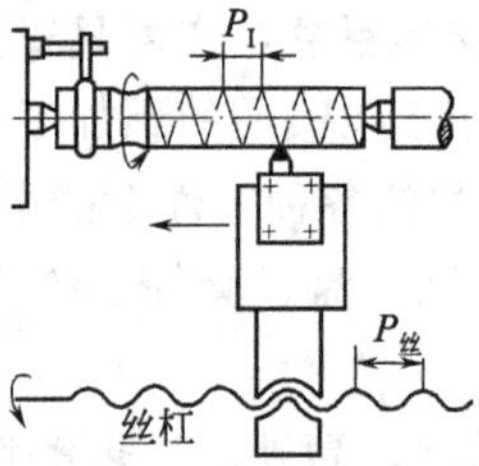	9～4级	3.2～0.8	为获得准确的螺距，必须保证工件每转一转，车刀准确移动一个螺距	用于加工与零件轴线同心的内外螺纹，适合单件小批生产
		梳刀车螺纹	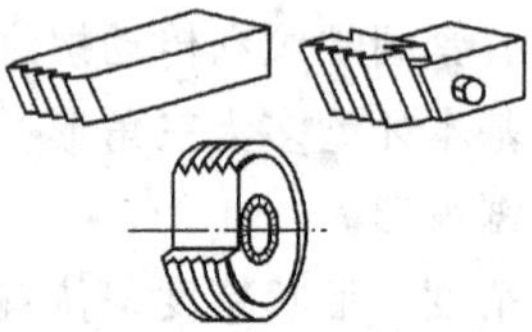			一次走刀就能切出全部螺纹，但加工精度不高，不能加工精密螺纹	适合大批量生产低精度螺纹，或作为加工精密螺纹时的粗加工工序
3	铣螺纹	盘状铣刀铣螺纹	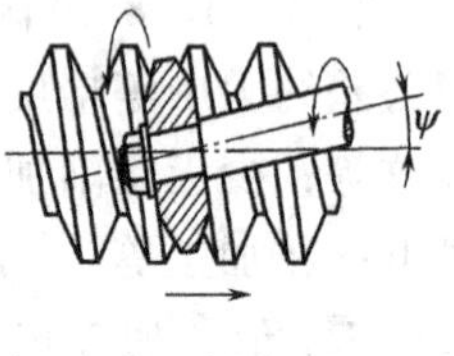	9～8级	6.3～3.2	加工精度较低，通常只作为粗加工	多用于大直径的梯形螺纹和模数螺纹的加工
		旋风法铣螺纹	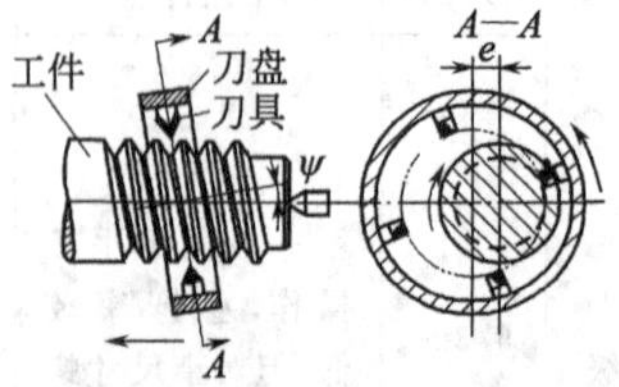 铣削时装有数把硬质合金刀具的刀盘做高速旋转，工件每缓慢转动一转，旋风刀盘移动一个螺距			可选用高速切削，效率比盘状铣刀铣螺纹高3～8倍	

续表

序号	工艺方法		工艺说明及简图	加工精度	$Ra/\mu m$	工艺特点	应用范围
4	磨螺纹	单片砂轮磨削	ψ	4～3级	0.8～0.2	砂轮修正较方便，加工精度较高	用于加工高精度内外螺纹，可以加工较长螺纹
		多片组合砂轮磨削				生产率高，但砂轮修整困难，磨削精度没有单片砂轮高	用于加工高精度内外螺纹，只适宜磨削刚度较好的短螺纹
5	滚压螺纹	搓板滚压	下搓板 工件 上搓板	5级	1.6～0.8	同切削螺纹相比，主要优点是提高了螺纹的抗剪强度和疲劳强度，生产效率高；缺点是对坯料的尺寸精度要求较高，且只能加工外螺纹	用于加工大批量生产中螺钉、螺栓等标准件上的外螺纹
		滚轮滚压	定滚轮 动滚轮 工件 支承板 进给方向 滚丝轮	3级	0.8～0.2		

第五节　齿形加工

齿轮是机械传动中的重要零件。在现代工业中，虽然数控技术和液压电气传动有了很大的发展，但由于齿轮传动的传动效率高、传动比准确，在高速和重载下齿轮传动体积小，所以应用仍很广泛。

齿轮的结构形式多种多样，常见的有圆柱齿轮、圆锥齿轮和蜗轮蜗杆等，其中以圆柱齿轮应用最广。一般机械上所用的齿轮多为渐开线齿形；仪表中的齿轮常为摆线齿形；矿山机械、重型机械中的齿轮，有时采用圆弧齿形等。本节仅介绍渐开线圆柱齿轮齿形的加工。

目前，齿轮加工的方法主要有无屑加工和切削加工两大类。无屑加工包括铸造、热轧、冷挤、注塑等方法，它具有生产率高、材料消耗少和成本低等优点，但由于受材料塑性等因素的影响，加工精度不够高。因而精度较高的齿轮主要还是通过切削和磨削加工来获得的。

齿轮的内孔和端面通常是齿形加工的基准。在齿形加工前，需要将齿轮的内孔、端面和顶圆等除齿形之外的所有表面进行加工，形成齿坯。在后续的齿形加工中，由于热处理变形等原因，可能还需要在齿形精加工前对内孔等基准再次进行加工。

渐开线圆柱齿轮的精度可参见两项国家标准，即 GB/T 10095.1《圆柱齿轮　精度制　第 1 部分：轮齿同侧齿面偏差的定义和允许值》和 GB/T 10095.2《圆柱齿轮　精度制　第 2 部分：径向综合偏差与径向跳动的定义和允许值》。GB/T 10095.1 将齿轮精度分为 0～12 级，共十三个等级，GB/T 10095.2 将齿轮精度分为 4～12 级，共九个等级。

表 7-2 列举了常用齿轮表面的加工方法及各加工方法的工艺特点与应用。

表 7-2　常用齿轮表面的加工方法及其工艺特点与应用

序号	工艺方法	工艺简图	加工精度	$Ra/\mu m$	工艺特点	应用范围
1	铣齿	n f n f (a) (b)	11～9 级	6.3～3.2	生产成本低、加工精度低、生产率低	用于单件小批生产和维修加工精度等于或低于 9 级的直齿、螺旋齿等
2	滚齿	滚刀 齿条 工件	8～7 级	3.2～1.6	在齿形加工中生产率高，应用最广泛，但不能加工内齿轮以及相距很近的多联齿轮	用于加工各种批量中精度等于或低于 7 级不淬硬的直齿、螺旋齿及蜗轮蜗杆等
3	插齿	插齿刀	8～7 级	3.2～1.6	插齿后的齿面粗糙度略高于滚齿，但生产率低于滚齿	用于加工各种批量中精度等于或低于 7 级、不淬硬的直齿、内齿、多联齿轮等
4	剃齿 动画	芯轴 剃齿刀轴线 β	7～6 级	0.8～0.4	主要提高齿形精度和齿向精度，降低齿面粗糙度，但不能修正被切齿轮的分齿误差	广泛用于齿面未淬硬（低于 30HRC）的直齿和螺旋齿轮的精加工，加工精度可在预加工基础上提高 1～2 级
5	珩齿	被珩齿轮 磨料齿圈 金属轮体	7～6 级	0.8～0.2	对齿形精度改善不大，主要用于消除淬火后的氧化皮，可有效地降低表面粗糙度和齿轮噪声	多用于大批量生产中，加工淬硬的精度为 7～6 级的齿轮

续表

序号	工艺方法	工艺简图	加工精度	$Ra/\mu m$	工艺特点	应用范围
6	磨齿	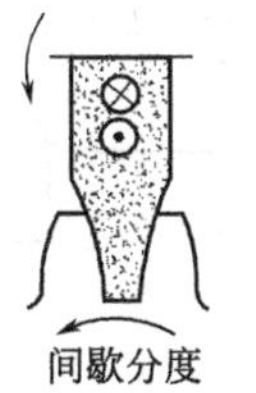 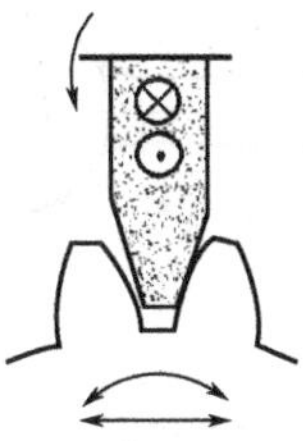 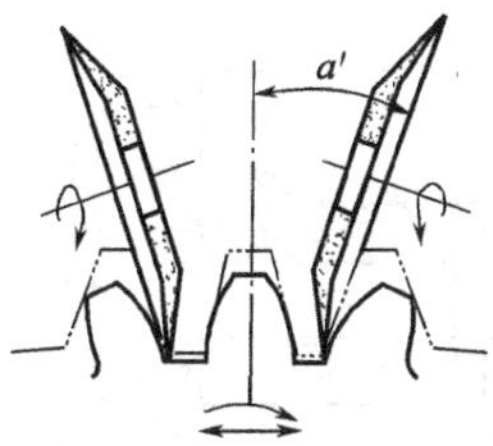 间歇分度 a'	6～3 级	0.8～0.2	生产率较低，加工成本较高	只适用于精加工齿面淬硬的、高速高精度齿轮，是精密齿轮关键工序的加工方法
7	研齿	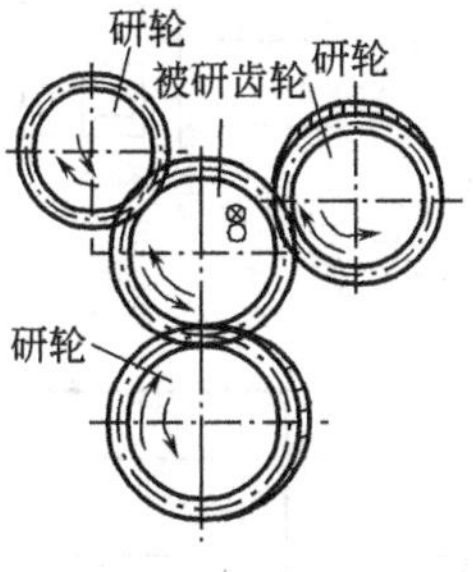 研轮 被研齿轮 研轮 研轮	4～3 级	0.8～0.2	一般只降低齿面粗糙度（包括去除热处理后的氧化皮），不能提高齿形精度，齿形精度主要取决于研齿前的加工精度	主要用于没有磨齿机、珩齿机或不便磨齿、珩齿的淬硬齿面齿轮（如大型齿轮）的精加工

思考与练习题

1. 试决定下列零件外圆面的加工方案。

（1）紫铜小轴，ϕ20 h7，Ra0.8μm；

（2）40Cr 钢轴，ϕ50 h6，Ra0.2μm，表面淬火 56HRC。

2. 分别在单件小批量和大批量生产条件下，为图 7-4 零件上的孔选择加工方案。

3. 试为 CA6140 型车床床身导轨面选择加工方案，加工条件如下。

生产类型：大批量生产；

工件材料：HT300，中频淬火 50～55HRC；

导轨面要求：Ra 0.8μm，直线度误差 1m 长度上不大于 0.02mm，且只允许中间凸起。

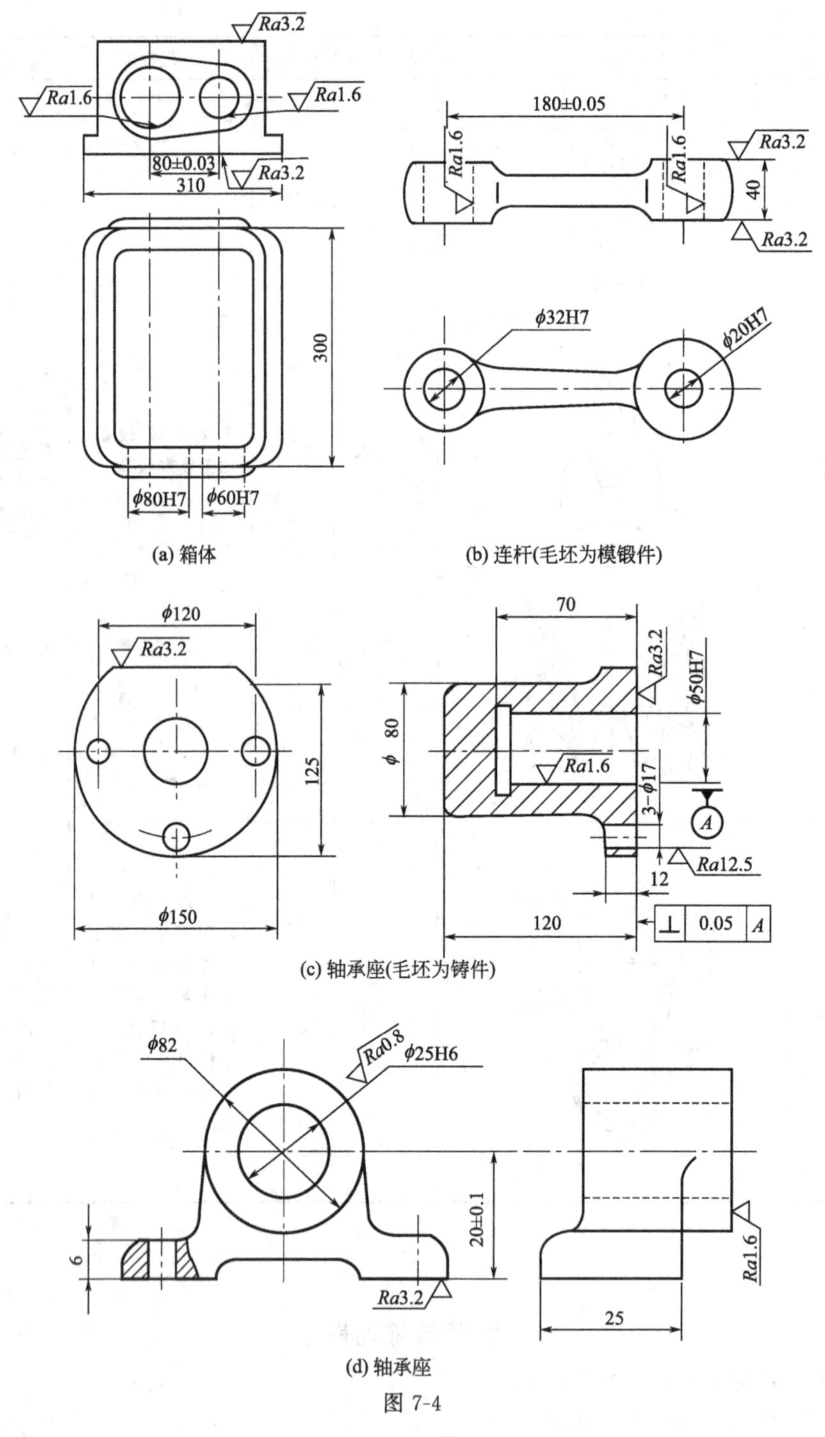

(a) 箱体

(b) 连杆(毛坯为模锻件)

(c) 轴承座(毛坯为铸件)

(d) 轴承座

图 7-4

4. 试为某机床齿轮的齿面加工选择加工方案，加工条件如下。

生产类型：大批生产；

工件材料：45 钢，高频淬火 52HRC；

齿面加工要求：精度等级 7—7—6，表面粗糙度 Ra 为 0.8μm。

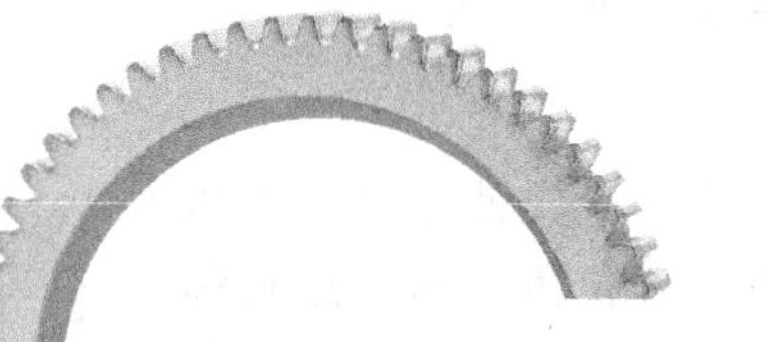

第八章 机械加工工艺规程设计

【学习意义】 工艺规程是规定产品或零部件制造工艺过程和操作方法等的工艺文件，是计划、组织和控制生产的基本依据，是产品质量及其稳定性以及生产效率的重要保证。

【学习目标】

1.了解夹具的种类、工作原理、结构特点及应用；

2.了解制定加工工艺的原则和方法；

3.熟悉机械加工工艺过程的基本内容；

4.培养制定典型零件加工工艺规程的初步能力和分析零件机械加工结构工艺性的初步能力。

第一节 基本概念

一、机械产品生产过程与机械加工工艺过程

一台机器，往往由几十个甚至上千个零件组成，其生产过程是相当复杂的。将原材料转变为成品的全过程称为生产过程。它包括原材料运输和保管、生产准备工作、毛坯制造、零件加工和热处理、产品装配、调试、检验以及油漆和包装等。生产过程可以由一个工厂完成，也可以由多个工厂联合完成。

改变生产对象的形状、尺寸、相对位置或性质等，使其成为成品或半成品的过程，称为工艺过程。例如，切削加工、磨削加工、特种加工、精密和超精密加工等都属于机械加工工艺过程。

二、机械加工工艺过程组成

机械加工工艺过程是由一个或若干个工序所组成的。每一个工序又可依次分为安装、工位、工步和走刀。

1.工序

工序是一个或一组工人，在一个工作地对一个或同时对几个工件连续完成的那一部分工艺过程。

划分工序的主要依据是工作地点是否改变和加工是否连续。这里所说的连续是指该工序的全部工作要不间断地连续完成。

工件加工的工艺过程由被加工零件结构复杂的程度、加工要求及生产类型来决定，同样的工件，可以有不同的工序安排。例如，加工如图 8-1 所示的阶梯轴，不同生产类型的

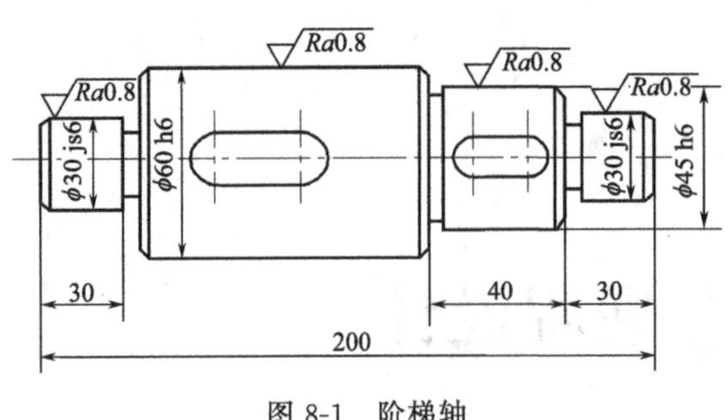

图 8-1 阶梯轴

工序划分见表 8-1 和表 8-2。

2. 安装

在加工之前，应先使工件在机床上或夹具中占有正确位置，这一过程称为定位。工件定位后，将其固定，使其在加工过程中保持定位位置不变的操作称为夹紧。装夹是将工件在机床上或夹具中定位、夹紧的过程。经一次装夹后所完成的那一部分工序称为安装。在一道工序中，工件可能需装夹一次或多次才能完成加工。如表 8-1 所示的工序 1 中，工件在一次装夹后还需要三次掉头装夹，才能完成全部工序内容，所以该工序有四个安装。

表 8-1 阶梯轴工艺过程（单件小批生产）

工序号	工序内容	设备
1	车端面,钻中心孔,粗车各外圆,半精车各外圆,切槽,倒角	车床
2	铣键槽,去毛刺	铣床
3	磨各外圆	磨床

表 8-2 阶梯轴工艺过程（大批量生产）

工序号	工序内容	设备
1	两边同时铣端面,钻中心孔	铣端面钻中心孔机床
2	粗车各外圆	车床
3	半精车各外圆,切槽,倒角	车床
4	铣键槽	铣床
5	去毛刺	钳工台
6	磨外圆	磨床

工件在加工中应尽量减少装夹次数，因为多一次装夹，就会增加装夹的时间，同时还会增加装夹误差。

3. 工位

为了完成一定的工序部分，一次装夹工件后，工件与夹具或设备的可动部分一起相对刀具或设备的固定部分所占据的每一个位置称为工位。为了减少工件的安装次数，常采用多工位夹具或多轴机床，使工件在一次装夹中先后经过若干个不同位置顺次进行加工。图 8-2 所示是一个利用移动工作台或移动夹具，在一次装夹中顺次完成铣端面、钻中心孔两工位加工的实例。

4. 工步

在加工表面不变和加工工具不变的情况下，所连续完成的那部分工序称为工步。工步是构成工序的基本单元。对于那些连续进行的若干个相同的工步，生产中常视为一个工步。如图 8-3 所示，零件上钻 6×ϕ20mm 孔，可视为一个工步；如图 8-4 所示，采用复合刀具或多刀同时加工的工步，可视为一个复合工步。

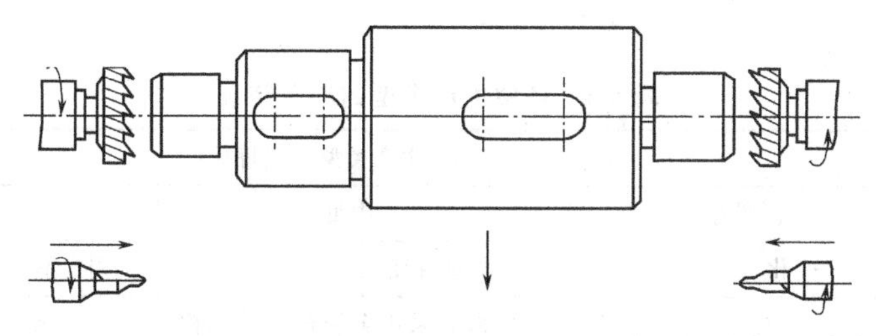

图 8-2　多工位加工

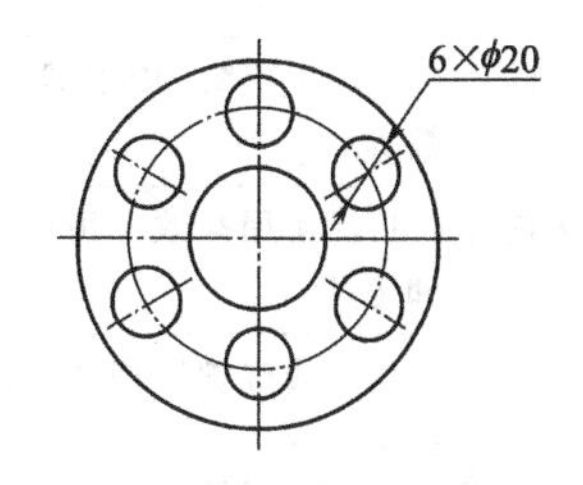

图 8-3　六个表面相同的工步

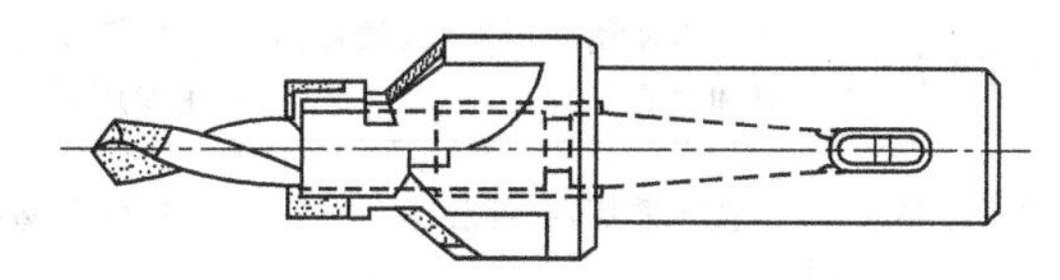

图 8-4　复合工步（钻-扩-锪）

5.走刀

切削刀具在加工表面上切削一次所完成的工步内容，称为一次走刀。一个工步包括一次或几次走刀。

三、生产类型

在制定机械加工工艺的过程中，工序的安排不仅与零件的技术要求有关，而且与生产类型有关。生产类型是指企业（或车间、工段、班组、工作地）生产专业化程度的分类。根据零件的大小和年生产纲领（即年产量）的不同，一般分为单件生产、成批生产和大量生产三种类型。其中，成批生产又分为小批生产、中批生产和大批生产。

表 8-3 按重型零件、中型零件和轻型零件的年生产纲领列出了不同生产类型，可供编制工艺规程时参考。

表 8-3　生产类型的划分

生产类型	年生产纲领/(件/年)		
	重型零件(>30kg)	中型零件(4~30kg)	轻型零件(<4kg)
单件生产	≤5	≤10	≤100
小批生产	>5~100	>10~200	>100~500
中批生产	>100~300	>200~500	>500~5000
大批生产	>300~1000	>500~5000	>5000~50000
大量生产	>1000	>5000	>50000

从工艺特点上看，小批生产和单件生产的工艺特点相似，大批生产和大量生产的工艺相似，因此生产上常划分为单件小批生产、中批生产和大批量生产三种生产类型。各种生产类型的工艺特征有很大差异，见表 8-4。

随着数控设备的广泛应用，生产类型的工艺特征发生显著的变化。例如，通用机床对工人的操作技术水平要求较高，而数控设备则需要工人的编程水平和生产线维护管理水平较高。过去多品种、单件小批生产所带来的生产效率低、成本高等问题，也因数控设备的应用而有所改善。

表 8-4　各种生产类型的工艺特征

工艺特征	各生产类型工艺特征		
	单件小批	中批	大批量
加工对象	经常变化	周期性变化	固定不变
毛坯	木模砂型铸件和自由锻件。毛坯精度低，加工余量大	部分采用金属模铸件和模锻件。毛坯精度中等，加工余量中等	广泛采用机器造型、压铸、精铸、模锻、滚锻等。毛坯精度高，加工余量小
机床设备	通用机床、数控机床或加工中心	数控机床或加工中心，条件不够时也采用通用机床	自动生产线、柔性制造系统、数控机床
工艺装备	大多使用通用夹具、通用刀具和量具	广泛使用专用夹具，较多使用专用刀具和量具	广泛使用高效专用夹具、刀具和量具
对工人的要求	技术熟练，会编程	技术较熟练，编程熟练	生产线维护管理技术高，编程熟练
生产率	低	一般	高
成本	高	一般	低

四、机械加工工艺规程的作用及格式

机械加工工艺规程是规定零件制造过程和操作方法的工艺文件。它是零件生产加工、检验验收和调度安排的主要依据，也是新产品投产前进行生产准备和技术贮备的依据和新建、扩建车间或工厂的原始资料。常用的工艺规程有以下三种。

1. 机械加工工艺过程卡片

机械加工工艺过程卡片是以工序为单位简要说明零件的加工过程的一种工艺文件。它一般用于零件的单件小批生产。表 8-5 为其常见格式之一。

表 8-5　机械加工工艺过程卡片

<table>
<tr><td rowspan="4">（工厂名）</td><td rowspan="4">机械加工工艺过程卡片</td><td colspan="2">产品名称及型号</td><td></td><td colspan="2">零件名称</td><td colspan="2"></td><td>零件图号</td><td colspan="3"></td></tr>
<tr><td rowspan="3">材料</td><td>名称</td><td></td><td rowspan="2">毛坯</td><td>种类</td><td></td><td rowspan="2">零件重量/kg</td><td>毛重</td><td colspan="2"></td><td>第　页</td></tr>
<tr><td>牌号</td><td></td><td>尺寸</td><td></td><td>净重</td><td colspan="2"></td><td>共　页</td></tr>
<tr><td>性能</td><td></td><td colspan="2">每料件数</td><td></td><td>每台件数</td><td></td><td colspan="2">每批件数</td><td></td></tr>
<tr><td rowspan="2">工序号</td><td colspan="4" rowspan="2">工序内容</td><td rowspan="2">加工车间</td><td rowspan="2">设备名称及编号</td><td colspan="3">工艺装备名称及编号</td><td rowspan="2">技术等级</td><td colspan="2">时间定额/min</td></tr>
<tr><td>夹具</td><td>刀具</td><td>量具</td><td>单件</td><td>准备-终结</td></tr>
<tr><td></td><td colspan="4"></td><td></td><td></td><td></td><td></td><td></td><td></td><td></td><td></td></tr>
<tr><td rowspan="3">更改内容</td><td colspan="12"></td></tr>
<tr><td colspan="12"></td></tr>
<tr><td colspan="12"></td></tr>
<tr><td>编号</td><td colspan="2"></td><td>抄写</td><td></td><td>校对</td><td></td><td>审核</td><td colspan="2"></td><td>批准</td><td colspan="2"></td></tr>
</table>

2. 机械加工工艺卡片

机械加工工艺卡片是按零件的某一工艺阶段编制的一种工艺文件。它以工序为单元，详细说明零件在某一工艺阶段中的工序号、工序名称、工序内容、工艺参数、操作要求以及采用的设备和工艺装备等，广泛用于中批生产。表 8-6 为其常见格式之一。

表 8-6　机械加工工艺卡片

<table>
<tr><td colspan="3" rowspan="4">（工厂名）</td><td rowspan="4">机械加工工艺卡片</td><td colspan="3">产品名称及型号</td><td></td><td>零件名称</td><td colspan="2"></td><td colspan="2">零件图号</td><td colspan="3"></td></tr>
<tr><td rowspan="3">材料</td><td>名称</td><td></td><td rowspan="2">毛坯</td><td>种类</td><td></td><td rowspan="2">零件重量/kg</td><td>毛重</td><td colspan="2"></td><td colspan="2">第　页</td></tr>
<tr><td>牌号</td><td></td><td>尺寸</td><td></td><td>净重</td><td colspan="2"></td><td colspan="2">共　页</td></tr>
<tr><td>性能</td><td></td><td colspan="2">每料件数</td><td></td><td>每台件数</td><td></td><td colspan="2">每批件数</td><td colspan="2"></td></tr>
<tr><td rowspan="3">工序</td><td rowspan="3">安装</td><td rowspan="3">工步</td><td rowspan="3">工序内容</td><td rowspan="3">同时加工零件数</td><td colspan="4">切削用量</td><td rowspan="3">设备名称及编号</td><td colspan="3" rowspan="2">工艺装备名称及编号</td><td rowspan="3">技术等级</td><td colspan="2">时间定额/min</td></tr>
<tr><td rowspan="2">背吃刀量/mm</td><td rowspan="2">切削速度/$m \cdot min^{-1}$</td><td rowspan="2">切削速度/$r \cdot min^{-1}$（或/双行程数·min^{-1}）</td><td rowspan="2">进给量/$mm \cdot r^{-1}$（或/$mm \cdot min^{-1}$）</td><td rowspan="2">单件</td><td rowspan="2">准备-终结</td></tr>
<tr><td>夹具</td><td>刀具</td><td>量具</td></tr>
<tr><td></td><td></td><td></td><td></td><td></td><td></td><td></td><td></td><td></td><td></td><td></td><td></td><td></td><td></td><td></td><td></td></tr>
<tr><td colspan="3" rowspan="3">更改内容</td><td colspan="13"></td></tr>
<tr><td colspan="13"></td></tr>
<tr><td colspan="13"></td></tr>
<tr><td colspan="3">编号</td><td colspan="2"></td><td>抄写</td><td colspan="2"></td><td>校对</td><td></td><td colspan="2">审核</td><td></td><td>批准</td><td colspan="2"></td></tr>
</table>

3. 机械加工工序卡片

机械加工工序卡片是在工艺过程卡片或工艺卡片的基础上，按每道工序所编制的一种工艺文件。一般具有工序简图，并详细说明该工序的每个工步的加工内容、工艺参数、操作要求以及所用设备和工艺装备等。它用于具体指导工人操作，是大批量生产和中批复杂或重要零件生产的必备工艺文件。表 8-7 为其常见格式之一。

五、制订机械加工工艺规程的步骤

制订机械加工工艺规程的原则是，在保证产品质量的前提下，尽量提高生产率和降低成本。同时，在充分利用现有生产条件的基础上，尽可能采用国内外先进工艺和经验，并保证良好的劳动条件。

遵循上述原则，按以下步骤制订工艺规程。

ⅰ. 仔细阅读零件图。对零件的材料、形状、结构、尺寸精度、形位精度、表面粗糙度、性能以及数量等要求进行全面系统的了解和分析。

ⅱ. 进行零件的结构工艺性分析。

ⅲ. 选择毛坯的类型。常用的毛坯有型材、铸件、锻件、焊接件等。应根据零件的材料、形状、尺寸、批量和工厂的现有条件等因素综合考虑。

ⅳ. 确定工件在加工时的定位及基准。

表 8-7　机械加工工序卡片

<table>
<tr><td rowspan="2">（工厂名）</td><td rowspan="2">机械加工工序卡片</td><td>产品名称及型号</td><td>零件名称</td><td>零件图号</td><td>工序名称</td><td>工序号</td><td>第　页</td></tr>
<tr><td></td><td></td><td></td><td></td><td></td><td>共　页</td></tr>
<tr><td colspan="3" rowspan="11">（画工序简图处）</td><td>车间</td><td>工段</td><td>材料名称</td><td>材料牌号</td><td>力学性能</td></tr>
<tr><td></td><td></td><td></td><td></td><td></td></tr>
<tr><td>同时加工件数</td><td>每料件数</td><td>技术等级</td><td>单件时间/min</td><td>准备-终结时间/min</td></tr>
<tr><td></td><td></td><td></td><td></td><td></td></tr>
<tr><td>设备名称</td><td>设备编号</td><td>夹具名称</td><td>夹具编号</td><td>工作液</td></tr>
<tr><td></td><td></td><td></td><td></td><td></td></tr>
<tr><td rowspan="5">更改内容</td><td colspan="4"></td></tr>
<tr><td colspan="4"></td></tr>
<tr><td colspan="4"></td></tr>
<tr><td colspan="4"></td></tr>
<tr><td colspan="4"></td></tr>
</table>

<table>
<tr><td rowspan="2">工步号</td><td rowspan="2">工步内容</td><td colspan="3">计算数据/mm</td><td rowspan="2">走刀次数</td><td colspan="4">切削用量</td><td colspan="3">工时定额/min</td><td colspan="4">刀具、量具及辅助工具</td></tr>
<tr><td>直径或长度</td><td>进给长度</td><td>单边余量</td><td>背吃刀量/mm</td><td>进给量/mm·r^{-1}（或/mm·min^{-1}）</td><td>切削速度/r·min^{-1}（或/双行程数·min^{-1}）</td><td>切削速度/m·min^{-1}</td><td>基本时间</td><td>辅助时间</td><td>工作地点服务时间</td><td>名称</td><td>规格</td><td>编号</td><td>数量</td></tr>
<tr><td></td><td></td><td></td><td></td><td></td><td></td><td></td><td></td><td></td><td></td><td></td><td></td><td></td><td colspan="4"></td></tr>
<tr><td colspan="2">编制</td><td colspan="2"></td><td>抄写</td><td colspan="2"></td><td>校对</td><td></td><td>审核</td><td colspan="3"></td><td>批准</td><td colspan="3"></td></tr>
</table>

ⅴ. 拟订机械加工工艺路线。其主要内容有：加工方法的确定、加工顺序和热处理的安排、加工阶段的划分等。

ⅵ. 确定各工序的加工余量，计算工序尺寸和公差。

ⅶ. 确定各主要工序的技术要求及检验方法。

ⅷ. 确定各工序的切削用量和时间定额。

ⅸ. 填写工艺文件。

第二节　零件结构工艺性分析

在制订零件机械加工工艺规程之前，先要进行结构工艺性分析。

零件结构工艺性是零件在能满足设计功能和精度要求的前提下，制造的可行性和经济性。零件结构工艺性的好坏是相对的，要根据具体的生产类型和生产条件来分析，所谓好是指在现有工艺条件下既能方便制造，又有较低的制造成本。表 8-8 为零件结构工艺性的分析举例。

表 8-8　零件结构工艺性分析举例

<table>
<tr><th rowspan="2">序号</th><th rowspan="2">设计原则</th><th rowspan="2">要求</th><th colspan="2">零件结构工艺性图例</th><th rowspan="2">工艺性好的结构的优点</th></tr>
<tr><th>工艺性不好</th><th>工艺性好</th></tr>
<tr><td rowspan="4">1</td><td rowspan="4">便于加工和测量</td><td>凸缘上的孔要留出足够的加工空间</td><td> 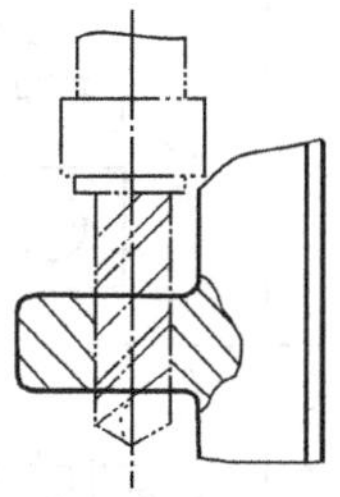</td><td> 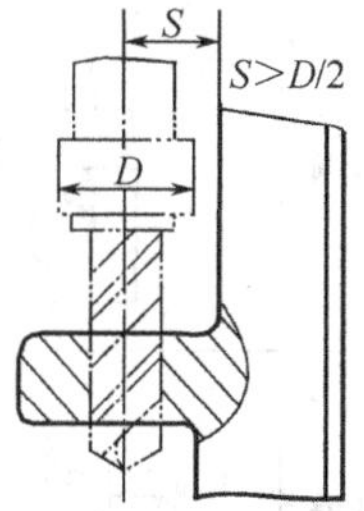S
S>D/2
D</td><td>1. 可采用标准刀具和辅具
2. 方便加工</td></tr>
<tr><td>键槽表面不应与其他加工面重合</td><td> 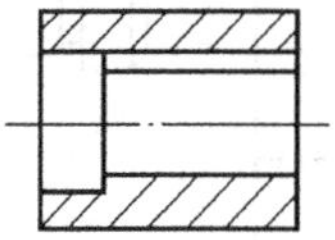</td><td> 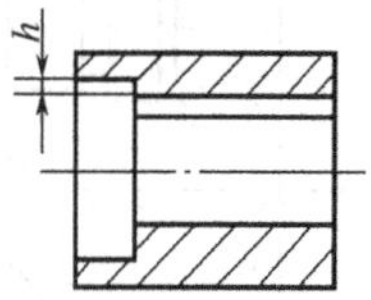h</td><td>1. 避免插键槽时划伤左孔表面
2. 操作方便</td></tr>
<tr><td>加工面不应设计在箱体内</td><td> 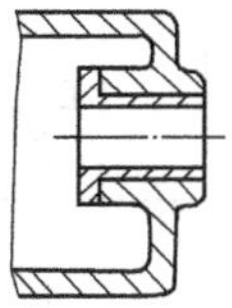</td><td> 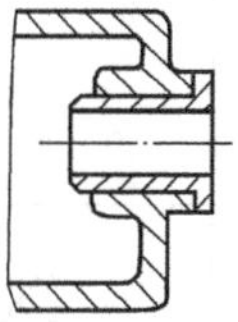</td><td>利于调整、加工、测量</td></tr>
<tr><td>要留出足够的退刀槽、空刀槽或越程槽</td><td> 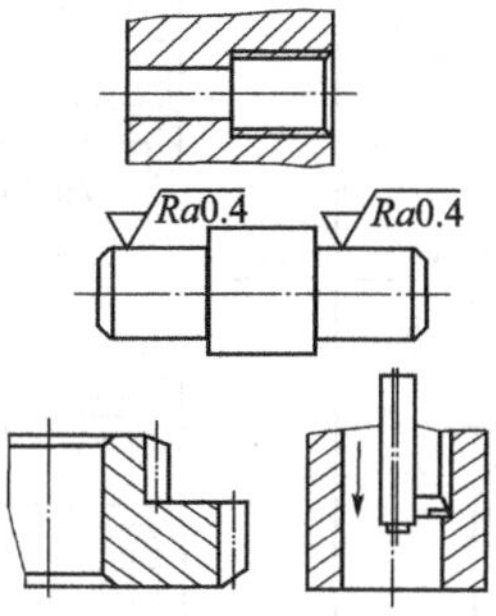Ra0.4　Ra0.4</td><td> 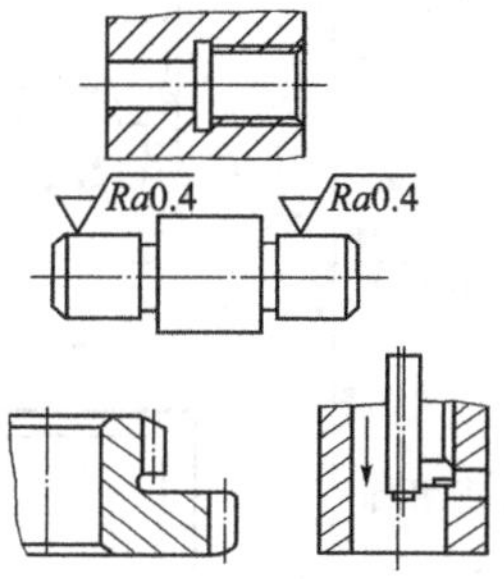Ra0.4　Ra0.4</td><td>1. 避免刀具或砂轮与工件某部位相撞
2. 砂轮越程槽使磨削时可以清根</td></tr>
<tr><td rowspan="3">2</td><td rowspan="3">保证加工质量，提高加工效率</td><td>有相互位置精度要求的表面，最好能在一次安装中加工</td><td> 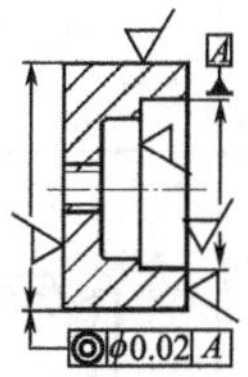A
◎ φ0.02 A</td><td>(√)</td><td>1. 有利于保证加工表面间的位置精度
2. 减少了安装次数</td></tr>
<tr><td>避免斜孔</td><td> 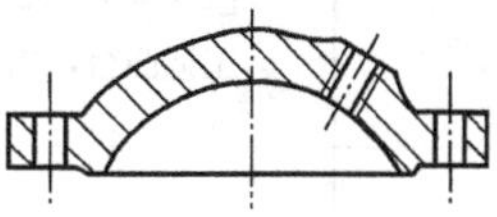</td><td> 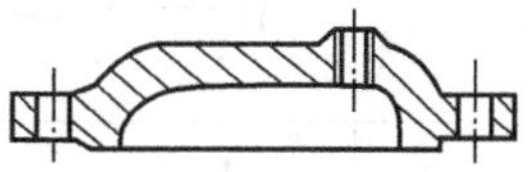</td><td>1. 简化夹具结构
2. 几个平行孔可同时加工</td></tr>
<tr><td>钻孔的出入端应避免斜面</td><td> 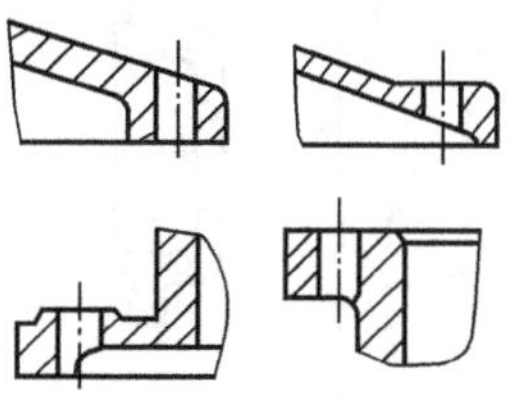</td><td> 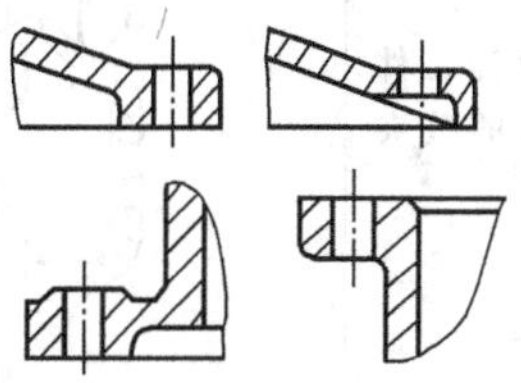</td><td>1. 避免钻头偏斜，甚至折断
2. 提高了钻孔精度</td></tr>
</table>

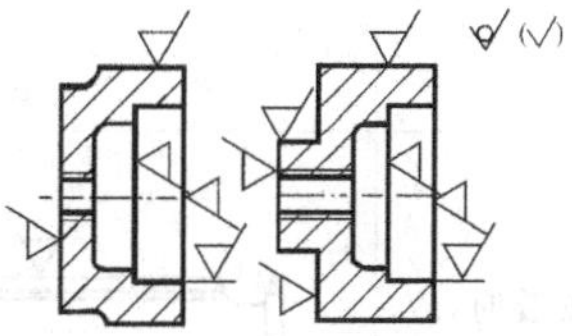

续表

序号	设计原则	要求	零件结构工艺性图例		工艺性好的结构的优点
			工艺性不好	工艺性好	
2	保证加工质量，提高加工效率	加工面应等高	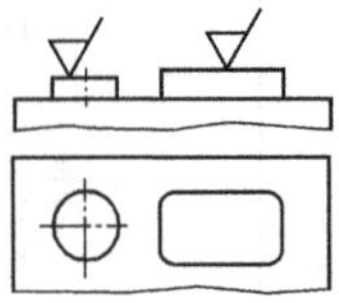	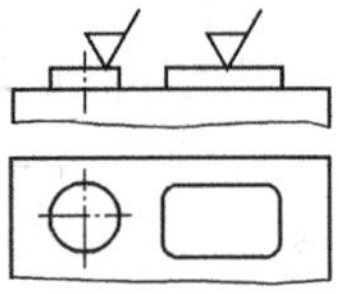	一次走刀可加工所有凸台表面
		同类结构要素应尽量统一	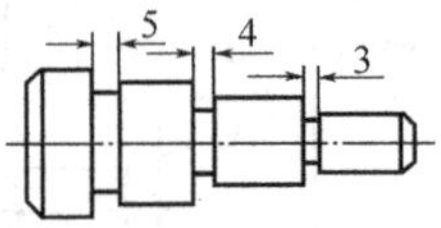 5 4 3	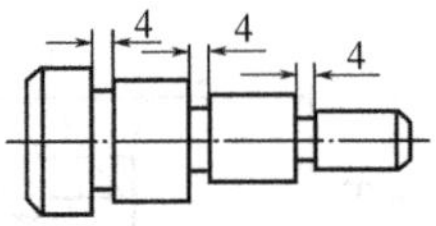 4 4 4	1. 减少了刀具的种类 2. 可节省换刀和对刀等辅助时间
		应尽量减少加工面	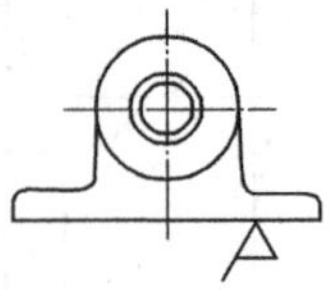	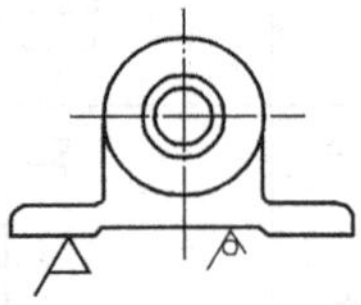	1. 减少加工面积 2. 提高了装配时底面的接触刚度
3	提高标准化程度	尽量采用标准化参数	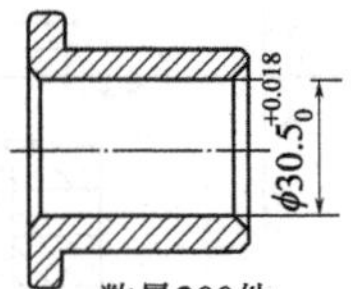 $\phi 30.5_{0}^{+0.018}$ 数量200件	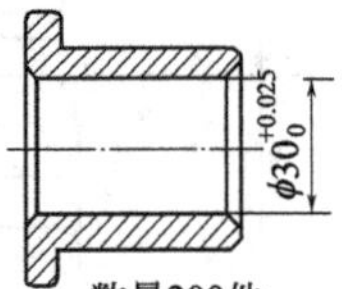 $\phi 30_{0}^{+0.025}$ 数量200件	1. 可使用标准刀具加工 2. 提高了加工质量 3. 生产率大大提高
		应能使用标准刀具加工	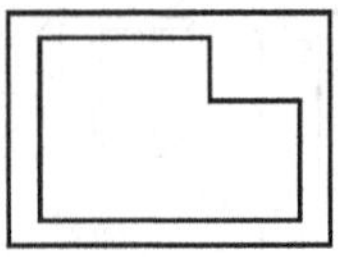	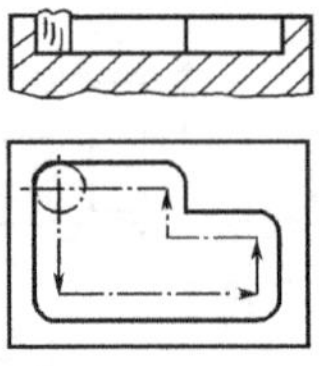	1. 内圆角半径等于标准立铣刀半径，因此可采用标准刀具加工 2. 结构合理，避免了尖角处应力集中
4	便于准确定位、可靠夹紧	工件安装时，应使加工面水平	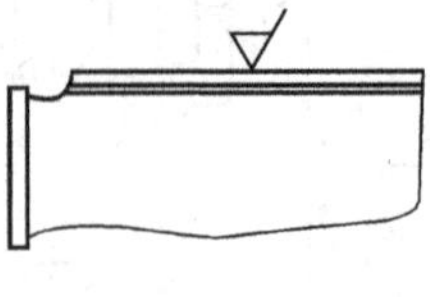	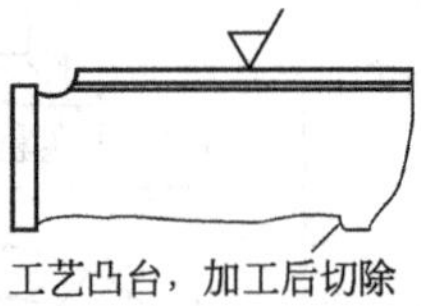 工艺凸台，加工后切除	增加了工艺凸台，易于安装找正（精加工后切除凸台）
		应设计工件安装时的装夹表面	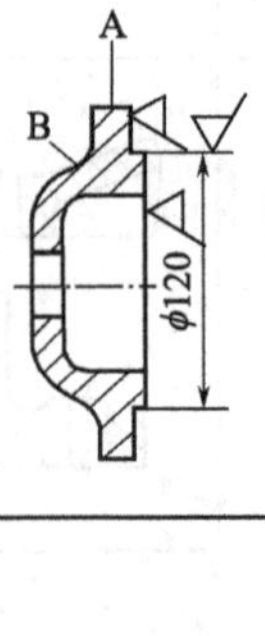 A B $\phi 120$	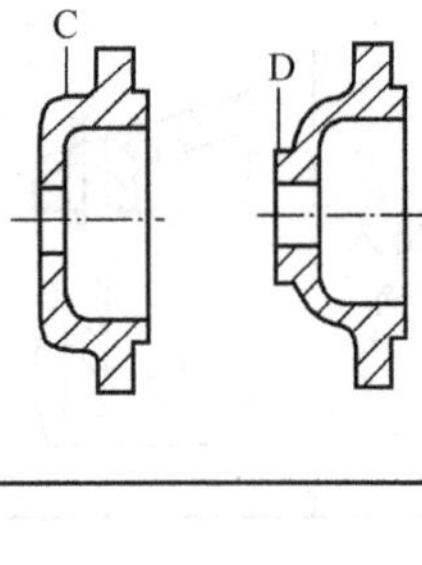 C D	1. C处为一圆柱面，容易装夹 2. D处是一工艺凸台，零件加工后可切除

第三节　机床夹具与工件定位

一、工件的装夹

在设计机械加工工艺规程时，要考虑的最重要问题之一就是怎样将工件装夹在机床上或夹具中。如前所述，装夹有定位和夹紧两个含义。工件在机床上或夹具中的装夹方法主要有两种。

1. 直接装夹法

指工件直接装夹在机床工作台或者通用夹具上。有时不需要找正即可夹紧，例如利用三爪自定心卡盘或电磁吸盘装夹工件；有时需要根据工件上某个表面，或工件表面上事先划好的线，用划针或千分表等其他量具进行找正，使工件在机床上处于正确位置。这种方法简便经济，不需专门装备，能较好地适应加工对象和工序的变换，但定位精度主要取决于所采用的通用夹具、量具和工人的技术水平，生产率低，多用于单件小批生产。

2. 专用夹具装夹法

工件放在为其加工专门设计和制造的夹具中，工件上的定位表面一经与夹具上的定位元件配合或接触，即完成了定位，然后在此位置上夹紧工件。这种方法可以迅速而方便地使工件在机床上处于所要求的正确位置，生产率高，在批量生产中广泛应用。

二、机床夹具的组成和分类

1. 机床夹具及其组成

机床夹具是用以装夹工件（和引导刀具）的装置。其作用是使工件相对于机床或刀具有一个正确的位置，并在加工过程中始终保持这个位置不变。

图 8-5 所示为在铣床上铣连杆槽的夹具。该夹具靠夹具体上的定位键 3 确定其在铣床上的位置，用工作台 T 形槽和槽用螺栓夹紧。

加工时，工件 6 在夹具中的正确位置靠夹具体的上平面 N、圆柱销 5 和菱形销 1 保证。夹紧时，转动螺母 9，通过压板 10 压紧工件，保证工件的位置不变。

由图 8-5 可以看出机床夹具的基本组成部分，根据其功用一般分为如下五部分。

① 定位元件　用于确定工件在夹具中的位置，如图 8-5 中的夹具底板 4、圆柱销 5 和菱形销 1。

② 夹紧机构　工件定位后将其固定，使工件始终保持正确位置并承受切削力等作用，如图 8-5 中的压板 10、螺母 9、螺栓 8 等。

③ 导向元件　用来对刀和引导刀具进入正确加工位置，如图 8-5 中的对刀块 2。

④ 夹具体　用于连接夹具各元件，使之成为一个整体，并通过它将夹具安装在机床上，如图 8-5 中的夹具底板 4。

⑤ 其他元件或装置　根据加工工件的要求，有时还在夹具上设有分度装置、安全保护装置等，如图 8-5 中的菱形销 1 具有分度功能。

2. 机床夹具的分类

机床夹具按使用范围可分为如下种类。

① 通用夹具　通用夹具是加工两种或两种以上工件的同一夹具。其结构、尺寸已经

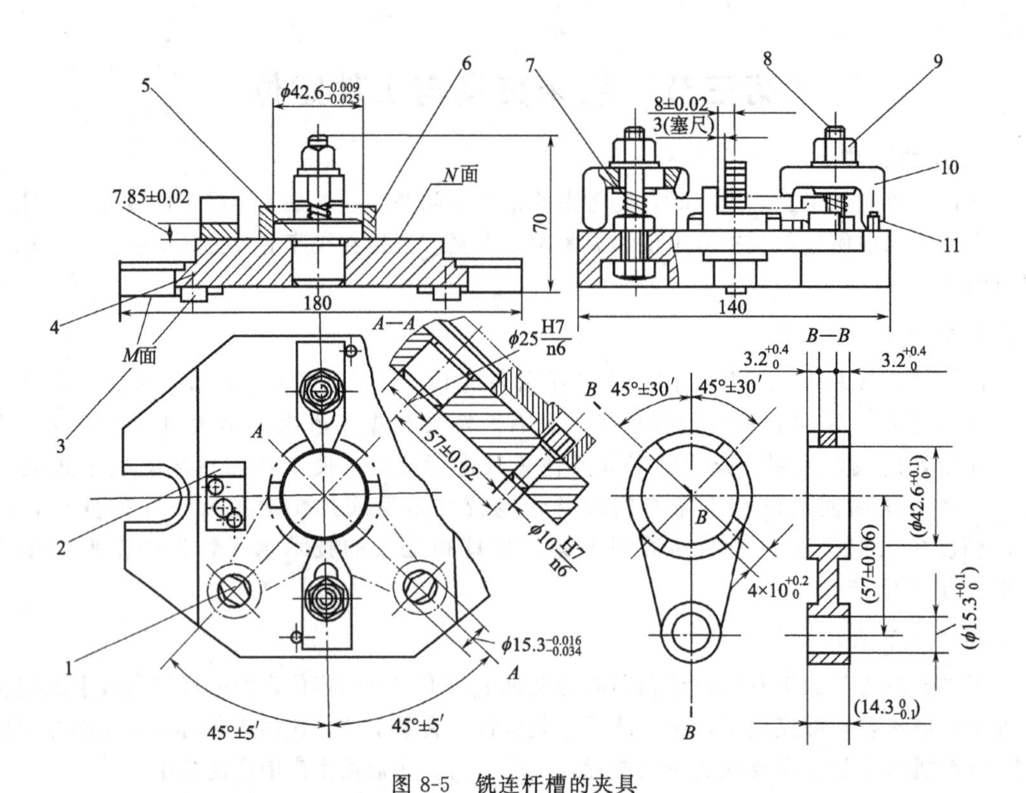

图 8-5　铣连杆槽的夹具

1—菱形销；2—对刀块；3—定位键；4—夹具底板；5—圆柱销；6—工件；7—弹簧；8—螺栓；9—螺母；10—压板；11—止动销

标准化和规格化，不需特殊调整就可以装夹不同工件。这类夹具已作为机床附件提供，例如车床上的三爪自定心卡盘、四爪单动卡盘，铣床上的回转工作台、分度头，磨床上的电磁吸盘等。

② 专用夹具　专用夹具是专为某一种工件的某一个工序而设计的夹具。它可以使工件迅速获得加工位置。

③ 可调夹具　可调夹具是通过调整或更换个别零部件，能适用于多种工件加工的夹具。

④ 组合夹具　组合夹具是由可循环使用的标准夹具零部件（或专用零部件）组装成易于连接、拆卸和重组的夹具。就好像搭积木一样，不同零部件的不同组合和连接，可构成不同结构和用途的夹具。这类夹具的特点是灵活多变，适应性强，它不受生产类型的影响，可以随时拆开，重新组装，因此特别适用于新产品试制和单件小批生产。

⑤ 随行夹具　这是一种在自动线或柔性制造系统中使用的夹具。工件安装在随行夹具上，由运输装置送往各机床，并在各机床上被定位和夹紧。

机床夹具还可按其夹紧装置的动力源来分类。此时可分为手动夹具、气动夹具、液压夹具、电动夹具、磁力夹具和真空夹具等。

三、工件的定位

1. 六点定位原理

任何一个没有受约束的物体，在空间均具有 6 个独立的运动。以图 8-6 所示的长方体

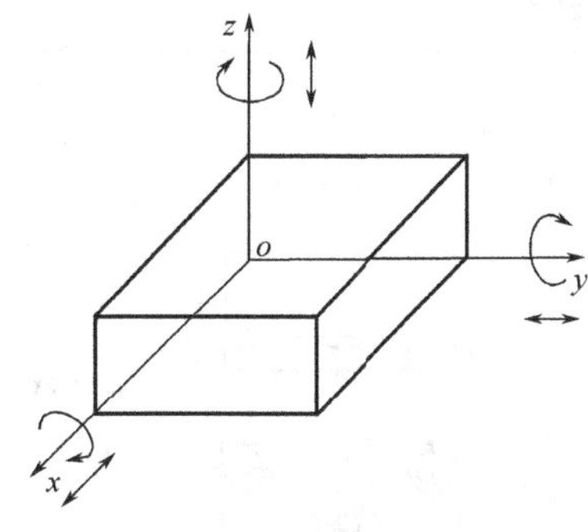

图 8-6　自由度示意图

为例，它在直角坐标系 $oxyz$ 中可以有 3 个平移运动和 3 个转动。3 个平移运动分别是沿 x、y、z 轴的平移运动，记为 $\vec{X}$、$\vec{Y}$、$\vec{Z}$；3 个转动分别是绕 x、y、z 轴的转动，记为 $\widehat{X}$、$\widehat{Y}$、$\widehat{Z}$。习惯上把上述 6 个独立运动称作 6 个自由度。如果采取一定的约束措施，消除物体的 6 个自由度，则物体被完全定位。例如，在讨论长方体工件的定位时，如图 8-7，可以在其底面设置 3 个不共线的支承点 1、2 和 3，把工件放在支承点上可以约束工件的 $\vec{Z}$、$\widehat{X}$、$\widehat{Y}$ 3 个自由度；在侧面设置两个支承点 4 和 5，把工件贴在支承点上，可以约束工件的 $\vec{Y}$ 和 $\widehat{Z}$ 两个自由度；在端面设置一个支承点 6，使工件靠近这个支承点，则工件的最后一个自由度 $\vec{X}$ 被约束，这就完全限制了长方体工件的 6 个自由度。

采用 6 个按一定规则设置的支承点，约束物体 6 个自由度的原理称为六点定位原理，如图 8-7 所示。

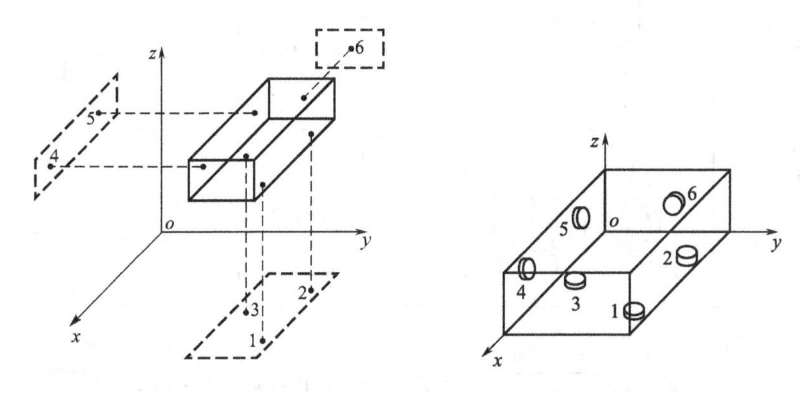

图 8-7　长方体工件的定位分析

应用六点定位原理进行定位分析时，应注意以下几点。

ⅰ. 定位就是限制自由度，通常用合理布置定位支承点的方法来限制工件的自由度。

ⅱ. 定位支承点限制工件自由度的作用，应理解为定位支承点与工件定位基准始终保持紧密接触，若二者脱离，则意味着失去定位作用。

ⅲ. 定位和夹紧是两个概念，应先定位，后夹紧。定位是确定工件的正确位置，夹紧是保持定位所确定的正确位置不变。定位后若不夹紧，则工件在加工过程中的外力作用下会移动，不能保持正确位置。夹紧前若不定位，则工件可能不在正确的位置上。

ⅳ. 定位支承点是由定位元件抽象而来的。在夹具中，定位支承点总是通过具体的定位元件体现。需注意的是，一种定位元件转化成的支承点数量是一定的，也就是说一种定位元件所限定的自由度数是一定的，但具体限制何种自由度还要结合其结构进行分析。例如，在常见的“一面两销”定位方式中菱形销限制 z 轴转动的自由度，如果菱形销不是在这样一种定位方式中使用，限制何种自由度还要具体分析。

表 8-9 列举了常用定位元件及所能限制的自由度。

表 8-9　常用定位元件及所能限制的自由度

工件定位基准面	夹具定位元件	图例	限制的自由度	夹具定位元件	图例	限制的自由度
平面	一个支承钉	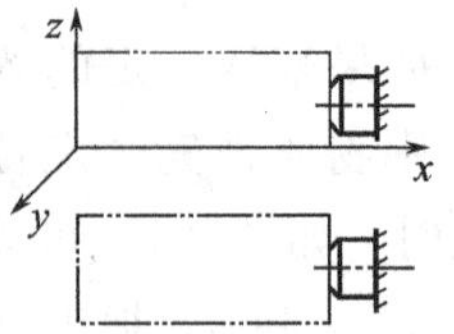	$\vec{X}$	三个支承钉	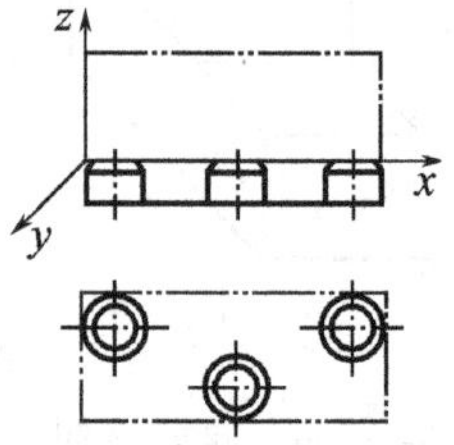	$\vec{Z}$、$\widehat{X}$、$\widehat{Y}$
	一块支承板	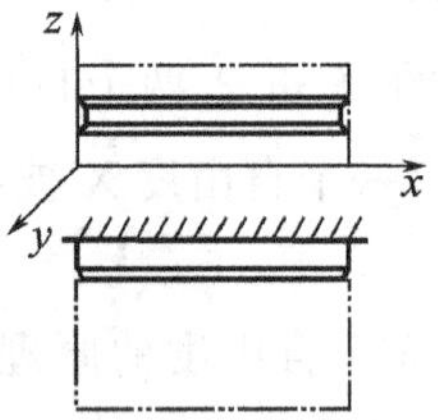	$\vec{Y}$、$\widehat{Z}$	两块支承板	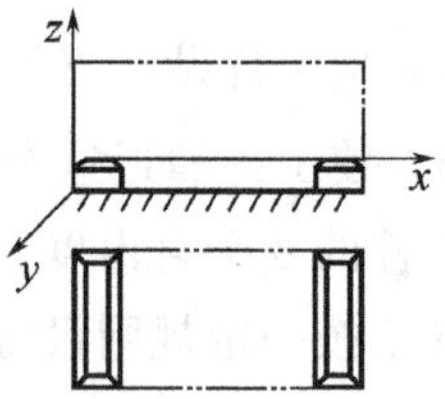	$\vec{Z}$、$\widehat{X}$、$\widehat{Y}$
圆柱孔	短圆柱销	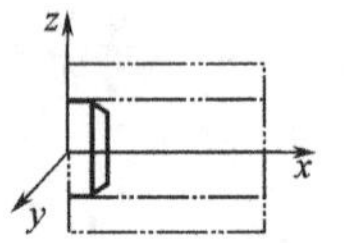	$\vec{Y}$、$\vec{Z}$	长圆柱销	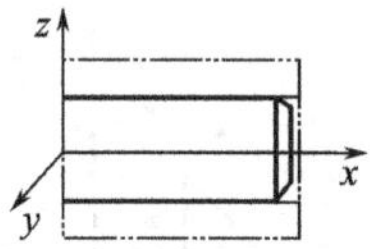	$\vec{Y}$、$\vec{Z}$、$\widehat{Y}$、$\widehat{Z}$
	菱形销	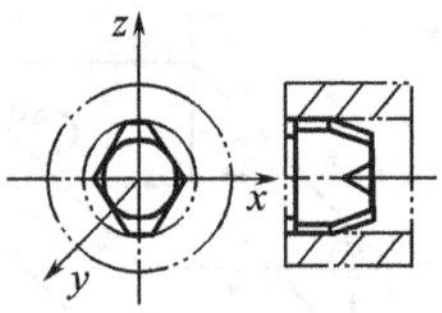	$\vec{Z}$	圆锥销	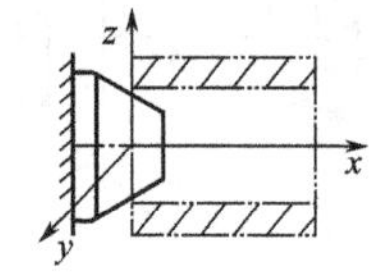	$\vec{X}$、$\vec{Y}$、$\vec{Z}$
	长圆柱心轴	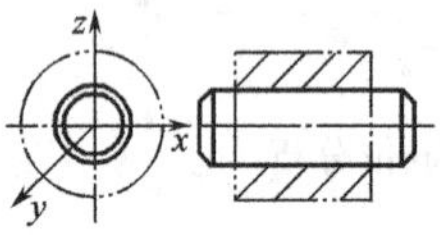	$\vec{X}$、$\vec{Z}$、$\widehat{X}$、$\widehat{Z}$	小锥度心轴	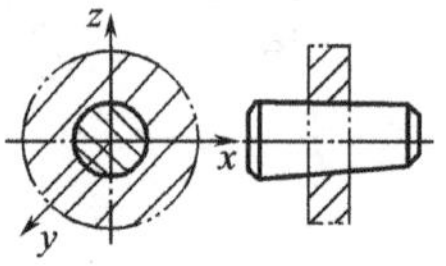	$\vec{X}$、$\vec{Z}$、$\widehat{X}$、$\widehat{Z}$
圆柱面	短 V 形块	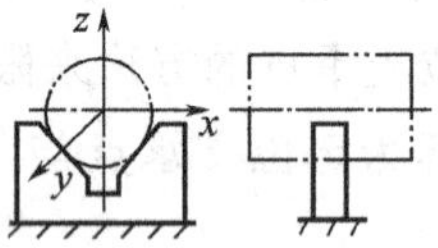	$\vec{X}$、$\vec{Z}$	长 V 形块	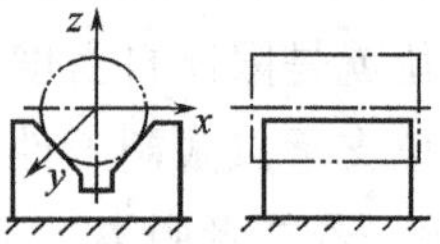	$\vec{X}$、$\vec{Z}$、$\widehat{X}$、$\widehat{Z}$
	短定位套	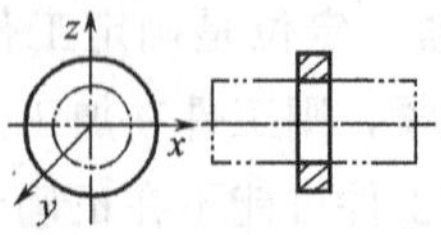	$\vec{X}$、$\vec{Z}$	长定位套	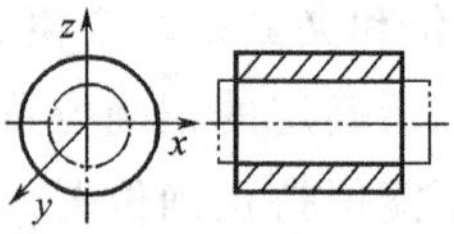	$\vec{X}$、$\vec{Z}$、$\widehat{X}$、$\widehat{Z}$
圆锥孔	顶尖	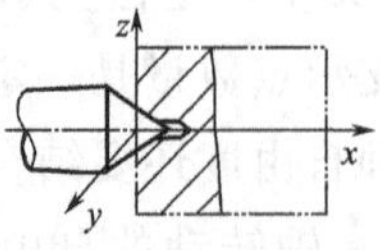	$\vec{X}$、$\vec{Y}$、$\vec{Z}$	锥度芯轴	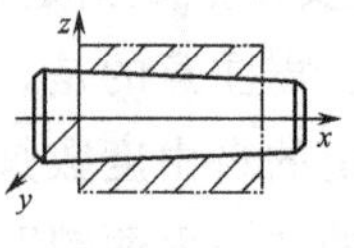	$\vec{X}$、$\vec{Y}$、$\vec{Z}$、$\widehat{Y}$、$\widehat{Z}$

2. 完全定位与不完全定位

加工时，工件的六个自由度被完全限制了的定位称为完全定位。

但生产中并不是任何工序都采用完全定位的。究竟限制几个自由度和限制哪几个自由度，完全由工件在该工序中的加工要求所决定。

如图 8-8 所示，在工件上铣通槽，为保证槽底面与 A 面的平行度和尺寸 $60^{0}_{-0.2}$mm 两项加工要求，必须限制 $\overrightarrow{Z}$、$\widehat{X}$、$\widehat{Y}$三个自由度。为保证槽侧面与 B 面的平行度及 30±0.1mm 两项加工要求，必须限制 $\overrightarrow{X}$、$\widehat{Z}$两个自由度。至于 $\overrightarrow{Y}$，因为这是一个通槽，从加工要求的角度看，可以不限制。像这种工件的六个自由度没有被完全被限制，但仍然能保证加工要求的现象称为不完全定位。

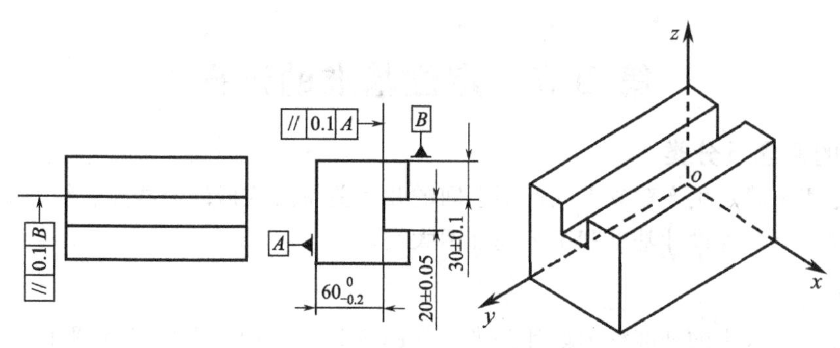

图 8-8　工件正中铣通槽限制五个自由度

这里必须强调指出，在满足加工要求的前提下，采用不完全定位是允许的，但有时为了使定位元件帮助承受切削力、夹紧力或为了保证一批工件的进给长度一致，常常对无位置尺寸要求的自由度也加以限制。例如在此例中若在铣削力的相对方向上，增设一个挡销，可以承受部分切削力，使加工稳定，便于控制行程。

3. 欠定位和过定位

按工艺要求必须被限制的自由度未被限制的定位，称为欠定位。欠定位是不允许的。例如上例中，如果只限制 $\overrightarrow{Z}$、$\widehat{X}$、$\widehat{Y}$三个自由度，而没有限制工件饶 z 轴转动的自由度，工件装夹时可能产生偏置，使铣出的槽偏斜。如果没有限制沿 x 轴移动的自由度，铣出的槽将不在正中。

工件的某个自由度被不同定位元件重复限制的现象称为过定位。图 8-9 所示为在插齿

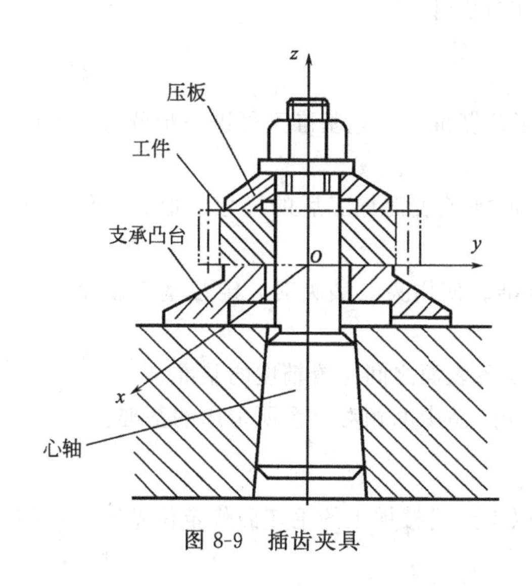

图 8-9　插齿夹具

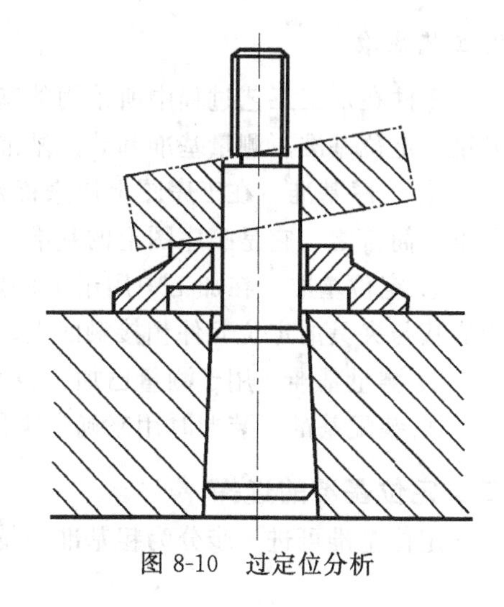

图 8-10　过定位分析

机上加工齿轮的夹具。工件以内孔在心轴上定位，限制了$\vec{X}$、$\vec{Y}$、$\overset{\frown}{X}$、$\overset{\frown}{Y}$四个自由度，以端面在支承凸台上定位，限制了$\vec{Z}$、$\overset{\frown}{X}$、$\overset{\frown}{Y}$三个自由度，可以看出其中$\overset{\frown}{X}$、$\overset{\frown}{Y}$被重复限制了。由于工件和夹具都有误差，这时工件的位置就有两种可能：用长销定位时底面会靠不牢，用底面定位时长销会被压弯，如图 8-10。

一般情况下应当尽量避免过定位，但是如果工件定位面和夹具定位元件的尺寸、形状和位置都做得比较准确，比较光整，则过定位不但对工件加工面的位置尺寸影响不大，反而可以增强加工时的刚性，这时过定位是允许的。

第四节　定位基准的选择

一、基准的概念及分类

基准是用来确定生产对象上几何要素间的几何关系所依据的那些点、线、面。根据其功用的不同，可分为设计基准和工艺基准两大类。

1. 设计基准

零件图上所采用的基准称为设计基准。在图 8-11(a) 中，平面 A 和平面 B 互为设计基准。在图 8-11(b) 中，ϕ50mm 圆柱面的设计基准是 ϕ50mm 的轴线，ϕ30mm 圆柱面的设计基准是 ϕ30mm 的轴线；由于同轴度的要求，ϕ30mm 轴线的设计基准为 ϕ50mm 的轴线。在图 8-11(c) 中，由于尺寸 45mm 的要求，圆柱面的下素线 D 是槽底面 C 的设计基准。

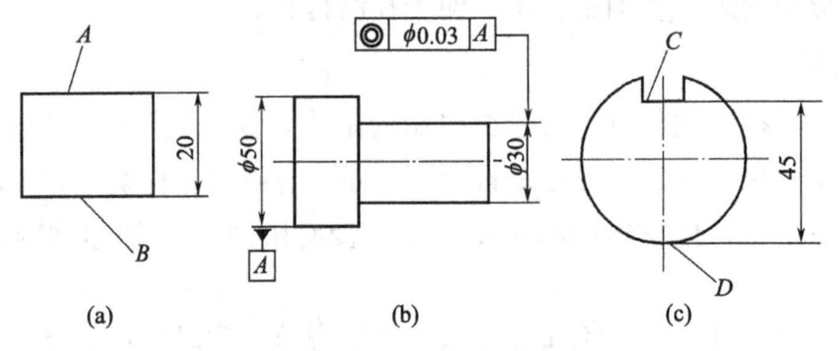

图 8-11　设计基准实例

2. 工艺基准

零件在加工工艺过程中所采用的基准称为工艺基准。工艺基准又可进一步分为：工序基准、定位基准、测量基准和装配基准。

① 工序基准　在工序图上用来确定本工序所加工表面加工后的尺寸、形状、位置的基准。简言之，它是工序图上的基准。

② 定位基准　在加工中用于工件定位的基准。使用夹具装夹时，定位基准就是工件上直接与夹具的定位元件相接触的点、线、面。

③ 测量基准　用于测量已加工表面的尺寸及各表面之间位置精度的基准。

④ 装配基准　装配时用来确定零件或部件在产品中的相对位置所采用的基准。

二、定位基准的选择

定位基准可进一步分为粗基准和精基准。以未经机械加工的毛坯面作定位基准，这种基准称为粗基准；以已经机械加工过的表面作定位基准，这种基准称为精基准。机械加工工艺规程中第一道机械加工工序所采用的定位基准都是粗基准。

1.粗基准的选择

粗基准选择时要求能保证加工面与非加工面之间的位置要求及合理分配加工面的余量，同时要为后续工序提供精基准。具体可按下列原则选择。

① 为了保证工件上加工面与不加工面的相互位置要求，应以不加工面作为粗基准 例如，图 8-12 所示的毛坯，铸造时孔 B 和外圆 A 有偏心。若采用不加工面（外圆 A 表面）为粗基准加工孔 B，则加工后的孔 B 与外圆 A 的轴线是同轴的，即壁厚是均匀的，而孔 B 的加工余量不均匀。

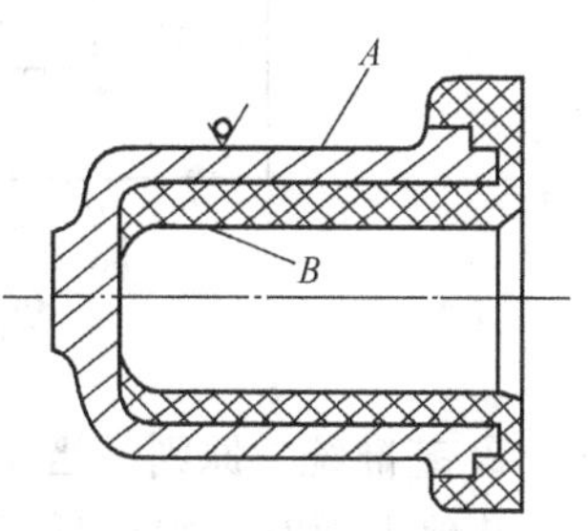

图 8-12 用不加工表面作粗基准

② 为了保证工件某重要表面的余量均匀，应选择该表面的毛坯面为粗基准 例如，在车床床身加工中，为了保证导轨面有均匀的金相组织和较高的耐磨性，加工导轨面时去除的余量应该小而均匀。此时应以导轨面为粗基准，如图 8-13(a)，先加工底面，然后再以底面为精基准，如图 8-13(b)，加工导轨面。这样就可以保证导轨面的加工余量均匀。

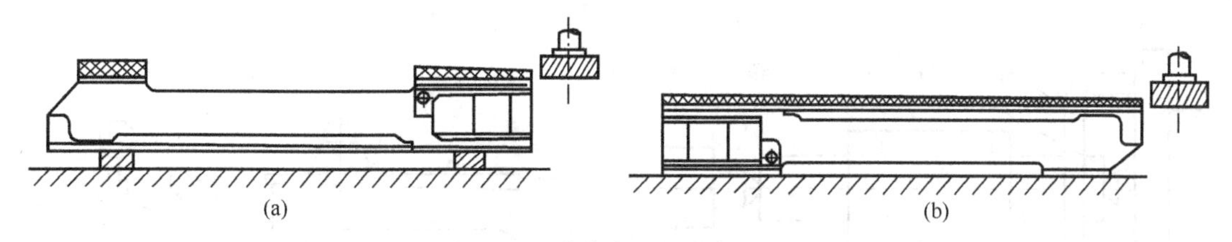

图 8-13 床身加工时的粗基准

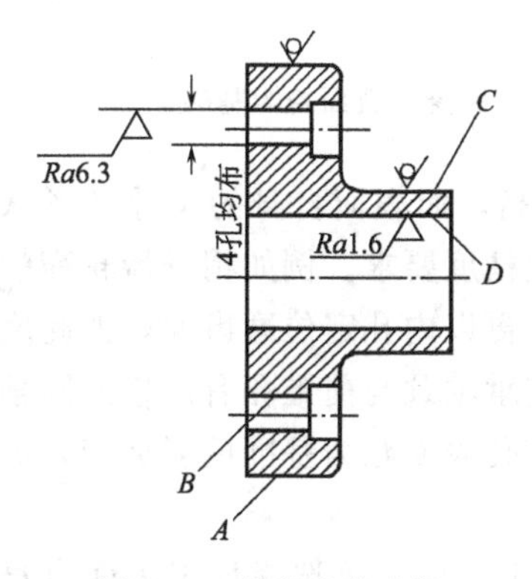

图 8-14 粗基准的选择

③ 选作粗基准的表面应尽可能平整、光洁并有足够大的尺寸，不允许有铸造浇冒口、锻造飞边或其他缺陷 以保证定位准确，夹紧可靠。

④ 粗基准一般不能重复使用 因为粗基准误差大，重复使用将导致位置误差增大。如图 8-14 所示的零件，D、B 面需要用两道工序加工，正确的选择应该是：先以 C 面为粗基准加工孔面 D，再以 D 为基准加工 4 个孔面 B。如果第二道工序仍然选 C 面作基准，将很难保证 B 与 D 加工表面间的位置要求。

2.精基准的选择

选择精基准时要考虑的主要问题是如何保证设计技术要求的实现以及装夹准确、可靠、方便。其主要原则如下。

① 基准重合原则 应尽可能选择被加工表面的设计基准为精基准。这样可避免因基准不重合而引起的定位误差（即工序基准在加工尺寸方向上的最大变动量）。如图 8-15(a) 所示，在零件上加工孔 3，孔 3 的设计基准是平面 2，要求保证的尺寸是 A。若加工时以

平面 1 为定位基准，如图 8-15(b) 所示，这时影响尺寸 A 的最大定位误差 Δ_{dw} 就是尺寸 B 的公差值 T_B。如果按图 8-15(c) 所示，用平面 2 定位，遵循基准重合原则就不会产生定位误差。

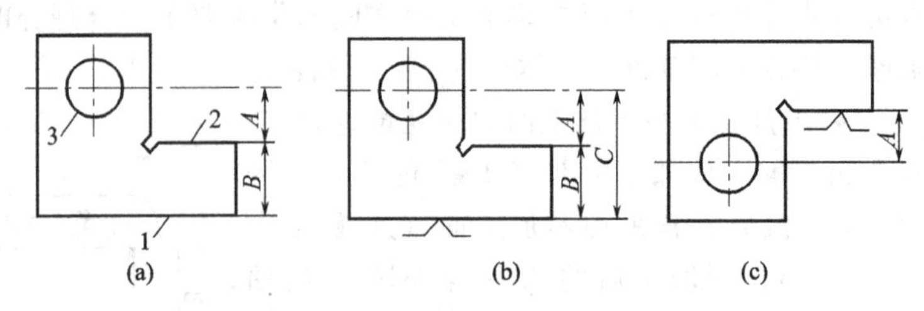

图 8-15　设计基准与定位基准不重合示例

② 基准统一原则　当工件以某一精基准定位，可以比较方便地加工大多数（或所有）其他表面时，则应尽早地把这个基准面加工出来，并达到一定精度，以后工序均以它为精基准加工其他表面。如图 8-16 所示，轴类零件在车削、磨削及其调头加工过程中，始终用两中心孔作定位基准，使得大、小外圆之间的同轴度误差可以得到很好的控制。

应当指出，统一基准原则常常会带来基准不重合的问题。在这种情况下，要针对具体问题进行认真分析，在满足设计要求的前提下，决定最终选择的精基准。

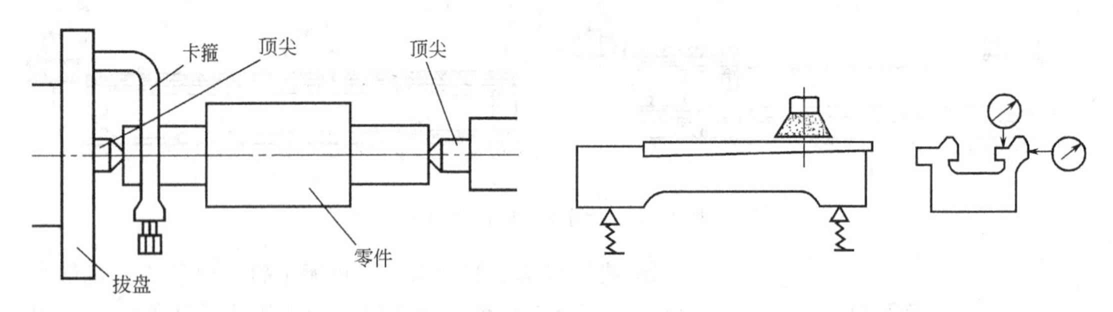

图 8-16　轴类零件加工时的基准统一　　　图 8-17　床身导轨面自为基准定位

③ 互为基准原则　当两个表面的相互位置精度要求很高，而表面自身的尺寸和形状精度又很高时，常采用互为基准反复加工的办法来达到位置精度要求。例如精密齿轮高频淬火后，在其后的磨齿工序中，常先以齿面为基准磨内孔，再以内孔定位磨齿面，如此反复加工以保证齿面与内孔的位置精度。又如车床主轴前后支承轴颈与前锥孔有严格的同轴度要求，为了达到这一要求，生产中常常以主轴颈表面和锥孔表面互为基准反复加工，最后以前后支承轴颈定位精磨前锥孔。

④ 自为基准原则　某些要求加工余量小而均匀的精加工工序，可选择加工表面自身作为定位基准。图 8-17 所示的以自为基准原则磨削床身导轨面，用固定在磨头上的百分表找正工件上的导轨面，然后加工导轨面保证导轨面余量均匀，以满足对导轨面的质量要求。此外，拉孔、铰孔、浮动镗刀镗孔和珩磨孔等都是自为基准的典型例子。

除了上述四个原则外，精基准的选择还应能保证定位准确、可靠，夹紧机构简单，操作方便等。

第五节 工艺路线的制订

工艺路线是产品或零部件在生产过程中，由毛坯准备到成品包装入库，经过企业各有关部门或工序的先后顺序。本节所谓的工艺路线主要指零件的机械加工工艺路线，即零件加工工序的先后顺序。制订工艺路线的主要内容，除安排工序的先后顺序外，还应包括表面加工方法的选择、确定工序的集中与分散程度以及加工阶段的划分等。设计者一般应结合本厂的生产实际条件，提出几种方案，通过分析对比，从中选择最佳方案。

一、加工经济精度与表面加工方法的选择

零件上的各种典型表面都有许多加工方法，各种加工方法所能达到的加工精度和表面粗糙度，都是在一定的范围内的。为了满足加工质量、生产率和经济性等方面的要求，应尽可能采用经济精度来完成对零件表面的加工。所谓加工经济精度是指在正常加工条件下（采用符合质量标准的设备、工艺装备和标准技术等级的工人，不延长加工时间）所能保证的加工精度。通常它的范围是比较窄的。例如，尺寸公差为IT7和表面粗糙度 Ra 值为 $0.4\mu m$ 的黑色金属外圆表面，精细车能够达到，但采用磨削更为经济，而表面粗糙度 Ra 值为 $1.6\mu m$ 的外圆，则多用车削加工而不用磨削加工，因为这时车削加工是经济的。

表8-10介绍了常用加工方法的加工经济精度和表面粗糙度，在选择零件表面的加工方案时可参考该表并结合第七章的内容进行。

表8-10 常用加工方法的加工经济精度和表面粗糙度

加工表面	加工方法	加工经济精度IT	表面粗糙度 $Ra/\mu m$
外圆柱面和端面	粗车	12～11	25～12.5
	半精车	10～9	6.3～3.2
	精车	8～7	1.6～0.8
	精细车	6～5	0.4～0.2
	粗磨	8～7	0.8～0.4
	精磨	6～5	0.4～0.2
	研磨	5～3	0.1～0.008
	超精加工	5	0.1～0.01
	抛光	—	0.1～0.012
圆柱孔	钻	12～11	25～12.5
	扩	10～9	6.3～3.2
	粗铰	8～7	1.6～0.8
	精铰	7～6	0.8～0.4
	粗拉	8～7	1.6～0.8
	精拉	7～6	0.8～0.4
	粗镗	12～11	25～12.5

续表

加工表面	加工方法	加工经济精度 IT	表面粗糙度 $Ra/\mu m$
圆柱孔	半精镗	10～9	6.3～3.2
	精镗	8～7	1.6～0.8
	粗磨	8～7	1.6～0.8
	精磨	7～6	0.4～0.2
	珩磨	6～4	0.8～0.05
	研磨	6～4	0.2～0.008
平面	粗铣(或粗刨)	12～11	25～12.5
	半精铣(或半精刨)	10～9	6.3～3.2
	精铣(或精刨)	8～7	3.2～1.6
	宽刀精刨	6	0.8～0.4
	粗拉	11～10	6.3～3.2
	精拉	9～6	1.6～0.4
	粗磨	8～7	1.6～0.4
	精磨	6～5	0.4～0.2
	研磨	5～3	0.1～0.008
	刮研	—	0.8～0.4

二、工序顺序安排

复杂工件的机械加工工艺路线中要经过切削加工、热处理和辅助工序，如何将这些工序安排在一个合理的加工顺序中？生产中已总结出一些指导性的原则，现分述如下。

1. 工序顺序的安排原则

① 基准先行　作为加工其他表面的精基准一般应安排在工艺过程一开始就进行加工。例如，箱体类零件一般以主要孔为粗基准来加工平面，再以平面为精基准来加工孔系。轴类零件一般以外圆为粗基准来加工中心孔，再以中心孔为精基准来加工外圆、端面等。

② 先面后孔　例如，箱体、支架类零件上可作定位基准的较大平面应先加工，然后以此为基准加工孔等其他表面，这样可以保证定位稳定。再如，与在毛坯面上钻孔相比，在加工过的平面上钻孔不易产生孔轴线的偏斜，较易保证孔距尺寸。

③ 先主后次　零件的主要加工表面（一般指设计基准面、主要工作面、装配基准面等）应先加工，而次要表面（如键槽、螺孔等）可在主要表面加工到一定精度之后、最终精度加工之前进行。

④ 先粗后精　零件的切削加工过程，总是先进行粗加工，再进行半精加工，最后是精加工和光整加工。这有利于加工误差和表面缺陷层的逐步消除，从而逐步提高零件的加工精度与表面质量。

2. 热处理工序的安排

① 预备热处理　预备热处理的目的是改善切削性能，为最终热处理作好准备和消除内应力，如正火、退火和时效处理等。它应安排在粗加工前后和需要消除内应力时。放在

粗加工前，可改善切削性能，并可减少车间之间的运输工作量；放在粗加工后，有利于粗加工后内应力的消除。调质处理能得到组织均匀细致的回火索氏体，有时也作为预备热处理，安排在粗加工后。

② 最终热处理　最终热处理的目的是提高零件的力学性能，使之符合技术要求的规定。调质、淬火、渗碳淬火、碳氮共渗和渗氮等热处理，都可作为最终热处理。它应安排在精加工前后。变形较大的热处理（如渗碳淬火、调质等），应安排在磨削等精加工前进行，以便在磨削等精加工时纠正热处理的变形。变形较小的热处理（如渗氮等），应安排在精加工后。

3. 辅助工序的安排

辅助工序的种类较多，包括检验、去毛刺、清洗、防锈、去磁及平衡等。辅助工序也是工艺规程的重要组成部分。

检验工序对保证零件质量起到重要作用。除了工序中自检外，还需要在重要工序前后、送往外车间加工前、全部加工工序完后等情况下单独安排检验工序。

切削加工之后应安排去毛刺处理。未去净的毛刺将影响装夹精度、测量精度、装配精度以及工人安全。

工件在进入装配之前，一般应安排清洗。例如，研磨、珩磨后没清洗过的工件会带入残存的砂粒，加剧工件在使用中的磨损。

对用磁力夹紧的工件若没有安排去磁工序，会使带有磁性的工件进入装配线，影响装配质量。

三、工序的集中与分散

工序集中与工序分散，是拟定工艺路线时确定工序数目（或工序内容多少）的两种不同原则，它和设备类型的选择有密切的关系。

工序集中就是将工件的加工集中在少数几道工序内完成，每道工序的加工内容较多；工序分散就是将工件的加工分散在较多的工序内进行，每道工序的加工内容很少，最少时每道工序仅一个简单工步。

工序集中和工序分散的特点都很突出。工序集中有利于保证各加工面间的相互位置精度要求，有利于采用高生产率机床，节省装夹工件的时间，减少工件的搬动次数。工序分散可使每个工序使用的设备和夹具比较简单，调整、对刀也比较容易，对操作工人的技术水平要求较低。

由于工序集中和工序分散各有特点，所以生产上都有应用。大批量生产时，若使用多刀多轴的自动或半自动高效机床、数控机床、加工中心，可按工序集中原则组织生产；若按传统的流水线、自动线生产多采用工序分散的组织形式。单件小批生产则一般在通用机床上按工序集中原则组织生产。

四、加工阶段的划分

工件的加工质量要求较高时，都应划分阶段。一般可分为粗加工、半精加工和精加工三个阶段。加工精度和表面质量要求特别高时，还可增设光整加工、精密加工和超精密加工阶段。

① 粗加工阶段　粗加工是以切除大部分加工余量为主要目的的加工。粗加工阶段的主要任务是以高生产率去除加工面多余的金属，其所能达到的加工精度和表面质量都比较低。

② 半精加工阶段　半精加工是粗加工与精加工之间的加工。半精加工阶段的主要任务是减小粗加工阶段留下的误差，使加工面达到一定的精度，为精加工做好准备。

③ 精加工阶段　精加工是使零件达到预定的精度和表面质量的加工。精加工阶段的主要任务是确保零件的尺寸、形状和位置精度及表面粗糙度达到或基本达到图纸规定的要求。

④ 光整加工、精密加工和超精密加工阶段　若精加工后仍不能满足零件的加工要求，可以采用光整加工、精密加工和超精密加工等方法来最终实现零件的加工要求。光整加工是指精加工后，从工件上不切除或切除极薄金属层，用以提高工件表面粗糙度或强化其表面的加工过程。

划分加工阶段，可以保证有充足的时间消除热变形和消除粗加工产生的残余应力，使后续加工精度提高。另外，在粗加工阶段发现毛坯有缺陷时，就不必进行下一加工阶段的加工，避免浪费。此外还可以合理地使用设备，低精度机床用于粗加工，精密机床专门用于精加工，以保持精密机床的精度水平；同时合理地安排人力资源，高技术工人专门从事精密、超精密加工，这对保证产品质量，提高工艺水平来说都是十分重要的。

第六节　加工余量及工序尺寸与偏差的确定

一、加工余量的确定

加工总余量即毛坯余量，是毛坯尺寸与零件图的设计尺寸之差。加工总余量为各工序余量的总和。工序余量是相邻两工序的工序尺寸之差。两者关系如下

$$Z_{总}=Z_1+Z_2+\cdots+Z_n=\sum_{i=1}^{n}Z_i \tag{8-1}$$

式中　$Z_{总}$——加工总余量；

Z_i——工序余量；

n——工序数目。

工序余量有单边余量和双边余量之分。通常平面加工属于单边余量，它等于实际切除的金属层厚度，如图 8-18(a)，可表示为

$$Z_i=l_{i-1}-l_i \tag{8-2}$$

式中　Z_i——本道工序的工序余量；

l_i——本道工序的基本尺寸；

l_{i-1}——上道工序的基本尺寸。

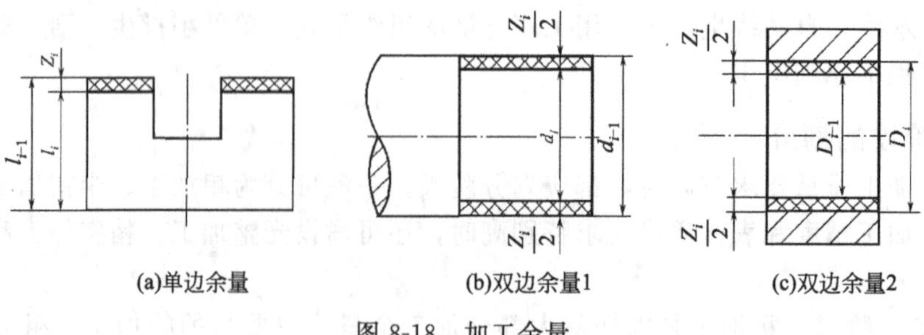

图 8-18　加工余量

回转面（如内、外圆柱面）加工属于为双边余量，即实际所切除的金属层厚度是直径

上的加工余量之半，如图 8-18(b)、(c)，可表示为

$$Z_i = d_{i-1} - d_i \quad (8\text{-}3)$$

$$Z_i = D_i - D_{i-1} \quad (8\text{-}4)$$

式中　　Z_i——本道工序的工序余量；

D_i，d_i——本道工序的基本尺寸；

D_{i-1}，d_{i-1}——上道工序的基本尺寸。

由于工序尺寸有公差，所以加工余量也必然在某一公差范围内变化。其公差大小等于本道工序工序尺寸公差与上道工序工序尺寸公差之和。

设 Z_{max}、Z_{min} 分别为最大工序余量与最小工序余量，T_Z 为工序余量的公差，T_a 及 T_b 分别为上道工序及本道工序的公差，则有

$$T_Z = Z_{max} - Z_{min} = T_b + T_a \quad (8\text{-}5)$$

工序余量的大小受诸多因素影响。如上道工序的尺寸公差、上道工序表面形位误差、上道工序表面遗留的表面粗糙度和缺陷层以及本道工序的装夹误差等。在确定工序余量时要仔细分析各因素的影响。实际生产中，人们常常用分析计算法、经验估算法或查表修正法来确定。其中，查表修正法由于方便、迅速，生产上广泛应用。

二、工序尺寸及其偏差的确定

工序尺寸及其偏差的确定涉及工艺基准与设计基准是否重合的问题。如果工艺基准与设计基准不重合，必须用工艺尺寸链计算才能确定工序尺寸及其偏差（详见本章第七节内容）。如果工艺基准与设计基准重合，可用下面过程确定工序尺寸及其偏差。

ⅰ.确定各加工工序的加工余量。

ⅱ.从终加工工序开始，即从设计尺寸开始，到第一道加工工序，逐次加上每道加工工序余量，可分别得到各工序基本尺寸（包括毛坯尺寸）。

ⅲ.除终加工工序以外，其他各加工工序按各自所采用加工方法的加工经济精度确定工序尺寸公差（终加工工序的公差按设计要求确定）。

ⅳ.填写工序尺寸并按入体原则（即外表面注成上偏差为零，内表面注成下偏差为零）标注工序尺寸偏差。

例如，某轴直径为 ϕ50mm，尺寸精度为 IT5，表面粗糙度 Ra 值为 0.04μm，并要求高频淬火，毛坯为锻件。其工艺路线为：粗车—半精车—高频淬火—粗磨—精磨—研磨。

根据有关手册查出各工序余量和所能达到的加工经济精度，计算各工序基本尺寸和偏差，然后填写工序尺寸，如表 8-11。

表 8-11　工序尺寸及偏差

工序名称	工序余量/mm	工序达到的经济精度	工序基本尺寸/mm	工序尺寸及偏差/mm
研磨	0.01	IT5(h5)	50	$\phi 50^{0}_{-0.011}$
精磨	0.1	IT6(h6)	50+0.01=50.01	$\phi 50.01^{0}_{-0.019}$
粗磨	0.3	IT8(h8)	50.01+0.1=50.11	$\phi 50.11^{0}_{-0.046}$
半精车	1.1	IT10(h10)	50.11+0.3=50.41	$\phi 50.41^{0}_{-0.12}$
粗车	4.9	IT12(h12)	50.41+1.1=51.51	$\phi 51.51^{0}_{-0.19}$
锻造	—	(偏差±2mm)	51.51+4.49=56	ϕ56±2

第七节　工艺尺寸链

一、尺寸链的定义及特点

在零件的加工过程和机器的装配过程中，经常会遇到一些相互联系的尺寸组合。这些相互联系且按一定顺序排列的封闭尺寸组称为尺寸链。在加工过程中的各有关工艺尺寸所组成的尺寸链称为工艺尺寸链。如图 8-19 所示的轴套，依次加工尺寸 A_1 和 A_2，则尺寸 A_0 就随之而定。因此这三个相互联系的尺寸 A_1、A_2 和 A_0 构成了一条工艺尺寸链。其中，尺寸 A_1 和 A_2 是在加工过程中直接获得的，尺寸 A_0 是间接保证的。

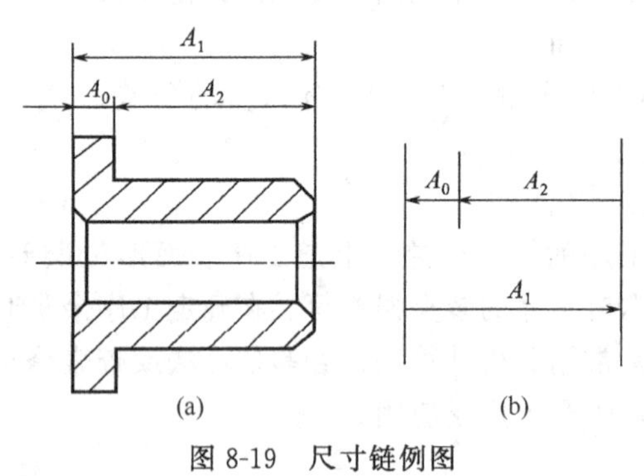

图 8-19　尺寸链例图

尺寸链具有两大特点。一是封闭性，即尺寸链是由一系列相互关联的尺寸首尾相接而形成的封闭环路。二是制约性，即所有尺寸之间有确定的函数关系，某一尺寸的变化将影响其他尺寸的变化。

二、尺寸链的组成

① 环　列入尺寸链中的每一尺寸称为环。环可分为封闭环和组成环。

② 封闭环　封闭环是尺寸链中在装配或加工过程最后形成的一环。如图 8-19 中的尺寸 A_0。由于封闭环是尺寸链中其他尺寸互相结合后获得的尺寸，所以封闭环的实际尺寸要受到尺寸链中其他尺寸的影响。

③ 组成环　尺寸链中对封闭环有影响的全部环。这些环中任一环的变动必然引起封闭环的变动。尺寸链中除封闭环外的其他环都是组成环。组成环可分为增环和减环。

④ 增环　尺寸链中的组成环，该环的变动会引起封闭环同向变动。同向变动指该环增大时封闭环也增大，该环减小时封闭环也减小。如图 8-19 中的尺寸 A_1。

⑤ 减环　尺寸链中的组成环，该环的变动会引起封闭环反向变动。反向变动指该环增大时封闭环减小，该环减小时封闭环增大。如图 8-19 中的尺寸 A_2。

三、尺寸链的计算

要正确地进行尺寸链的分析计算，首先应查明组成尺寸链的各个环，并画出尺寸链图。查尺寸链时可利用尺寸链的封闭性规律。其具体作法是：从与封闭环任一端相连的任一组成环开始，依次查找相互联系而又影响封闭环大小的尺寸，直至封闭环的另一端为止。

计算尺寸链有下述两种方法。

① 极值法　此法是按极端情况，即各增环均为最大（或最小）极限尺寸，而同时减环为最小（或最大）极限尺寸时，来计算封闭环的极限尺寸。此法的优点是简便、可靠；缺点是当封闭环公差较小，组成环数量较多时，会使组成环的公差过小，致使加工成本上升甚至无法加工。

② 概率法　在大批量生产中，尺寸链中各增环、减环同时出现极限尺寸的概率很小，特别是当环数较多时，上述情况出现的概率更低。概率法就是考虑到加工误差分布的实际情况，采用概率原理求解尺寸链的一种方法。一般用于环数较多的大批量生产中。

1. 极值法计算公式

① 封闭环的基本尺寸等于所有增环的基本尺寸之和减去所有减环的基本尺寸之和

$$A_0 = \sum_{z=1}^{m} A_z - \sum_{j=m+1}^{n-1} A_j \tag{8-6}$$

式中　A_0——封闭环基本尺寸；

A_z——增环基本尺寸；

A_j——减环基本尺寸；

m——增环环数；

n——尺寸链总环数（包括封闭环）。

② 封闭环的公差等于各组成环的公差之和

$$T_0 = \sum_{i=1}^{n-1} T_i \tag{8-7}$$

式中　T_0——封闭环的公差；

T_i——组成环的公差。

③ 封闭环的上偏差等于所有增环的上偏差之和减去所有减环的下偏差之和

$$ES_0 = \sum_{z=1}^{m} ES_z - \sum_{j=m+1}^{n-1} EI_j \tag{8-8}$$

式中　ES_0——封闭环的上偏差；

ES_z——增环的上偏差；

EI_j——减环的下偏差。

④ 封闭环的下偏差等于所有增环的下偏差之和减去所有减环的上偏差之和

$$EI_0 = \sum_{z=1}^{m} EI_z - \sum_{j=m+1}^{n-1} ES_j \tag{8-9}$$

式中　EI_0——封闭环的下偏差；

EI_z——增环的下偏差；

EI_j——减环的上偏差。

2. 概率法计算公式

① 将极限偏差换算成中间偏差

$$\Delta = \frac{ES + EI}{2} \tag{8-10}$$

式中　Δ——中间偏差；

ES——上偏差；

EI——下偏差。

② 封闭环的中间偏差

$$\Delta_0 = \sum_{z=1}^{m} \Delta_z - \sum_{j=m+i}^{n-1} \Delta_j \tag{8-11}$$

式中　Δ_0——封闭环的中间偏差；

Δ_z——增环的中间偏差；

Δ_j——减环的中间偏差。

③ 封闭环的公差

$$T_0=\sqrt{\sum_{i=1}^{n-1}T_i^2} \tag{8-12}$$

④ 用中间偏差、公差表示极限偏差

组成环的极限偏差

$$ES_i=\Delta_i+\frac{1}{2}T_i \tag{8-13}$$

$$EI_i=\Delta_i-\frac{1}{2}T_i \tag{8-14}$$

封闭环的极限偏差

$$ES_0=\Delta_0+\frac{1}{2}T_0 \tag{8-15}$$

$$EI_0=\Delta_0-\frac{1}{2}T_0 \tag{8-16}$$

四、尺寸链在工艺过程中的应用

1. 测量基准与设计基准不重合时工艺尺寸的计算

如图 8-20(a) 所示的套筒零件，加工时由于尺寸 $10^{0}_{-0.36}$mm 不便测量，而改用深度游标卡尺直接测量大孔的深度来间接保证尺寸 $10^{0}_{-0.36}$mm。为求得大孔的深度尺寸，需要按尺寸链的计算步骤进行计算，其尺寸链图如图 8-20(b) 所示。图中 $A_1=50^{0}_{-0.17}$mm，$A_0=10^{0}_{-0.36}$mm，A_2 为待求测量尺寸。A_1 为增环，A_2 为减环，A_0 为封闭环。

把 A_0、A_1 的数据代入式（8-6）～式（8-9）中可得：$A_2=40^{+0.19}_{0}$mm。只要实测结果在 A_2 的公差范围之内，设计尺寸 $10^{0}_{-0.36}$mm 就一定能得到保证。

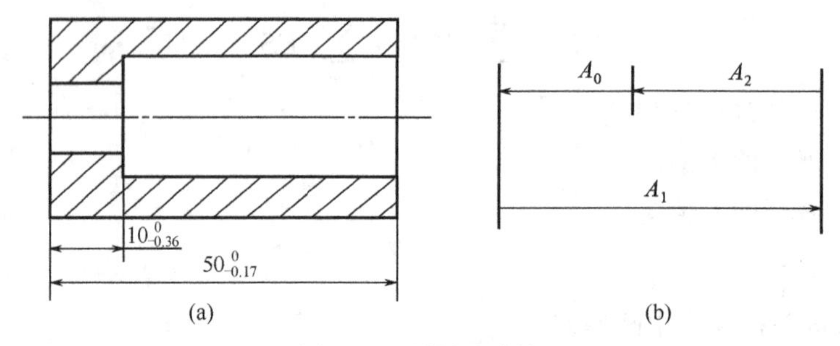

图 8-20　测量尺寸链

2. 定位基准和设计基准不重合时工艺尺寸的计算

图 8-21(a) 所示为某零件高度方向的设计尺寸。在加工过程中，A、B 面在上一道工序中已经加工好，且保证了尺寸 $50^{0}_{-0.016}$mm 的要求。本工序以 A 面为定位基准加工 C 面。因为 C 面的设计基准是 B 面，定位基准与设计基准不重合，所以需进行尺寸换算。

图 8-21(b) 为相应的尺寸链图。其中 A_2 是可直接保证的，A_1 也是直接保证的，A_0 是间接保证的。A_0 是封闭环，A_1 是增环，A_2 是减环，由式（8-6）～式（8-9）计算得：$A_2=30^{-0.016}_{-0.033}$mm。加工时，只要保证了 A_1 和 A_2 尺寸都在各自的公差范围之内，就一定能满足 $A_0=20^{+0.033}_{0}$mm。

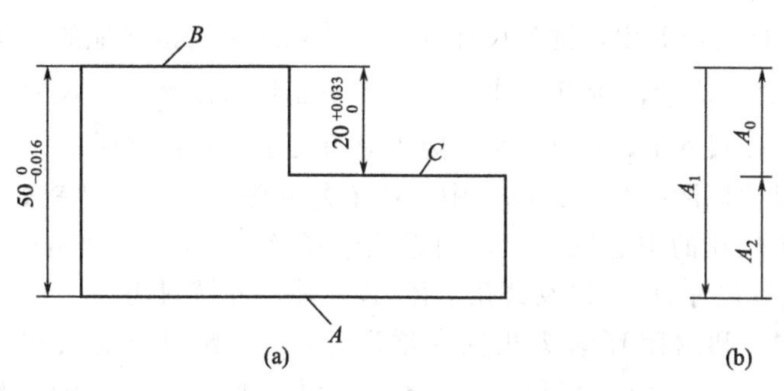

图 8-21　定位基准与设计基准不重合的尺寸换算

3. 中间工序尺寸及偏差的计算

在零件加工中，有些加工表面的测量基准和定位基准是一些还需要继续加工的表面，造成这些表面的最后一道加工工序中出现了需要同时控制两个尺寸的要求，其中一个尺寸是直接获得的，而另一个尺寸变成间接获得的，形成了尺寸链中的封闭环。在图 8-22(a) 所示的带有键槽内孔的设计尺寸图中，键槽深度尺寸为 $53.8_{0}^{+0.30}$ mm。有关内孔和键槽的加工顺序是：

ⅰ. 镗内孔至 $\phi 49.8_{0}^{+0.046}$ mm；

ⅱ. 插键槽至尺寸 L_2；

ⅲ. 淬火处理；

ⅳ. 磨内孔，同时保证内孔直径 $\phi 50_{0}^{+0.030}$ mm 和键槽深度 $53.8_{0}^{+0.30}$ mm 两个设计尺寸的要求。

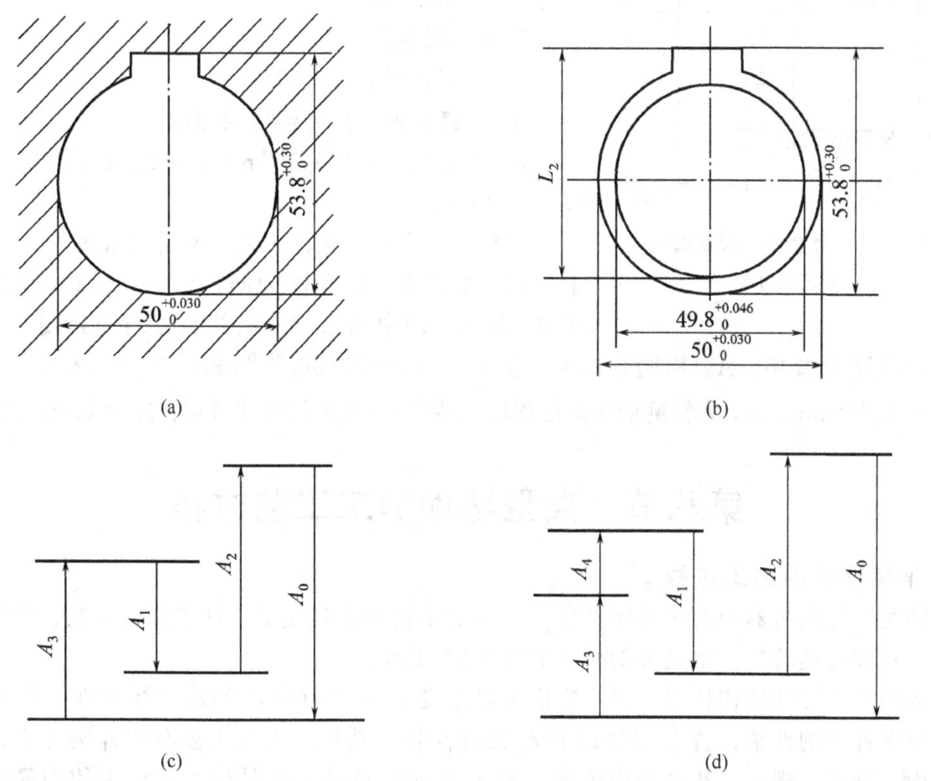

图 8-22　内孔插键槽工艺尺寸链

从以上加工顺序可以看出，键槽尺寸 $53.8_{0}^{+0.30}$mm 是间接保证的，是在完成工序尺寸 $\phi50_{0}^{+0.030}$mm 后自然形成的，所以尺寸 $53.8_{0}^{+0.30}$mm 是封闭环，而尺寸 $\phi49.8_{0}^{+0.046}$mm 和 $\phi50_{0}^{+0.030}$mm 及工序尺寸 L_2 是加工时直接获得的尺寸，为组成环。

将有关工艺尺寸标注在图 8-22(b) 中，按工艺顺序画工艺尺寸链如图 8-22(c) 所示。画尺寸链图时，先从孔的中心线出发，画镗孔半径 A_1，再依次画出插键槽深度 A_2（即 L_2），键槽深度设计尺寸 A_0，以及磨孔半径 A_3，使尺寸链封闭。

显然，A_2、A_3 和封闭环箭头相反为增环，A_1 和封闭环箭头相同为减环。其中，$A_0=53.8_{0}^{+0.30}$mm，$A_1=24.9_{0}^{+0.023}$mm，$A_3=25_{0}^{+0.015}$mm，A_2 为待求尺寸。求解该尺寸链得：$A_2=53.7_{+0.023}^{+0.285}$mm。

在上述计算过程中忽略了磨孔和镗孔的同轴度误差。由于磨孔和镗孔是在两次装夹下完成的，必然存在同轴度误差。若该同轴度误差不是很小，则应将同轴度也作为一个组成环画在尺寸链中，如图 8-22(d)。

本例中磨孔和镗孔的同轴度公差为 0.05mm，则在尺寸链中应注成：$A_4=0\pm0.025$mm。求解此工艺尺寸链得：$A_2=53.7_{+0.048}^{+0.260}$mm。

4. 零件进行表面处理时的工序尺寸计算

对那些要求淬火和渗碳处理，加工精度要求又比较高的表面，常常在淬火和渗碳处理之后安排磨削加工。为了保证磨后有一定厚度的淬火层和渗碳层，需要进行有关的工艺尺寸计算。

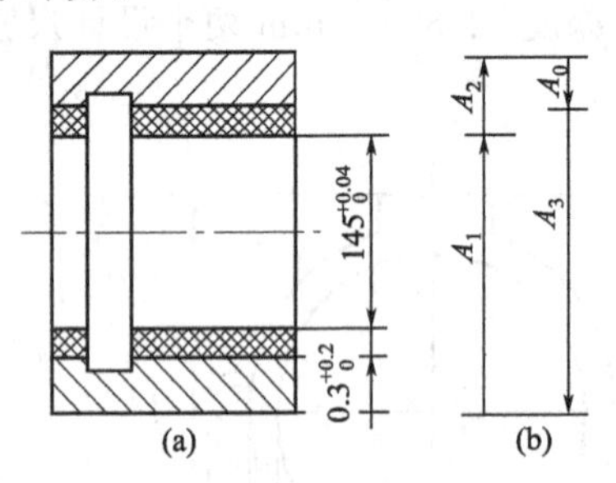

图 8-23　衬套内孔渗氮磨削工艺尺寸链

图 8-23(a) 所示的衬套内孔需渗氮处理，渗氮层深度为 0.3～0.5mm。

其加工顺序是：

ⅰ. 粗磨孔至 $\phi144.76_{0}^{+0.04}$mm；

ⅱ. 渗氮处理，控制渗碳层深度；

ⅲ. 精磨孔至 $\phi145_{0}^{+0.04}$mm，同时保证渗碳层深度 0.3～0.5mm。

根据上述安排，画出工艺尺寸链图如图 8-23(b) 所示。因为磨后渗氮层深度为间接保证，所以是封闭环，用 A_0 表示。图中 A_1、A_2 的箭头方向与封闭环 A_0 箭头方向相反为增环，A_3 相同为减环。其中：$A_1=72.38_{0}^{+0.02}$mm，$A_3=72.5_{0}^{+0.02}$mm，$A_0=0.3_{0}^{+0.2}$mm，A_2 为精磨前渗氮层深度（待求）。求解该尺寸链得：$A_2=0.42_{+0.02}^{+0.18}$mm。

第八节　典型零件加工工艺过程

一、轴类零件的加工过程

轴类零件是机器中的主要零件之一，它的主要功能是支承传动零件（齿轮、带轮、离合器等）和传递转矩。常见轴的种类如图 8-24 所示。

从轴类零件的结构特征来看，它们都是长度 L 大于直径 d 的旋转体零件。若 $L/d<12$，通常称为刚性轴；若 $L/d\geqslant12$ 则称为挠性轴。其加工表面主要有内外圆柱面、内外圆锥面、轴肩、螺纹、花键和沟槽等。图 8-25 所示传动轴则是轴类零件中使用最多、结构最为典型的一种阶梯轴。现以此为例介绍一般阶梯轴的工艺过程。

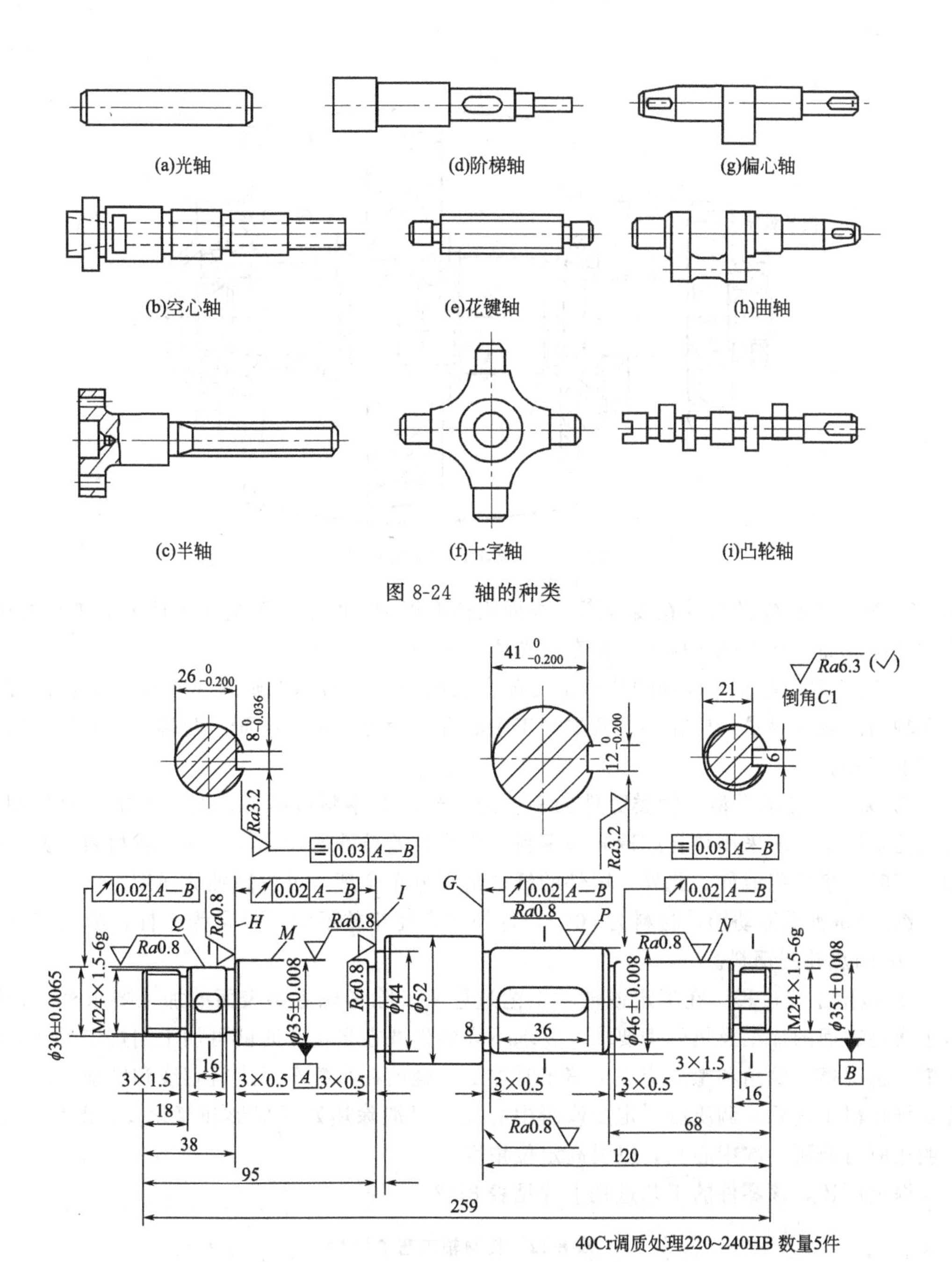

图 8-24　轴的种类

图 8-25　传动轴

1.传动轴零件的主要表面及技术要求

由图 8-25 和减速箱轴系装配图 8-26 可知，轴颈 M 和 N 是安装轴承的支承轴颈，也是该轴装入箱体的安装基准。外圆 P 装有蜗轮，运动通过蜗杆传给蜗轮减速后，通过外圆 Q 上的齿轮将运动传出。因此，轴颈 M、N 和外圆 P、Q 的尺寸精度高，公差等级均为 IT6。轴肩 G、H 和 I 的表面粗糙度 Ra 值为 0.8μm，并且有位置精度的要求。此外，为提高该轴的综合力学性能，还安排了调质处理。生产数量 5 件。

2.传动轴零件的工艺分析

① 主要表面的加工方法　由于该轴大部分为回转表面，应以车削为主。又因主要表

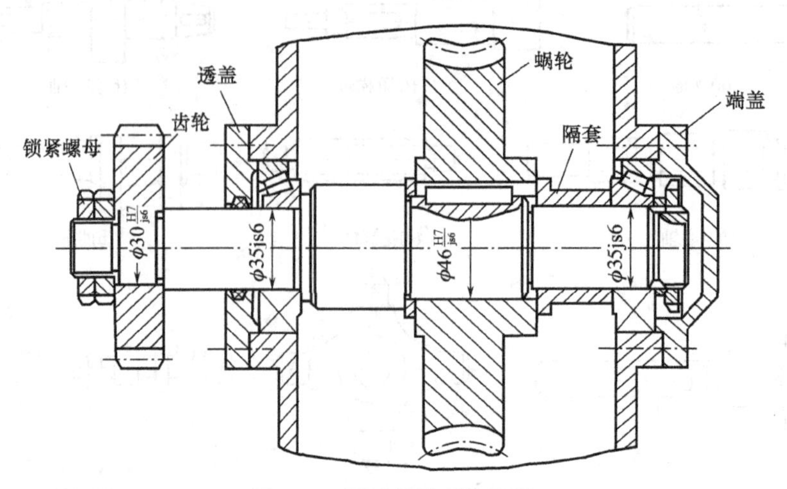

图 8-26 减速箱轴系装配图

面 M、N、P 和 Q 的尺寸精度较高，表面粗糙度度 Ra 值小，车削加工后还需进行磨削。为此这些表面的加工顺序应为：粗车—调质—半精车—磨削。

② 确定定位基面　该轴的几个主要配合表面和轴肩对基准轴线 $A—B$ 均有径向圆跳动和轴向圆跳动要求，应在轴的两端加工中心孔作为定位精基准面。两端中心孔要在粗车之前加工好。

③ 选择毛坯的类型　轴类零件的毛坯通常选用圆钢料或锻件。对于光轴、直径相差不大的阶梯轴，多采用热轧或冷轧圆钢料。直径相差悬殊的阶梯轴，为节省材料，减少机加工工时，多采用锻件。此外，锻件的纤维组织分布合理，可提高轴的强度。

图 8-25 所示传动轴，材料为 40Cr，各外圆直径相差不大，批量为 5 件，故毛坯选用 ϕ60mm 的热轧圆钢料。

④ 拟定工艺过程　在拟定该轴的工艺过程中，除考虑主要表面的加工要求外，还要考虑次要表面的加工及热处理要求。要求不高的外圆在半精车时就可加工到规定尺寸，退刀槽、越程槽、倒角和螺纹应在半精车时加工，键槽在半精车后进行划线和铣削，调质处理安排在粗车之后。调质后一定要修研中心孔，以消除热处理变形和氧化皮。磨削之前，一般还应再修研一次中心孔，以提高定位精度。

综上所述，该零件的工艺过程卡片见表 8-12。

表 8-12　传动轴工艺卡片

工序号	工种	工序内容	加工简图	设备
1	下料	ϕ60×265mm		
2	车	三爪自定心卡盘夹持工件，车端面见平，钻中心孔。用尾架顶尖顶住，粗车三个台阶，直径、长度均留余量 2mm		车床

续表

工序号	工种	工序内容	加工简图	设备
2	车	调头，三爪自定心卡盘夹持工件另一端，车端面保证总长 259mm，钻中心孔。用尾架顶尖顶住。粗车另外四个台阶，直径、长度均留余量 2mm	Ra12.5 Ra12.5 Ra12.5 Ra12.5 ϕ54 ϕ37 ϕ32 ϕ26 16 36 93 259	车床
3	热处理	调质处理 220～240HBS		
4	钳	修研两端中心孔	手握	车床
	车	双顶尖装夹，半精车三个台阶。螺纹大径车到 $\phi 24_{-0.2}^{-0.1}$mm，其余两个台阶直径上留余量 0.5mm，切槽三个，倒角三个	Ra6.3 ϕ46.5±0.1 ϕ35.5±0.1 $\phi 24_{-0.2}^{-0.1}$ Ra6.3 Ra6.3 3×0.75 3×0.75 3×1.5 16 68 120	车床
5	车	调头，双顶尖装夹，半精车余下的五个台阶。ϕ44mm 及 ϕ52mm 台阶车到图样规定的尺寸。螺纹大径车到 $\phi 24_{-0.2}^{-0.1}$mm，其余两台阶直径上留余量 0.5mm，切槽三个，倒角四个	Ra6.3 Ra6.3 Ra6.3 ϕ52 ϕ44 ϕ35.5±0.1 ϕ30.5±0.1 $\phi 24_{-0.2}^{-0.1}$ Ra6.3 3×0.75 3×0.75 3×1.5 18 38 95 99	车床
	车	双顶尖装夹，车一端螺纹 M24×1.5-6g。调头，双顶尖装夹，车另一端螺纹 M24×1.5-6g	Ra3.2 M24×1.5-6g	车床

续表

工序号	工种	工序内容	加工简图	设备
6	钳工	划键槽及止动垫圈槽加工线		
7	铣	铣两个键槽及一个止动垫圈槽。键槽深度比图样规定尺寸多铣 0.25mm，作为磨削的余量	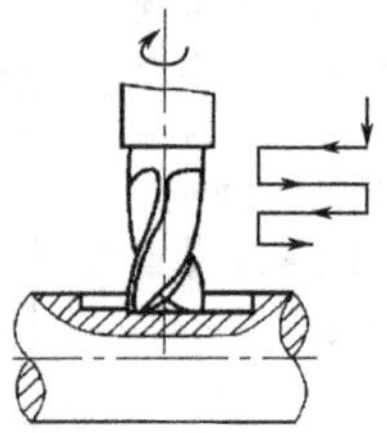	键槽铣床或立铣
8	钳	修研两端中心孔	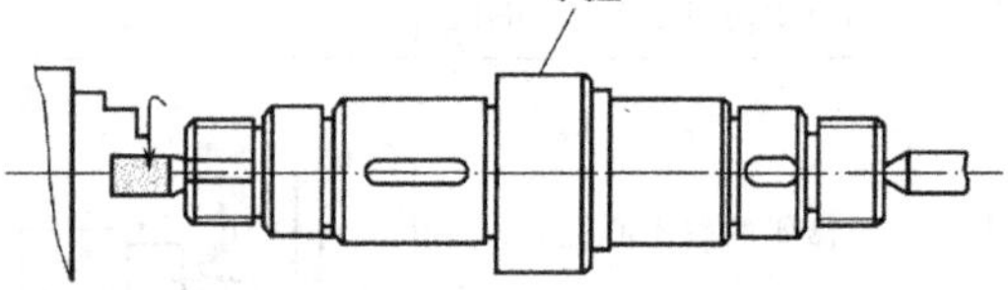 手握	车床
9	磨	磨外圆 Q 和 M，并用砂轮端面靠磨台肩 H 和 I。调头，磨外圆 N 和 P，靠磨台肩 G	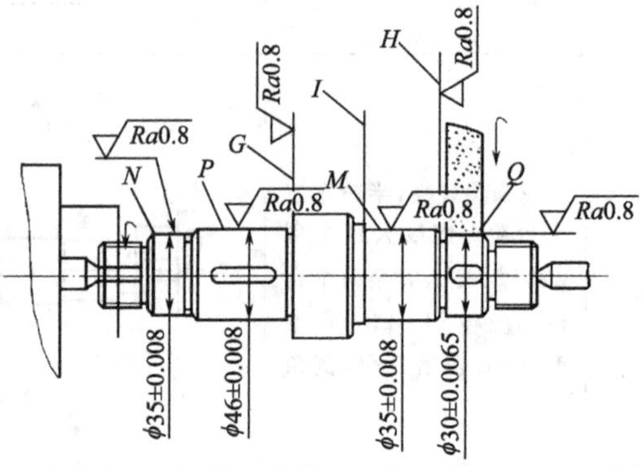 H $Ra0.8$ I $Ra0.8$ G $Ra0.8$ N P M Q $Ra0.8$ $Ra0.8$ $Ra0.8$ $\phi35\pm0.008$ $\phi46\pm0.008$ $\phi35\pm0.008$ $\phi30\pm0.0065$	外圆磨床
10	检	检验		

二、套筒类零件的加工过程

套筒类零件是机械加工中常见的一种零件，在各类装置中应用很广。其功用在不同的工作条件下各不相同，大致可分为下面几方面。作为旋转轴颈的支承，如轴套和轴瓦等；用作运动零件的导向，如在专用夹具、模具上的钻套、镗模套和导向套等；与其他零件组合成工作内腔，如压缩机中的气缸套、注射机和挤出机中的机筒以及液压装置中的液压缸等。图 8-27 是几种典型套筒零件示例。

1. 套筒零件的主要加工表面及技术要求

套筒零件的主要加工表面为内、外圆柱面。孔是套筒零件起支承或导向作用最主要的表面，外圆是套筒零件的支承面，常采用过盈配合或过渡配合与基体连接。所以，内、外圆柱面都有较高的尺寸精度、形状精度（如圆度、圆柱度）以及表面粗糙度要求。此外，内、外圆的径向全跳动（同轴度）、端面和孔中心线的轴向全跳动（垂直度）等位置精度要求也比较高。图 8-28 为液压缸零件图。

2. 套筒零件的材料与毛坯

套筒零件一般用钢、铸铁、青铜或黄铜制成。有些滑动轴承采用双金属结构，以离心

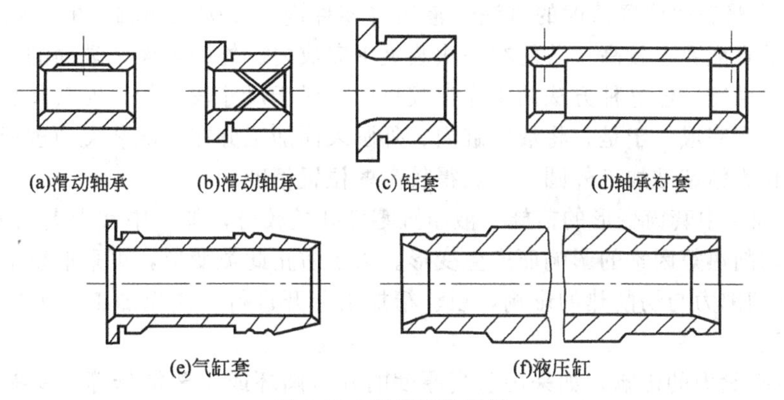

图 8-27 套筒零件示例

铸造法在钢或铸铁套筒内壁上浇铸巴氏合金等轴承合金材料，既可节省贵重的有色金属，又能提高轴承的寿命。对于一些强度和硬度要求较高的套筒（如挤出机机筒），可选用优质合金钢，如 38CrMoAlA 等。

套筒的毛坯选择与其材料、结构、尺寸及生产批量有关。孔径小的套筒一般选择热轧或冷拉棒料，也可采用实心铸件；孔径较大的套筒常选择无缝钢管或带孔的铸件或锻件。大批量生产时，采用冷挤压或粉末冶金等先进毛坯制造工艺，既可节约用材，又可提高毛坯精度及生产率。

3. 套筒零件加工工艺过程与工艺分析

套筒零件由于功用、结构形状、材料、热处理以及尺寸不同，其工艺差别很大。按结构形状来分，大体上分为短套筒与长套筒两类。它们在机械加工中的装夹方法有很大差别。对于短套筒（如钻套），通常可在一次装夹中完成内、外圆表面及端面加工（车或磨），工艺过程较为简单，精度容易达到，这里不做介绍。对长套筒，以图 8-28 液压缸加工工艺过程为例进行分析。

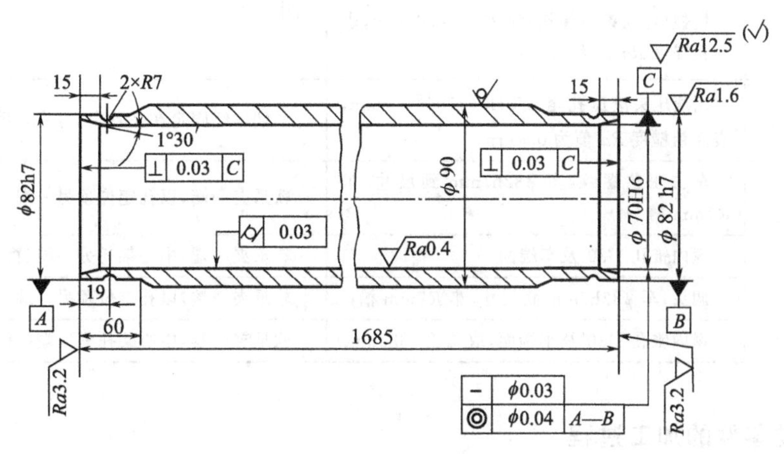

图 8-28 液压缸

① 主要表面的加工方法 液压缸是个很长的筒形零件，其内孔的尺寸精度、形状精度及表面粗糙度要求都比较高，相对来说外圆面的加工要求不高。所以，液压缸加工的主要问题是内孔的深孔加工，可以在已有孔的基础上，采用半精镗—精镗—浮动镗—滚压的方法进行加工，以保证加工精度和表面质量。

② 保证套筒表面位置精度的方法　液压缸零件内、外圆表面轴线的同轴度以及端面与孔轴线的垂直度要求较高，若能在一次装夹中完成内、外圆表面及端面的加工，则可获得很高的位置精度。但这种方法的工序比较集中，对于尺寸较大的，尤其是长径比大的液压缸，不便一次完成。于是，将液压缸内、外圆表面加工分在几次装夹中进行，先终加工孔，最后以孔为精基准加工外圆，以获得较高的位置精度。

③ 防止加工中套筒变形的措施　液压缸零件孔壁较薄，加工中常因夹紧力、切削力、残余应力和切削热等因素的影响而产生变形。为了防止此类变形，可采取以下措施。

ⅰ.减少切削力与切削热的影响，粗、精加工分开进行，使粗加工产生的变形在精加工中得到纠正。

ⅱ.减少夹紧力的影响，如采用适当厚度的开口圆环或工艺螺母等，使夹紧力均匀分布在液压缸夹紧表面上。

ⅲ.在精加工之前安排适当的热处理工序。

④ 拟订加工工艺路线　见表 8-13。

表 8-13　液压缸加工工艺路线

序号	工序名称	工序内容	定位与夹紧
1	下料	无缝钢管切断	
2	车	车 ϕ82mm 外圆到 ϕ88mm 及 M88×1.5 螺纹(工艺用)	三爪自定心卡盘夹一端,大头顶尖顶另一端
		车端面及倒角	三爪自定心卡盘夹一端,搭中心架托 ϕ88mm 处
		调头车 ϕ82mm 外圆到 ϕ84mm	三爪自定心卡盘夹一端,大头顶尖顶另一端
		车端面及倒角,取总长 1686mm(留加工余量 1mm)	三爪自定心卡盘夹一端,搭中心架托 ϕ88mm 处
3	深孔推镗	半精推镗孔到 ϕ68mm	一端用 M88×1.5 螺纹固定在夹具中,另一端搭中心架
		精推镗孔到 ϕ69.85mm	
		精镗(浮动镗刀镗孔)到 $\phi70\pm0.01$mm,表面粗糙度 Ra 值为 1.6μm	
4	滚压孔	用液压头滚压孔至 ϕ70H6($\phi70_{0}^{+0.19}$)mm,表面粗糙度 Ra 值为 0.4μrn	一端螺纹固定在夹具中,另一端搭中心架
5	车	车去工艺螺纹,车 ϕ82h7mm 到尺寸,车 R7mm 槽	软爪夹一端,以孔定位顶另一端
		镗内锥孔 1°30′及车端面	软爪夹一端,中心架托另一端(百分表找正孔)
		调头,车 ϕ82h7mm 到尺寸,车 R7mm 槽	软爪夹一端,以孔定位顶另一端
		镗内锥孔 1°30′及车端面,取总长 1685mm	软爪夹一端,中心架托另一端(百分表找正孔)

三、箱体类零件的加工过程

箱体是各类机器的基础零件，它将机器和部件中的轴、套、齿轮等有关零件连接成一个整体，并使之保持正确的位置，以传递转矩或改变转速来完成规定的运动。因此，箱体的加工质量，直接影响机器的性能、精度和寿命。

箱体的种类很多，按其功用可分为主轴箱、变速箱、操纵箱和进给箱等，图 8-29 为几种箱体零件的结构简图。

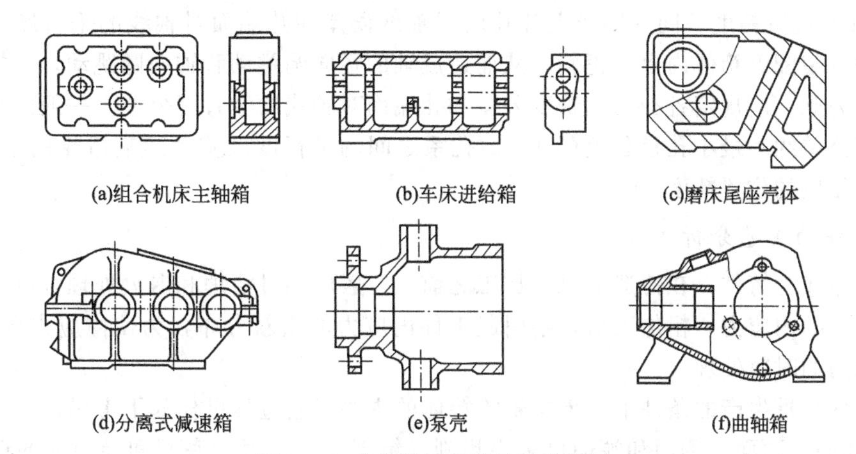

图 8-29　几种箱体零件的结构简图

1. 箱体零件的加工表面及技术要求

图 8-30 为某车床主轴箱箱体的示意图和剖面图。由图可以看出，箱体零件的结构特点是：壁薄、中空、形状复杂，加工面多为平面和孔，它们的尺寸精度、位置精度要求较高，表面粗糙度 Ra 值较小。因此，其工艺过程比较复杂。下面就以图 8-30 所示车床主轴箱为例，说明箱体零件的加工工艺过程。

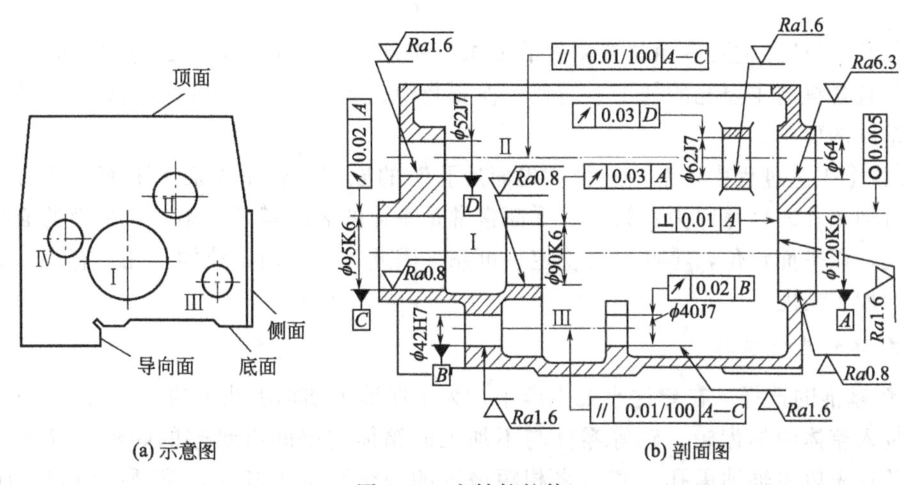

图 8-30　主轴箱箱体

箱体零件的主要加工面为平面和孔，其主要技术要求如下。

① 主要平面的精度　如图 8-30(a) 所示，底面和导向面为主轴箱的装配基准面，其平面度影响主轴箱与床身连接时的接触刚度，并且加工过程中常作为定位基面，会影响孔的加工精度，因此须规定底面和导向面必须平直，表面粗糙度 Ra 值为 0.8μm。顶面、端面和侧面的平面度也有一定要求，表面粗糙度 Ra 值为 1.6μm。当大批量生产将其顶面用作定位基面加工孔时，对它的平面度要求还要提高。

② 孔径精度　如图 8-30(b) 所示，孔径的尺寸误差和形状误差会造成轴承与孔的配合不良，因此对孔的精度要求较高。主轴轴承孔孔径精度为 IT6，表面粗糙度 Ra 值为 0.8μm；其余轴承孔的精度为 IT7～IT6，表面粗糙度 Ra 值为 1.6μm，孔的圆度和圆柱度公差不超过孔径公差的 1/2。

③ 孔的位置精度　同一轴线上各孔的同轴度误差和孔端面对轴线的垂直度误差，会使轴和轴承装配到箱体内出现歪斜，从而造成轴的径向圆跳动和轴向圆跳动，也加剧了轴承磨损。为此，应规定各孔的同轴度公差和孔端面对轴线的垂直度公差。一般同轴上各孔的同轴度公差约为最小孔径公差的 1/2。孔系之间的平行度误差会影响齿轮的啮合质量，亦须规定相应的位置精度。

2. 箱体零件的工艺分析

工件毛坯为铸件，在铸造后机械加工之前，一般应经过清理和退火处理，以消除铸造过程中产生的内应力。粗加工后，会引起工件内应力的重新分布，为使内应力分布均匀，也应经适当的时效处理。

在单件小批生产的条件下，该主轴箱箱体的主要工艺过程可作如下考虑。

ⅰ. 底面、顶面、侧面和端面可采用粗刨—精刨工艺。因为底面和导向面的精度和粗糙度要求较高，又是装配基准和定位基准，所以在精刨后，还应进行刮研。

ⅱ. 直径小于 $\phi(30\sim50)$mm 的孔一般不铸出，可采用钻—扩（或半精镗）—铰（或精镗）的工艺。对于已铸出的孔，可采用粗镗—半精镗—精镗（浮动镗）的工艺。由于主轴轴承孔精度和粗糙度的要求皆较高，故在精镗后，还要用浮动镗刀片进行精细镗。

ⅲ. 其余要求不高的螺纹孔、紧固孔及油孔等，可放在最后加工。这样可以防止主要面或孔在加工过程中出现问题（如发现气孔、夹杂物或加工超差等）时，浪费这一部分的工时。

ⅳ. 为了保证各主要表面位置精度的要求，粗加工和精加工时，都应采用同一的定位基准。并且各纵向主要孔的加工，应在一次安装中完成，并可采用镗模夹具，这样可以保证位置精度的要求。

ⅴ. 整个工艺过程中，都应遵循“先面后孔”的原则，就是先加工平面，然后以平面定位，再加工孔。这是因为：第一，平面常常是箱体的装配基准；第二，平面的面积较孔的面积大，以平面定位，零件装夹稳定、可靠。因此，以平面定位加工孔，有利于提高定位精度和加工精度。

3. 箱体零件的基准选择

① 粗基准的选择　在单件小批生产中，为了保证主轴轴承孔Ⅰ的加工余量分布均匀，并保证装入箱体中的齿轮、轴等零件与不加工的箱体内壁间有足够的间隙，以免互相干涉，常常首先以主轴轴承孔Ⅰ和与之相距最远的一个孔Ⅲ为基准，兼顾底面和顶面的余量，对毛坯进行划线和检查。之后，按划线找正粗加工顶面。这种方法，实际上就是以主轴轴承孔和与之相距最远的一个孔为粗基准。

② 精基准的选择　以该箱体的装配基准——底面和导向面为统一的精基准，加工各纵向孔、顶面、侧面和端面，符合基准同一和基准重合的原则，利于加工精度的提高。

为了保证精基准的精度，在加工底面和导向面时，以加工后的顶面为辅助的精基准。并且在粗加工和时效处理之后，又以精加工后的顶面为精基准，对底面和导向面进行精刨和刮研，进一步提高精加工阶段定位基准的精度，以利于保证所要求的加工精度。

思考与练习题

1. 什么是生产过程、工艺过程和工艺规程？工艺规程在生产中起何作用？

2. 什么是工序、安装、工位、工步和走刀？

3. 机械加工工艺过程卡和工序卡的区别是什么？简述它们的应用场合。

4. 简述机械加工工艺规程的设计原则、步骤和内容。

5. 试分析图 8-31 所示零件有哪些结构工艺性问题并提出正确的改进意见。

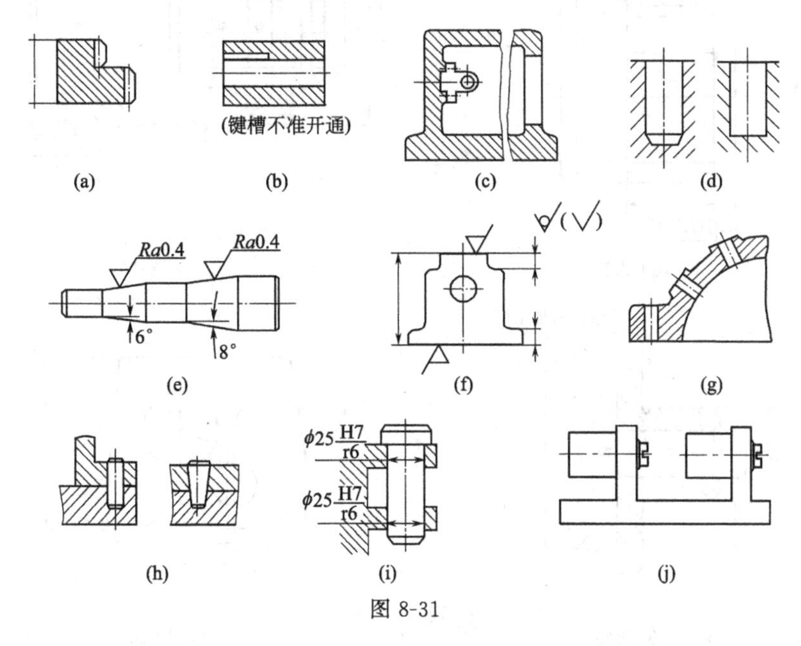

图 8-31

6. 工件装夹的含义是什么？在机械加工中有哪几种装夹方法？简述每种装夹方法的特点和应用场合。

7. 根据六点定位原理，分析图 8-32 所示各定位方案中，各定位元件所限制的自由度。

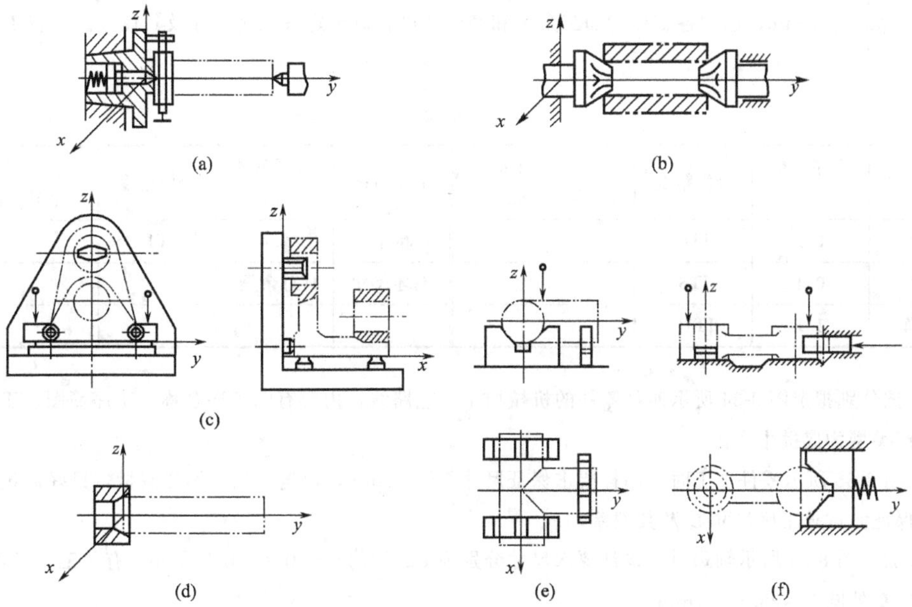

图 8-32

8. 试分别选择图 8-33 所示四种零件的粗、精基准。其中图 8-33(a) 为齿轮简图，毛坯为模锻件，图 8-33(b) 为液压缸体零件简图，图 8-33(c) 为飞轮简图，图 8-33(d) 为主轴箱体简图，后三种零件毛坯均为铸件。

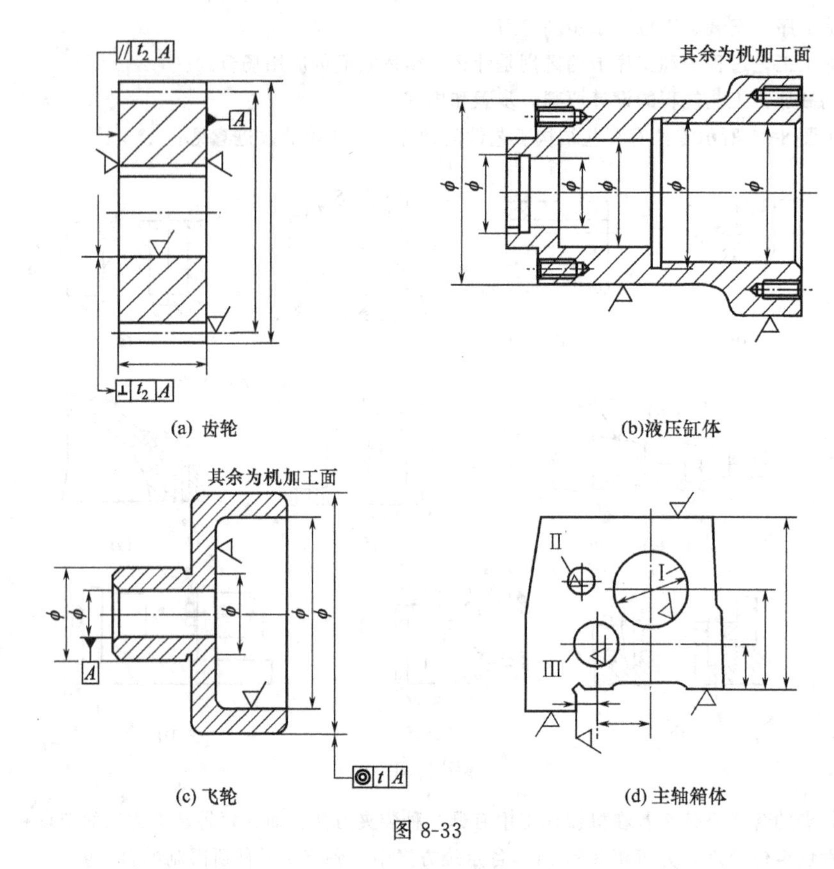

图 8-33

9. 有一小轴，毛坯为热轧棒料，大量生产的工艺路线为粗车—半精车—淬火—粗磨—精磨，外圆设计尺寸为 $\phi30^{0}_{-0.013}$ mm，已知各工序的加工余量和经济精度，试确定各工序尺寸及其偏差。按表 8-14 的栏目填写。

表 8-14

工序名称	工序余量/mm	经济精度	工序尺寸及偏差/mm	工序名称	工序余量/mm	经济精度	工序尺寸及偏差/mm
精磨	0.1	IT6		粗车	2.4	IT12	
粗磨	0.4	IT8		毛坯尺寸	4(总余量)		
半精车	1.1	IT10					

10. 试分别拟定图 8-34 所示四种零件的机械加工工艺路线，内容有：工序名称、工序简图、工序内容等。生产类型为成批生产。

11. 图 8-35 所示零件加工时，图样要求保证尺寸 6±0.1mm，但这一尺寸不便测量，只好通过度量 L 来间接保证。试求工序尺寸 L 及其偏差。

12. 加工图 8-36 所示轴颈时，设计要求尺寸分别为 $\phi28^{+0.024}_{+0.008}$ mm 和 $t=4^{+0.16}_{0}$ mm，有关工艺过程如下：

(1) 车外圆至 $\phi28.5^{0}_{-0.10}$ mm。

(2) 在铣床上铣键槽，键深尺寸为 H。

(3) 淬火热处理。

(4) 磨外圆至尺寸 $\phi28^{+0.024}_{+0.008}$ mm。

若磨后外圆和车后外圆的同轴度误差为 $\phi0.04$mm，试计算铣键槽的工序尺寸 H 及其极限偏差。

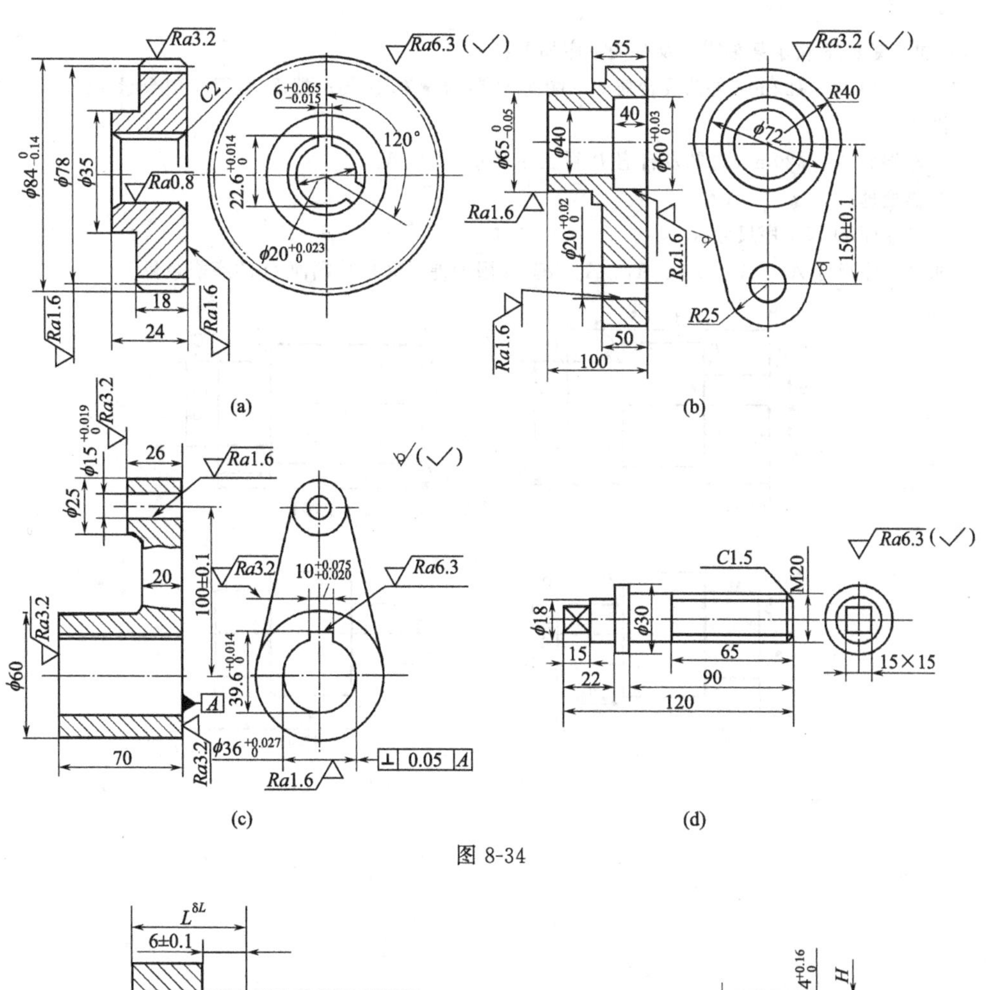

图 8-34

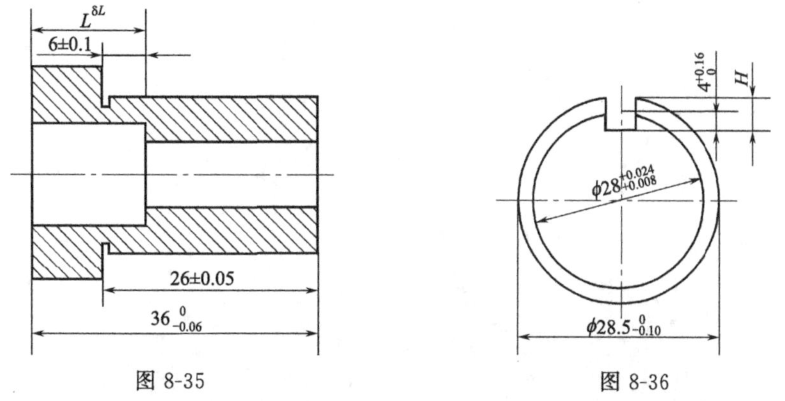

图 8-35　　　　图 8-36

13. 加工套筒零件，其轴向尺寸及有关工序简图如图 8-37 所示，试求工序尺寸 A_1、A_2、A_3 及其极限偏差。

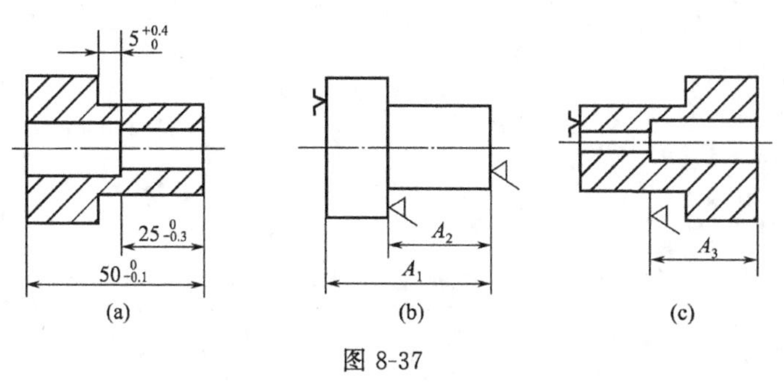

图 8-37

14. 加工图 8-38 所示某轴零件及有关工序如下：

（1）车端面 D、$\phi 22\text{mm}$ 外圆及台肩 C，端面 D 留磨量 0.2mm；端面 A 留车削余量 1mm 得工序尺寸 A_1 和 A_2。

（2）车端面 A、$\phi 20\text{mm}$ 外圆及台肩 B 得工序尺寸 A_3 和 A_4。

（3）热处理。

（4）磨端面 D 得工序尺寸 A_5。

试求各工序尺寸 A_1、A_2、A_3、A_4、A_5 及其极限偏差，并校核端面 D 的磨削余量。

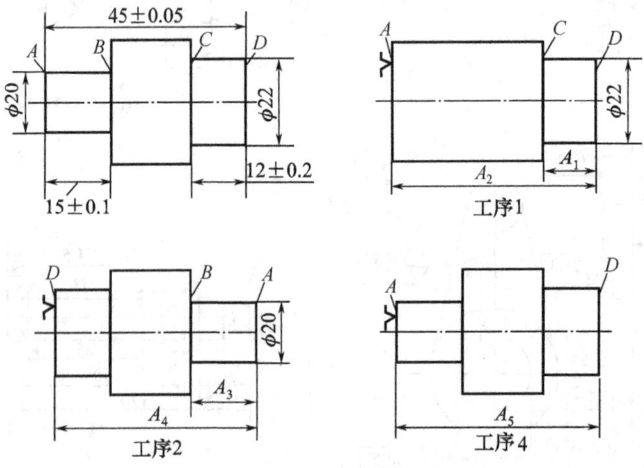

图 8-38

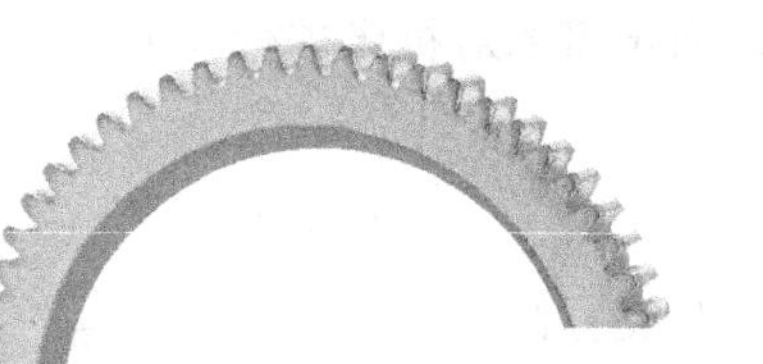

第九章　数控加工技术

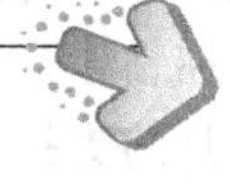

【学习意义】 现代机械制造中，绝大多数零件的外形、精度和表面质量主要依靠切削加工方法来保证。数控加工技术加持下生产的零件，具有加工精度高、生产效率高、产品质量稳定、自动化程度高等特点，甚至能完成普通机床难以加工的复杂曲面的零件加工，数控机床正逐步取代普通机床，被广泛地应用于制造业。

【学习目标】

1. 了解数控加工基础知识；

2. 培养在机械相关的设计开发和研究中合理分析和正确使用各种数控加工方法的能力。

第一节　数控加工简述

由于市场竞争日趋激烈，社会对机械产品的质量和生产率的要求越来越高，尤其是航空航天、重型机械、食品加工机械等产品，不仅加工批量小，零件形状比较复杂，精度要求也很高，同时其制造周期和成本却要求更加严格，这使得传统的刚性机械加工自动化设备难以适应。为了解决这些问题，一种灵活、通用、高精度、高效率的柔性自动化生产设备——数控机床应运而生。数控加工技术的成熟和发展，促使机械加工工业跨入一个新的历史发展阶段，从而给国民经济的产业结构带来了巨大的变化。现代数控技术是实现制造过程自动化的基础，是自动化柔性系统的核心。计算机辅助设计与制造（computer aided design/manufacturing，CAD/CAM）、准时生产及精益生产（just-in-time & lean production，JIT&LP）、敏捷制造（agile manufacturing）、并行工程（concurrent engineering，CE）及计算机集成制造系统（computer integrated manufacturing system，CIMS）等先进制造理念，都是建立在数控技术基础之上的。

一、数控技术的涵义

数字控制简称数控或 NC（numerical control），是指用输入数控装置的数字信息（包括字母、数字和符号）来控制设备执行预定的动作。

数控系统是指实现数控技术相关功能的软硬件模块的有机集成系统，它是数控技术的载体。计算机数控系统简称 CNC（computer numerical control）系统，是指以计算机为核心的数控系统。

数控机床是按照程序指令自动实现零件加工的机床，属于典型的机电一体化产品。当改变加工零件时，原则上只需要向数控系统输入新的加工程序，而不需要对机床进行人工调整和直接参与操作，就可以自动完成整个加工过程。

二、数控机床的分类

数控机床的分类原则和分类方法有很多种，主要有以下四种分类方法。

1. 按工艺用途分类

① 普通数控机床　一般指在加工工艺过程中的一个工序上实现数字控制的自动化机床，如数控铣床、数控车床、数控钻床、数控磨床与数控齿轮加工机床等。普通数控机床在自动化程度上还不够完善，刀具的更换与零件的装夹仍需人工来完成。

② 加工中心　一般指带有刀库和自动换刀装置的数控机床，它将数控铣床、数控镗床、数控钻床的功能组合在一起，零件在一次装夹后，可以对其大部分加工面进行铣、镗、钻、扩、铰及攻螺纹等多工序加工。加工中心能有效地避免由于多次安装造成的定位误差，因此它适用于产品更换频繁、零件形状复杂、精度要求高、生产批量不大而生产周期短的产品。

③ 数控特种加工机床和金属成形类数控加工机床　如数控电火花线切割、数控电火花成型、数控激光加工、等离子弧切割、火焰切割、数控板材成型、数控冲床、数控剪床等。

2. 按伺服系统的控制方式分类

① 开环控制数控机床　这类机床的数控系统将零件的程序处理后，输出数字指令信号给伺服系统来驱动机床运动，机床没有检测反馈装置，因此数控装置发出的信号的流程是单向的，如图 9-1 所示。开环控制系统比较简单，工作稳定，容易掌握使用，但精度和速度的提高受到限制。

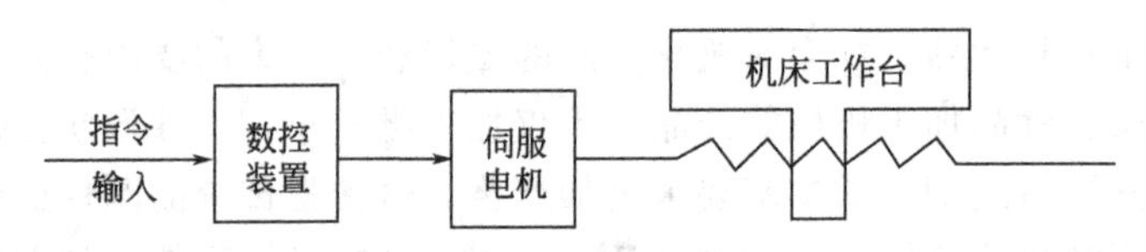

图 9-1　开环控制系统示意图

② 闭环控制数控机床　在开环控制数控机床上增加检测反馈装置，在加工中可直接对机床工作台的实际位置进行检测，将检测到的实际位移反馈到数控装置的比较器中，与输入的原指令位移值进行比较，用比较后的差值控制移动部件做补充位移，直到差值消除时才停止移动，以达到精确定位，如图 9-2 所示。闭环控制系统结构比较复杂，调试维修的难度较大，常用于高精度和大型数控机床。

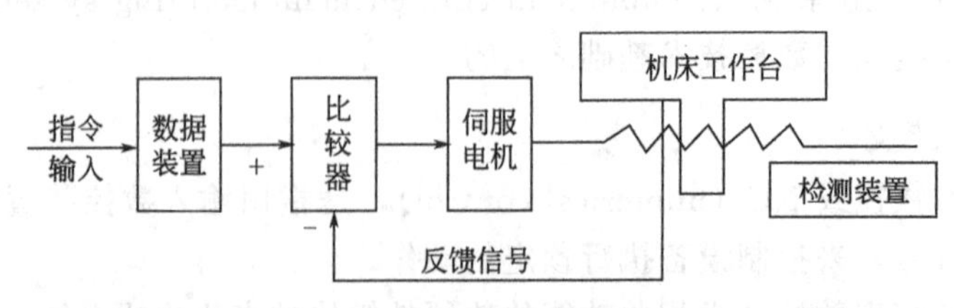

图 9-2　闭环控制系统示意图

③ 半闭环控制数控机床　在开环控制系统的伺服机构中装有角位移检测装置，通过检测伺服电机或丝杠的旋转角度来间接地检测出工作台的位移量，而不是直接检测工作台

的实际位置，如图 9-3 所示。该系统可消除伺服驱动机构的误差，但不能消除机械传动所带来的误差，如丝杠的螺距误差、齿轮间隙引起的运动误差等。这种控制方式的精度介于开环和闭环之间，精度没有开环高，调试比闭环方便。

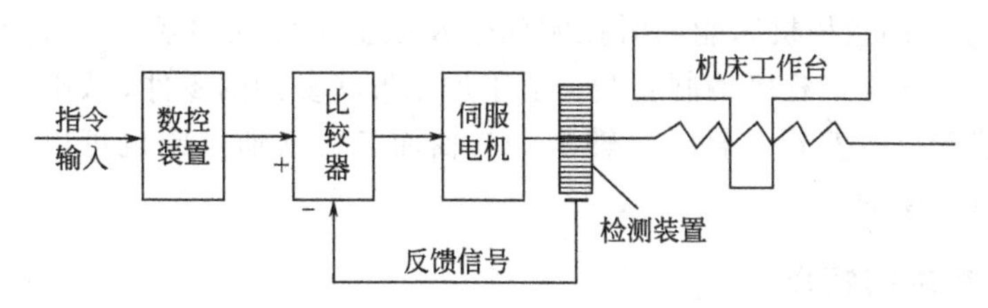

图 9-3　半闭环控制系统示意图

3. 按数控系统的功能水平分类

在我国，数控系统一般分为高档型、普及型和经济型（简易型）三个档次。其参考评价指标包括 CPU（中央处理器）性能、分辨率、进给速度、联动轴数、伺服水平、通信功能和人机对话界面等。

① 高档型数控系统　该档次的数控系统采用 32 位或更高性能的 CPU，联动轴数在 5 轴以上，分辨率≤0.1μm，进给速度≥24m/min（分辨率为 1μm 时）或进给速度≥10m/min（分辨率为 0.1μm 时），采用数字化交流伺服驱动，具有 MAP 高性能通信接口，具备联网功能，有三维动态图形显示功能。

高档型数控系统具有较宽适用度的软硬件装置，一般为闭环控制，通常具有多通道，有同步控制、五轴及以上的插补联动、斜面加工、样条插补、双向螺距误差补偿、直线度和垂直度误差补偿、刀具管理及刀具长度和半径补偿功能，有高静态精度和高动态精度、高速度及完备的 PLC 控制功能等，具有结构复杂、造价高等特点。

② 普及型数控系统　该档次的数控系统采用 16 位或更高性能的 CPU，联动轴数在 5 轴以下，分辨率在 1μm 以内，进给速度≤24m/min，可采用交、直流伺服驱动，具有 RS-232 或 DNC 通信接口，有 CRT 字符显示和平面线性图形显示功能。

普及型数控系统是介于高档型与经济型之间的机床数控系统，普及型数控装置的功能取决于数控装置所控制对象，除应具有机床数控的基本功能外，还应具有部分高档型数控装置的功能。

③ 经济型数控系统　该档次的数控系统采用 8 位 CPU 或单片机控制，联动轴数在 3 轴以下，分辨率为 0.01mm，进给速度为 6～8m/min，采用步进电动机驱动，具有简单的 RS-232 通信接口，用数码管或简单的 CRT 字符显示。

经济型数控系统具有基本的直线和圆弧插补控制功能，仅有较窄适用度的软硬件装置，一般为开环或半闭环控制，通常不具有用户 PLC 编程能力，具有结构简单、造价低等特点。

4. 按联动轴数分类

数控系统控制几个坐标轴按需要的函数关系同时协调运动，称为坐标联动。

① 两轴联动　即数控机床能同时控制两个坐标轴联动，适于数控车床加工旋转曲面或数控铣床铣削平面轮廓。

② 两轴半联动　即在两轴联动的基础上增加了 Z 轴的移动，当机床坐标系的 X、Y 轴固定时，Z 轴可以做周期性进给。两轴半联动加工可以实现分层加工，如在数控铣床上

用球头铣刀采用行切法加工三维空间曲面。

③ 三轴联动　即数控机床能同时控制三个坐标轴的联动，用于一般曲面的加工。一般的型腔模具均可以用三轴加工完成。

④ 多轴联动　即数控机床能同时控制四个及以上坐标轴的联动。多坐标数控机床的结构复杂，精度要求高，程序编制复杂，适于加工形状复杂的零件，如叶轮叶片类零件。

通常三轴机床可以实现二轴、二轴半、三轴加工；五轴机床也可以只用三轴联动加工，而其他两轴不联动。

三、数控加工技术的特点

数控机床加工的主要特点如下。

① 适应性强　在数控机床上改变加工零件时，只需重新编制程序，输入新的程序后就能实现对新零件的加工，而不需要改变机械部分和控制部分的硬件，因此生产准备周期短。这就为复杂结构零件的单件、小批量生产以及试制新产品提供了极大的方便。适应性强是数控机床最突出的优点。

② 加工精度高，质量稳定　数控机床的定位精度和重复定位精度都很高，数控机床是按数字信号形式控制的，数控装置每输出一脉冲信号，则机床移动部件移动一脉冲当量(一般为 0.001mm)，而且机床进给传动链的反向间隙与丝杠螺距平均误差可由数控装置进行补偿。数控加工不但可以保证零件获得较高的加工精度，而且质量稳定，加工同一批零件，在同一机床，在相同加工条件下，使用相同刀具和加工程序，刀具的走刀轨迹完全相同，零件的一致性好，便于对加工过程实行质量控制。

③ 生产效率高，具有良好的经济效益　数控机床在加工中零件的装夹次数少，一次装夹可加工出很多表面，可省去划线找正和检测等许多中间工序，缩短了辅助时间。据统计，普通机床的净切削时间一般为 15%～20%，而数控机床可达 65%～70%，带有刀库可自动换刀的数控机床甚至可达 72%～80%。加工复杂零件时，效率可提高 5～10 倍。

④ 能实现复杂的运动　普通机床难以实现或无法实现轨迹为三次以上的曲线或曲面的运动，如螺旋桨、汽轮机叶片之类的空间曲面；而数控机床却可实现几乎任意轨迹的运动和加工任意形状的空间曲面，适用于复杂零件的加工。

⑤ 有利于实现计算机辅助制造　近年来在机械制造业中，CAD/CAM 的应用日趋广泛，而数控机床及其加工技术正是计算机辅助制造系统的基础。

⑥ 易于建立计算机通信网络　将工程数据库技术和网络通信的功能有机地集成起来，既可以实现网络资源共享，又能实现数控机床的远程监视、控制、教学等，进而构成一个覆盖整个企业的综合系统。

当然，数控加工在某些方面也有不足之处，如价格昂贵、加工成本高、技术复杂、对工艺和编程要求比较高、加工过程中难以调整、维修困难等。为了提高数控机床的利用率，取得良好的经济效益，需要切实解决好加工工艺与程序编制、刀具的供应与操作人员的培训等问题。

四、数控机床的发展趋势

数控机床的特点及其广泛的应用，使其成为国民经济和国防建设发展的重要装备。目前，数控机床的发展日新月异，高速化、高精度化、功能复合化、智能化、开放化、网络化等已成为数控机床发展的趋势和方向。

① 高速、高精度化　由于数控装置及伺服系统功能的改进，其主轴转速和进给速度

大大提高，减少了切削时间。目前，高速加工中心主轴最高转速高达20000～100000r/min，中小型加工中心、数控铣床的主轴最高转速也达4000～6000r/min。微处理器的迅速发展为数控系统向高速、高精度方向发展提供了保障。运算速度的极大提高，使得当分辨率为0.1μm、0.01μm时能获得高达24～240m/min的进给速度。数控机床精度的要求现在已经不局限于静态的几何精度，机床的运动精度、热变形以及对振动的监测和补偿越来越获得重视。另外，通过采用高速插补技术来提高CNC系统控制精度，并采用高分辨率位置检测装置提高位置检测精度，可以保证数控机床的高加工精度。此外，借助电气传动技术（变频调速技术、电动机矢量控制技术等）的现代化成果，高速加工中心主轴由内装式电动机直接驱动，把机床主传动链的长度缩短为零，可以进一步提高机床精度。这种将主轴电动机与机床主轴合二为一的传动结构被称为电主轴。

② 高可靠性　数控机床的可靠性是用MTBF值来量化的。MTBF即平均无故障时间(mean time between failures)，是指产品从一次故障到下一次故障的平均时间，是衡量一个产品的可靠性指标，单位是小时。数控机床加工的零件型面较为复杂，加工周期长，要求平均无故障时间在2万h以上。为了保证数控机床有高的可靠性，就要精心设计系统、严格制造和明确可靠性目标，以及通过维修分析故障模式找出薄弱环节。

③ 功能复合化　相对于工序分散的生产方法，在一台机床上实现或尽可能完成从毛坯至成品的多种要素加工就具有明显的优势。可以减少工件装卸、更换和调整刀具的辅助时间以及中间过程中产生的误差，提高零件加工精度，缩短产品制造周期，提高生产效率和制造商的市场反应能力。例如，加工中心就是将镗、铣和钻等功能进行复合；车削中心是将车、铣复合；复合加工中心将铣、镗、钻、车复合。

④ 结构新型化　国内外制造商开发出的不同于原来数控机床结构的新兴数控机床，被称为6条腿的加工中心或虚拟轴数控机床，它没有任何导轨和滑台，采用能够伸缩的6条腿支承并联，可以实现多坐标联动加工。其控制系统结构复杂，加工精度、加工效率较普通加工中心高2～10倍。

⑤ 开放化　开放式体系结构可以大量采用通用微机的先进技术，如多媒体技术，以实现声控自动编程、图形扫描自动编程等。其硬件、软件和总线规范都是对外开放的，使数控系统制造商和用户进行的系统集成得到有力的支持，这就意味着系统的开发费用将大大降低，而系统性能与可靠性将不断改善并处于长生命周期。国际上正在研究和制定一种新的CNC系统标准ISO 14649（STEP-NC），以提供一种不依赖于具体系统的中性机制，它能够描述产品整个生命周期内的统一数据模型，从而实现整个制造过程乃至各个工业领域产品信息的标准化。

⑥ 智能化　数控系统的控制性能向智能化发展，通过监测加工过程中的切削力、主轴和进给电机的功率、电流、电压等信息，实时调整加工参数和加工指令，使设备处于最佳运行状态，以提高加工精度，降低加工表面粗糙度，并提高设备运行的安全性。随着人工智能在计算机领域的渗透和发展，数控系统不但具有自动编程、模糊控制、自适应控制、工艺参数自动生成、三维刀具补偿、运动参数动态补偿等功能，而且人机界面极为友好，并具有故障诊断专家系统，使自诊断和故障监控功能更趋完善。伺服系统智能化的主轴交流驱动和智能化进给伺服装置，能自动识别负载并自动优化调整参数。

⑦ 网络化　对于面临激烈竞争的企业来说，使数控机床具有双向、高速的联网通信功能，以保证信息流在车间各个部门间畅通无阻是非常重要的。例如，日本Mazak公司推出的新一代的加工中心，配备了一个称为信息塔（e-Tower）的外部设备，包括计算

机、手机、机外和机内摄像头等，能够实现语音、图形、视像和文本的通信故障报警显示、在线帮助排除故障等功能，是独立的、自主管理的制造单元。

第二节　数控机床的组成及工作原理

一、数控机床的组成

现代计算机数控机床由输入输出设备、计算机数控装置、可编程逻辑控制器（programable logic controller，PLC）、主轴控制单元、速度控制单元及机床本体等部分组成，如图 9-4 所示。

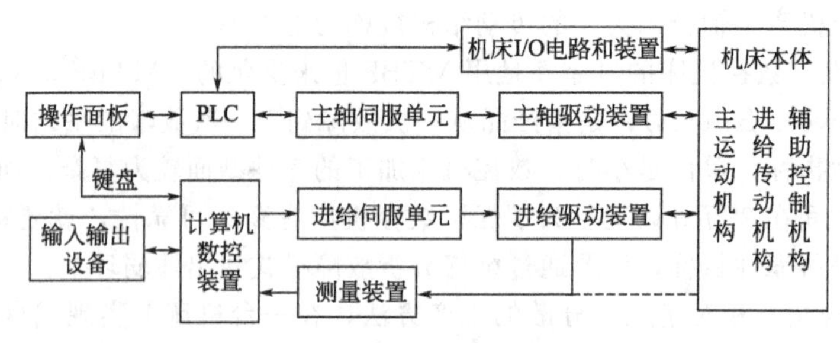

图 9-4　数控机床的组成示意图

① 机床操作面板　操作面板是操作人员与数控系统进行交互的工具。一方面，操作人员可以通过它对数控系统进行操作、编程、调试和对机床参数进行设定和修改；另一方面，操作人员也可以通过它了解或查询数控系统的运行状态。它是数控机床的一个输入输出部件，是数控机床的特有部件。

② 控制介质和输入输出设备　控制介质是记录零件加工程序的媒介。输入输出设备是计算机数控系统（CNC 系统）与外部设备进行信息交互的装置。零件加工程序是交互的主要信息，它们的作用是将记录在控制介质上的零件加工程序输入到 CNC 系统，或将已调试好的零件加工程序通过输出设备存放或记录在相应的介质上。数控机床常用的控制介质包括穿孔纸带、磁带、磁盘。对应的输入输出设备主要有纸带阅读机（输入）和纸带穿孔机（输出）、磁盘驱动器、RS-232C 串行通信口等。

③ 计算机数控装置　计算机数控装置（或 CNC 单元）是计算机数控系统的核心。其主要作用是根据输入的零件加工程序或操作命令进行相应的处理，如运动轨迹、机床输入输出的处理，然后输出控制命令到相应的执行部件，如伺服单元、驱动装置和可编程逻辑控制器等，完成零件加工程序或所规定的动作。它主要由计算机系统、位置控制器、PLC 接口板、通信接口板、扩展功能模块以及响应的控制软件等模块组成。

④ 伺服单元、驱动装置和测量装置　伺服单元和驱动装置是指主轴伺服驱动装置和主轴电机、进给伺服驱动装置和进给电机。测试装置是指位置和速度测量装置，它是实现速度闭环控制（主轴、进给）和位置闭环控制（进给）的必要装置。主轴伺服系统的主要作用是实现零件加工的切削运动，其控制量是速度。进给伺服系统的主要作用是实现零件加工的成形运动，其控制量为速度和位置。

⑤ PLC、机床 I/O 电路和装置　PLC 用于完成与逻辑运算、顺序动作有关的 I/O（输入输出）控制，它由硬件和软件组成；机床 I/O 电路和装置是用于实现 I/O 控制的执行部件，有继电器、电磁阀、行程开关、接触器等组成的逻辑电路。

⑥ 机床本体　机床是数控机床的主体，是数控系统的控制对象，是实现加工零件的执行部件。与普通机床所不同的是，数控机床在加工中是自动控制的，运动速度快，动作频繁，负载重且连续工作时间长。所以，数控机床的本体具有结构简单、精度高、结构刚性好及可靠性高的特点。它主要由主运动部件、进给运动部件（工作台、拖板以及相应的转动机构）、支承件（立柱、床身等）以及特殊装置、自动工件交换系统（APC）[刀具自动交换装置（ATC）] 和辅助装置（如冷却、润滑、排屑、转位和夹紧装置等）组成。

二、数控机床的工作原理

数控加工的工作过程中，首先要将被加工零件图上的几何信息和工艺信息数字化，即将刀具与工件的相对运动轨迹、加工过程中主轴速度和进给速度的变换、冷却液的开关、工件和刀具的交换等控制和操作，都按规定的代码和格式编成加工程序；然后将该程序通过输入装置传输到数控系统。数控系统则按照程序的要求，先进行相应运算，如译码、刀补及插补等处理，然后发出一系列脉冲信号，这些信号分别被送到机床的伺服系统或可编程控制器中。伺服系统根据数控装置发出的信号，驱动机床的运动部件，使刀具和工件严格执行零件加工程序所规定的相对运动，自动完成零件的加工。对于送到可编程控制器中的信号，用以顺序控制机床的其他辅助动作，如实现刀具的自动更换与变速、冷却液的开关等动作。具体的过程如图 9-5 所示。

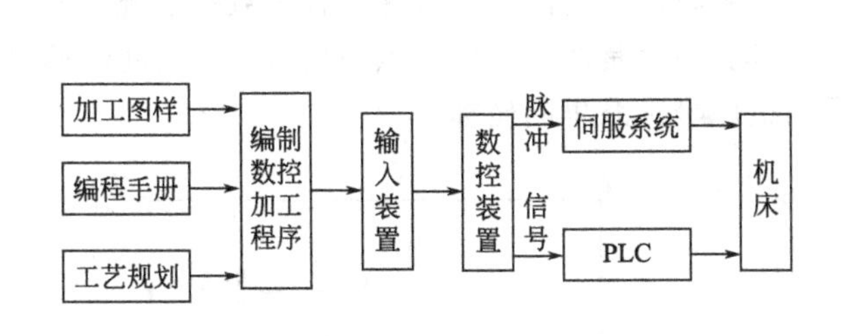

图 9-5　数控机床的工作原理

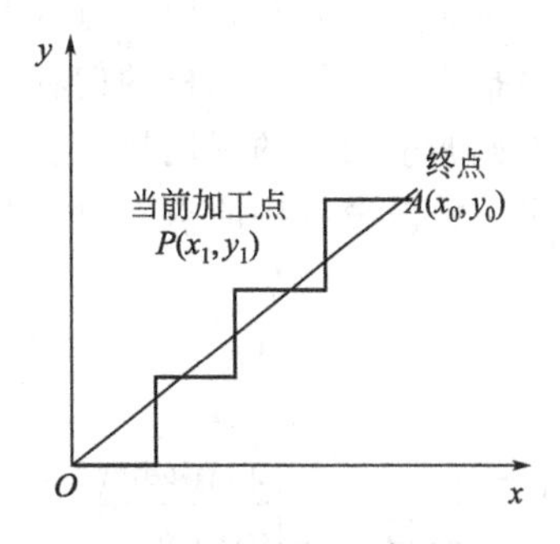

图 9-6　逐点比较法直线插补

1. 插补算法

在数控编程中只提供了刀具运动（相对工件）的起点、终点和运动方式，而刀具怎样从起点走向终点则由数控系统的插补算法控制。插补的任务就是根据进给速度的要求，在零件轮廓的起点和终点之间计算出若干个在允许范围内的中间点的坐标值。由于每个中间点计算所需的时间直接影响系统的控制速度，而插补中间点的计算精度又影响到整个数控系统的控制精度，所以插补算法是整个 CNC 系统控制的核心。一般数控系统都具有线性和圆弧插补功能，在某些高性能的数控系统中还具有抛物线、样条插补等功能。

目前应用的插补算法有两大类：脉冲增量插补和数据采样插补。脉冲增量法是以行程为标量，每来一个脉冲进行一次插补运算，相应有一个脉冲当量的位移输出，如逐点比较法。逐点比较法就是每走一步都要将加工点的瞬时坐标同规定的几何轨迹相比较，判断其偏差，向规定的轨迹靠拢，缩小偏差。每进给一步，判断是否到达程序规定的加工终点，若到达终点，则停止插补，否则继续插补。以第一象限为例，如图 9-6 所示。

数据采样法以时间为标量，适用于闭环和半闭环控制系统。它的特点是将插补运算分为粗插补和精插补两步完成。第一步为粗插补，在给定的起点和终点的曲线之间插入若干个刀位点，用若干条微小直线段来逼近给定曲线，每小段直线长度 ΔL（即步长）相等，

并与进给速度 v 有关，加工一小段直线的时间为一个插补周期 T，则 $\Delta L=vT$。每经过一个插补周期就进行一次插补计算，算出在该插补周期内各坐标的进给量，边计算，边加工。第二步为精插补，是在粗插补算出的每一微小位移上再做数据点的密化工作。精插补通过在每个采样周期内采样闭环或半闭环反馈位置增量值及插补输出的指令位置增量值，计算各坐标轴相应的插补指令位置和实际反馈位置，并将两者比较，求得跟随误差。根据该误差算出相应轴的进给速度指令，并传输给伺服驱动装置。

2. 对刀

数控机床通电后，必须进行回零（参考点）操作，其目的是建立数控机床进行位置测量、控制、显示的统一基准。该点就是机床原点，它的位置由机床位置传感器决定。由于机床回零后，刀具（刀尖）的位置距离机床原点是固定不变的，因此，为便于对刀和加工，可将机床回零后刀尖的位置看做机床原点。零件的数控加工编程和上机床加工是分开进行的，数控编程员根据零件的设计图纸，选定一个方便编程的坐标系及其原点，称之为程序坐标系和程序原点。程序原点一般与零件的工艺基准或设计基准重合，因此又称为工件原点。在图 9-7 中，O 点是程序原点，O'点是机床回零后以刀尖位置为参照的机床原点。

程序员按程序坐标系中的坐标数据编制刀具（刀尖）的运行轨迹。由于刀尖的初始位置（机床原点）与程序原点存在 X 向偏移距离和 Z 向偏移距离，使得实际的刀尖位置与程序指令的位置有同样的偏移距离，因此，须将该距离测量出来并设置进数控系统，使系统据此调整刀尖的运动轨迹。所谓对刀，其实质就是测量程序原点与机床原点之间的偏移距离，并设置程序原点在以刀尖为参照的机床坐标系里的坐标。

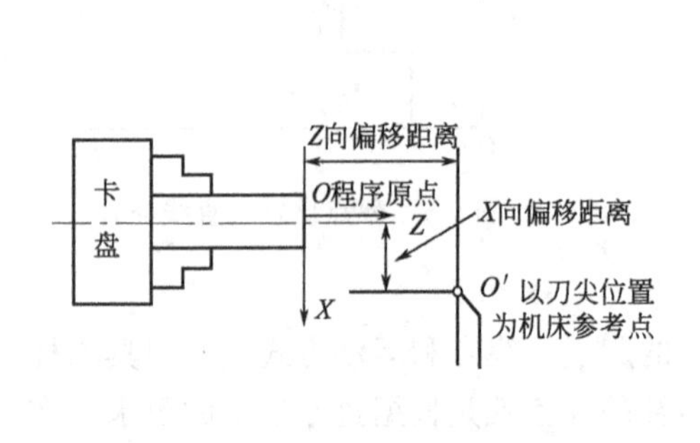

图 9-7　数控车削对刀原理

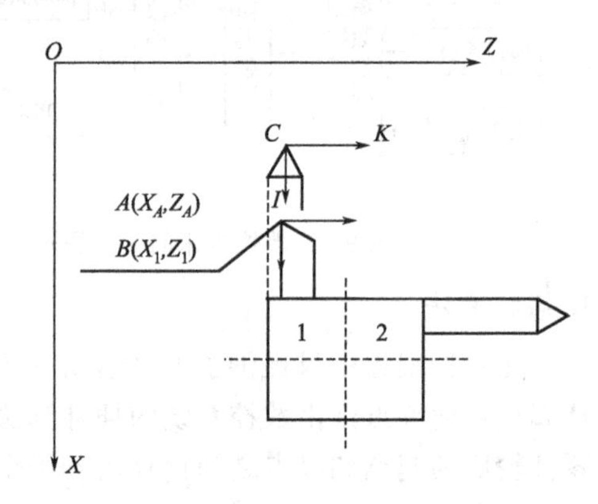

图 9-8　数控车床刀补示意图

3. 刀具补偿

为了简化零件的数控加工编程，使数控程序与刀具形状和刀具尺寸尽量无关，CNC 系统一般都具有刀具长度补偿（tool length compensation）和刀具半径补偿（cutter tool radius compensation）功能。

以图 9-8 所示的数控车床四方刀架为例。刀架上装有不同尺寸的刀具，假设该刀架中心位置为各刀具的换刀点，以 1 号刀具刀尖 B（X_1，Z_1）点为所有刀具的编程基准点，当 1 号刀具从 B 点移动到 A 点时，其在 X 方向和 Z 方向的增量值分别为 X_A-X_1 和 Z_A-Z_1。当换 2 号刀具进行加工时，2 号刀具刀尖处于 C 位置，若想利用 A、B 两点坐标值实现 C 点到 A 点的位移，就应先测得 B 与 C 点的坐标位置的差值，用此差值对 B 与

A 的位移量进行修正、补偿，就能实现 C 到 A 的位移。因此，把 B 点作为基准刀尖位置相对 C 点的位置差值，用以 C 点为坐标原点的 CIK 直角坐标系表示。当 2 号刀具从 C 点移动到 A 点时，其在 X 方向和 Z 方向的增量值分别为 $X_A - X_1 + I_{补}$ 和 $Z_A - Z_1 + K_{补}$。$I_{补}$ 和 $K_{补}$ 分别为 X 和 Z 向的刀补量，可以通过实测获得，并通过数控机床的操作面板手动输入。刀具长度的补偿及撤销功能，给换刀、刀具磨损、程序编制带来了很大方便。

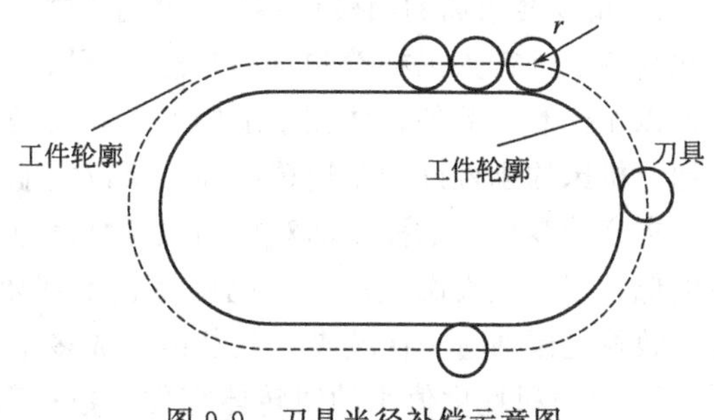

图 9-9　刀具半径补偿示意图

如图 9-9 所示，在轮廓加工过程中，由于刀具总有一定半径 r，刀具中心的运动轨迹并不是加工工件的实际轮廓。因此，必须使刀具沿零件轮廓的法向偏移一个刀具半径 r，这种偏移就是刀具半径补偿，其作用是使数控系统根据程序的零件轮廓和刀具半径补偿值自动计算出刀具中心轨迹，加工出符合图纸要求的零件。

第三节　数控机床的加工及其工艺规划

一、数控车床

1. 数控车床的加工特点与使用范围

数控车床（numerically controlled turning machine）是从普通车床的基础上发展起来的，仍保留原有加工特点，但在结构上有很大改进。由于实现了计算机数字控制，伺服电动机或变频电机可驱动刀具做连续纵向和横向进给运动，刀架也能按数控指令进行转位，实现自动换刀。例如在普通车床上，虽然可用样板法或靠模法加工复杂形状的回环成形面，但加工精度都不会高于具有圆弧插补功能的数控车床，因而可直接利用圆弧插补指令加工由任意平面、曲面构成的回转成形面，并得到较高的精度。从生产批量上看，数控机床一般适合于多品种和中小批量的生产。但随着数控车床制造成本的降低，目前不论国内国外，使用数控车床进行大批量生产也变得较为普遍。数控车削是数控加工中用得最多的加工方法之一。由于数控车床具有加工精度高、能做直线和圆弧插补以及在加工过程中可自动变速的特点，因此，其工艺范围较普通机床宽得多。而车削中心将车铣功能复合，甚至可以完成整个零件的加工。

针对数控车床的特点，下列几种零件最适合数控车削加工。

① 表面形状复杂的回转体零件。由于数控车床具有直线和圆弧插补功能，所以可以车削由任意直线和曲线组成的形状复杂的回转体零件。对于由直线或圆弧组成的轮廓，直接利用车床的直线和圆弧插补功能；对于由非直线组成的轮廓，应先用直线或圆弧去逼近，然后再用直线或圆弧插补功能进行插补切削。

② 带特殊螺纹的回转体零件。普通车床所能车削的螺纹相当有限，只能车等导程的圆柱或端面的公、英制螺纹。数控车床不但能车削任何等导程的直、锥和端面螺纹，而且能车增导程、减导程，以及要求等导程和变导程之间平滑过渡的螺纹。同时，可以配备精密螺纹切削功能，利用硬质合金成形刀片，使用较高转速，可车削出精度高、表面粗糙度小的螺纹。

③ 精度要求高的回转体零件。由于数控车床刚性好，制造和对刀精度高，以及能方便和精确地进行人工补偿和自动补偿，所以能加工尺寸精度要求较高的零件。在有些场合可以以车代磨。此外，数控车削的刀具运动是通过高精度插补运算和伺服驱动来实现的，再加上机床的刚性好和制造精度高，所以它能加工对母线直线度、圆度、圆柱度等形状精度要求高的零件。数控车削对提高位置精度也特别有效，在普通机床上，由于机床的制造精度低，工件装夹次数多，因此制品达不到要求，只能在车削后通过磨削或其他方法弥补。数控机床通过一次装夹，往往能完成多个表面的车削，而且加工质量稳定。

④ 表面粗糙度值小的回转体零件。数控车床具有恒线速度切削功能，能加工出表面粗糙度值小且均匀的零件。在材质、精车余量和刀具已定的情况下，表面粗糙度取决于进给量和切削速度。使用数控车床的恒线速度切削功能，可选用最佳线速度来切削锥面和端面，使车削后的表面粗糙度值既小又一致。数控车床还适合于车削各部位表面粗糙度要求不同的零件。

2.数控车削的加工工艺制定

制定工艺是数控车削加工的前期工艺准备工作。工艺制定得是否合理，对程序编制、机床的加工效率和零件的加工精度都有重要影响。其主要内容包括：分析零件图工艺、确定工件工序和在车床上的装夹方式、确定各表面加工顺序和刀具的进给路线以及选择刀具、夹具和切削用量等。

① 零件图工艺分析　它的主要内容有结构工艺性分析、轮廓几何要素分析和精度及技术要求分析。

② 工序和装夹方式的确定　在数控车床上加工零件，应按工序集中原则划分工序，在一次安装下尽可能完成大部分甚至全部表面的加工。根据零件结构形状不同，通常选择外圆、端面或内孔装夹，并力求设计基准、工艺基准和编程原点的统一。在批量生产中，常用两种划分工序的方法：按零件加工表面划分和按粗、精加工划分。

③ 加工顺序的确定　制定零件车削加工顺序一般遵循的原则有：先粗后精，即按照粗车—半精车—精车的顺序进行，逐步提高加工精度；先近后远，即离对刀点远的部位后加工，以便缩短刀具移动距离，减少空行程时间；内外交叉，即对于既有内表面，又有外表面需加工的零件安排加工顺序时，应先进行内外表面粗加工，后进行内外表面精加工。

④ 进给路线的确定　主要在于确定粗加工及空行程的进给路线，因为精加工切削过程的进给路线基本上都是沿其零件轮廓顺序进行的。

⑤ 刀具的选择　与传统的车削方法相比，数控车削对刀具的要求更高。不仅要求精度高、刚度好、耐用度高，而且要求尺寸稳定、安装调整方便。刀具选择的合理性，不仅影响机床的加工效率，而且还直接影响加工质量。选择刀具，通常要考虑机床的加工能力、工序内容、工件材料等因素。

⑥ 夹具的选择　为了充分发挥数控车床高速度、高精度和自动化的效能，还应有相应的数控夹具进行配合。

3.数控车床程序编制特点

ⅰ.在一个程序段中，根据图样标注尺寸，可按绝对坐标编程，也可按相对坐标编程，或者两者混合使用。

ⅱ.车削加工的加工余量一般较大，需多次重复几种固定的动作，因此数控系统通常具有各种不同形式的固定循环功能，可进行多次重复循环切削，使编程工作简化。

ⅲ. 为了提高刀具寿命和减小工件加工表面粗糙度，车刀刀尖常磨出半径不大的圆弧。当编制圆头刀加工程序时，刀尖半径需要补偿。此外，刀具的磨损、刀尖位置误差也需要刀补功能予以补偿。

二、数控铣床

1. 数控铣床的加工特点与适用范围

数控铣削是机械加工中常用且主要的数控加工方法之一。数控铣床（numerically controlled milling machine）主要有立式的、卧式的和立卧两用的。在数控铣床上增加自动换刀系统，就能实现对零件的多工位和多工序加工。根据数控铣床的特点，从铣削加工角度来考虑，适合数控铣削的主要加工对象有以下几类。

① 平面类零件　加工面平行或垂直于水平面，或加工面与水平面的夹角为定角的零件为平面类零件。目前，在数控铣床上加工的绝大多数零件属于平面类零件。平面类零件是数控铣削加工对象中最简单的一类零件，一般只需用三坐标数控铣床的两轴联动（或两轴半坐标联动）就可以把它们加工出来。

② 变斜角类零件　加工面与水平面的夹角呈连续变化的零件称为变斜角类零件。这类零件多为飞机零件，检验夹具和装配型架也属于变斜角类零件。图 9-10 所示为飞机上的一种变斜角梁缘条。该零件的上表面②肋至⑤肋的斜角 α 从 3°10′ 均匀变化为 2°32′，从⑤肋至⑨肋再均匀变化为 1°20′，从⑨肋到⑫肋又均匀变化为 0°。

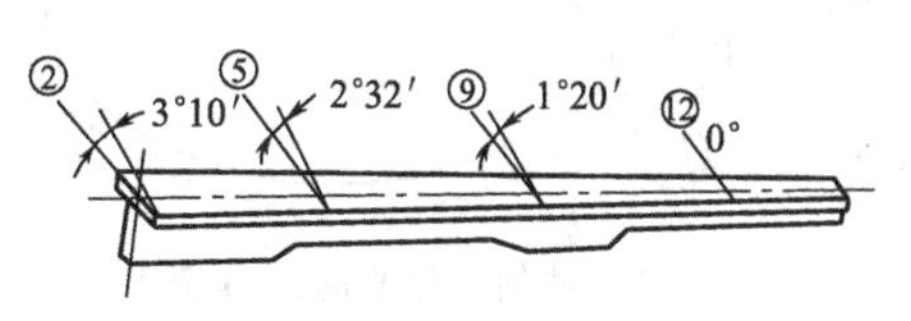

图 9-10　变斜角零件

③ 曲面类零件　加工面为空间曲面的零件称为曲面类零件，如模具、叶片、螺旋桨等。曲面类零件的加工面不能展开为平面，加工时加工面与铣刀始终为点接触。加工曲面类零件一般采用球头铣刀在三坐标数控铣床上加工。当曲面较复杂，通道比较窄，对相邻表面容易发生干涉过切及需刀具摆动时，要采用四坐标或五坐标铣床。

2. 数控铣削的加工工艺制定

（1）数控铣削加工内容的选择

数控铣床的工艺范围比普通铣床宽，但其价格较普通铣床高得多，因此，选择数控铣削加工内容时，应从实际需要和经济性两个方面考虑。加工内容包括：

ⅰ. 零件上的曲线轮廓，特别是由数学表达式描绘的非圆曲线和列表曲线等曲线轮廓；

ⅱ. 已给出数学模型的空间曲面；

ⅲ. 形状复杂、尺寸繁多、划线与检测困难的部位；

ⅳ. 用通用铣床加工难以观察、测量和控制进给的内外凹槽；

ⅴ. 采用数控铣削后能成倍提高生产率、大大减轻体力劳动强度的一般加工内容。

（2）装夹方案的确定

① 定位基准的选择　选择定位基准，应注意减少装夹次数，尽量做到在一次安装中能把零件上所有要加工表面都加工出来。多选择工件上不需数控铣削的平面和孔作定位基准。对薄板件，选择的定位基准应有利于提高工件的刚性，以减少切削变形。定位基准应尽量和设计基准重合，以减少定位误差对尺寸精度的影响。

② 夹具的选择　数控铣床可以加工形状复杂的零件，且数控铣床上工件装夹方法与普通铣床一样，所使用的夹具往往不复杂，只要求有简单的定位、夹紧机构就可以了，但

要将加工部位敞开，不能因装夹工件而影响进给和切削加工。

（3）刀具的选择

① 铣刀刚性要好　一是为了提高生产效率而采用大切削用量的需要；二是为了适应数控铣床加工过程中难以调整切削用量的特点。再者，在通用铣床上加工时，若遇到刚性不好的刀具，比较容易从振动、手感等方面及时发现并及时调整切削用量加以弥补，但数控铣削时则很难办到。

② 铣刀的耐用度要高　若刀具不耐用且磨损较快，不仅影响零件的表面质量与加工精度，而且会增加换刀引起的调刀与对刀次数，也会使工作表面留下因对刀误差而形成的接刀台阶，从而降低了零件表面质量。

（4）加工路线的确定

① 铣削加工时应注意设计好刀具的切入点与切出点　用立铣刀的侧刃铣削平面工件的外轮廓时，为减少接刀痕迹、保证零件表面质量，切入、切出部分应考虑外延，对刀具的切入和切出程序要精心设计。如图 9-11 所示，铣削外表面轮廓时，铣刀的切入和切出点应沿工件轮廓曲线的延长线切向切入和切出工件表面，而不应沿法向直接切入工件，以避免加工表面产生划痕，保证零件轮廓光滑。若铣削封闭的内轮廓表面时，刀具可以沿一过渡圆弧切入和切出工件轮廓。

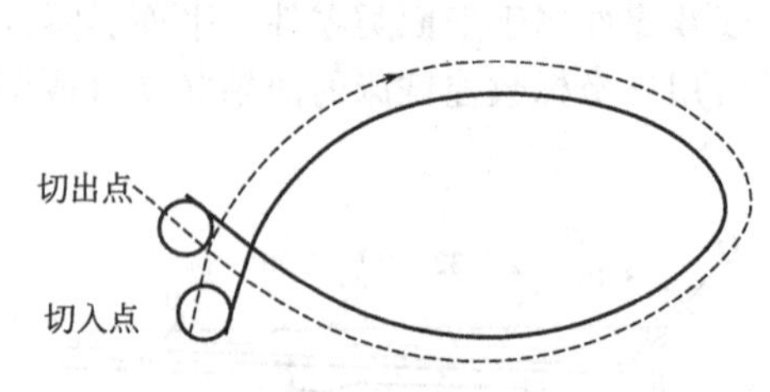

图 9-11　铣削外轮廓时刀具切入和切出示意图

② 铣削进给路线不一致，加工结果也将有所不同　图 9-12 所示为加工凹槽的三种进给路线。图 9-12(a) 和 (b) 分别表示用行切法和环切法加工凹槽的进给路线。行切法指刀具与工件轮廓的切点轨迹在垂直于刀具轴线平面内投影为相互平行的迹线；环切法指刀具与工件轮廓的切点轨迹在垂直于刀具轴线平面内投影为一条或多条环形迹线。这两种进给路线的共同点是都能切净内腔中全部面积，不留死角，不伤轮廓，同时尽量减少重复进给的搭接量。不同点是行切法是顺铣和逆铣相交替，在每两次进给的起点和终点间会留下残留面积，对于表面粗糙度有所影响；而用环切法获得的表面质量要好于行切法，但是环切法需要求取轮廓线的等距线，刀位点的计算比较复杂一些。鉴于行切法和环切法各自的特点不同，在实际应用中，往往先采取行切法切除中间大部分余量，最后环切一刀，既能简化计算，又能获良好的表面质量，如图 9-12(c)。

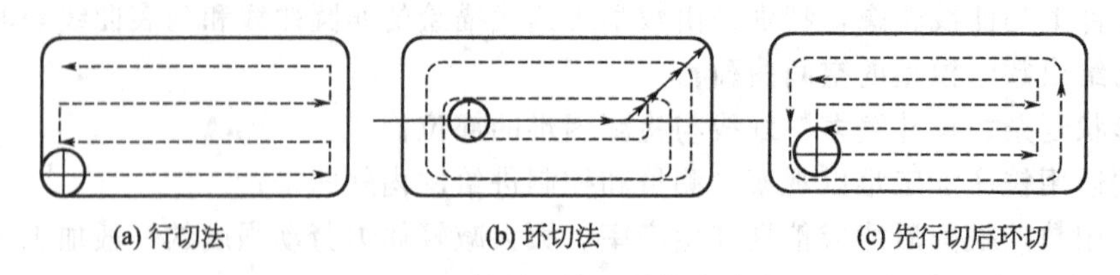

图 9-12　铣削凹槽三种进给路线

此外，确定加工路线时，应考虑工件的形状与刚度、加工余量大小，机床与刀具刚度等情况，确定是一次进给还是多次进给来完成加工。

3. 数控铣床程序编制特点

ⅰ. 数控铣床规格多，功能各异，编制程序时要最大限度从机床功能出发，根据零件情况选择数控铣床。

ⅱ.编程时要充分合理选择多种插补功能，提高加工精度和效率。这些插补功能有直线插补、圆弧插补、样条插补和抛物线插补等。

ⅲ.程序编制时要充分利用数控铣床功能多的特点，简化编程，如刀具位置补偿、刀具长度补偿，刀具半径补偿等。

ⅳ.对零件轮廓进行数学建模和处理。

三、数控加工中心

1.数控加工中心的特点与适用范围

加工中心（machining center）是一种集成化的数控加工机床，是在数控铣床的基础上发展而成的，集铣削、钻削、铰削及螺纹切削等工艺于一体，也称镗铣类加工中心。数控加工中心适宜于加工形状复杂、加工工序多、质量及精度要求较高的零件。其加工对象可以分为下列几类。

① 既有平面又有孔系的零件　加工中心具有自动换刀装置，在一次安装中，可以完成零件上平面的铣削及孔系的钻削、镗削、铰削、螺纹切削等多道工序。加工部位可以在一个平面上，也可以在不同平面上。因此，既有平面又有孔系的零件是加工中心的首选加工对象，常见的这类零件有箱体和盘、套、板类零件。箱体类零件一般都要进行多工位孔系及平面加工，精度要求较高，特别是形状精度和位置精度要求较严格，通常要经过铣、钻、扩、镗、铰、锪、攻螺纹等工步，需要刀具较多，在普通机床上加工难度大，工装套数多，许多次装夹找正，手工测量次数多，精度不易保证。在加工中心上一次安装可完成普通机床的60%～95%的工序内容，零件各项精度一致性好，质量稳定，生产周期短。

② 结构形状复杂的曲面类零件　这类零件是指加工面不能展开为平面，在加工过程中加工面与铣刀始终为点接触的空间曲面类零件。它们的主要表面是由复杂曲线、曲面组成的零件，加工时，需要多坐标联动加工，这在普通机床上是难以甚至无法完成的，加工中心是加工这类零件的最有效的设备。比较典型的有下面几类。

ⅰ.整体叶轮类。整体叶轮常见于航空发动机的压气机、单螺杆空气压缩机等，它除了具有一般曲面加工的特点外，还存在许多特殊的难点，如通道狭窄、极易产生刀具对邻近曲面和加工面的干涉等。如图9-13所示为空气压缩机中的导风轮，就是一个典型的复杂的曲面零件，这样的曲面须采用四轴以上联动的加工中心才能完成。

ⅱ.模具类。常见的模具有锻压模具、铸造模具、塑料和橡胶模具等。利用加工中心加工模具，工序高度集中，定位精度高，基本上可在一次安装中完成关键件的加工，能减少尺寸累计误差及修配工作量。同时，模具的可复制性强，互换性好。

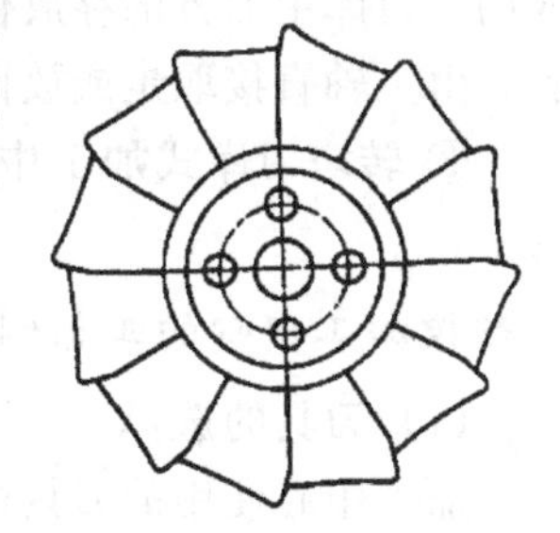
图9-13　整体叶轮

ⅲ.凸轮类。这类零件有各种曲线的盘形凸轮、圆柱凸轮、圆锥凸轮和端面凸轮等，加工时，可根据凸轮表面的复杂程度，选用三轴、四轴或五轴联动的加工中心。

③ 周期性投产的零件　用加工中心加工零件时，所需工时主要包括基本时间和准备时间，其中，基本时间占很大比例。例如工艺准备、程序编制、零件首件试切等，这些时间往往是单件基本时间的几十倍。采用加工中心可以将这些准备时间的内容储存起来，供以后反复使用。这样，对周期性投产的零件，生产周期就可以大大缩短。

④ 外形不规则的异形零件　异形件是外形不规则的零件，异形件的刚性一般较差，装夹变形难以控制，加工精度难以保证。用加工中心加工时应采用合理的工艺措施，如多次装夹、合理化切削用量等方法。

⑤ 加工精度要求高的中小批量零件　针对加工精度要求较高的中小批量零件，选择加工中心加工，容易获得所要求的尺寸精度和形状、位置精度，并可得到很好的互换性。

2.数控加工中心的分类

（1）按机床形态及主轴布局形式分类

① 立式加工中心　指主轴轴线呈铅垂状态布置的加工中心。通常能实现三轴联动。工作台呈长方形，不设分度回转功能，适用于盘类零件的加工，同时，可在工作台上安装一个水平轴线的数控回转台，通称第四轴，用以加工螺旋线或其他回转分布结构类零件。立式加工中心结构较为简单，占地面积小，价格相对实惠。

② 卧式加工中心　指主轴轴线呈水平状态布置的加工中心。通常都带有可进行分度的正方形分度工作台，具有3～5个运动坐标轴，它能够使工件在一次装夹后完成除安装表面和顶面外的其他四个表面的加工，适用于箱体类零件的加工。相对于立式加工中心而言，卧式加工中心结构复杂，占地面积大、重量大、价格高。

③ 龙门式加工中心　龙门式加工中心形状与龙门铣床类似，主轴多为铅垂布置，带有自动换刀装置，并有可更换的主轴头附件。数控装置的软件功能也较齐全，能够一机多用，尤其适用于大型或形状复杂的工件，如航天工业及大型水轮机、大型建工机械上的某些零件的加工。

④ 复合加工中心　又称万能加工中心，指兼具立式和卧式加工中心功能的一种加工中心。工件安装后能完成除安装面外的所有侧面及顶面等五个表面的加工，因此也称五面加工中心。这种加工方式可以使工件的形位误差尽可能地消除，省去了二次装夹的工装，从而提高了生产效率。但由于复合加工中心结构复杂、占地面积大、造价高，它的使用并不普及。

（2）按加工中心的换刀形式分类

① 带刀库、机械手的加工中心　加工中心的换刀装置由刀库和机械手组成，换刀机械手完成换刀动作，这是加工中心采用的最为普遍的形式。

② 无机械手的加工中心　这种加工中心的换刀是通过刀库和主轴箱的配合动作来完成的。刀库中刀具的存放位置与主轴装刀方向一致，换刀时，主轴运动到刀位上的换刀位置，由主轴直接取走或放回刀库。

③ 转塔刀库式加工中心　一般在小型加工中心上采用转塔式刀库形式，以孔加工为主。

3.数控加工中心的工艺制定

（1）刀具的选择

加工中心使用的刀具由刀具和刀柄两部分组成。刀具有面加工用的各种铣刀和孔加工用的钻头、扩孔钻、镗刀、绞刀及丝锥等；刀柄要满足机床主轴的自动松开和拉紧定位，并能准确地安装各种切削刃具和适应换刀机械手的夹持等。

加工中心对刀具的基本要求包括以下几个方面。

① 切削性能方面　要求刀具具有高强度和高刚度，才能够承受加工中心高速切削和强力切削的要求。因为加工中心可以长时间连续自动加工，所以也要求刀具有高耐用度，

否则会使磨损加快，轻则影响工件的表面质量与加工精度，增加换刀引起的调刀与对刀次数，降低效率，使工作表面留下因对刀误差而形成的接刀台阶，重则因刀具破损，发生严重的机床事故。

② 刀具精度方面　随着对零件的精度要求越来越高，对加工中心刀具的形状精度和尺寸精度的要求也在不断提高，如刀柄和刀片必须具有很高的精度才能满足高精度加工的要求。

(2) 加工中心用夹具

夹具是加工中心切削的重要工艺装备，由于加工中心切削具有较好的加工柔性，因此相对于普通机床而言，加工中心切削的夹具一般都不复杂，只要求有简单的定位、夹紧机构就可以了。对于加工中心用夹具的选用，可考虑产品的生产批量、生产效率、质量保证及经济性等方面。基本要求包括以下三点。

ⅰ.为保证工件在工序中所有需要完成的待加工面充分暴露在外，夹具要做得尽可能开敞，因此夹具机构元件与加工面之间应保持一定的安全距离，同时要求夹紧机构元件能低则低，以防止夹具与铣床主轴套筒或刀套、刃具在加工过程中发生碰撞。

ⅱ.为保证零件安装定位与机床坐标系及工作坐标系方向的一致性，夹具应能在机床上实现定向安装，还要求能协调零件定位面与机床之间保持一定的尺寸联系。

ⅲ.夹具的刚性和稳定性要好。常用的夹具类型大致有：通用组合夹具、专用夹具、多工位夹具、气动或液压夹具及真空夹具等。

第四节　数控加工编程

生成用数控机床进行零件加工的数控程序的过程，称为数控编程（NC programming）。

一、数控编程的步骤

现代数控机床都是按照事先编制好的零件数控加工程序自动地对工件进行加工的高效自动化设备。理想的加工程序不仅应保证加工出符合图样要求的合格零件，同时应能使数控机床的功能得到合理的应用与充分的发挥。在数控编程之前，编程员应了解所有数控机床的规格、性能、CNC系统所具备的功能及编程指令格式等。一般来说，数控编程过程主要包括：分析零件图样、工艺处理、数学处理、编写程序单、输入数控系统及程序检验，如图9-14所示。

数控编程的具体步骤与要求如下。

① 分析零件图样和工艺处理　这一步骤的内容包括：对零件图样进行分析以明确加工的内容及要求、确定加工方案、选择合适的数控机床、设计和选择夹具、选择刀具、确定合理的走刀路线及选择合理的切削用量等。工艺处理应注意以下几点。

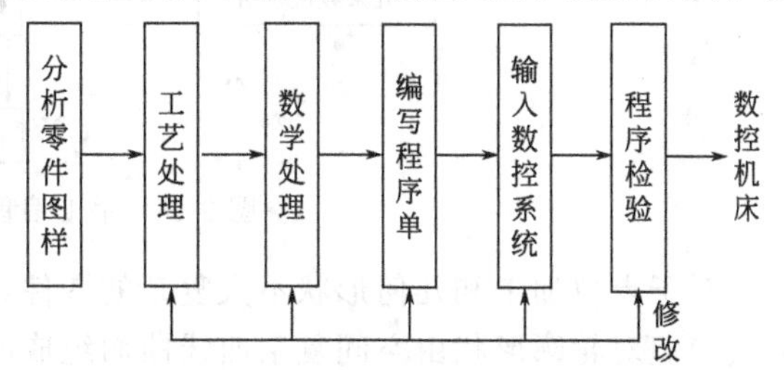

图9-14　数控编程过程

ⅰ.确定加工方案。考虑数控机床使用的合理性和经济性，充分发挥其功能。

ⅱ.工件夹具的设计和选择。应迅速完成工件的定位和夹紧过程，以减少辅助时间。使用组合夹具，生产准备周期短，夹具零件可以反复使用，经济效率高。

ⅲ. 正确选择编程原点及编程坐标系。在数控加工过程中，选择合理的编程原点及坐标系非常重要。主要原则有以下几点：所选的编程原点及编程坐标系应使程序编制简单；编程原点应选在容易找正，并在加工过程中便于检查的位置；引起的加工误差小。

ⅳ. 选择合理的走刀路线。应从以下几方面考虑：尽量缩短走刀路线，减少空走刀行程，提高生产效率；合理选取起刀点、切入点和切入方式，保证切入过程平稳，没有冲击；保证加工零件的精度和表面粗糙度的要求；保证加工过程的安全性，避免刀具与非加工面的干涉；有利于简化数值计算，减少程序段数目和编制程序的工作量。

ⅴ. 选择合理的刀具。根据工件材料的性能、机床的加工能力、加工工序的类型、切削用量以及其他与加工有关的因素来选择刀具。

ⅵ. 确定合理的切削用量。在工艺处理中必须正确确定切削用量。

② 数学处理　在完成了工艺处理的工作之后，下一步需根据零件的几何尺寸、加工路线和刀具半径补偿方式计算刀具运动轨迹，以获得刀位数据。

③ 编写零件加工程序单、输入数控机床及程序检验　在完成上述工艺处理和数值计算之后，编程员使用数控系统的程序指令，按照规定的程序格式，逐段编写零件加工程序单。

二、数控编程的方法

数控编程方法可分为手工编程、APT 语言自动编程和 CAD/CAM 集成系统数控编程。

1. 手工编程

指编制零件数控加工程序的各个步骤，如图 9-15 所示，即从零件图样分析、工艺处理、确定加工路线和工艺参数、几何计算、编写零件的数控加工程序单至程序的检验，均由人工来完成。

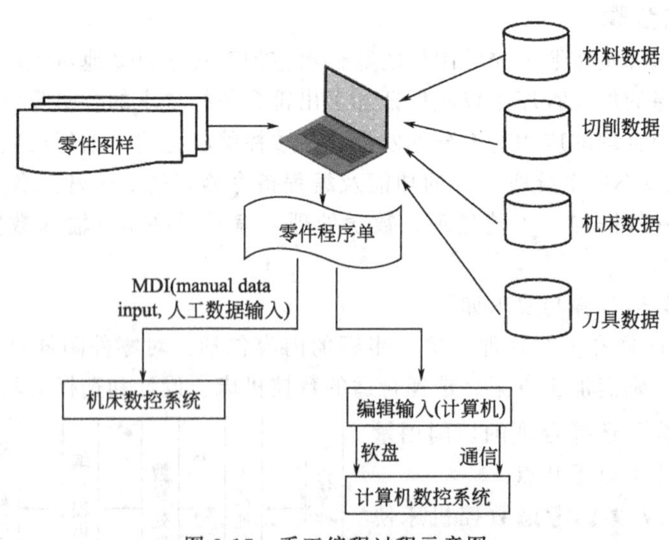

图 9-15　手工编程过程示意图

对于点位加工和几何形状不太复杂的零件，刀位点计算比较简单，可以采用手工编程方式，但对轮廓形状由空间复杂曲线曲面组成的零件以及几何要素虽不复杂，但程序量很大的零件，计算及编程相当繁复，工作量大，容易出错，并且难以校对，采用手工编程很难完成任务。为了有效解决各种复杂零件的加工问题，可以采用自动编程方法。

2. APT 语言自动编程

APT（automatically programmed tool，自动编程工具），是一种对工件、刀具的几何形状及刀具相对于工件的运动等进行定义时所用的一种接近英语的符号语言。它具有内容精简、系统完善、通用性好等优点，但是在设计与制造之间需用图纸传递数据，阻碍了信息集成化；其次它缺少对零件形状和刀具运动轨迹的直观图形显示，也缺少刀具轨迹的验证手段，这些都会给用户带来不便。于是，出现了集设计与制造一体的 CAD/CAM 集成系统。

3. CAD/CAM 集成系统数控编程

是以待加工零件 CAD 模型为基础的一种集加工工艺规划及数控编程为一体的自动编程方法。一个集成化的 CAD/CAM 数控编程系统，一般由几何造型、刀具轨迹生成、刀具轨迹编辑、刀具轨迹验证、后置处理、图形显示、几何模型内核、运行控制及用户界面等部分组成，如图 9-16 所示。

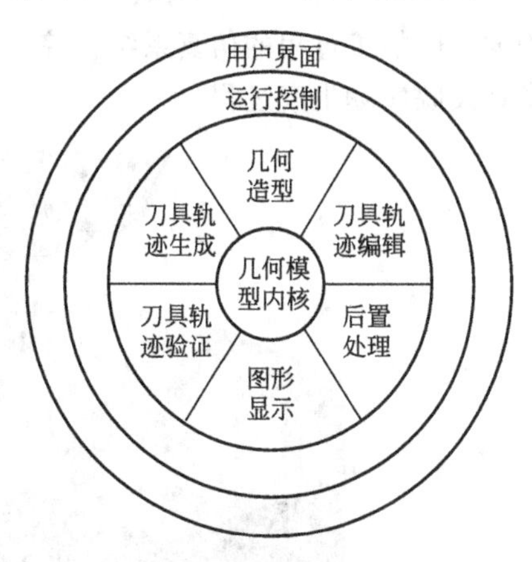

图 9-16　CAD/CAM 集成数控编程系统的组成示意图

在几何造型模块中，零件 CAD 模型的描述方法多种多样，适用于数控编程的主要有表面（surface model）和实体模型（solid model），CAD/CAM 集成系统数控编程的主要特点是零件的几何形状可在零件设计阶段采用 CAD/CAM 集成系统的几何设计模块在图形交互方式下进行定义、显示和修改，最终得到零件的几何模型，这种方式具有简便、直观、准确、便于检查的优点，且在编程过程中可以随时发现问题并进行修改。在编程过程中图形数据的提取、节点数据的计算、程序的编制及输出都是由计算机自动进行的，编程速度快、效率高、准确性好。

三、刀位轨迹的检验与仿真

即便采用自动编程的方法生成数控加工程序，但是在加工过程中是否发生过切，刀具与相邻的非加工面是否发生干涉，所选刀具、走刀路线等是否合理，编程人员事先往往很难预料，若直接投入生产加工，结果可能导致工件形状不符合要求，出现废品，严重时还会损坏机床、刀具，发生事故。因此，如何有效地验证刀位轨迹的正确性，是数控加工编程的重要环节。刀具轨迹验证的方法主要有：试切、刀具轨迹仿真、三维动态切削仿真和虚拟加工仿真等。

试切法是采用塑模、蜡模或木模在专用设备上进行的，通过试切件尺寸的正确与否来判断刀位轨迹的正确性。但这种方法不仅占用资源，需要操作人员监控整个加工过程，而且加工中存在各种危险。

CAD/CAM 集成系统中提供了图形交互式刀具轨迹仿真功能，最常用的是将所生成的刀具轨迹和加工表面的线框图一起显示在图形显示器上，来判断刀具轨迹是否连续，检查刀位计算的是否正确，较复杂的方法有截面法验证和数值验证。

三维动态切削仿真是把加工过程中的零件实体模型、刀具实体、切削加工过程及加工结果，用不同的颜色一起动态显示出来，模拟零件的实际加工过程。不仅可以观察加工过

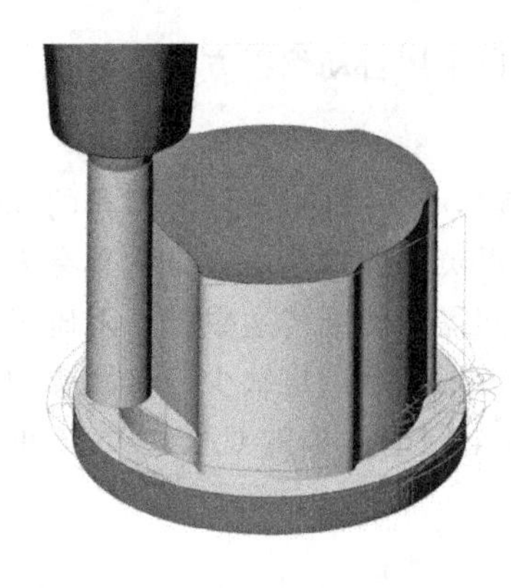

图 9-17 MasterCAM 系统的 Dynamic Motion 仿真

程，而且可以检验干涉与过切。典型代表有 UGII CAD/CAM 集成系统中的 Vericut 动态仿真工具和 MasterCAM 系统的 Dynamic Motion 仿真工具，如图 9-17 所示。更为先进的方法是将机床模型与加工过程仿真结合在一起，还可以观察刀具是否与加工零件以外的其他部件（如夹具）发生干涉或碰撞，如图 9-18 所示。

在此基础上，产生了虚拟加工技术，用以解决加工过程和实际加工环境中，工艺系统间的干涉碰撞和运动关系等问题。从发展前景看，一些研究者正在对加工系统的物理特性如切削力与刀具磨损、残留应力以及刀具 3D 热能边界条件进行分析和建模，试图建立面向实际加工过程的仿真系统，综合考虑实际加工中的各种干扰因素，使仿真过程高度真实地反映实际生产过程。

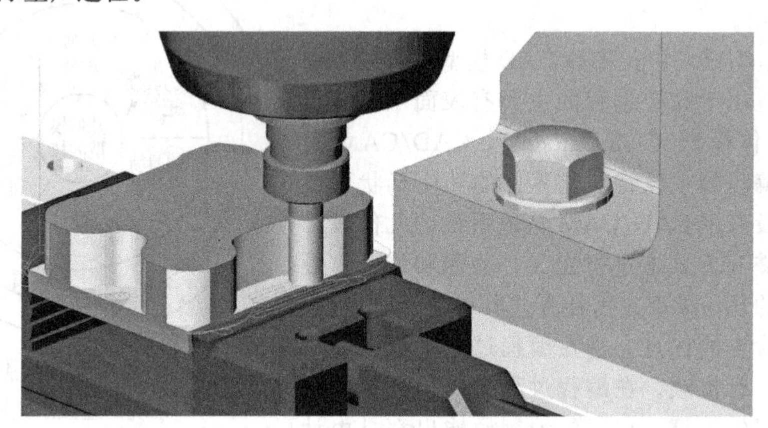

图 9-18 某铣床（含铣刀、夹具、零件）的加工仿真系统

思考与练习题

1. 什么叫数控机床？它是由哪些基本结构组成的？各部分的基本功能是什么？计算机数控系统有哪些特点？

2. 数控机床及数控技术的发展趋势是什么？

3. 在数控加工时为什么要进行对刀？

4. 简述数控机床进给系统上采用半闭环控制的特点。

5. 在编制数控车削加工工艺时，应首先考虑哪些方面的问题？

6. 适合在数控铣床和加工中心加工的零件有哪些？各有何特点？

7. 简述数控编程的一般步骤。

8. 试分析比较常用的几种刀位轨迹验证方法，简要说明其原理和特点。

第十章　先进制造技术与生产模式

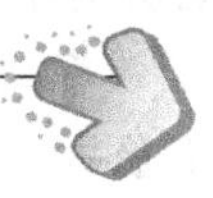

【学习意义】 21世纪的制造技术是不断创新的制造技术，以传统的机械制造技术为基础，伴随着计算机技术、网络技术、信息技术以及创新加工理念的不断出现而发展、更新和完善。先进制造技术已经成为各国经济发展和满足人民日益增长需求、加速高新技术发展和实现国防现代化的主要技术支撑之一，成为企业在激烈的市场竞争中迅速发展的关键因素。

【学习目标】

1. 了解各种先进制造技术相关的概念、理论、工艺、方法、关键技术、最新成果及其应用；

2. 了解国内外先进制造技术的前沿，拓宽知识面；

3. 掌握先进制造技术的理念和方法，培养科学思维、创新能力和工程实践能力。

第一节　高速切削

一、高速切削的概念与内涵

1. 高速切削的概念

高速切削是一个相对的概念，由于不同的加工方式、不同的工件材料有不同的高速切削概念，很难就高速切削的速度给出一个确切的定义。一般理论趋向于主轴转速在8000r/min以上，切削线速度在500～7000m/min以上，或者为普通切削速度的5～10倍以上即可视为高速切削。因为在这个转速范围以上，对机床的主轴结构、进给驱动、CNC系统以及刀具材料、刀具结构等都提出了特殊的要求，需要开发新的技术。

高速切削加工技术的发展经历了高速切削的理论探索、应用探索、初步应用、较成熟的应用4个发展阶段。如今随着在刀具和机床设备等关键技术领域的突破性进展，高速切削加工技术在工业发达国家得到普遍应用，正成为切削加工的主流技术。如今，加工钢件时切削速度已达到3000m/min，加工铸铁也达到了3000m/min，而加工铝合金时切削速度则达到7000m/min，比常用的切削速度提高了许多倍。除了高速切削外，高速磨削技术也已进入实用阶段。常规磨削速度为30～40m/s，而超高速磨削的速度已达到150m/s以上了。

2. 高速切削的内涵

高速切削加工不仅是一个技术指标，而且是一个经济指标。也就是说，它不仅是一个技术上可实现的切削速度，而且是一个由此可获得较大经济效益的指标，没有经济效益的高速切削是没有工程意义的。目前定位的经济效益指标是：在保证加工精度、加工质量的前提下，将通常切削速度加工的加工时间减少 70%，同时将加工费用减少 50%，以此衡量切削速度的合理性。

二、高速切削的优点

与常规切削相比，高速切削具有以下优点。

① 加工效率高　高速切削高于常规切削速度 5～10 倍，进给速度也随之相应提高 5～10 倍，从而极大地提高机床的生产率。

② 加工精度高　在切削速度达到一定值后，切削力至少可降低 30%，尤其是径向切削力的大幅度减少对于加工细长轴、薄壁等刚性较差的零件，提高零件加工精度。同时，高速切削过程极为迅速，所以 95%以上的切削热来不及传给工件就被切屑飞速带走，可使加工精度得到很大提高。

③ 加工表面质量高　高速旋转时刀具切削的激励频率远离工艺系统的固有频率，不会造成工艺系统的受迫振动；同时，由于切削深度、切削宽度和切削力都很小，所以高速切削能加工出非常精密、光洁的零件，常可省去常规铣削后的精加工工序。

④ 加工能耗低，提高了能源和设备的利用率，符合可持续发展的要求。

三、高速切削的技术装备

高速切削机床大部分是多轴联动数控机床，同时又是精密机床。高速切削对机床有很高的要求，在要求机床具有很高的进给速度和加速度的同时，还要求机床具有高精度和高的静、动刚度，同时保证高精度（定位精度±0.005mm）。其关键技术及系统有以下几项。

1. 高速主轴系统

高速主轴系统是高速切削机床的核心部件。高速主轴系统的性能取决于主轴的设计方法、材料、结构、轴承、润滑冷却、动平衡、噪声等多项相关技术。目前，高速主轴在结构上几乎全部采用交流伺服电机直接驱动的电主轴。这种主轴基本上取消了传统的带传动和齿轮传动，机床主轴由内置式电动机直接驱动，从而把机床主传动链的长度缩短为零。

高速轴承是决定高速主轴寿命和负载容量的最关键部件，目前常用的有如下几种。

① 磁悬浮轴承　它是用电磁力将主轴无机械接触地悬浮起来，其转速可达 45000r/min，功率为 20kW，精度高，易实现实时诊断和在线监控。缺点是机械结构复杂，造价高。

② 液体动静压轴承　采用流体动静力相结合的办法，使主轴在油膜支承中旋转，具有径向、轴向跳动小，刚性好，阻尼特性好，适于粗、精加工，寿命长的优点。

③ 混合陶瓷轴承　其用氮化硅制的滚珠与钢制轨道相组合，是目前在高速切削机床主轴上使用最多的支承元件。在高速转动时，离心力小，刚性好，温度低，寿命长，功率可达 80kW，转速高达 150000r/min，它的标准化程度高，便于维护，价格低。

2. 高速伺服系统

目前常采用如下两种伺服系统。

① 直线电机伺服系统　直线电机是使电能直接转变成直线机械运动的一种推力装置，与电主轴一样，将机床进给传动链的长度缩短为零，从根本上解决了传动伺服系统中由于机械传动链引起的有关问题。此外，它的动态响应敏捷，能获得很高的运动精度。

② 滚珠丝杠驱动装置　滚珠丝杠仍是高速伺服系统的主要驱动装置，用交流伺服电动机直接驱动，并采用液压轴承，进给速度可达40～60m/min，其加速度可超过0.6g。

3. 高速 CNC 系统

为了满足高速、高精度的加工要求，适用于高速切削加工的CNC系统应该具有如下功能。

① 高精度插补　高速、高精度的加工首先要求的是极短的插补周期和高的计算精度，如FANUC 16i采用纳米级的位置指令进行计算和数据交换。

② 前馈控制　采用前馈控制可减少伺服系统滞后，如伺服前馈控制可减小摩擦、系统惯性等引入的跟随误差。

③ 前瞻控制　高速加工中，超前路径加减速优化预处理可在保证加工精度的条件下，使机床尽可能在最大理论速度下进行工作。

④ 对高速采样截尾误差的精确预估　在控制系统中根据采样历史数据对当前采样截尾误差的精确估算，可提高高速采样系统运行的动态平稳性。

总之，对于高速高精度的运动控制，缩短采样周期、提高插补精度是前提。通过伺服前馈控制减小跟踪误差，在保证高精度的前提下实现高速加工。

4. 高速切削刀具

随着切削速度的大幅度提高，对刀具材料、刀具结构和几何参数、刀体结构以及刀具安装系统等都提出了不同于传统速度切削时的要求。

（1）刀具材料

高速切削时的一个主要问题是刀具磨损，与普通切削相比，高速切削时，刀具与工件的接触时间减少，接触频率增加，切削过程所产生的热量更多地向刀具传递，刀具磨损比普通速度切削时要高得多。因此，高速切削对刀具材料有更高的要求，具体表现为高硬度、高强度和高耐磨性；韧性高、抗冲击能力强；高的热硬性和化学稳定性；抗热冲击能力强。

涂层硬质合金材料是目前应用范围最广的高速切削刀具材料，硬质合金作为刀具基体，具有较高的强度、硬度和韧度，根据其切削条件，选用不同的涂层以提高表面硬度、耐磨性、耐蚀性及耐热性等，可基本满足高速切削的需要，有较高的成本优势。TiC和TiN涂层是应用非常广泛的涂层材料；采用CVD（化学气相沉积）的Al_2O_3涂层材料，切削性能更优于TiC和TiN涂层。

金刚石和类金刚石涂层属于新型刀具涂层材料，采用低压化学气相沉积法生长出一层多晶金刚石膜，当加工硅铝合金、铜合金、玻璃纤维以及硬质合金等材料时，其寿命是普通硬质合金的50～100倍。

目前，高速切削刀具主要是金刚石刀具、CBN刀具、陶瓷刀具、金属陶瓷刀具、涂层刀具等，尤其是涂层刀具在高速切削中占据重要的位置。

（2）刀具的安装系统

在高速加工中心上，刀具主轴工作在数万转每分钟的高转速条件下，刀具系统的动态平衡及结构安全性是及其重要的，所以高速刀具系统必须具有很高的装夹刚度，必须满足在高速运转时的安全可靠性及很高的几何精度和装夹定位重复精度。

5. 高速加工安全性与监控技术

高速切削加工使得高速机床加工过程危险性大增，因此，对于高速机床的安全性应在结构设计、安全防护、加工监控及失效保护等方面进行系统研究。

高速切削中飞出的刀片具有的动能与开枪射击子弹所具有的能量相当，在机床被动防护方面，可采用较厚的聚碳酸酯板或者多夹层的复合材料护板。在主动安全防护方面，高速机床必须对于切削加工中出现的信号，如切削力、主轴的径向位移、刀具破损、主轴振动及轴承温度变化等及时进行采集，如发现异常，可改变加工状态或者采取紧急停机等措施减少潜在危险的发生。

四、高速切削的应用领域

① 大批生产领域　如汽车工业。以高速加工技术为基础的柔性自动生产线已被越来越多的国内外汽车制造厂家使用，高速切削已经普遍用于汽车发动机缸体、缸盖、曲轴、车桥齿轮、变速箱齿轮平衡轴和传动轴等零件的加工。

② 工件本身刚度不足的加工领域　如航空航天工业。航空工业是高速加工的主要应用行业，飞机制造通常需切削加工铝合金零件、薄层腹板件等。

③ 复杂曲面领域　如模具制造业。

④ 难加工材料领域　飞机制造业采用耐高温合金材料制造发动机零件。这类材料强度高、硬度高，切削时的温度高，刀具磨损严重，属于难加工材料，用高速切削可大大提高切削效率，并可延长刀具寿命，改善零件加工质量。

高速切削加工技术是一项全新的、正在发展之中的先进实用技术，可以节约刀具材料和切削液，节省劳动力，节约自然资源，减少对环境的污染，被公认是21世纪实现制造业可持续发展的关键技术。高速切削加工技术在工业发达国家已得到广泛应用，且已取得巨大的经济和社会效益。在我国，高速切削加工技术的开发和应用还处于初步阶段，还有大量的研究开发工作需要进行。高速切削加工技术必将沿着高效率、高精度、高柔性、安全、绿色化和降低制造成本的方向继续发展。

第二节　超精密加工与微细加工

一、超精密加工

超精密加工技术是为适应现代高科技发展需要而兴起的一种机械加工新工艺，是发展尖端科学技术产品不可缺少的关键性加工手段，它促进了半导体技术、光电技术、材料科学技术等多门技术的进步与发展，在国防科学技术现代化和国民经济建设中发挥着至关重要的作用。

一般认为，加工精度高于0.1μm、表面粗糙度小于0.01μm的加工即为超精密加工，因此，超精密加工又称为亚微米级加工。

1.超精密加工的要求

超精密加工不是孤立的加工方法和单纯的工艺问题，而是一项包含内容极其广泛的系统工程。实现超精密加工，不仅需要超精密的机床设备和刀具，还需要超稳定的环境条件（恒温、恒湿、超净、防振），以及需要运用计算机技术进行实时检测和反馈补偿。

① 超精密加工要求处于恒温、恒湿、超净、防振的工作环境中　由于其加工精度很高，热变形对加工的影响不可以忽略。热变形是造成超精密加工误差的主要因素之一，必须对温度予以控制，才能尽量减少热胀冷缩对加工精度的影响，所以超精密加工中的恒温控制是必须的。因此，可采用线胀系数小的材料，如花岗岩、陶瓷等作为机床的工作台面

或某些零件的材料等，尽量减少机床和零件自身温度变化的影响；还可以采用恒温油槽或者循环水流等措施尽量减少机床运转部件的发热，使温度在局部范围内保持恒定。此外，保持恒定的湿度可以防止机器的锈蚀、石材膨胀，以及一些仪器（如激光干涉仪）的零点漂移等，故一般超精密加主中，湿度应保持在55%～60%。

② 精密与超精密加工要求有一个净化的空间　空气中绝大部分尘埃的直径小于1μm，但也有不少直径为1～10μm，甚至大于100μm。如果没有洁净的工作环境，这些尘埃落在工件已加工表面上，就会划伤表面加工质量较好的表面；落在量具的测量面上，就会造成测量误差。

③ 普通加工中未予考虑的振动情况也是超精密加工必须解决的问题　减振、隔振是精密及超精密加工机床非常重要的问题。因此，超精密机床多安放在带防振沟和隔振器的防振地基上，还可使用空气弹簧对低频振动进行隔离，机床主轴部件也需配置精密动平衡以减少振动。

④ 精密与超精密加工必须具备相应的检测技术和手段　要求测试仪器的精度至少比机床的加工精度高一个数量级。目前，超精密加工所用测量仪器多为激光干涉仪和高灵敏度的电气测量仪，已满足纳米级精度的测量要求。

⑤ 超精密加工中必须有在线误差补偿系统　以对加工精度进行补偿。误差补偿系统一般由测量装置、控制装置及补偿装置三部分组成。

2.超精密加工分类

根据加工方法的机理和特点，超精密加工可分为超精密切削、超精密磨削等。

（1）超精密切削

超精密切削加工经常使用的刀具材料为天然单晶金刚石。超精密切削也是金属切削的一种，它有不少特殊规律，这是由金刚石刀具的特殊物理化学性能和切削层极薄等因素造成的。

① 金刚石刀具　金刚石刀具是超精密切削中的关键因素。目前采用的金刚石刀具材料均为天然金刚石和人造单晶金刚石。单晶金刚石刀具可分为直线刃、圆弧刃和多棱刃。要做到能在最后一次走刀中切除微量表面层，最主要的是刀具的锋利程度。天然单晶金刚石虽然价格昂贵，但质地细密，因此被公认为最理想、不能替代的超精密切削的刀具材料。

金刚石刀具有两个比较重要的问题：一是晶面的选择，这对刀具的使用性能有着重要的影响；二是金刚石刀具的研磨质量，研磨质量主要取决于刃口圆弧半径 r_n，它关系到切削变形和最小切削厚度，因而影响加工表面质量。

ⅰ.晶面的选择：金刚石晶体是各向异性材料，不同晶面在不同方向的性能相差很大。

ⅱ.刀具刃口：在超精密切削中，能稳定切削的最小有效切削厚度称为最小切削厚度。最小切削厚度取决于金刚石刀具的刃口半径，刃口半径越小，则最小切削厚度越小。

ⅲ.金刚石刀具切削部分的几何形状：金刚石刀具的主切削刃和副切削刃之间采用过渡刃，对加工表面时起修光作用，这有利于获得好的加工表面质量。此外，由于金刚石的脆性，在保证获得较小的加工表面粗糙度前提下，为增加刀刃的强度，取较小的前角和后角。图10-1是一种可用于车削铝合金、铜、黄铜的通用金刚石车刀。刀具的几何角度为：主偏角 $k_r=45°$，前角 $\gamma_0=0°$，后角 $\alpha_0=50°$。采用直线修光刃，修光刃长度为0.15mm。经过在工厂的实际使用，效果良好，能稳定加工出 $R<0.02\sim0.005\mu m$ 的表面。

② 切削参数的选择　金刚石刀具切削时，在常用的超精密切削速度范围内，切削速

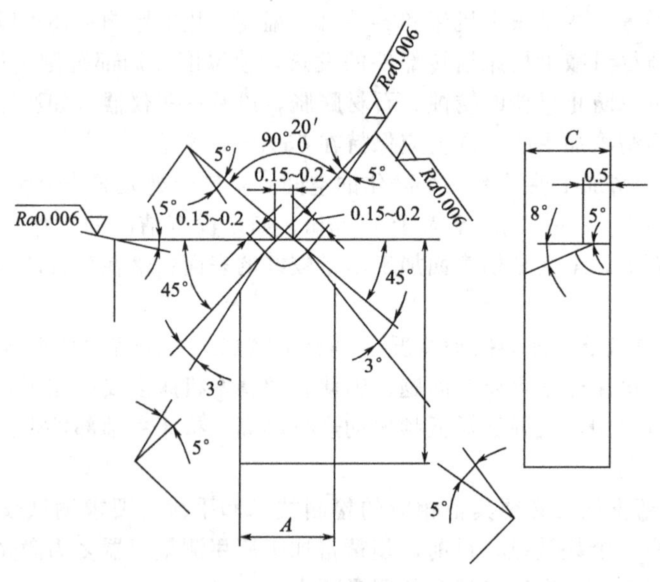

图 10-1　通用金刚石车刀

度的变化对加工表面的表面粗糙度的影响并不显著；进给量的变化对加工表面粗糙度产生的影响见图 10-2。

图 10-2 是在超精密切削条件下，变化进给量得到的加工表面粗糙度的实验结果，实验中使用圆弧切削刃刀具。从图中可看出，在进给量 $f<5\mu m/r$ 时，均达到 $R_{max}<0.05\mu m$ 的镜面。

在刀具刃口半径 p 足够小（$p<0.1\sim0.05\mu m$）时，在超精密切削条件下，背吃刀量（α_p 为 $5\sim0.5\mu m$）实际对加工表面粗糙度影响甚小。

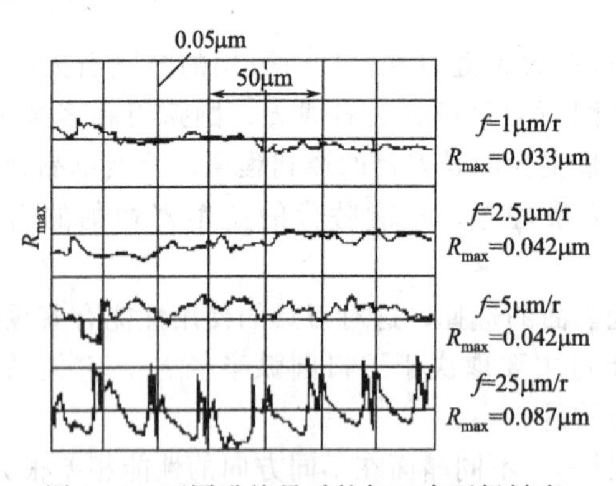

图 10-2　不同进给量时的加工表面粗糙度（$v=314m/min$，$\alpha_p=2\mu m$，加工材料：硬铝 LY12）

③ 加工设备　金刚石车床是金刚石车削加工的关键设备。它应具有高精度、高刚性和高稳定性，此外，还要求抗振性好、热变形小、控制性能好，并具有可靠的微量进给机构和误差补偿装置。

④ 金刚石精密切削的应用　金刚石刀具与有色金属亲和力小，其硬度、耐磨性以及导热性都非常优越，主要用于有色金属及其合金以及光学玻璃、大理石和碳素纤维板等非金属零件表面的镜面加工。目前，在符合加工要求的机床和加工环境的条件下，使用单晶天然金刚石刀具加工上述材料时，一般可直接加工出尺寸精度高于 0.1μm、表面粗糙度小于 0.01μm 的超光滑镜面。在国防和尖端科技领域，主要用于加工陀螺仪、激光反射镜、天文望远镜的反射镜、红外反射镜和红外透镜等。

（2）超精密磨削

金刚石刀具适用于加工铝、铜等有色金属及其合金，而对钢铁类、非金属硬材料等的超精密加工，一般多采用超精密磨削加工。

超精密磨削技术是在精密磨削基础上发展起来的，它分为固体磨料加工和游离磨料加工。它的加工精度达到或高于 0.1μm，表面粗糙度 Ra 小于 0.025μm。

游离磨料超精密加工时，磨料处于游离状态，依靠磨料与工件之间的相对运动来实现加工要求。游离磨料超精密加工的典型代表是超精密研磨抛光。例如，液中研磨法就是将超精密抛光的研磨操作浸入在含磨粒的研磨剂中进行。利用微细的 Al_2O_3 磨粒和聚氨酯研具研磨硅片时，可以得到高质量的镜面。

超精密研磨抛光有多种方法，这些新的研磨方法有的可以达到分子级和原子级的材料去除，并获得相应的有极高几何精度和无缺陷、无变质层的研磨表面。

二、微细加工

微细加工技术是能够制造出微小型尺寸零件的加工技术的总称，起初是由半导体集成电路制作工艺发展而来的工艺方法，其典型的应用就是大规模集成电路（VLSI）和超大规模集成电路（ULSl）的加工制造。

1. 微细加工和超微细加工的概念

微细加工和超微细加工是指制造微小和超微小尺寸零件的加工技术，从去除材料大小的尺寸单位来看，它已经接近于加工极限（分子或原子级别）。它与一般尺寸的加工有三方面不同。

① 精度的表示方法　一般尺寸加工时，精度是用其加工误差与加工尺寸之比来表示的；而在微细加工时，由尺寸的绝对值来表示，即用去除的一块材料的大小来表示。所以，当微细加工 0.01mm 尺寸零件时，必须采用微米加工单位进行加工；当微细加工微米尺寸零件时，必须采用亚微米加工单位来进行加工，现今的超微细加工已采用纳米加工单位。

② 微观机理　一般尺寸加工和微细加工的最大差别是切屑大小不同。微细加工时不允许有大的背吃刀量，因此切屑很小、当背吃刀量小于材料晶粒直径时，切削就得在晶粒内进行。所以，对微细加工来说，加工单位的现实限度可能是分子或原子。

③ 加工特征　微细加工和超微细加工以分离或结合原子、分子为加工对象，以电子束、离子束、激光束加工为基础，采用沉积、刻蚀、溅射等手段进行各种处理。

2. 微细加工方法举例——精密光刻加工

精密光刻加工技术是对金属或非金属材料进行精密加工的有效手段。所谓光刻是指使用电磁波频谱中的光束或电子、离子以及 X 射线等照射，涂光致抗蚀剂，形成规定图形的微细加工方法。光刻加工过程如图 10-3 所示。

3. 微细加工技术的应用及发展趋势

微细加工不仅包括了传统的机械加工方法，而且包括了许多特种加工方法，如电子束加工、离子束加工等，这种机电一体化的加工是现代制造技术的前沿。计算机技术、微电子技术和航空航天技术的发展，对电子设备微型化和集成化的需求越来越高，而电子设备微型化和集成化的关键技术之一是微细加工。同时，在机械工业中也出现了许多微小尺寸的加工，例如，红宝石（微孔）轴承、微型齿轮、微型轴、金刚石车刀、微型钻头等，都需要用微细加工方法来制造。所以，微细加工正越来越受到广泛应用。

从目前来看，微细加工技术呈现如下的发展趋势：

① 加工材料多样化　从单纯的硅开始，正在向各种不同类型的材料发展。随着微小

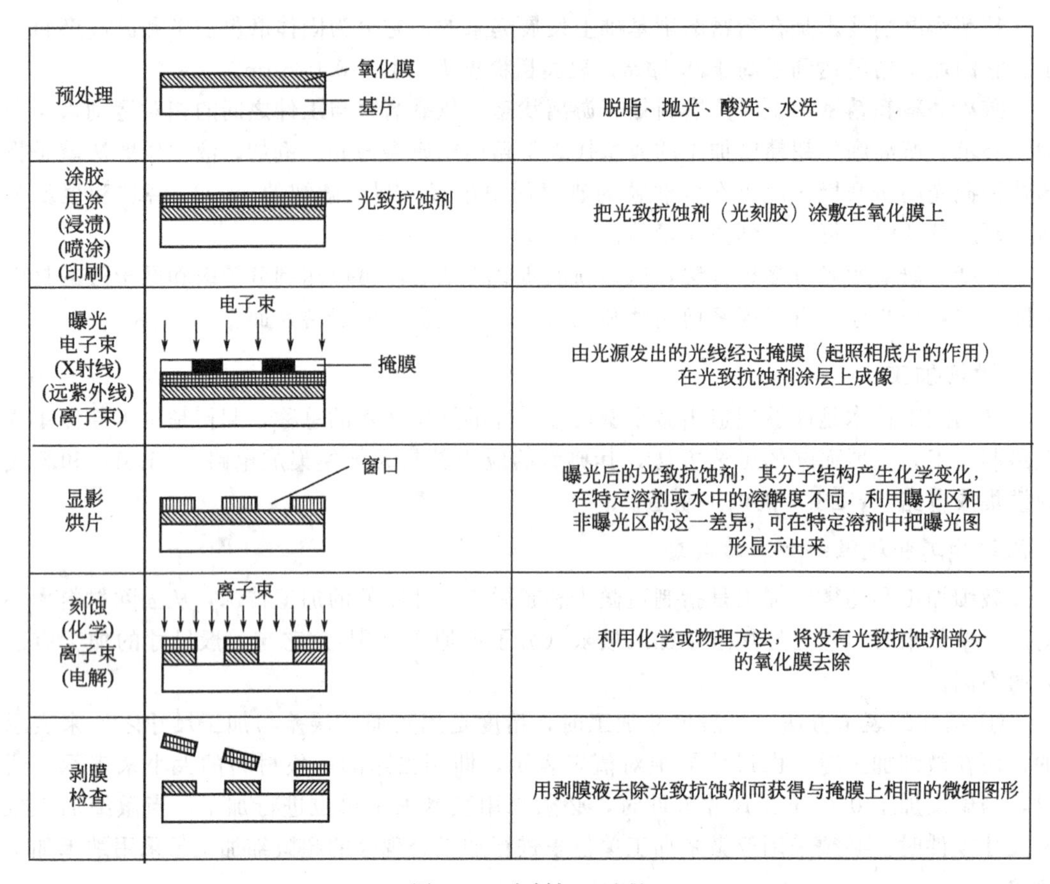

图 10-3　光刻加工过程

型器件的大规模应用，某些具有特殊性能的材料，如玻璃、陶瓷、树脂、金属及一些有机物，也将会被用作微小型结构件的材料，从而可以大大扩展微机械的应用范围，满足不同的特种加工需求。

② 加工方法多样化　微细加工技术集合了其他特种加工工艺方法，如在半导体光刻加工和化学加工等高集成、多功能化微细加工的基础上提高其去除材料的能力，使其能制作出实用的微小型零件。不仅如此，加工方法也从单一加工技术向复合一体化加工技术发展，未来的微细加工技术必将整合多种微细加工工艺方法，可对尺度达几十微米至纳米级微小型零件进行高效、高精度加工。

③ 可实现高效率、低成本加工　随着微小型零件需求的日益增加，必须开发出高效率、低成本的复合加工工艺方法，以实现加工规模由单件向批量生产发展。LIGA❶ 工艺的出现可以进行微机械的批量生产，微细成型、微细制模和微细模铸等方法也能适用于批量生产微型零件，但是必须降低生产成本才能得到大规模的应用。

④ 微细加工技术中出现一系列的尺度效应　如构件的惯性力、电磁力的作用相应地减少，而弹性力、表面张力和静电力等的作用将相应增大；表面积与体积之比相对增大，传导、化学反应等加速，表面间的摩擦阻力显著增大。深入研究微细加工的机理，对于发展微细加工的相关工艺方法和制造加工工艺的制订有很大的实际应用意义。

---

❶ LIGA 是德文的制版术 Lithographie、电铸成形 Galvanoformung 和注塑 Abformung 的缩写。

第三节　纳米制造

一、纳米制造技术的概念

纳米（nanometer，nm）是一个长度单位，1nm 是 1m 的十亿分之一，即 $1nm = 10^{-9}m$。纳米科学是研究纳米尺度范畴内原子、分子和其他类型物质运动和变化的科学；纳米技术则是在纳米尺度范畴内对原子、分子等进行操纵和加工的技术。因此，纳米科学技术（nano science and technology）是研究由尺寸在 0.1～100nm 之间的物质组成的体系的运动规律和相互作用，及其可能的实际应用中的技术问题的科学技术。它是一门多学科交叉的、基础研究和应用开发紧密联系的高新科学技术。它包括纳米材料科学、纳米电子学、纳米机械加工学、纳米生物学、纳米化学、纳米力学、纳米物理学和纳米测量学等若干领域。

纳米材料大致可分为纳米粉末（零维）、纳米纤维（一维）、纳米薄膜（二维）、纳米块体（三维）、纳米复合材料、纳米结构等六类。其中纳米粉末研究开发时间最长，技术最为成熟，是制备其他纳米材料的基础。

纳米结构体系大致可分为两类：一是人工纳米结构组装体系，二是纳米结构自组装体系。人工纳米结构组装体系是按人类的意志，利用物理和化学的方法人工地将纳米尺度的物质单元组装、排列构成一维、二维和三维的纳米结构体系。纳米结构自组装体系是指通过弱的和较小方向性的非共价键，如氢键、范德华键和弱的离子键协同作用把原子、离子或分子连接在一起构筑成一个纳米结构或纳米结构的花样。

二、典型纳米制造技术

1. 极紫外光刻（EUVL）

极紫外光刻技术的原理是用波长范围为 11～14nm 的极紫外光，经过周期性多层膜反射镜照射到反射掩膜上，反射出的极紫外光再经过投缘系统将掩膜图形在硅片的光刻胶上投缘成形。极紫外光刻是一种有望突破特征尺寸 100nm 以下的新光刻技术。

2. 原子光刻

原子光刻的基本原理是利用激光梯度场对原子的作用力，改变原子束流在传播过程中的密度分布，使原子按一定规律沉积在基底上（或使基底上的特殊膜层“曝光”），在基板上形成纳米级的条纹、点阵或人们所需的特定图案。原子光刻技术在纳米器件加工、纳米材料制作等领域具有重要的应用前景。

3. 纳米掩膜刻蚀加工技术

纳米掩膜刻蚀加工技术的基本原理是将具有纳米结构的材料有序排布成所需的阵列，通过转移技术转移到基片表面。它利用有序排布的纳米结构做掩膜，结合反应离子刻蚀（RIE）等工艺形成纳米结构图形。这种纳米结构加工方法操作简单，成本低，所得到的纳米结构在高密度信息存储、纳米电子、纳米光子、纳米生物器件中具有广泛的应用前景。

4. 纳米压印

纳米压印技术的研究始于普林斯顿大学纳米结构实验室，其工作原理如图 10-4 所示。该工艺即将具有纳米图案的模板在高温、高压条件下以机械力压在涂有高分子材料的硅基板上，压印、复制出纳米图案，而后进行加热或紫外照射，实现图形转移。该技术可以制作线宽在 5nm 以下的图案。由于省去了光学光刻掩膜板和使用光学成像设备的成本，因此纳米压印技术具有低成本、高产出的优点，同时还具有不需要很多资金来维持的经济优势。

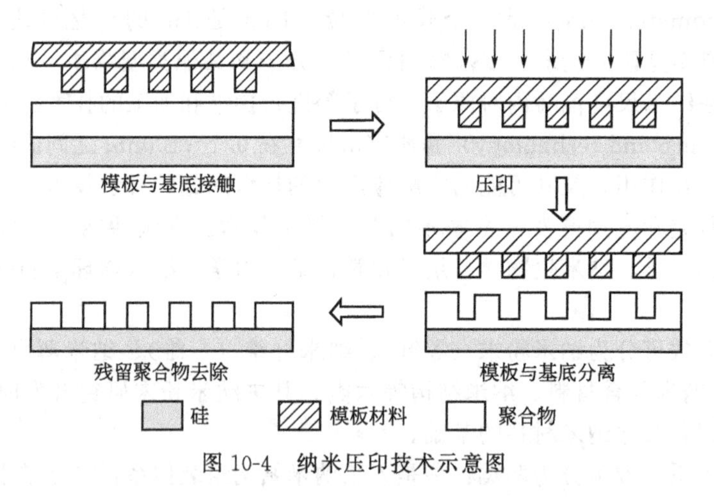

图 10-4 纳米压印技术示意图

5. 扫面探针显微镜（SPM）加工

原理是通过显微镜的探针与样品表面原子相互作用来操纵工件表面的单个原子，实现单个原子和分子的搬迁、去除、增添和原子排列重组，即原子级的精加工。目前，用于纳米加工的扫描探针显微镜主要包括扫描隧道显微镜（STM）和原子力显微镜（AFM）两种。与 STM 的加工对象相比，AFM 应用的对象范围要更为广泛，但其分辨率较低，一般为几十个纳米至亚微米。STM 分辨率较高，但 STM 的加工对象仅仅局限于导电性良好的金属和半导体表面，对于绝缘体则无能为力。近年来，扫描探针显微加工技术获得了迅速的发展，并取得了多项重要成果。虽然扫描探针显微镜加工能够通过单原子的操纵有效地加工出纳米图形，但其速度太慢，不适合批量生产，仅限于生产一些专门的器件。

第四节 智能制造

一、智能制造系统的基本概念

激烈的全球化市场竞争对制造系统提出了更高的要求——要求制造系统可以在确定性受到限制或不能预测的环境下完成制造任务，因此出现了智能制造技术（intelligent manufacturing technology，IMT）与智能制造系统（intelligent manufacturing system，IMS）。

智能制造系统是一种由智能机器和人类专家共同组成的人机一体化智能系统，它在制造过程中能以一种高度柔性与高度集成的方式，借助计算机，模拟人类专家的智能活动进行分析、推理、判断、构思和决策等，从而替代或者延伸制造环境中人的部分脑力劳动，同时，收集、存储、完善、共享、集成和发展人类专家的智能。

智能制造系统的出现是由需求来推动的，主要表现在以下几个方面。

ⅰ. 制造系统中的信息量有呈爆炸性增长的趋势，信息处理的工作量猛增，仅靠传统的信息处理方式，已远远不能满足需求，这就要求系统具有更高的智能，尽量减少人工干预。

ⅱ.专业性人才和专门知识的严重短缺极大地制约了制造业的发展，这就需要系统能存储人类专家的知识和经验并能自主进行“思维”活动，根据外部环境条件的变化自动做出适当的决策，尽量减少对人类专家的依赖。

ⅲ.市场竞争愈来愈激烈，决策的正确与否与企业命运攸关，要求决策人素质高、知识面全，人类专家很难做到这一点，于是就要求系统能融合尽可能多的决策人的知识和经验，并提供全面的决策支持。

ⅳ.制造技术的发展常常要求系统的最优解，但最优化模型的建立和求解仅靠一般的数学工作是远远不够的，要求系统具有人类专家的智能。

ⅴ.有些制造环境极其恶劣，如高温、高压、高噪声、大振动、有毒等。这些环境使操作者根本无法在其中工作，也必须依靠人工智能技术解决问题。

二、智能制造系统的特征

智能制造系统的特征突出表现在以下几方面。

ⅰ.自组织能力。自组织能力是指 IMS 中的各组成单元能够按照工作任务的要求，自行组成一种最佳结构，并能按照最优的方式运行。完成任务以后，该结构随即自行解散，以备在下一个任务中集结成新的结构。自组织能力是 IMS 的一个重要标志。

ⅱ.自律能力。即搜集与理解环境信息和自身信息，并进行分析判断和规划自身行为的能力。IMS 能根据周围环境和自身作业状况的信息进行监测和处理，并根据处理结果自行调整控制策略，以采用最佳行动方案。这种自律能力使整个制造系统具备抗干扰、自适应和容错等能力。

ⅲ.自学习和自维护能力。智能制造系统能以原有的专家知识为基础，在实践中不断进行学习，完善系统知识库，并删除库中有误的知识，使知识库趋向最优，同时，还具备对故障自行排除、自行维护的能力。这种特征使智能制造系统能够自我优化并适应各种复杂的环境。

ⅳ.整个制造环境的智能集成。智能制造系统在强调各生产环节智能化的同时，更注重整个制造环境的智能集成。智能制造系统覆盖了产品的市场、开发、制造、服务与管理整个过程，把它们集成为一个整体，系统地加以研究，实现了整体的智能化。

三、智能制造系统的主要支撑技术

① 人工智能技术　IMS 离不开人工智能技术。IMS 智能水平的提高依赖于人工智能技术的发展。同时，人工智能技术是解决制造业人才短缺的一种有效方法。在现阶段，IMS 中的智能主要是各领域专家即人的智能。但随着人们对生命科学研究的深入，人工智能技术一定会有新的突破，将 IMS 推向更高阶段。

② 并行工程　对制造业而言，并行工程作为一种重要的技术方法学，应用于 IMS 中，将最大限度地减少产品设计的盲目性和设计的重复性。

③ 虚拟制造技术　用虚拟制造技术可以在产品设计阶段就模拟出该产品的整个生命周期，从而更有效、更经济、更灵活地组织生产，达到产品开发周期最短、产品成本最低、产品质量最优和生产率最高的目的。虚拟制造技术应用 IMS，为并行工程的实施提供了必要的保证。

④ 信息网络技术　信息网络技术是制造过程的系统和各个环节智能集成化的支撑，是制造信息及知识流动的通道。因此，此项技术在 IMS 的研究和实施中占有重要地位。

⑤ 智能机器装备技术　智能制造系统的物理基础是智能机器，它包括具有各种程序的智能加工机床，工具和材料传送、准备装置，检测和试验装置，以及安装、装配装置等。

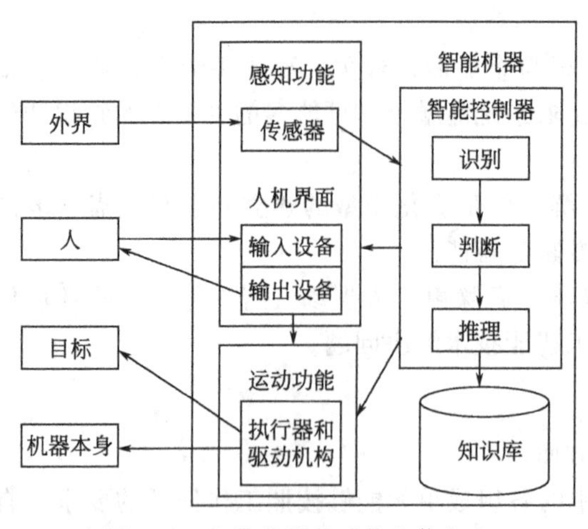

图 10-5　智能机器的功能和信息流

一般来说，判断一台机器是否为智能的可以从以下几点来评估：①能识别人类的语言命令；②运作方案最优；③能自我控制以完成任务；④能识别周围的环境；⑤能与其他机器电信联络；⑥能自动修改错误；⑦依据人的判断能在意外情况下做出正确决定。

智能机器最基本的组成单元是传感器、执行器和基于知识的控制系统（如采用人工神经网络等方法）。图 10-5 所示为智能机器的功能和信息流。智能机器首先接受来自传感器和输入设备的外部信息，然后通过智能控制器对外部信息进行识别、判断和推理，并作出相应的反应，最后通过执行器付诸实施。

四、智能制造系统——分布式网络化智能控制系统

IMS 的本质特征是个体制造单元的自主性与系统整体的自组织能力，其基本格局是分布式多自主体智能系统。基于这一认识，并考虑到基于因特网（Internel）的全球制造网络环境，提出基于代理人（Agent）的分布式网络化 IMS 的基本构想，如图 10-6 所示。

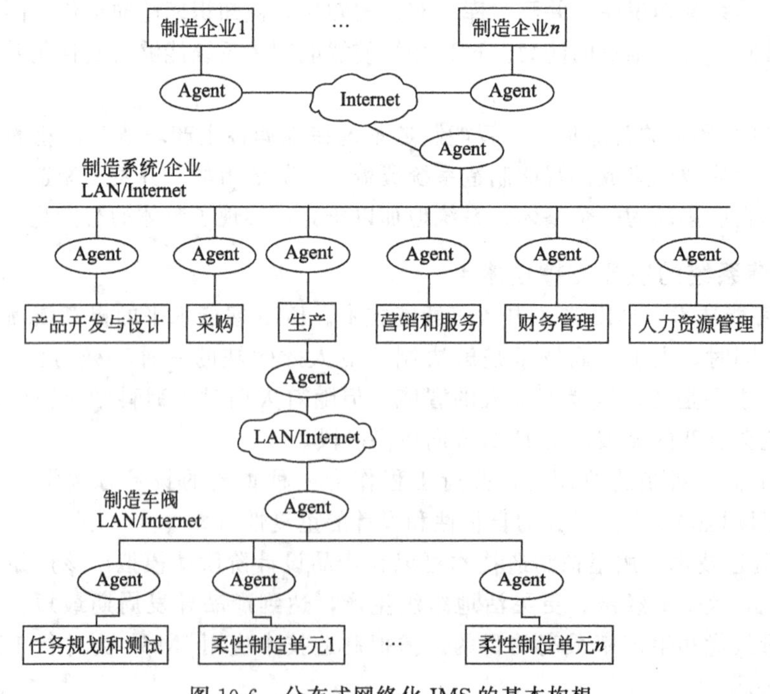

图 10-6　分布式网络化 IMS 的基本构想

一方面，通过 Agent 赋予各制造单元以自主权，使其成为功能完善、自治独立的实

体；另一方面，通过 Agent 之间的协同与合作，赋予系统自组织能力。Agent 系统的实现模式使系统易于设计、实现和维护，降低系统的复杂性，增强系统的可直组性、可扩展性和可靠性，以及提高系统的柔性、适应性和敏捷性等

基于以上构架，结合数控加工系统，开发的分布式网络化原型系统由系统经理节点、任务规划节点、设计节点和生产者节点四个节点组成。

分布式网络化 IMS 运作时，每个节点必须通过网络注册，成为系统正式成员并获得相应权限，只有如此，系统中各个节点才可进行协作以共同完成系统任务。

分布式网络化 IMS 的运作过程如下：

ⅰ. 任一网络用户都可以通过访问该系统的主页获得该系统的相关信息，还可通过填写和提交系统主页所提供的用户订单登记表来向该系统发出订单。

ⅱ. 如果接到并接受网络用户的订单，Agent 就将其存入全局数据库，任务规划节点可以从中取出该订单，进行任务规划，将该任务分解成若干子任务，将这些任务分配给系统上获得权限的节点。

ⅲ. 产品设计子任务被分配给设计节点，该节点通过良好的人机交互完成产品设计子任务，生成相应的 CAD/CAPP 数据和文档以及数控代码，并将这些数据和文档存入全局数据库，最后向任务规划节点提交该子任务。

ⅳ. 加工子任务被分配给生产者，一旦该子任务被生产者节点接受，机床 Agent 将被允许从全局数据库读取必要的数据，并将这些数据传给加工中心；加工中心则根据这些数据和命令完成加工子任务，并将运行状态信息送给机床 Agent；机床 Agent 向任务规划节点返回结果，提交该子任务。

ⅴ. 在系统的整个运行期间，系统 Agent 都对系统中的各个节点间的交互活动进行记录，如消息的收发，对全局数据库进行数据的读写，查询各节点的名字、类型、地址、能力及任务完成情况等。

五、智能制造系统的主要研究领域

理论上人工智能技术可以应用到制造系统中所有与人类专家有关、需要由人类专家做出决策的部分，归纳起来，主要包括以下内容。

① 智能设计　工程设计特别是概念设计和工艺设计需要大量人类专家的创造性思维、判断和决策，因此将人工智能技术，特别是专家系统技术引入设计领域的需求就变得格外迫切。目前，智能设计已在上述两种设计取得一些进展。

② 智能机器人　制造系统中的机器人可分为两类：一类为固定位置不动的机械手，如图 10-7(a)；另一类为可以自主移动的运动机器人，如图 10-7(b)，这类机器人在智能方面的要求更高一些，应具有“视觉”功能、“听觉”功能、“触觉”功能、“语言”能力和“理解”能力等“智能”特性。

③ 智能调度　与工艺设计类似，生产和调度问题往往无法用严格的数学模型描述，常依靠计划人员及调度人员的知识和经验。在多品种小批量生产模式占优势的今天，生产调度任务更显繁重，难度也大，必须开发智能调度及管理系统。

④ 智能办公系统　智能办公系统应具有良好的用户界面，能够根据人的意志自动完成一定的工作。一个智能办公系统应具有“听觉”功能和语音理解能力，工作人员只需口述命令，办公系统就可根据命令完成相应的工作。

⑤ 智能诊断　系统能够自动检测自身的运行状态，如发现故障正在形成或已经形成，

(a)智能机械手　　(b)智能巡检机器人

图 10-7　制造系统中的机器人

则自动查找原因并消除故障以保证系统始终运行在最佳状态下。

⑥ 智能控制　能够根据外界外境的变化，自动调整自身的参数，使系统迅速适应外界环境。

总之，人工智能在制造系统中有着广阔的应用前景，应大力加强这方面的研究。由于受到人工智能技术发展的限制，制造系统的完全智能化实现起来困难还比较大，目前应从单元技术做起，一步一步向智能自动化制造系统方向迈进。

第五节　计算机集成制造系统

一、CIM 和 CIMS 的基本概念

计算机集成制造（computer integrated manufacturing，CIM）是 1973 年首先由美国哈灵顿（Joseph Harrington）博士在其所著的《计算机集成制造》一书中提出的，哈灵顿提出 CIM 概念基于以下两个基本观点。

ⅰ. 企业的各个生产环节，即从市场调研、产品规划、加工制造、经营管理到销售服务的全部过程都是一个不可分割的整体，需要统一考虑。

ⅱ. 整个制造过程实质上是个信息采集、传递及加工处理的过程，最终形成的产品可以看做是“数据”的体现。

哈灵顿博士的这两个基本观点，一个强调的是企业的功能集成，一个强调的是企业的信息化。CIM 是制造型企业生产管理的一种新理念，其内涵是：借助以计算机为核心的信息技术，将企业中各种与制造有关的技术系统集成起来，使企业内的各类功能得到整体优化，从而提高企业的市场竞争力。

计算机集成制造系统（computer integrated manufacturing system，CIMS）则是基于 CIM 理念而组成的系统，是 CIM 的具体实现。CIMS 的核心在于集成，不仅是综合企业内各生产环节的有关技术，如计算机辅助经营决策与生产管理技术、计算机辅助设计与制造技术、计算机辅助质量管理与控制技术等，更重要的是对企业内的 CIMS 三要素（人/机构、经营管理和技术）进行有效集成，以保证企业内的工作流、物流和信息流畅通无阻。CIMS 中，人/机构、经营管理和技术三要素之间相互作用、相互制约，构成了企业内的 4 类集成。

ⅰ. 经营管理与技术的集成。利用计算机技术、自动化技术、制造技术以及信息技术等各种工程技术，支持企业达到预期经营目标。

ⅱ. 人/机构与技术的集成。利用各种工程技术支持企业各类人员的工作，使之互相配合，协调一致，发挥最大的工作效率。

ⅲ. 人/机构与经营管理的集成。通过人员素质的提高和组织机构的改进来支持企业的经营和管理。

ⅳ. 统一管理并实现人/机构、经营管理和技术三者的集成。

二、CIMS 的技术构成与系统

一个制造业企业，从功能看可以简单地分为设计、制造、经营管理三个主要方面。由于产品质量对一个制造业企业的竞争和生存越来越重要，因此，也常常把质量保证系统作为企业主要的系统之一。为了实现企业功能的集成，还需要有一个支撑环境，包括网络、数据库和集成方法——系统技术。CIMS 的技术构成与系统构成如图 10-8 所示。

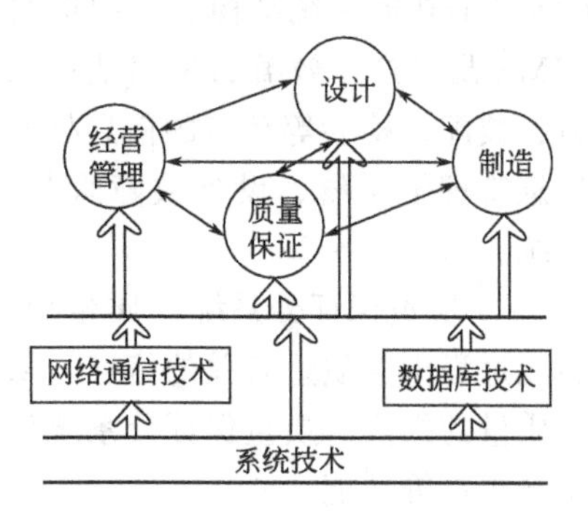

图 10-8　CIMS 的技术构成与系统构成图

根据 CIMS 的技术构成与系统构成，CIMS 通常由经营管理与决策分系统、设计自动化分系统、制造自动化分系统、质量保证分系统以及由计算机通信网络子系统和数据库子系统组成的支撑分系统等部分有机组成，即 4 个功能分系统和一个支撑分系统，如图 10-9 所示。

① 经营管理与决策分系统　CIMS 环境下的经营管理与决策分系统是指以 CIM 为指导思想并在其制造环境下实现经营管理与决策的系统。对一般离散制造系统如机械制造系统，通常以制造资源计划（manu-facturing resource planning，MRP Ⅱ）或物料需求计划（material requirement planning，MRP）为核心，从制造资源出发，考虑企业进行经营决策的战略层、中短期生产计划编制的战术层以及车间作业计划与生产活动控制的操作层，其功能覆盖市场销售、物料供应、各级生产计划与控制、财务管理、成本、库存和技术管理等内容，是以经营生产计划、主生产计划、物料需求计划、能力需求计划、车间计划、车间调度与控制为主体形成的闭环一体化经营管理与决策系统。它在 CIMS 中相当于神经中枢，指挥与控制各个部分有条不紊地工作。

② 设计自动化分系统　设计自动化分系统是在产品开发过程中引入计算机技术而形

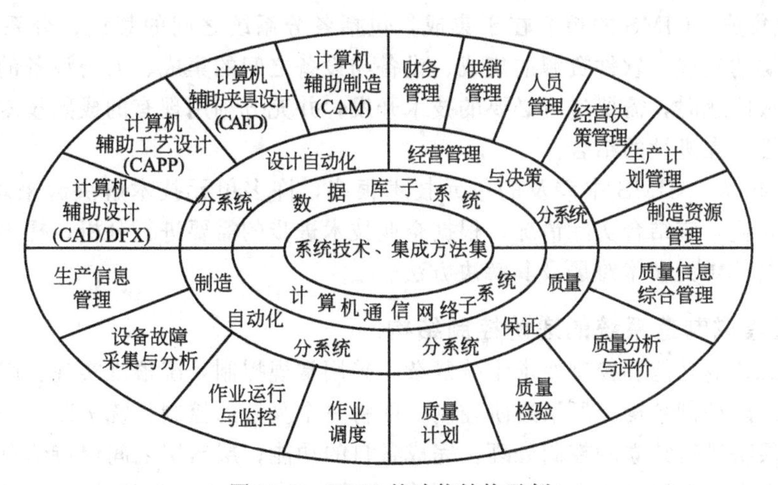

图 10-9　CIMS 的功能结构示例

成的系统，包括计算机辅助的产品概念设计、工程与结构分析、产品设计、工艺设计与数控编程等内容，通常被划分为 CAD、CAPP、CAM、工程数据管理等子系统，子系统之间强调信息的连续流动和共享，即 CAD/CAPP/CAM 系统集成。设计自动化分系统的目的是使产品开发活动更高效优质地进行，同时通过与 CIMS 的其他分系统进行信息交换，实现整个制造系统的信息集成。

③ 制造自动化分系统　CIMS 中的制造自动化分系统是 CIMS 环境下的制造设备、装置、工具、人员、相应信息以及相应的系统体系结构和组织管理模式所组成的系统。从 CIMS 的功能系统结构看，制造自动化分系统是 CIMS 中信息流和物料流的结合点，是 CIMS 最终产生效益的聚集地；从 CIMS 的信息流看，制造自动化分系统涉及产品的制造、装配、检验等环节的信息处理和集成。制造自动化分系统一般包含 4 个子系统：生产信息管理子系统、设备故障采集与分析子系统、作业运行与监控子系统、作业调度子系统。

④ 质量保证分系统　质量保证分系统主要是采集、存储、评价与处理存在于设计、制造过程中与质量有关的信息，从而进行一系列的质量决策和控制，有效地保证质量并促进质量的提高。质量保证分系统包括质量监测与数据采集、质量评价、质量决策、质量控制与跟踪等功能。

⑤ 支撑分系统　支撑分系统由数据库子系统和计算机通信网络子系统组成。数据库子系统是以数据库管理系统为核心，由与数据库有关的计算机硬件、软件、数据集合以及应用人员组成的为 CIMS 提供信息服务的系统。信息服务通常包括对数据的定义、组织、存放、查找、维护和传递等功能。数据库子系统是 CIMS 的信息管理和控制中心，具体执行各种制造信息的管理、传递和交换任务。计算机通信网络子系统为 CIMS 中信息的传递、交换和共享提供必要的信息通道及控制机制，是信息集成得以实现的载体。计算机通信网络子系统使整个制造系统实现资源共享，提高系统的可靠性，并且使各个功能分系统之间方便、及时地进行信息交流。

三、CIMS 的关键技术

实施 CIMS 是一项庞大而复杂的系统工程，企业进行这项高新技术的过程中必然会遇到技术难题，而要解决的这些技术难题就是实施 CIMS 的关键技术。CIMS 的关键技术主要有以下两大类：

① 系统集成　CIMS 的核心在于集成，包括各分系统之间的集成、分系统内部的集成、硬件资源的集成、软件资源的集成、设备与设备之间的集成、人与设备的集成等。在解决这些集成问题时，需要进行必要的技术开发，并充分利用现有的成熟技术，充分考虑系统的开放性与先进性的结合。

② 单元技术　CIMS 中涉及的单元技术很多，许多单元技术解决起来难度相当大，对于具体的企业，应结合实际情况，根据企业技术进步的需要进行分析，提出在该企业实施 CIMS 的具体单元技术难题及其解决方法。

四、计算机集成制造系统的递阶控制结构

由于 CIMS 的功能和控制要求十分复杂，采用常规控制系统很难实现。因此其控制系统一般采用递阶控制结构。所谓递阶控制，即将一个复杂的控制系统按照其功能分解成若干层次，各层次进行独立的控制处理，完成各自的功能；层与层之间保持信息交换，上层对下层发出命令，下层向上层回送命令执行结果，通过通信联系构成一个完整的控制系

统。这种控制模式减少了系统的开发和维护难度，已成为当今复杂系统的主流控制模式。

前美国国家标准局（现美国国家标准与技术研究院 NIST）对 CIMS 提出了著名的 5 层递阶梯控制结构，如图 10-10 所示，其 5 层分别是：工厂层、车间层、单元层、工作站层和设备层。每一层又分解成多个模块。由数据驱动，且可扩展成树形结构。

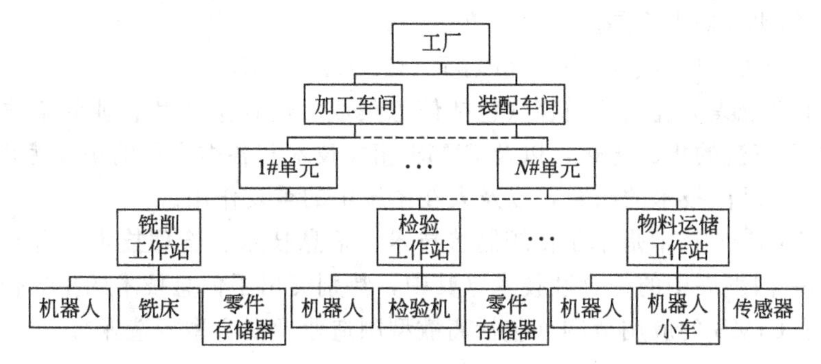

图 10-10　CIMS 递阶控制结构

① 工厂层控制系统　这是最高一级控制，履行“厂部”职能。完成的功能包括市场预测、制定生产计划、确定生产资源需求、制定资源规划、制定产品开发及工艺过程规划、厂级经营管理（包括成本估算库存统计、用户订单处理等）。

② 车间层控制系统　这一层控制系统主要根据工厂层生产计划，负责协调车间的生产和辅助性工作以及这些工作的资源配置，车间层控制主要有两个模块：作业管理、资源分配。

③ 单元层控制系统　这一层控制系统安排零件通过工作站的分批顺序、管理物料储运、检验及其他有关辅助性工作。具体工作内容是完成任务分解、资源需求分析。

④ 工作站层控制系统　这一层主要负责指挥和协调车间中一个设备小组的活动。一个典型的加工工作站由一台机器人、一台机床、一个物料储运器和一台控制计算机组成，它负责处理由物料储运系统送来的零件托盘，工件调整控制、工件夹紧、切削加工、切屑清除、加工检验、拆卸工件以及清理工作等设备级各子系统。

⑤ 设备层控制系统　这一层是“前沿”系统，是各种设备（如机床、机器人、坐标测量计、自动导引小车等）的控制器。该级控制器向上与工作站控制系统用接口连接，向下与各设备控制器接口相连接。设备层执行上层的控制命令，完成加工、测批、运输等任务。其响应时间从几毫秒到几分钟。

在上述 5 层递阶控制结构中，工厂层和车间层主要完成计划方面的任务，确定企业生产什么，需要什么资源，确定企业长期目标和近期的任务；设备层是执行层，执行上层的控制命令；而企业生产监督管理任务则由车间层、单元层和工作站层完成，车间层兼有计划和监督管理的双重功能。

五、CIM/CIMS 内涵的变化与发展

随着 CIMS 技术的发展，CIM 的概念和内涵也在发生着变化，“十五”国家 863/CIMS 主题提出：“CIM 是一种组织、管理和运行现代制造类企业的理念。它将传统的制造技术跟现代信息技术、管理技术、自动化技术、系统工程技术等有机结合，使企业产品全生命周期各阶段活动中有关的人/组织、经营管理和技术三要素及其信息流、物流和价值流三流有机集成并优化运行以使产品（P）、上市快（T）、高质（Q）、低耗（C）、服务好（S）、环境清洁（E），进而提高企业的柔性、健壮性、敏捷性，使企业赢得市场竞

争。”对上述定义可进一步阐述为如下5点。

CIMS是一种基于CIM理念构成的数字化、信息化、智能化、绿色化、集成优化的制造系统，可以称为具有现代特征的、信息时代的一种新型生产制造模式。863/CIMS主题已用现代集成制造系统替代了原来的计算机集成制造系统。现代集成制造系统和计算机集成制造系统相比有如下不同。

ⅰ.细化了现代市场竞争的内容（P、T、Q、C、S、E）。

ⅱ.拓展了系统集成优化的内容（包括信息集成、过程集成和企业间集成优化、企业活动中三要素和三流的集成优化，以及CIMS相关技术和各类人员的集成优化）。

ⅲ.突出了管理同技术的结合，以及人在系统中的重要作用。

ⅳ.指出了CIMS技术是基于传统制造技术、信息技术、管理技术、自动化技术和系统工程技术的一门发展中的综合性技术（其中，特别突出了信息技术的主导作用）。

ⅴ.扩展了CIMS的应用范围（包括离散型制造业及混合型制造业）。

第六节　再制造工程及再制造技术

一、再制造工程概述

1.再制造工程的定义

再制造工程是以机电产品全寿命周期设计和管理为指导，以废旧机电产品实现性能跨越式提升为目标，以优质、高效、节能、节材、环保为准则，以先进技术和产业化生产为手段，对废旧机电产品进行修复和改造的一系列技术措施或工程活动的总称。

再制造的重要特征是：再制造产品的质量和性能要达到或超过新品，成本仅是新品的50%左右，节能60%左右，节材70%以上，对保护环境贡献显著，再制造工程已成为构建循环经济的重要组成部分。

再制造的对象是广义的，它既可以是设备、系统、设施，也可以是其零部件；既包括硬件，也包括软件。

① 再制造加工　主要针对达到物理寿命和经济寿命而报废的产品，在失效分析和寿命评估的基础上，把有剩余寿命的废旧零部件作为再制造毛坯，采用表面工程等先进技术进行加工，使其性能恢复，甚至超过新品。

② 过时产品的性能升级　主要针对已达到技术寿命的产品，或是不符合可持续发展要求的产品，通过技术改造、更新，特别是通过使用新材料、新技术、新工艺等，改善产品的技术性能，延长产品的使用寿命，减少环境污染。

2.再制造与维修的区别

维修是指在产品的使用阶段为了保持其良好技术状况及正常运行而采用的技术措施，常具有随机性、原位性、应急性。维修的对象是有故障的产品，多以换件为主，辅以单个或小批量的零（部）件修复。

而再制造不同于维修，再制造是将大量同类的报废产品回收到工厂拆卸后，按零（部）件的类型进行收集和检测，以有剩余寿命的报废零部件作为再制造毛坯，利用高新技术对其进行批量化修复、性能升级，所获得的再制造产品在技术性能上和质量上都能达到甚至超过新品的水平。此外，再制造是规模化的生产模式，它有利于实现自动化和产品的在线质量监控，有利于降低成本、降低资源和能源消耗、减少环境污染，能以最小的投入获得最大的经济效益。

3. 再制造工程的意义

再制造工程是采用再制造成形技术，使零部件恢复尺寸、形状和性能，形成再制造的产品。主要包括在新产品上使用经过再制造的旧部件，以及在产品的长期使用过程中对部件的性能、可靠性和寿命等通过再制造加以恢复和提高，从而使产品或设备在对环境污染最小、资源利用率最高、投入费用最小的情况下重新达到最佳的性能要求。再制造工程是先进制造技术的补充和发展，是21世纪极具潜力的新型产业。

再制造不但能延长产品的使用寿命，提高产品技术性能和附加值，还可以为产品的设计、改造和维修提供信息，最终以最低的成本、最少的能源资源消耗完成产品的全寿命周期。最大限度地挖掘制造业产品的潜在价值，让能源资源接近零浪费，这就是发展再制造产业的最大意义所在。

二、再制造技术

1. 电弧喷涂技术

① 电弧喷涂原理　电弧喷涂是以电弧为热源，将熔化的金属丝用高速气流雾化，并高速喷射到工件表面形成涂层的一种工艺。喷涂时，材料经过输送机构均匀、连续地输送进喷枪的导电嘴内，导电嘴分别接电源正、负极，同时保证喷涂丝材端部在接触前的绝缘性。当两根丝材接触时，由于短路产生了高压电弧，将金属丝材端部熔化。同时，高压空气将电弧熔化的材料雾化成微熔滴，并将熔滴喷涂到基地表面，经过沉积、冷却形成涂层。图10-11是电弧喷涂示意图。

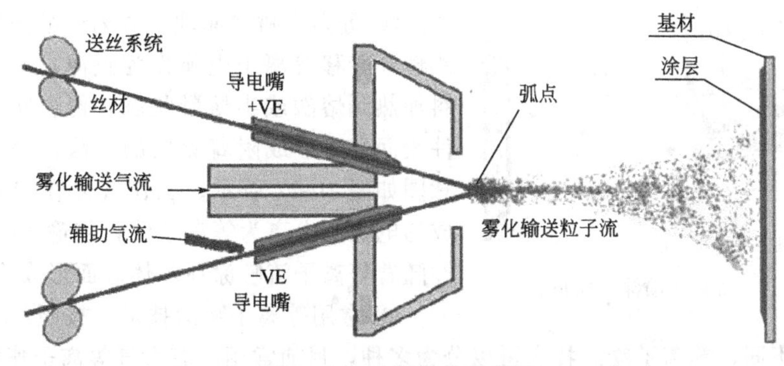

图 10-11　电弧喷涂示意图

② 电弧喷涂的技术特点　电弧喷涂与火焰喷涂相比，有以下优点。

ⅰ. 涂层性能优异。电弧喷涂可以在不提高工件温度、不使用特殊基材的情况下获得性能好、结合强度高的表面涂层。一般电弧喷涂涂层的结合强度是火焰喷涂涂层的2～3倍。

ⅱ. 喷涂效率高。电弧喷涂单位时间内喷涂金属的质量大，其生产效率与电弧电流成正比。当电弧喷涂电流为300A时，喷涂效率比火焰喷涂提高了2～6倍。

ⅲ. 节约能源。电弧喷涂的能量利用率高达50%～60%。而等离子喷涂和火焰喷涂能量利用率只有10%～20%。

ⅳ. 安全性好。电弧喷涂技术使用电和压缩空气，不需要氧气、乙炔等助燃和易燃气体，更加安全。

ⅴ.设备相对简单，便于现场施工。电弧喷涂设备体积较小、质量轻，使用、调试相对方便，对于一些不便搬运的大型零件，可采用电弧喷涂现场处理。

③ 电弧喷涂的工艺　电弧喷涂工艺包括工件表面预处理、喷涂、喷涂后处理几个步骤。只有洁净、干燥、粗糙的表面才能使喷涂材料的微粒与基材表面良好地结合。因此，为了提高涂层与基材的结合强度，需要对工件表面预处理。

预处理包括：

ⅰ.表面清洗，除油、去污、除锈等工作。

ⅱ.表面预加工，除去待处理工件表面的损伤、原喷涂层、淬火层等，对结合强度高的轴类零件车出螺纹，以增加接触面积，提高结合强度。

ⅲ.表面粗糙化，喷砂处理去除工件表面的氧化膜，提高涂层的结合强度。

④ 电弧喷涂的应用　目前主要应用于防腐、耐磨涂层以及零件修复等领域。

锌丝和铝丝及其合金是最常用的纯金属喷涂丝材，主要用于对桥梁、石油平台、舰船、水利设施和运输管道等大型钢铁机构件进行防腐。

铝青铜涂层的结合强度高且耐海水腐蚀，主要用于喷涂水泵叶片、气闸阀门、活塞和轴瓦表面。镍基合金涂层有很高的高温抗氧化性能，可在800℃高温下使用，被大量用作耐腐蚀及耐高温的涂层。

2.等离子喷涂技术

等离子喷涂继火焰喷涂和电弧喷涂后发展起来，经过不断改进，在热喷涂领域中占重要位置，在生产制造业中产生了广泛影响，被广泛应用于矿业机械、航空航天、医学和再制造领域。

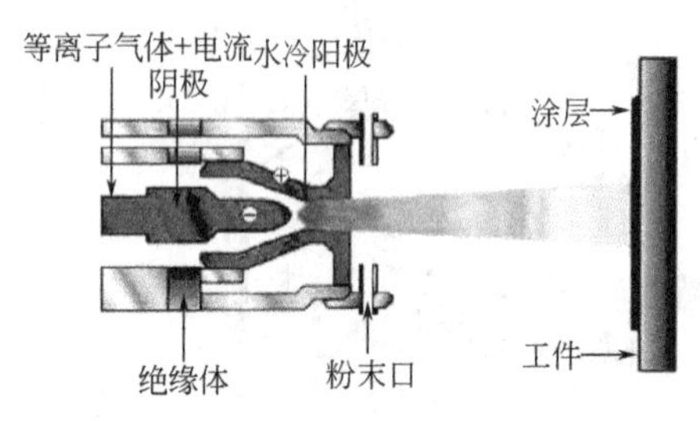

图 10-12　等离子喷涂示意图

① 等离子喷涂原理　等离子喷涂技术即采用刚性非转移等离子电弧作为热源，将粉末喷涂材料加热到熔融或半熔融状态，再喷向预处理的工件表面上，形成附着涂层的方法，等离子喷涂示意图如图 10-12 所示。工作气体在阳极和阴极形成的电弧间电离为等离子体，使输送的粉末熔融，并随着等离子流喷涂在基体表面形成涂层。

② 常用等离子喷涂技术　按照等离子介质和环境气氛的不同，等离子喷涂技术可以分为多种，目前常用的有大气等离子喷涂、超音速等离子喷涂和真空等离子喷涂。

ⅰ.大气等离子喷涂。大气等离子喷涂（APS）是出现最早、应用较普遍的常规等离子喷涂技术。该技术用 Ar、N_2 和 H_2 作为工作介质，在大气环境下进行喷涂。主要用于机械零件表面防护与修复强化。

ⅱ.超音速等离子喷涂。超音速等离子喷涂（SPS）是利用超音速等离子射流对喷涂材料进行加速，从而制备高质量涂层的技术。超音速等离子喷涂具有高温、高速的优势，常用于喷涂高熔点材料如陶瓷。

ⅲ.低压等离子喷涂。低压等离子喷涂（LPPS）又称真空等离子喷涂，是指在气氛可控的低压密封情况下进行的喷涂技术，其原理与普通等离子喷涂原理基本一致，主要区别是工作气氛为低压环境。因为不接触大气，喷涂涂层避免了氧化和其他污染，主要用于航空航天、医学等高新技术领域。

3.纳米复合电刷镀技术

纳米复合电刷镀技术是指在电刷镀技术基础上，将具有特定性能的纳米颗粒加入电刷镀液中获得纳米颗粒弥散分布的复合电刷镀涂层，提高装备零件表面性能，它涉及电化学、材料学、纳米技术、机电一体化等多领域的理论和技术。

① 纳米复合电刷镀的特点　纳米复合电刷镀技术的基本原理与普通电刷镀技术相似，因此它具有普通电刷镀技术的一般特点。

此外还具有独特特点：

ⅰ.纳米复合电刷镀镀液中含有纳米尺度的不溶性固体颗粒，纳米颗粒的存在并不显著影响镀液的性质（酸碱性、导电性、耗电性等）和沉积性能（镀层沉积速度、镀覆面积等）。

ⅱ.纳米复合电刷镀技术获得的复合镀层组织更致密，晶粒更细小，复合镀层显微组织特点为纳米颗粒弥散分布在金属基相中，基相组织主要由微纳米晶构成。

ⅲ.纳米复合镀层的耐磨性能、高温性能等综合性能优于同种金属镀层，纳米复合镀层的工作温度更高。

ⅳ.根据加入的纳米颗粒材料体系的不同，可以采用普通镀液体系获得具有耐蚀、润滑减摩、耐磨等多种性能的复合涂层以及功能涂层。

ⅴ.在同一基质金属的纳米复合镀层中，纳米不溶性固体颗粒的成分、尺寸、质量分数、纯度等，对纳米复合镀层性能有不同程度的影响，优化这些影响因素可以获得性价比最佳的纳米复合镀层。这也是获得含纳米结构的金属陶瓷材料的有效途径。

ⅵ.纳米复合电刷镀技术的关键是制备纳米复合电刷镀溶液。

② 纳米复合镀层的性能　纳米复合电刷镀涂层中由于存在大量的硬质纳米颗粒，且组织细小致密，因此其硬度、耐磨性、抗疲劳性能、耐高温性能等均比相应的金属电刷镀层好。

③ 纳米复合电刷镀技术的应用范围　纳米复合电刷镀技术不仅是表面处理新技术，也是零件再制造的关键技术，还是制造金属陶瓷材料的新方法。纳米复合电刷镀技术是在电镀、电刷镀、化学镀技术基础上发展起来的新技术，它是纳米技术与传统技术的结合，因此，纳米复合电刷镀技术不仅保持了电镀、电刷镀、化学镀的全部功能，而且还必然地拓宽了传统技术的应用范围，获得更广、更好、更强的应用效果。应用效果如下：

ⅰ.提高零件表面的耐磨性；

ⅱ.降低零件表面的摩擦系数；

ⅲ.提高零件表面的高温耐磨性；

ⅳ.提高零件表面的抗疲劳性能；

ⅴ.改善有色金属表面的使用性能；

ⅵ.实现零件的再制造并提升性能。

4.微纳米表面损伤自修复技术

摩擦磨损是普遍存在的自然现象，摩擦损失了世界上1/3以上的一次性能源，磨损是材料与设备破坏和失效的三种最主要形式之一。摩擦部件的严重磨损往往会导致重大事故，因此对磨损表面的微损伤进行原位修复一直是维修工作者不断追求的目标。

微纳米表面损伤自修复技术是指在不停机、不解体状况下，利用纳米润滑材料的独特作用，通过机械摩擦作用、摩擦-化学作用和摩擦-电化学作用等在磨损表面沉积、结晶、渗透、铺展成膜，从而原位生成一层具有超强润滑作用的自修复层，以补偿所产生的磨损，达到磨损和修复的动态平衡，是再制造工程的一项关键技术，也是再制造领域的创新性前沿研究内容。

① 微纳米润滑材料的表面损伤自修复机理　纳米材料具有比表面积大、高扩散性、易烧结性、熔点低等特性，纳米粒子因粒度小而更容易进入摩擦表面，形成具有一定厚度的表面膜；更重要的是这些新型纳米润滑材料因具有较高的表面活性，能够直接吸附到摩擦零件表面的划痕或微坑处起到修复作用，或者通过摩擦化学反应产物实现表面损伤的自修复。

② 微纳米表面损伤自修复技术的应用　我国生产的各型内燃机、汽轮机、减速齿轮箱等处于高速、高负荷运转下的部件，存在着严重的摩擦磨损问题，造成其使用寿命低、故障率高、维修周期短等突出问题。而自修复技术在这些设备动力装置中的应用，将提高设备的工作效率，延长其使用寿命，降低全寿命周期中的维修费用，进而产生良好社会经济效益。

5. 激光再制造技术

激光再制造技术是指利用激光表面处理、激光烧结成形、激光焊接、激光切割、激光打孔等各种激光加工与处理工艺对零部件进行再制造的技术。按激光束对零件材料作用结果的不同，激光再制造技术主要可分为两大类，即激光表面改性技术和激光加工成形技术，如图 10-13 所示。

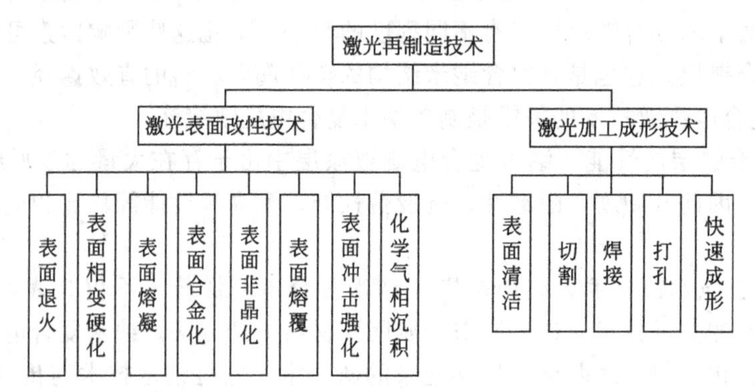

图 10-13　激光再制造技术分类

目前，激光再制造技术主要针对表面磨损、腐蚀、冲蚀、缺损等零部件局部损伤及尺寸变化进行结构尺寸恢复，同时提高零部件服役性能。主要包括：激光熔覆技术、金属零部件的激光烧结快速成型制造和再制造技术、激光仿形熔铸再制造技术等。

① 激光熔覆　激光熔覆技术是指在被涂覆基体表面上，以不同的添料方式放置选择的涂层材料，经激光辐照使之和基体表面薄层同时熔化，快速凝固后形成稀释度极低、与基体金属成冶金结合的涂层，从而显著改善基体材料表面的耐磨、耐蚀、耐热、抗氧化等性能的工艺方法。它是一种经济效益较高的表面改性技术和废旧零部件维修与再制造技术，可以在低性能廉价钢材上制备出高性能的合金表面，以降低材料成本，节约贵重稀有金属材料。

激光熔覆材料主要是指形成熔覆层所用的原材料。熔覆材料的状态一般有粉末状、丝状、片状及膏状等，其中，粉末状材料应用最为广泛。目前，激光熔覆粉末材料一般是借用热喷涂用粉末材料和自行设计开发粉末材料，主要包括自熔性合金粉末、金属与陶瓷复合（混合）粉末及各应用单位自行设计开发的合金粉末等。所用的合金粉末主要包括镍基、钴基、铁基及铜基等。表 10-1 列出了常用的部分基体与熔覆材料。

表 10-1　激光熔覆常用的部分基体与熔覆材料

基体材料	熔覆材料	应用范围
碳钢、铸铁、不锈钢、合金钢、铝合金、铜合金、镍基合金、钛基合金等	纯金属及其合金，如 Cr、Ni，及 Co、Ni、Fe 基合金等	提高工件表面的耐热、耐磨、耐蚀等性能
	氧化物陶瓷，如 Al_2O_3、ZrO_2、TiO_2 等	提高工件表面绝热、耐高温、抗氧化及耐磨等性能
	金属、类金属与 C、N、B、Si 等元素组成的化合物，如 HC、WC、SiC、B_4C、TiN 等并以 Ni 或 Co 基材料为黏结金属	提高硬度、耐磨性、耐蚀性等

覆层材料将直接影响到激光熔覆层的使用性能及激光熔覆工艺，必须合理设计或选用熔覆材料。

激光熔铸仿形再制造技术解决了振动焊、氮弧焊、喷涂、镀层等传统修理方法无法解决的材料选用局限性、工艺过程热应力、热变形、材料晶粒粗大、基体材料结合强度难以保证等问题。

② 激光再制造技术的应用　激光再制造技术是激光快速制造技术的新发展。它能够根据计算机三维立体模型经过单一加工过程快速地制造出形状、结构复杂的实体模型，能大大缩短新产品开发到市场的时间，减少产品加工周期、降低加工成本，十分适应现代技术快速、柔性、多样化、个性化发展的需求。下面介绍一些激光再制造技术应用典型实例。

ⅰ.叶片：激光熔覆技术用于燃气轮机叶片连锁肩的修复，用激光熔覆钴基合金，合金用量减少 50%，叶片变形小，节省了后加工工时，工艺质量高，重复性好等，如图 10-14 及图 10-15 所示。

(a)冲蚀损伤的叶片

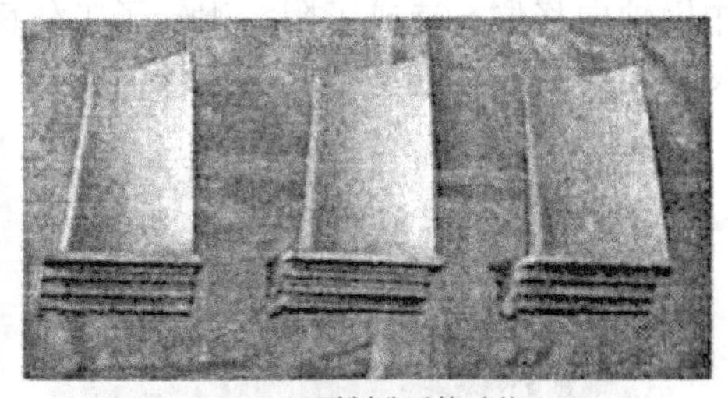
(b)再制造后的叶片

图 10-14　激光熔覆再制造的烟机转子叶片

(a)再制造前

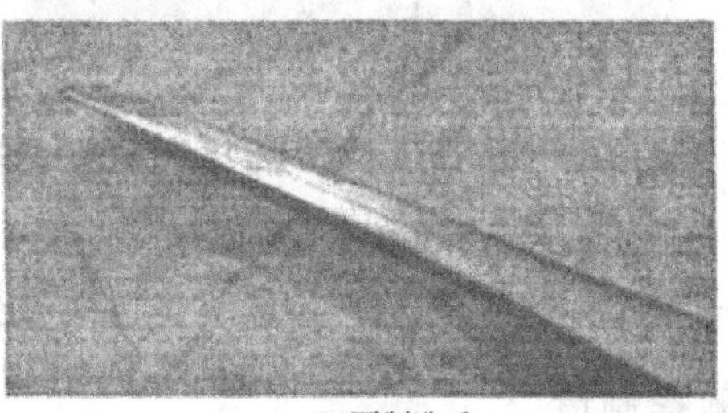
(b)再制造后

图 10-15　激光熔覆再制造汽轮机末级叶片

ⅱ. 模具：对磨损模具进行激光熔覆再制造处理。该方法明显延长了模具寿命，大幅降低了制造费用，而且在使用损坏后可作激光熔覆再制造复原，因而使模具的总体寿命明显延长，如图 10-16 及图 10-17 所示。

图 10-16 鞍山钢铁公司某重型轧辊的激光熔覆再制造

图 10-17 武汉钢铁（集团）公司某大型型材轧辊的激光熔覆再制造

ⅲ. 齿轮：齿轮在运行过程中常出现齿面磨损、疲劳脱层（掉块）甚至断齿的失效现象。堆焊、电镀、喷涂等一般的修复技术难以满足齿轮服役性能要求。采用激光再制造技术可以方便地实现失效齿轮零件的修复与再制造，且效率高、成品率高，修复或再制造的齿轮件性能优异。

ⅳ. 蜗杆：用激光爆覆技术制造塑料挤压蜗杆和压铸蜗杆的螺纹，可以得到良好效果。但应注意，曾渗氮的蜗杆在激光熔覆前表面虽然经过磨削，但残存的氮在激光熔覆快速冷却过程中不能充分排出，容易形成气孔。

激光再制造的螺杆压缩机转子（中国石化广州石化分公司）如图 10-18 所示。在运行过程中因轴向移位，造成了阴、阳转子工作面大面积擦伤和磨损，经激光再制造，恢复了转子尺寸和形状，并提高了其表面性能。

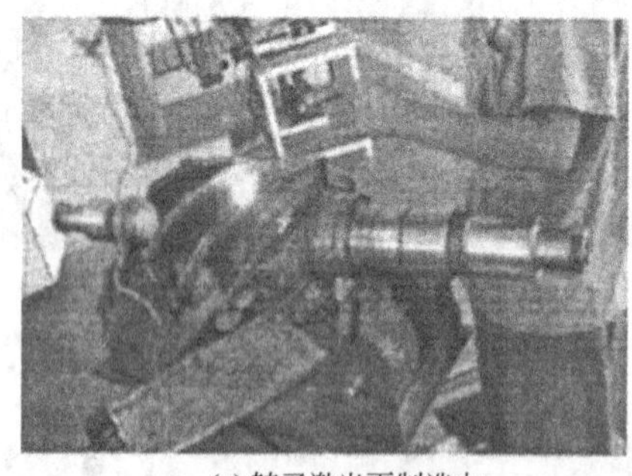

(a) 转子激光再制造中

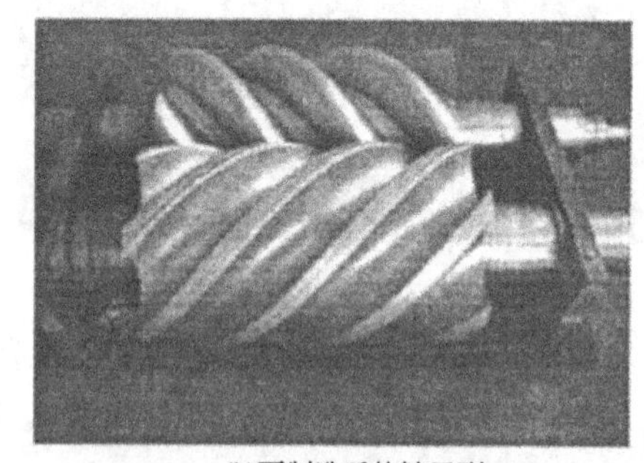

(b)再制造后的转子副

图 10-18 激光再制造的螺杆压缩机转子

第七节 其他先进生产模式

一、敏捷制造

1. 敏捷制造的概念和内涵

敏捷制造是指企业快速调整自己，以适应当今市场多变的能力；以任何方式来高速、低耗地完成它所需要的任何调整，依靠不断开拓创新来引导市场，赢得竞争。这里的“敏捷制造”有两个方面的含义：企业的生产系统能够快速重组以适应市场需求的快速变化；重组后的生产系统能够在极短的时间内恢复到正常生产状态。

2.敏捷制造企业的主要特征

敏捷制造的目标是企业能够快速响应市场的变化，根据市场需求，能够在最短时间内开发制造出满足市场需求的高质量的产品。因此，具备敏捷制造能力的企业需要满足以下四项要求：

ⅰ.企业从上到下都明确认识快速响应市场/用户需求的重要性，并能通过信息网络对变化的环境做出快速响应；

ⅱ.企业拥有先进的制造技术，能够迅速设计、制造新产品，缩短产品上市时间，降低成本；

ⅲ.企业每个部门、每个员工都具有一定的敏捷性，都愿意并善于与别人合作；

ⅳ.企业能够最大限度地调动、发挥人的作用，并使员工的素质和创新能力不断提高。

3.敏捷制造的组织形式——敏捷虚拟企业

顾客需求的个性化和多样化使得越来越多的企业无法快速、独立地抓住稍纵即逝的市场机遇。敏捷制造系统的组织形式——虚拟企业（virtual enterprises，VE）的概念由此产生。

虚拟企业是由许多独立企业（供应商、制造商、开发商、客户）组成的临时性（即为了相应特定的市场机遇而迅速组建，并在完成任务后迅速解体）网络，通过信息技术的连接进行技术、成本、市场的共享。每个企业提供自身的核心竞争技术。该网络没有或者只有松散的、临时的、围绕价值链组织的层次关系。外部，虚拟企业有一个代表核心竞争力的成员或者信息/网络代理表示；内部，虚拟企业可以有任何管理形式的组织，如领导企业、信息代理、委员会、信息技术（如工作流系统、组件技术、执行信息系统）。

虚拟企业思想最重要的部分就是适应市场，迅速改变企业，变化敏捷企业的组织与经营管理模式。因此，虚拟企业的建立并不意味着改变所有企业的原有生产过程和结构，而是强调利用企业的原有生产系统，在企业间进行优势互补，构成新的临时机构，以适应市场需求。因此，要求的生产系统与生产过程能够做到可重构、可重用、可伸缩，换句话说，就是虚拟企业系统本身有着敏捷性要求。

4.敏捷制造的发展前景

由于敏捷制造具有资源、技术等集成优势，中小企业将成为应用敏捷制造的重要力量，今后敏捷的概念、内涵以及实践都将得到更深入的研究和进一步的发展，以便更好地应用于中小企业。

敏捷制造的基本思想和方法可以应用于绝大多数行业和企业，并以制造加工工业最为典型。从敏捷制造的发展与应用情况来看，它是工业企业适应经济全球化和先进制造技术及其相关技术发展的必然产物，已有非常深厚的实践基础和基本雏形，世界主要国家的航空航天企业都已在不同的阶段或层次上按照敏捷制造的哲理和思路开展应用。由于敏捷制造中的诸多支柱（CIMS、并行工程等）和保障条件（如CAD/CAM等）随着大多数企业自身发展和改造将逐步得以推进和实施，因此可以说，敏捷制造的实施从硬件上并非另起一套，而是从理念上和企业系统集成上更上一层，其可行性是显而易见的，可以预见，随着敏捷制造的研究和实践不断深入，其应用前景十分广阔。

二、虚拟制造

1. 虚拟制造技术的定义与内涵

虚拟制造（virtual manufacturing，VM）是在20世纪90年代产生的一种新的制造概念和理论，它将现实制造环境及其制造过程通过建立系统模型映射到计算机与相关技术所支撑的虚拟环境中，在虚拟环境下模拟现实制造环境及其制造过程的一切活动和产品的制造全过程，并对产品制造及制造系统的行为进行预测和评价。

虚拟制造技术（virtual manufacturing technology，VMT）涉及多个学科领域，诸如环境构成技术、过程特征抽取、单元模型、集成基础结构的体系结构、制造特征数据集成、多学科交驻功能、决策支持工具、接口技术、虚拟现实技术、建模与仿真技术等，其中建模与仿真是虚拟制造的核心与关键技术。

虚拟制造系统（virtual manufacturing system，VMS）是基于虚拟制造技术（VMT）实现的制造系统，是现实制造系统（real manufacturing system，RMS）在虚拟环境下的映射。

现实制造系统是物流、信息流、能量流在控制机的协调与控制下，在各个层次上进行相应的决策，实现从投入到输出的有效的转变，而其中物流及信息流协调工作是其主体。为简化起见，可将现实制造系统划分为两个子系统：现实信息系统（real information system，RIS）和现实物理系统（real physical system，RPS）。RPS由存在于现实中的物质实体组成，这些物质实体可以是材料、零部件、产品、机床、夹具、机器人、传感器、控制器等。RIS由许多信息、信息处理和决策活动组成，如设计、规划、调度、控制、评估信息，它不仅包括设计制造过程的静态信息，还包括设计制造过程的动态信息。

由VPS和VIS构成的制造系统称为VMS。VMS不消耗现实资源和能量，所生产的产品是可视的虚拟产品，具有真实产品所必须具有的特征，它是一个数字产品。

2. 虚拟制造系统的功能及其体系结构

计算机集成制造系统（CIMS）是通过物理的、逻辑的联系在制造设备之间形成的信息网络连接起企业活动的全部活动节点，使集成化的全局效应达到最优。而虚拟制造系统（VMS）则完全是数字模型的集成，提供虚拟集成方案。它在整个产品开发过程中，在基于虚拟现实、科学可视化和多媒体等技术的虚拟环境下，通过集成地应用各种建模、仿真分析技术和工具，提高制造企业各级决策和控制能力，使企业能够实现自我调节、自我完善、自我改造和自我发展，达到提高整体的动作效能，实现全局最优决策和提高市场竞争力的目的。基于虚拟制造系统的全面集成如图10-19所示。

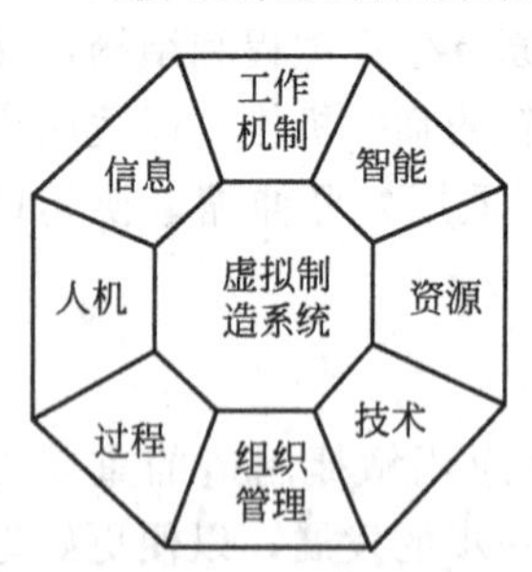

图10-19　基于虚拟制造系统的全面集成

虚拟制造系统提供以下功能。

ⅰ. 通过虚拟制造系统实现制造企业产品开发过程的集成。

ⅱ. 实现虚拟产品设计/虚拟制造仿真闭环产品开发模式。

ⅲ. 提高产品开发过程中的决策和控制能力。

ⅳ. 提高企业自我调节、自我完善、自我改造、自我发展的能力。

3. 虚拟制造技术的应用现状

虚拟制造在工业发达国家，如美国、德国、日本等已得到了不同程度的研究和应用。

波音公司设计的777型大型客机是世界上首架以三维无纸化方式设计出的飞机，它的设计成功已经成为虚拟制造从理论研究转向实用化的一个里程碑。虚拟试验技术作为虚拟制造技术的一个环节，在汽车空气动力学及汽车被动安全性研究中正得到越来越广泛的应用。

在我国，清华大学、北京航空航天大学、哈尔滨工业大学等教学科研单位也已经开展了这一领域的研究工作。当前我国虚拟制造应用的重点研究方向是基于我国国情，进行产品的三维虚拟设计、加工过程仿真和产品装配仿真，主要是研究如何生成可信度高的产品虚拟样机，在产品设计阶段能够以较高的置信度预测所设计产品的最终性能和可制造性。

三、网络化制造

1. 网络化制造的基本概念

网络技术的飞速发展和广泛应用对人类的生产和生活方式已经产生了深远的影响，也导致了制造企业运作模式的变化。网络化制造的目的在于跨越地域限制，将孤立的企业纳入到国际竞争合作环境中，通过企业间合作与协调，共享信息、资源和知识，以实现产品整个生命周期的制造活动。

网络化制造（networked manufacturing，NM）是指制造企业基于网络技术开展产品设计、制造、销售、采购、管理等一系列活动的总称。其核心是利用网络，特别是Internet，跨越不同的企业之间存在的空间差距，通过企业之间的信息集成、业务过程集成、资源共享，为企业开展异地协同的设计制造、网上营销、供应链管理等提供技术支撑环境和手段，实现产品商务的协同、产品设计的协同、产品制造的协同和供应链的协同，从而缩短产品的研制周期，缩减研制费用，提高整个产业链制造群体的竞争力。

网络化制造系统（networked manufacturing system，NMS）是企业在网络化制造模式及相关理论的指导下，在网络化集成平台和软件工具的支持下，结合企业具体的业务需求，设计实施的基于网络的制造系统。

网络化制造技术（networked manufacturing technology，NMT）是支持企业设计、实施、管理、优化网络制造系统所涉及的所有技术的总称。主要的支撑技术如下：

ⅰ. 基于Web的协同设计。支持设计人员或设计小组通过计算机网络进行组织和交流设计信息，以此建立设计和开发过程的共享。

ⅱ. 基于Web的零件库。产品中外购零件所占的比例越来越大，有效地重复使用零部件资源可降低制造成本，基于Web的零件库技术是零部件支持资源重复使用的重要工具之一。

ⅲ. 基于Web的协同制造。通过基于网络的协同制造可以大幅度提高制造装备的利用率。

ⅳ. 基于Web的供应链管理。利用基于Web的供应商管理系统，可以将相关的合作伙伴、供应商、顾客以及分布在世界各地的分支机构和制造工厂有机集成在一起，形成一个能快速响应市场需求的系统。

ⅴ. 电子商务。在网络制造系统中，企业和企业之间需要进行大量的信息交换，涉及复杂的业务逻辑和各种表达形式。电子商务的目的是为数字化、电子化、网络化商务数据交换和商务业务活动提供广泛、快捷的信息服务。

ⅵ. 集成技术。

2. 网络化制造系统的体系结构

网络化制造与系统集成技术紧密相连，系统集成技术是网络化制造的基础，网络化制造是系统集成的具体表现。系统集成主要通过接口互换与技术标准互用，实现异构分布环境下的网络化操作、数据库互访和应用资源共享。图 10-20 为网络化制造系统体系结构示意图。

ⅰ. 网络化制造应用层。该层包括网络化协同设计、网络化协同制造、供应链管理系统及电子商务系统等各种形式的应用。

ⅱ. 网络化制造应用平台层。该层为各种形式的网络化制造应用提供支撑和运行环境。它主要包括多任务操作系统、分布式数据库系统、分布式对象通信平台等。

ⅲ. 使能工具层。该层为制造企业实施网络化制造提供技术支持，主要包括企业建模工具、远程诊断、合作伙伴注册、电子数据交换和项目管理等。

ⅳ. 安全基础体系层。该层是整个网络化制造应用层的安全基础，提供网络化制造安全的各种服务（如电子商务系统），保证网络化制造的安全性和可靠性。

ⅴ. 网络基础层。该层为网络化制造应用提供必要的网络基础设施以及应遵循的基本标准。

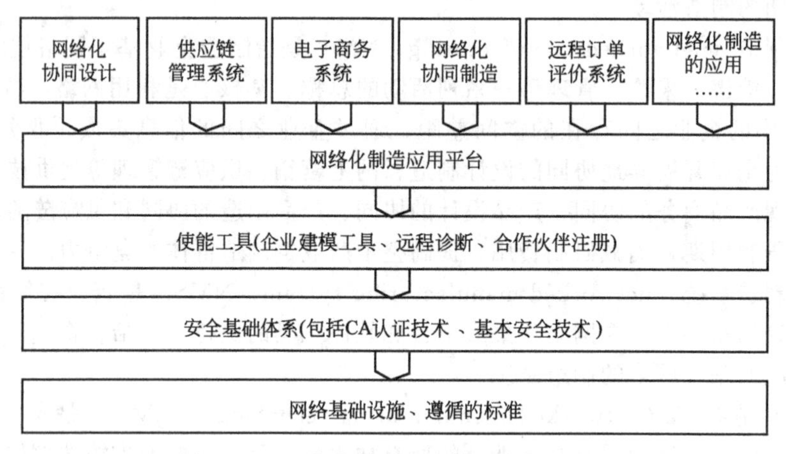

图 10-20　网络化制造系统体系结构示意图

3. 国内外网络化制造系统的研究现状

网络化制造作为先进制造模式之一，引起了各国政府、研究机构和企业的广泛重视。从 20 世纪 80 年代初，各国政府、研究机构和企业设立了一系列与网络制造相关的研究项目，有力地推进了网络化制造技术的发展。1985 年由美国军方提出的计算机辅助后勤系统（computer aided logistics system，CALS）全面支持市场需求分析、异地产品协同设计制造、物料采购、企业间协同配套等企业经营活动，将企业大量信息通过网络传输到各个部门和合作伙伴。在我国，国家 863 计划 CIMS 专家组较早地认识到网络化制造这种生产模式给企业界带来的机遇与变革，有计划地部署了一系列研究课题，使我国 CIMS 的研究从信息集成、过程集成直到企业间集成。国内一些大型企业也纷纷开始采用网络化制造技术，希望降低生产和物流成本，发展新的业务。

四、绿色制造

1. 绿色制造的起源及特点

绿色制造是一个综合考虑环境影响和资源效率的现代制造模式，其目标是使得产品从设计、制造、包装、运输、使用到报废处理的整个产品生命周期中，对环境的影响最小，资源效率最高。绿色制造是可持续发展战略在制造业中的体现。

近年来，随着全球生态环境的恶化和能源短缺，社会的可持续发展受到各国的重视，可持续发展的定义，即“既满足当代人的需求，又不对子孙后代满足其需要之能力构成危害的发展”。可持续发展是建立极少产生废料和污染物的工艺或技术系统。

绿色制造沿产品生命周期主线，从原材料到绿色设计、绿色制造、绿色装配包装、使用维护直至报废和回收处理，最后实现绿色再制造，其技术支撑框图如图 10-21 所示。绿色制造的技术支撑框图体现了如下特点：

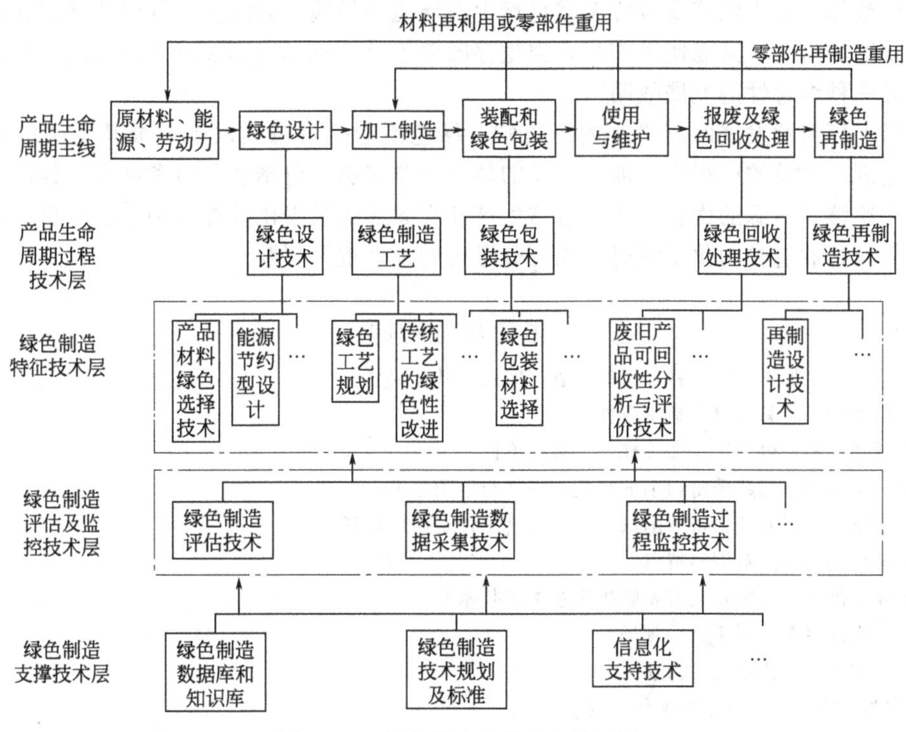

图 10-21　绿色制造的技术支撑框图

① 体现了系统工程的特性　与传统的制造系统相比，绿色制造系统是涵盖产品整个生命周期，包括产品设计、制造、销售直至报废过程的综合制造系统，其本质特征在于除保证一般的制造系统功能外，还要保证全寿命周期内的环境污染最少。

② 体现了预防为主、动态闭环的环保理念　绿色制造对产品生产过程实行综合预防污染的战略，强调以预防为主，从产品的设计阶段开始采用绿色材料，一直到产品使用维护、报废回收阶段都遵循环保理念，有别于传统制造业中的环保后处理方法，传统制造的物流情况是一个开环系统，物流的终端是产品报废；而绿色制造的物流是一个闭环系统，可有效防止污染再生产。

③ 体现了经济性和竞争力　绿色制造以环保和节约为主要特色，在制造过程中节省原材料，降低能源的消耗，降低废弃物处理处置费用，可显著降低生产成本，体现产品的经济性，增强市场竞争力。

④ 保持了适度发展的环境友好性　绿色制造结合了企业产品的特点和工艺要求，并且使绿色制造目标既符合区域生产经营发展的需要，又不损害生态环境，能够继续保持自然资源的潜力。

2. 绿色制造的主要研究内容

绿色制造的主要研究内容包括绿色设计技术、绿色制造工艺、绿色包装技术等。绿色设计技术是系统地考虑环境影响并集成到产品最初设计过程中的技术和方法；绿色制造工艺指在产品加工过程中，采用的既能提高经济效益，又能减少环境影响的工艺技术；绿色包装技术指采用对环境和人体无污染、可回收重用或可再生的包装材料及其制品进行包装的技术。

可持续发展的思想具有极为丰富的内涵。它将生态环境与经济发展联结为一个互为因果的有机整体，认为经济发展应考虑自然生态环境的长期承载能力，既能使环境和资源满足经济发展的需要，又能使其作为人类生存的要素之一而直接满足人类长远生存的需要，从而形成一种综合性的发展战略。

由以上可持续发展的定义和内涵可知，绿色制造是可持续发展的极其重要的组成部分。绿色制造涉及的面很广，涉及产品的整个生命周期。对制造环境和制造过程而言，绿色制造主要涉及资源的优化利用、清洁生产和废弃物的最少化及综合利用。绿色制造是目前和将来设计制造自动化系统时应该充分考虑的一个重大问题。

思考与练习题

1. 试论述精密加工和超精密加工的概念、特点及其重要性。
2. 超精密加工应具备哪些基本条件？
3. 细微加工和一般加工在加工概念上有何不同？
4. 分析金刚石刀具超精密切削的机理、条件与应用范围。
5. 简述精密磨削和超精密磨削加工出高精度工件表面的原理。
6. 高速切削的速度范围和特点？
7. 高速切削在工艺装备上需要解决哪些关键技术？
8. 高速切削主要应用于哪些领域？
9. 分析 CIMS 的技术构成和系统。
10. 实施 CIMS 会给企业带来什么效益？
11. 敏捷制造有哪些特征？简述敏捷制造的实质与内涵。
12. 什么是虚拟制造？分析虚拟制造的功能特征。
13. 什么是智能制造系统？它有哪些主要特征？
14. 在全球制造中如何构成虚拟网络环境？
15. 什么是绿色制造？如何实现绿色制造？
16. 简述纳米材料的定义与分类。
17. 举例介绍几种纳米制造技术。
18. 再制造技术的种类、特点与应用。

参 考 文 献

[1] 夏巨谌.精密塑性成形工艺.北京：机械工业出版社，1999.
[2] 严邵华.材料成形工艺基础.2版.北京：清华大学出版社，2008.
[3] 任家隆.机械制造技术.北京：机械工业出版社，2000.
[4] 何少平，许晓嫦.热加工工艺基础.北京：中国铁道出版社，1997.
[5] 姚泽坤.锻造工艺学与模具设计.西安：西北工业大学出版社，1998.
[6] 常国威，王建中.金属凝固过程中的晶体生长与控制.北京：冶金工业出版社，2002.
[7] 王秀峰，罗宏杰.快速原型制造技术.北京：中国轻工业出版社，2001.
[8] 傅水根.机械制造工艺基础.3版.北京：清华大学出版社，2010.
[9] 王先逵.机械制造工艺学.4版.北京：机械工业出版社，2019.
[10] 陈明.机械制造工艺学.2版.北京：机械工业出版社，2021.
[11] 李华.机械制造技术.北京：高等教育出版社，2000.
[12] 陈立德，李晓辉.机械制造技术.4版.上海：上海交通大学出版社，2012.
[13] 吉卫喜.机械制造技术基础.2版.北京：高等教育出版社，2015.
[14] 廖念钊，等.互换性与技术测量.6版.北京：中国计量出版社，2012.
[15] 刘飞.先进制造系统.北京：中国科学技术出版社，2001.
[16] 朱淑萍.机械加工工艺及装备.2版.北京：机械工业出版社，2007.
[17] 徐杜，等.柔性制造系统原理与实践.北京：机械工业出版社，2001.
[18] 朱正心.机械制造技术.北京：机械工业出版社，1999.
[19] 王润孝.先进制造系统.西安：西北工业大学出版社，2001.
[20] 袁哲俊，王先逵.精密和超精密加工技术.3版.北京：机械工业出版社，2016.
[21] 颜永年，等.机械电子工程.北京：化学工业出版社，1998.
[22] 熊良山，等.机械制造技术基础.3版.武汉：华中科技大学出版社，2006.
[23] 赵万生.特种加工技术.北京：高等教育出版社，2001.
[24] 王贵成，张银喜.精密与特种加工.2版.武汉：武汉理工大学出版社，2003.
[25] 华茂发.数控机床加工工艺.2版.北京：机械工业出版社，2016.
[26] 李斌.数控加工技术.北京：高等教育出版社，2001.
[27] 杨仲冈.数控加工技术.北京：中国轻工业出版社，2008.
[28] 韩鸿鸾.基础数控技术.北京：机械工业出版社，2000.
[29] 蔡复之.实用数控加工技术.北京：兵器工业出版社，1995.
[30] 王先逵.计算机辅助制造.2版.北京：清华大学出版社，2008.
[31] 邓文英，等.金属工艺学（上、下册）.6版.北京：高等教育出版社，2017.
[32] 崔令江，等.材料成形技术基础.北京：机械工业出版社，2003.
[33] 邢建东，等.材料成形技术基础.2版.北京：机械工业出版社，2007.
[34] 柳秉毅.材料成形工艺基础.北京：高等教育出版社，2005.
[35] 齐乐华.工程材料与机械制造基础.北京：机械工业出版社，2018.
[36] 王令其，等.数控加工技术.2版.北京：机械工业出版社，2014.
[37] 李梦群，等.先进制造技术.北京：中国科学技术出版社，2005.
[38] 任玉田，等.新编机床数控技术.北京：北京理工大学出版社，2005.
[39] 刘雄伟.数控加工理论与编程技术.2版.北京：机械工业出版社，2003.
[40] 吴建蓉，等.数控加工技术与应用.福州：福建科学技术出版社，2005.
[41] 李正峰.数控加工工艺.上海：上海交通大学出版社，2004.
[42] 吴拓.机械制造技术基础.北京：清华大学出版社，2008.

[43] 王明耀，等.机械制造技术.2版.北京：机械工业出版社，2015.
[44] 于骏一，等.机械制造技术基础.2版.北京：机械工业出版社，2009.
[45] 范玉顺，等.网络化制造系统及其应用实践.北京：机械工业出版社，2003.
[46] 卢秉恒.机械制造技术基础.4版.北京：机械工业出版社，2017.
[47] 张根保.自动化制造基础.4版.北京：机械工业出版社，2017.
[48] 王隆太.先进制造技术.3版.北京：机械工业出版社，2020.
[49] 宾鸿赞，等.先进制造技术.北京：高等教育出版社，2006.
[50] 孙燕华，等.先进制造技术.2版.北京：电子工业出版社，2015.
[51] 杨坤怡.制造技术.北京：国防工业出版社，2005.
[52] 吕明.机械制造技术基础.3版.武汉：武汉理工大学出版社，2015.
[53] 巩亚东，等.机械制造技术基础.2版.北京：科学出版社，2017.
[54] 张世昌，等.机械制造技术基础.3版.北京：高等教育出版社，2014.
[55] 李凯岭.机械制造技术基础.北京：机械工业出版社，2017.
[56] 朱平.制造工艺基础.北京：机械工业出版社，2018.
[57] 王晓霞，等.天然纤维的特性与应用.轻纺工业与技术，2013，42（05）：105-107.
[58] 赵鑫，等.天然纤维表面改性及其在复合材料中的应用进展.工程塑料应用，2020，48（10）：167-171.
[59] 肖艳.玻璃纤维复合材料的应用.模具制造，2013，13（04）：76-80.
[60] 马明明，等.玻璃纤维及其复合材料的应用进展.化工新型材料，2016，44（02）：38-40.
[61] 张素风，等.高性能合成纤维及其应用.黑龙江造纸，2012，40（04）：23-26.
[62] 廖子龙，等.环氧树脂/玻璃纤维复合材料性能研究与应用.工程塑料应用，2008，36（09）：47-50.
[63] 娄哲翔.碳纤维生产工艺技术.中国石油石化，2017（07）：94-95.
[64] 张政和，等.碳纤维石墨化技术研究进展.化工进展，2019，38（03）：1434-1442.
[65] 贺福，等.生产碳纤维的关键设备-预氧化炉.高科技纤维与应用，2005（05）：5-9+37.
[66] 黄有平，等.碳纤维预氧化炉的结构形式与特性.塑料工业，2009，37（12）：66-68.
[67] 李志鹏，等.碳纤维低温碳化炉及其控制技术方法.高科技纤维与应用，2017，42（06）：61.
[68] 姜元虎.低温碳化炉不锈钢马弗炉的设计及内部温度和应力分析.哈尔滨：哈尔滨工业大学，2017.
[69] 危良才.全球玻璃纤维生产现状及其玻纤制品最新开发动向.印制电路信息，2008（02）：32-35.
[70] 周立武.基于ROMP法的环烯烃单体反应注塑研究.杭州：浙江大学，2011.
[71] 梁国正，等.模压成型技术.北京：化学工业出版社 1999.
[72] 曾兴旺.离心铸造充型过程数值模拟的研究.武汉：华中科技大学，2004.
[73] 赫尔.复合材料导论.北京：中国建筑工业出版社，1989.
[74] 张晓明，等.纤维增强热塑性复合材料及其应用.北京：化学工业出版社，2007.
[75] 谢一鸣.FRTP同种及FRTP与铝合金异种材料搅拌摩擦焊.南昌：南昌航空大学，2012.
[76] 顾金霞.仿生螺旋纤维编织技术与编织机械.吉林：吉林大学，2008.
[77] 马新安，等.高性能纤维立体编织技术的应用与发展趋势//雪莲杯第10届功能性纺织品及纳米技术应用研讨会论文集.2010：369-383.
[78] 张爽，等.二维编织理论研究进展.玻璃钢/复合材料，2017（08）：102-109，52.
[79] 尚自杰，等.二维编织在复合材料中的应用研究.天津纺织科技，2016（02）：6-7，10.
[80] 王汝国.聚吡咯/碳纳米管电极涂敷成型工艺与性能研究.天津：天津大学，2014.
[81] 温志远，等.塑料成型工艺及设备.2版.北京：北京理工大学出版社，2012.
[82] 何亮，等.塑料成型加工技术.北京：中国纺织出版社，2019.
[83] 孙立新，等.塑料成型工艺及设备.北京：化学工业出版社，2017.

［84］ 吴生绪. 图解橡胶成型技术. 北京：机械工业出版社，2012.
［85］ 张馨，等. 橡胶压延与挤出. 北京：化学工业出版社，2013.
［86］ 黄锐. 塑料成型工艺学. 2 版. 北京：中国轻工业出版社，2003.
［87］ 张玉龙，等. 塑料挤出成型 350 问. 北京：中国纺织出版社，2008.
［88］ 谢德伦. 橡胶挤出成型. 北京：化学工业出版社，2005.
［89］ 郑正仁，等. 子午线轮胎技术与应用. 合肥：中国科技大学出版社，1994.
［90］ 谢丽波，等. S 级别空心白字体轻型载重子午线轮胎的设计与制造. 轮胎工业，2003（11）：658-661.
［91］ 焦宝祥，等. 陶瓷工艺学. 北京：化学工业出版社，2019.
［92］ 张柏清，等. 陶瓷工艺机械设备. 2 版. 北京：中国轻工业出版社，2013.
［93］ 周张健. 特种陶瓷工艺学. 北京：科学出版社，2018.
［94］ 马铁成. 陶瓷工艺学. 2 版. 北京：中国轻工业出版社，2011.
［95］ 姜耀林，等. 3D 打印在快速熔模精密铸造技术中的应用. 机电工程，2017，34（1）：48-51.
［96］ 关彦齐，等. 增材制造（3D 打印）铸造的发展与应用. 科技创新与应用，2020（21）：110-111.
［97］ 王树杰，等. 基于 RP 工艺的直接铸型制造方法探讨. 机械科学与技术，2003，22（3）：461-464.
［98］ 陈丙森. 计算机辅助焊接技术. 北京：机械工业出版社，1999.
［99］ 霍厚志，等. 我国焊接机器人应用现状与技术发展趋势. 焊管，2017，40（2）：36-42，45.
［100］ 李宪政. 国内焊接机器人应用的快速发展及认识误区. 焊接，2019（4）：5-15.
［101］ 唐新华. 焊接机器人的现状及发展趋势（一）. 电焊机，2006，36（3）：1-5.
［102］ 邱玮杰，等. 汽车零部件点焊机器人工作站设计与应用. 电焊机，2019，49（3）：42-45.